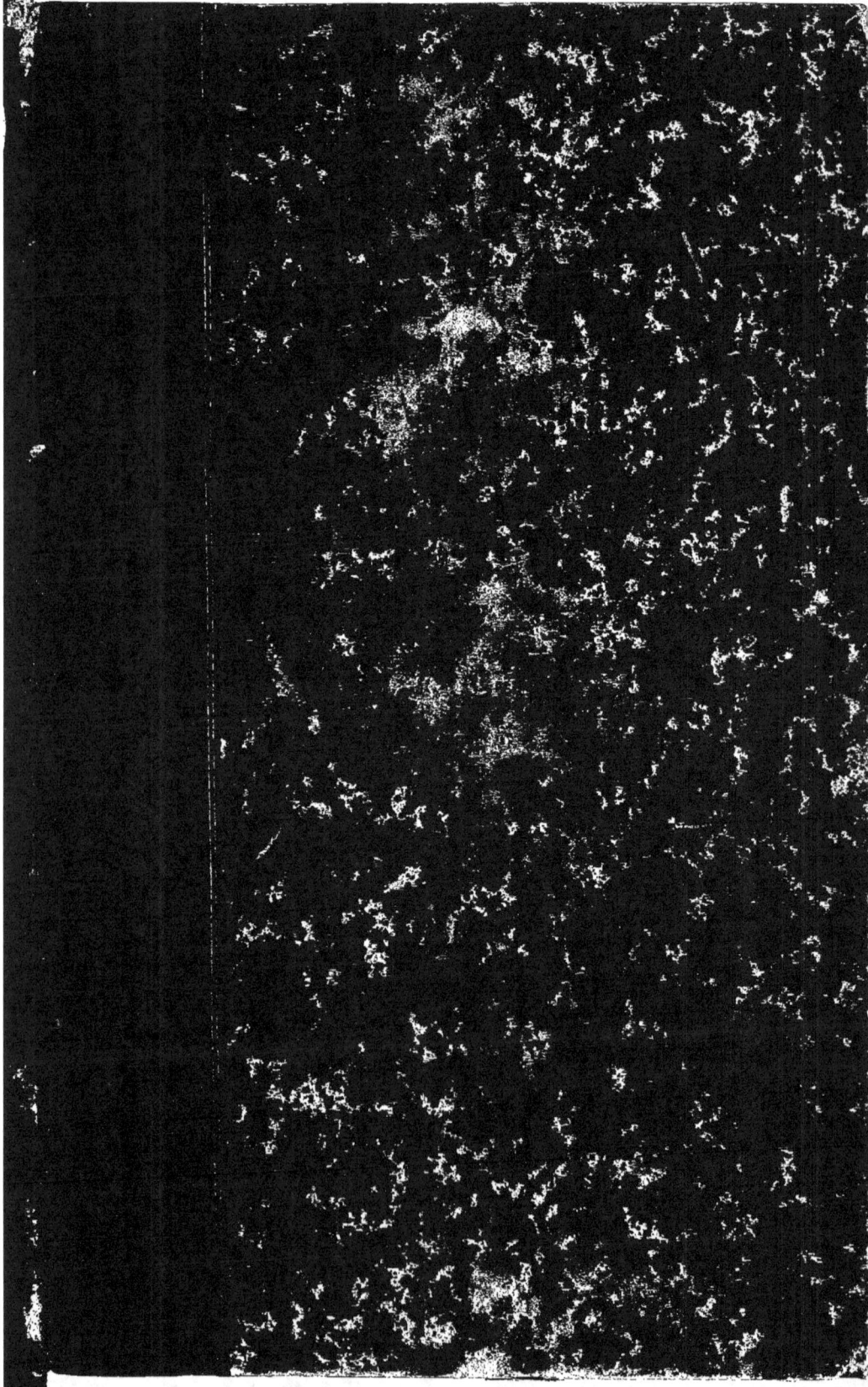

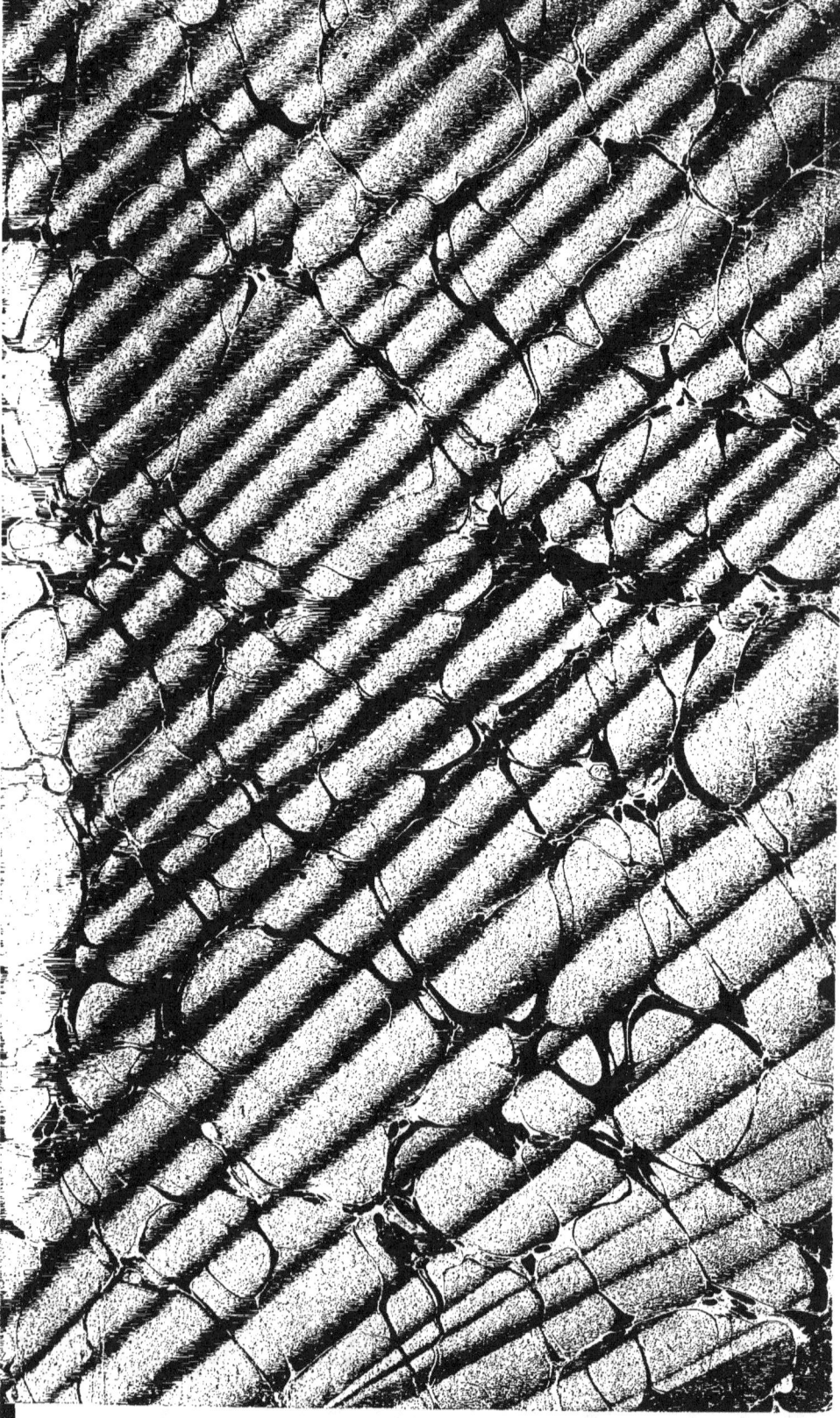

PROCÉDÉS

ET

MATÉRIAUX DE CONSTRUCTION

PARIS. — IMP. C. MARPON ET E. FLAMMARION, RUE RACINE, 26.

A. DEBAUVE

Ingénieur en chef des Ponts et Chaussées.

PROCÉDÉS

ET

MATÉRIAUX DE CONSTRUCTION

TOME PREMIER

SONDAGES; TERRASSEMENTS; DRAGAGES

PARIS

Vve C$_H$. DUNOD, ÉDITEUR

LIBRAIRE DES CORPS NATIONAUX DES PONTS ET CHAUSSÉES, DES MINES
ET DES TÉLÉGRAPHES

Quai des Augustins, 49

1884

OBJET ET PLAN DE L'OUVRAGE

L'art de l'ingénieur et de l'architecte embrasse les travaux les plus variés, mais, quand il s'agit d'élever une maison ou un palais, un aqueduc ou un pont monumental, c'est toujours à des procédés similaires qu'il faut recourir, ce sont toujours à peu près les mêmes matériaux qu'il faut mettre en œuvre. On doit dans tous les cas reconnaître le sol à une profondeur plus ou moins grande, préparer à la construction future une solide assise, transporter les matériaux à pied d'œuvre et les combiner avec le minimum de travail et de dépense sans rien sacrifier de la solidité.

Il est donc possible de faire une étude d'ensemble des procédés et des matériaux de construction, et cette étude est susceptible de porter des fruits si elle enseigne à quelques constructeurs les moyens d'épargner à l'ouvrier de pénibles labeurs. Tous les jours, sur des chantiers importants, on est étonné de voir demander encore à la force de l'homme des besognes qu'une machine ferait mieux et plus vite, avec moins de danger et plus d'économie. Trop souvent aussi, le seul guide dans l'emploi des matériaux est une vieille routine condamnée par l'expérience.

Un ouvrage de plus sur les procédés généraux et les matériaux de construction peut donc rendre quelques services : c'est pourquoi nous l'avons entrepris en nous efforçant d'y insérer tous les documents utiles, et d'y signaler tous les perfectionnements récents.

Lorsqu'une construction est projetée, la première chose à connaître est la nature du sol à l'emplacement choisi, car de là dépendent le système de fondation et, dans une certaine mesure, la forme même de l'édifice. Sur ce point, l'examen des lieux, aidé des observations géologiques, donne des renseignements précieux, qui cependant ne suffisent pas en général et qu'il faut compléter par des *sondages* plus ou moins profonds.

La nature du terrain reconnue, il convient de préparer la forme destinée à recevoir l'édifice; il faut à cet effet creuser le sol en certains points, l'exhausser en d'autres; ces opérations constituent les *terrassements*, qui portent le nom de *dragages* lorsqu'on doit les effectuer sous l'eau. Dans certains ouvrages, tels que les routes et les canaux, les terrassements prennent une importance prédominante et exigent l'emploi des plus puissants engins.

Voici donc l'emplacement préparé, il faut chercher pour l'édifice une assiette inébranlable; c'est là souvent une étude délicate, malgré les immenses progrès réalisés par les ingénieurs de notre temps. L'étude des *fondations* trouve donc sa place logique après l'étude des terrassements.

Les fondations achevées, il ne reste plus qu'à construire l'édifice en lui-même, et c'est alors que se pose la question des matériaux à employer. Nous arrivons donc naturellement à l'étude générale des matériaux et des procédés à suivre pour les combiner entre eux, de manière à obtenir avec le minimum de dépense le maximum de solidité.

Enfin l'étude sera complète si nous terminons par la description raisonnée de l'outillage et de l'organisation des chantiers.

De ces explications résulte la division logique de l'ouvrage :

Première partie. — Reconnaissance du sol et des roches; sondages.

Deuxième partie. — Terrassements et dragages.

Troisième partie. — Fondations.

Quatrième partie. — Matériaux de construction; leur emploi.

Cinquième partie. — Outillage et organisation des chantiers.

PREMIÈRE PARTIE

RECONNAISSANCE DU SOL ET DES ROCHES ; SONDAGES

PROCÉDÉS

ET

MATÉRIAUX DE CONSTRUCTION

RECONNAISSANCE DU SOL

L'Ingénieur chargé d'exécuter des sondages et d'en coordonner les résultats ne doit pas connaître seulement les moyens de pratiquer dans le sol des fouilles plus ou moins profondes, il doit posséder en outre des connaissances géologiques assez étendues pour être en mesure d'indiquer à la seule inspection de la carte ou des lieux les caractères généraux du terrain. La distribution des eaux à la surface d'un pays donne également de précieux indices sur sa composition géologique. Il ne sera donc pas inutile de rappeler ici les principes généraux de la géologie, de la minéralogie et de l'hydrologie.

PRINCIPES GÉNÉRAUX DE GÉOLOGIE ; CLASSIFICATION DES TERRAINS

Les géologues sont à peu près d'accord aujourd'hui pour considérer la terre comme une masse primitivement liquide, qui, peu à peu, par le refroidissement, s'est enveloppée d'une écorce solide. Cette écorce a dû être bien faible à l'origine et, soit contraction causée par le refroidissement, soit pression considérable due aux marées de la masse liquide intérieure ou bien encore à l'énorme force expansive des vapeurs comprimées sous la croûte liquide, celle-ci s'est fissurée en plus d'un point. Les fissures ont livré passage aux liquides et aux gaz de l'intérieur, constituant ainsi des éruptions volcaniques. Ces éruptions ont pris autrefois des proportions considérables, et les masses liquides projetées au jour sont devenues en se solidifiant nos chaînes de montagnes.

Lors de la formation de la première couche solide, la vie n'existait point à la surface de la terre ; elle n'apparut que plus tard lorsqu'une atmosphère saturée de vapeur d'eau et d'acide carbonique offrit à la végétation des moyens de développement d'une puissance inconnue de nos jours même dans les régions tropicales. Avec la végétation ne tardèrent pas à paraître les représentants les plus simples du règne animal; peu à peu, les espèces supérieures se développèrent et l'homme finit par apparaître à une époque relativement peu éloignée de nous.

Division des terrains stratifiés et non stratifiés. — Ce rapide exposé permet déjà de soupçonner les deux grandes divisions qui comprennent toutes les espèces de terrains.

Les uns sont formés de couches continues plus ou moins étendues et limitées par des faces parallèles, d'où leur vient le nom de terrains *stratifiés*, c'est-à-dire formés de lits successifs. Les surfaces parallèles qui limitent les couches sont ondulées; ces terrains ont été formés par des substances qui se sont déposées au milieu des eaux, comme la vase d'une eau trouble se dépose au fond d'un bassin; c'est de là que vient le nom de terrains sédimentaires par lequel on désigne souvent les terrains stratifiés.

On dit encore que les terrains stratifiés sont d'origine neptunienne, parce qu'ils sont nés au fond des eaux.

Ces couches ainsi formées ont été ensuite soulevées ou abaissées, quelquefois même déchirées par les mouvements de l'écorce terrestre. La figure 1 fait comprendre comment les diverses couches d'un terrain stratifié se présentent dans la nature; souvent même elles affectent, notamment dans les pays montagneux, des formes beaucoup plus contournées comme si les terrains soulevés s'étaient repliés sur eux-mêmes.

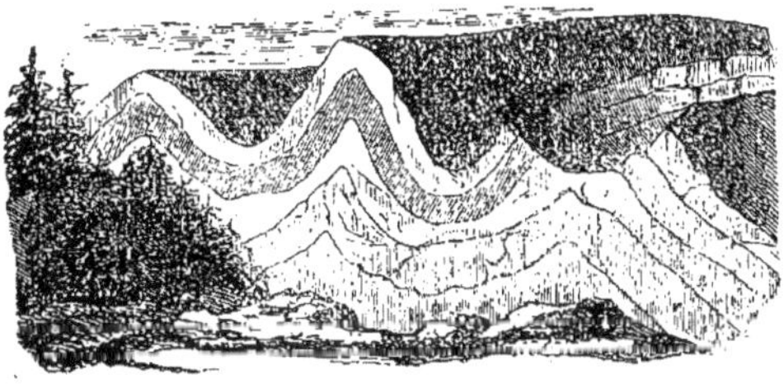

Fig. 1.

Il est assez rare de rencontrer des assises horizontales; on les définit et on les repère en chaque lieu par leur *inclinaison*, c'est-à-dire par l'angle que leur ligne de plus grande pente fait avec l'horizon, et par leur *orientation*, c'est-à-dire par l'angle que l'horizon-

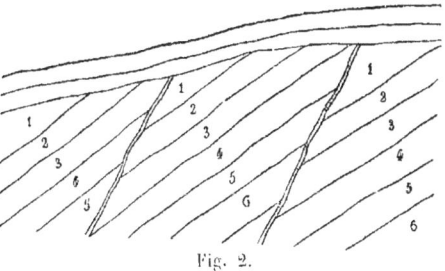

Fig. 2.

tale de leur plan forme avec le méridien. Quelquefois les dislocations produites dans les terrains sédimentaires ont été assez puissantes pour écarter l'une de l'autre deux parties d'une même couche (on est alors en présence d'une *faille*, figure 2) et même pour produire des bouleversements complets, figure 4.

Les terrains de la seconde classe affectent une grande irrégularité de formes; ils sont composés de masses plus ou moins considérables, qui sont tantôt des montagnes, tantôt des blocs enclavés au milieu de terrains stratifiés. Les roches qui constituent ces terrains sont généralement cristallines : elles sont dues à la solidification plus ou moins lente de masses autrefois en fusion.

On les appelle roches *non stratifiées*, *roches cristallines* ou *plutoniennes* (de Pluton, dieu du feu).

C'est dans ces terrains cristallisés qu'il faut ranger les filons métalliques, tels que a et b, qui semblent dus à la solidification de liquides chassés par une énorme pression de l'intérieur du globe à la surface.

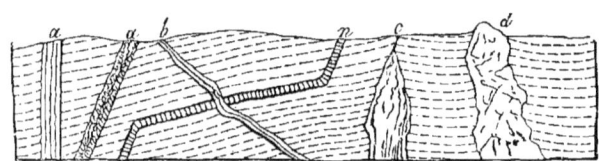

Fig. 3.

Les roches cristallines forment les plus hautes montagnes de la terre; elles émergent au-dessus des terrains stratifiés, comme si elles en avaient percé toutes les couches, quoique cependant quelques-unes de celles-ci non relevées sur les flancs des montagnes et demeurées horizontales soient évidemment nées après les montagnes elles-mêmes.

Les roches cristallines sont donc comme les fondements et le squelette de l'écorce terrestre; elles se distinguent par leurs arêtes vives et déchiquetées.

On n'y trouve point de débris animaux ou végétaux; c'est seulement dans les terrains stratifiés que ces débris se montrent; l'apparition de la vie sur la terre a dû concorder avec la formation des mers et par suite avec la formation des premières couches de sédiment.

Terrains métamorphiques. — Les roches peuvent avoir, avons-nous dit, deux origines distinctes : neptunienne ou plutonienne, suivant qu'elles se sont déposées au milieu des eaux ou qu'elles sont dues à la solidification de masses liquides.

Or des masses minérales ne peuvent être liquides qu'à la faveur de températures inconnues à l'homme; donc, ces masses incandescentes, lorsqu'elles ont jailli au travers des terrains stratifiés, ont échauffé ceux-ci et leur ont fait subir dans leur constitution physique et chimique des modifications profondes.

Les roches ainsi modifiées sont dites *métamorphiques*. On les observe au voisinage des roches éruptives, c'est-à-dire sur les flancs des montagnes; elles existent dans tous les terrains de sédiment et surtout dans les terrains les plus anciens.

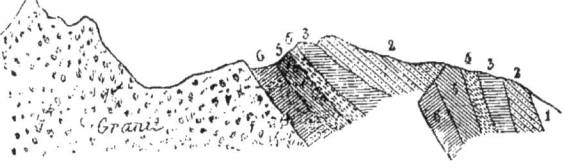

Fig. 4.

C'est par le métamorphisme que certains calcaires sont devenus complètement cristallins; ils offrent une cassure analogue à celle du sucre; aussi les appelle-t-on calcaires saccharoïdes. Il sont à gros grains comme le marbre de Paros, ou à petits grains comme le marbre de Carrare.

C'est encore par le métamorphisme que des vases argileuses déposées au fond des eaux, puis soumises à une pression considérable de la part des assises suivantes et élevées en même temps à une haute température se sont transformées en ardoises, dont la foliation est perpendiculaire à la pression, et dont la dureté est d'autant plus grande que la température a été plus élevée et la pression plus considérable.

Ces phénomènes de formation des roches ont été reproduits par Daubrée, à qui la géologie expérimentale doit de si grandes découvertes.

Terrains de transport. — Il n'est point de roche qui résiste à l'action prolongée des eaux; la plus dure est entamée avec le temps et les fragments en sont entraînés par les cours d'eau qu'engendre la pluie. Il existe actuellement des fleuves qui transportent des masses énormes de matières; accomplissant une grande œuvre de nivellement, ils arrachent la chair des montagnes et la portent au fond des mers où se forment d'épaisses couches de vase, argiles, schistes ou ardoises de l'avenir. Imaginez une mer déplacée par un de ces grands soulèvements, auteurs des déluges, et vous pourrez vous figurer quelle violence ont pu atteindre les courants liquides à la surface du globe : les roches désagrégées et broyées furent entraînées, et leurs fragments vinrent se déposer par couches horizontales dans les eaux tranquilles. A ces fragments pulvérulents sont parfois mélangés des fragments plus gros et plus résistants qui ont perdu dans le voyage leurs arêtes et leurs angles et sont devenus galets ou cailloux roulés.

Aux courants d'eau et de boue se sont substitués parfois des courants de roches en fusion s'épanchant de l'intérieur de la terre, rencontrant des roches friables ou désagrégées; ces courants ont pu, dans certains cas, en enlever des fragments et former ainsi une espèce particulière de terrains de transport.

Enfin un autre mode de formation des terrains de transport nous est offert par les glaciers. Les glaciers de nos jours, malgré toute leur puissance, ne donnent qu'une faible idée de l'effet des glaciers immenses qui, pendant la période quaternaire, ont recouvert tout le nord de l'Europe. La neige tombe sur le sommet des montagnes à l'état de grains ou d'aiguilles fortement congelés ; les rayons solaires fondent la surface et les gouttes liquides pénétrant dans la masse s'y congèlent à nouveau agissant comme un ciment pour réunir tous les éléments ; l'air enfermé dans la glace ainsi formée lui donne un aspect bulleux et cette glace prend le nom de névé. A chaque hiver correspond une assise de névé recouverte d'une couche jaunâtre de sable et de poussière. A mesure que les assises vieillissent et s'enfoncent, la pression supérieure augmente, les bulles d'air s'échappent, et les couches opaques se transforment en couches bleues de glace pure. La masse entière du glacier descend lentement la vallée qui la contient, en se modelant presque sur elle grâce à la pression, et en subissant des crevasses dues au frottement éprouvé sur les bords et sur le fond de son lit.

Le glacier est un mode de transport des plus puissants ; il recueille à sa surface les blocs, pierrailles et boues détachées des rochers par les agents atmosphériques, et les entraîne au loin pour les déposer en amas là où la glace vient à fondre.

Ces amas s'appellent *moraines*, elles sont latérales, médianes ou frontales. Les moraines latérales sont les retranchements qui se forment sur les rives du fleuve de glace, elles atteignent jusqu'à 30 mètres de hauteur. Au confluent de deux glaciers se produit une moraine médiane résultant du concours de deux moraines latérales ; enfin comme le glacier, à mesure qu'il descend, fond par sa tête qu'il renouvelle sans cesse, il se produit en avant de lui une digue de grandes dimensions, c'est la moraine frontale. Quand un glacier a disparu, les moraines n'en subsistent pas moins pour attester son existence, et l'on rencontre beaucoup de ces témoins de la période glaciaire dans des vallées aujourd'hui riches et cultivées.

Qu'un gros bloc soit charrié par le glacier, il arrive jusqu'en bas et protège de son ombre la glace qui le soutient : celle-ci fond moins vite que la glace voisine et le bloc reste suspendu sur un pilier en s'inclinant vers le sud comme attiré par le soleil. Peu à peu, toute la glace disparaît, la pierre tombe et constitue un bloc erratique, nouveau témoin de l'existence des glaciers.

Nous en trouvons un troisième témoin dans les stries parallèles burinées sur les rochers par la pointe des cailloux que les glaces entraînaient avec elles.

Terre végétale. — Les cartes géologiques indiquent par leurs teintes conventionnelles la nature de l'écorce terrestre en chaque point d'un pays, mais elles ne donnent pas la composition de l'épiderme du sol. Cet épiderme est la terre végétale.

La terre végétale est le support des plantes et le réservoir dans lequel elles puisent leur nourriture.

Elle est formée par les produits ténus de la trituration des roches mélangés aux débris organiques de tous genres ; elle s'accroît tous les jours par la culture et on la rencontre partout où il y a trace de végétation ; une graine tombe dans une fente de rocher et y germe ; un arbre se développe, ses racines fendillent la roche, la désagrègent, les débris végétaux s'accumulent au pied de l'arbre, un dépôt de terre végétale se forme et grandit.

Les animaux inférieurs qui peuplent l'écorce terrestre exercent une influence immense sur la formation et la conservation de la terre végétale ; on ne soupçonne pas au premier abord l'importance des mouvements de terre que quelques vers produisent en une année.

Les agents météoriques, les vents, la pluie, les neiges et les glaces renouvellent sans cesse, aux dépens des montagnes, la provision de terre végétale des vallées.

Dans tous les étages géologiques où la vie a existé, on retrouve des traces de terre végétale sous forme de boues, de marnes et d'argiles.

Presque toujours la composition chimique de la terre végétale est la même que celle des roches sous-jacentes qui, par une désagrégation superficielle plus ou moins profonde, lui ont donné naissance. On rencontre cependant des terres végétales de transport, et même on en produit artificiellement par l'opération du colmatage qui consiste à amener sur des terrains dénudés des eaux limoneuses qui y déposent les matières solides tenues par elles en suspension.

L'épaisseur de la couche végétale n'est jamais bien grande, elle ne dépasse guère 1 mètre en moyenne, dans les pays les plus fertiles, et l'épaisseur utilisée est généralement bien moindre encore ; ce n'est donc point la terre végétale qui doit préoccuper l'ingénieur dans l'exécution des travaux ; en général cependant, il devra la mettre de côté avec le plus grand soin, afin de la réemployer plus tard pour protéger les ouvrages par un manteau de végétation.

Classification des terrains stratifiés. — La classification naturelle des terrains stratifiés est fondée sur ce fait qu'à la naissance de chaque grand système de montagnes les couches sédimentaires préexistantes ont été soulevées, des mers nouvelles se sont produites et là se sont déposées de nouvelles couches en stratification discordante avec les premières ; après chaque révolution, les conditions physiques ont changé et la vie végétale et animale s'est manifestée sous de nouvelles formes :

1° *Discordance de stratification.* — Toutes les assises d'un dépôt qui se forme en eau calme sont séparées par des lits horizontaux. Qu'une montagne soulève le sol, les sédiments vont s'élever avec elle, et devenir les rivages d'une mer au sein de laquelle se déposent des couches sédimentaires en discordance avec les premières (*fig.* 5). Arrive un nouveau soulèvement, les deux terrains A et B sont déplacés en gardant en-

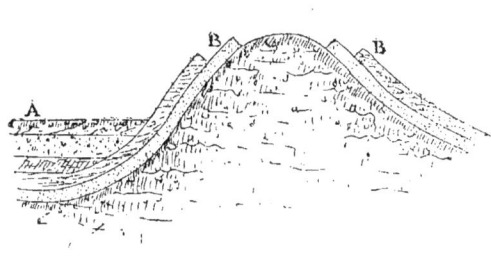

Fig. 5.

tre eux leur position relative, dans la cuvette formée se déposent de nouvelles couches horizontales et ainsi de suite. On voit, d'après cela, qu'en descendant du faite d'une montagne cristalline, ce sont les couches les plus anciennes que l'on rencontre les premières; au centre du bassin s'étalent les couches récentes.

Sur le sol, les terrains horizontaux et les terrains inclinés offrent une ligne de séparation que l'on peut tracer, et qui souvent est fort utile pour classer un terrain ; en effet cette ligne est parallèle à la chaîne de montagnes qui a produit le soulèvement B ; si on la repère à la boussole, on peut ensuite voir à quel système elle se rapporte, et, par suite, en déduire l'âge du terrain.

On a fait quelquefois une objection à la théorie du soulèvement des terrains sédimentaires, en disant que des assises inclinées peuvent fort bien se déposer sur les rivages d'une mer où viennent mourir des vagues tenant en suspension des matières solides. Nous assistons aujourd'hui à des phénomènes analogues ; mais les plages ainsi formées ont toujours une inclinaison très faible et bien loin d'atteindre celle que l'on constate dans les sédiments relevés.

Une preuve concluante a été donnée il y a longtemps déjà de l'horizontalité primitive des couches aujourd'hui relevées : c'est que dans de pareilles couches comprenant des poudingues, les galets ellipsoïdaux sont placés de manière que leur petit axe est normal aux plans de stratification, c'est-à-dire que leurs deux grands axes sont dans un plan parallèle au plan de stratification. Cette disposition serait contraire aux lois de la pesanteur, si la couche avait été primitivement dans sa position inclinée ; car tout corps pesant entraîné par les eaux ne s'arrête que dans la position qui lui donne le maximum de stabilité, c'est-à-dire lorsqu'il repose sur son côté le plus large, ou, pour un ellipsoïde, lorsque son grand axe est horizontal.

De cette démonstration par l'absurde, il faut conclure que les couches ont été relevées postérieurement à leur naissance.

2° *Retour périodique des couches de transport violent et de sédiment tranquille.* — A la suite de chaque révolution, les premières couches sédimentaires du nouveau terrain ont dû être formées de cailloux et de galets plus ou moins gros enlevés aux roches préexistantes; aussi trouvons-nous à la base de chaque terrain des assises remplies de galets dont la grosseur diminue à mesure que l'on s'élève. Au-dessus de ces couches on trouve les grès, puis les argiles, sorte de vase solidifiée ; la ténuité du grain va en augmentant à mesure que l'on s'élève.

Ces dépôts terminés, a commencé une période calme pendant laquelle la vie s'est développée, et avec elle apparaissent les couches calcaires de formation chimique.

Le passage entre ces différents ordres de couches n'est jamais brusque; on passe par exemple des argiles aux calcaires par des marnes ou calcaires argileux.

3° *Nature des fossiles que l'on rencontre dans les divers terrains.* — La vie est apparue sur la terre aussitôt que celle-ci a été assez refroidie pour que les vapeurs aqueuses pussent se condenser. Elle s'est manifestée d'abord par ses plus simples représentants aussi bien dans l'ordre animal que dans l'ordre végétal ; elle a changé d'aspect à la suite de chaque cataclysme, et les fossiles nous enseignent que l'on s'élève sans cesse dans l'échelle des êtres à mesure que l'on monte des terrains primitifs aux terrains actuels.

C'est d'après ces principes que l'on répartit aujourd'hui les terrains d'origine neptunienne en cinq grandes classes :

1° Terrains de transition ou paléozoïques ;
2° Terrains secondaires ;
3° Terrains tertiaires ;   ⎫ Presque toujours réunis en une seule
4° Terrains quaternaires ;   ⎬ classe portant le nom de terrains ter-
5° Terrains actuels ;   ⎭ tiaires.

Tableau général des terrains. — Nous terminerons ces considérations géologiques sommaires par le tableau général des terrains, toujours utile à consulter lorsque l'on entreprend des travaux dans un pays donné.

I. TERRAINS ANCIENS OU PRIMITIFS

1° *Granites ;*
2° *Gneiss ;*
3° *Micaschistes et talcschistes.*

Ces terrains, souvent riches en minerais de tous genres, ne renferment pas de fossiles, aucune trace de vie organique. On trouve dans les granites : le cuivre et l'étain de Cornouailles, le fer hydraté de Framont (Vosges), le plomb de Bort (Corrèze), l'oxyde d'étain du Morbihan et de la Haute-Vienne, le kaolin de la Garde-Freinet (Var) ; dans les gneiss : fer oxydé de Danemora (Suède), cuivre, plomb et argent de Freyberg et de la Forêt-Noire, plomb du Grand-Clot (Isère), graphite de Guigniez (Var), kaolin de Saint-Yrieix (Haute-Vienne), marbres des Challanches (Isère), porphyre de Fréjus ; dans les schistes : zinc de l'Isère, argent de Bohême, galène argentifère d'Espagne.

II. TERRAINS DE TRANSITION OU PALÉOZOÏQUES

DÉSIGNATION des GROUPES	COUCHES COMPOSANT LES GROUPES	ROCHES ET MINÉRAUX utiles POUR LES CONSTRUCTIONS
Terrain cambrien.	Grès ardoisiers d'Irlande. — Schistes alunifères et argileux de Suède et de Bohême. — Ardoises du pays de Galles.	Ardoises de Fumay, de Rimogne et de Monthermé. — Plâtres de Naux (Ardennes).

RECONNAISSANCE DU SOL ET DES ROCHES; SONDAGES

DÉSIGNATION des GROUPES	COUCHES COMPOSANT LES GROUPES	ROCHES ET MINÉRAUX utiles POUR LES CONSTRUCTIONS
	II. — TERRAINS DE TRANSITION OU PALÉOZOÏQUES (*Suite*).	
Terrain silurien.	Schistes de Tremadoc. — Ardoises d'Angers. — Calcaire de Llandeilo. — Calcaire de Bala. — Ardoises micacées. — Grès de May. — Quartzites de Bretagne. — Grès de Caradoc. — Schistes de Wenlock. — Argiles et ardoises. — Grès. — Calcaires et argiles de Wenlock. — Calcaire d'Aymestry. — Argiles et schistes de Ludlow.	Ardoises d'Angers, de Napoléon-Vendée, de la Crache. — Calamines de la Vieille-Montagne et du Stolberg (zinc). — Minerais de fer du Canigou. — Pierres à aiguiser de Moyen-Moutier. — Marbres de Cannes, de Campan, de Saint-Girons, de Prades.
Terrain dévonien (vieux grès rouge).	Poudingue et grès quartzeux. — Schistes bitumineux et anthraciteux. — Argiles et schistes. — Calcaires de l'Eifel, de Givet. — Psammites du Condros. — Schistes et grès micacés.	Graphite de Ferrières (Allier). — Marbre de Givet (Ardennes). — Plomb de Poullaouen et Huelgoat.
Terrain carbonifère.	Terrain anthraxifère : anthracites de la Basse-Loire, argiles schisteuses, ardoises carbonifères. — Calcaire carbonifère, calcaire magnésien, sables de Tournay. — Grès meulier, grès anthraxifère. — Terrain houiller (couches de houille comprises dans des conglomérats, des schistes et des grès).	Anthracites de la Basse-Loire, de la Sarthe et de la Mayenne, de Bully, de Fragny et de Roanne. — Chaux et ciment hydraulique du calcaire carbonifère. — Phosphates de chaux de l'Allier. — Fer carbonaté. — Houilles. — Schistes bitumineux, pyriteux, aluminifères.
Terrain permien.	Nouveau grès rouge : grès liés par une pâte argilo-ferrugineuse. — Schistes noirs cuivreux. — Calcaires magnésiens ou dolomies, avec gypses.	Gypse avec marnes rouges, en Angleterre. — Schistes cuivreux du Mansfeld et du Hartz. — Sel gemme de Thuringe et d'Angleterre. — Gypses de la Russie et de la Thuringe.
	III. — TERRAINS SECONDAIRES	
Terrain triasique ou trias.	*Grès des Vosges* avec couches de grès friable et marnes. *Grès bigarré* : poudingues et conglomérats quartzeux à la base, grès porphyriques, dolomies, argiles, pisolites, grès diversement colorés. *Calcaire coquillier* : Marnes en bas, puis calcaire compacte et calcaire gris verdâtre. *Marnes irisées* : argiles grisâtres, sel gemme, gypse, marnes, grès micacé, lignite, dolomie, marnes irisées, schistes marneux.	Gypse avec dolomie de Sarrebourg. — Sel gemme de la Souabe. — Bitume le long des failles à Molsheim (Alsace). — Gypse des montagnes de l'Estérel. — Sel gemme de la Meurthe, bitume, mercure d'Idria (Illyrie). — Lignites en couches minces de la Lozère. — Houille sèche de Norroy (Vosges).

DÉSIGNATION des GROUPES	COUCHES COMPOSANT LES GROUPES	ROCHES ET MINÉRAUX utiles POUR LES CONSTRUCTIONS
	III. — TERRAINS SECONDAIRES (*Suite*).	
Terrain jurassique.	*Lias.* — 1° inférieur : Grès et dolomie, calcaires à gryphée arquée et à ammonites ; 2° Moyen : Calcaire noduleux, marnes sans fossiles ; 3° Supérieur : Marnes à ammonites, marnes suprà-liasiques. *Oolithe inférieure :* Marnes sableuses ou malière, oolithe ferrugineuse, oolithe blanche calcaire très dur). — Calcaires de Caen et de Bourgogne. — Terre à foulon. — Grande oolithe, caillasse de Ranville. *Oolithe moyenne :* Couche sableuse, couche argileuse, couche ferrugineuse ; marnes gris bleuâtre ; marnes et calcaires compactes ; argiles d'Oxford, de Trouville. — Calcaires. — Grès calcarifère et calcaire corallien. *Oolithe supérieure :* Argiles à gryphée virgule, calcaire portlandien, calcaire vacuolaire, calcaire de Purbeck.	Minerais de fer des Deux-Sèvres, de l'Ariège. — Marbres de Montbard (Côte-d'Or), de Saint-Geniez (Basses-Alpes). — Chaux hydraulique de la Meurthe, de Metz. — Pyrites et terre à alun de l'Aveyron. — Lignites du Tarn et de la Lozère. Minerais de fer de l'Aveyron et de la Moselle. — Chaux hydraulique de Pouilly. — Ciment romain de Vassy. — Terre à foulon de Normandie et de Saône-et-Loire. Bitume pétrole dans le calcaire de la porte de France (Grenoble). — Pierres lithographiques du Vigan et de Châteauroux. — Chaux hydraulique. — Calcaire lithographique du Cher. Ciment de Portland. — Pierres lithographiques de Bavière. — Lignites de Boulogne et de Purbeck. — Marbres de Purbeck.
Terrain crétacé.	*Terrain néocomien :* Argiles de Vassy, marnes avec minerais de fer, calcaire à spatangues, argiles à plicatules. *Gault :* Sables verts, gault ou argile noire de Folkestone. *Grès vert :* Gaize, calcaire argilo sableux. *Craie chloritée :* Craie de Rouen (parsemée de points verts), jalais de la Loire. *Craie tuffeau :* Sables du Mans, calcaires, craie marneuse. *Craie blanche :* Craie blanche avec ou sans silex, calcaire de Maestricht, calcaire pisolithique.	Sources salées et gypses bitumineux dans les Landes.—Minerais de fer oolithiques. — Lignites des Landes et de l'Ariège. — Phosphate de chaux de Wissant. — Marnes pyriteuses et minerais de fer des Ardennes. Phosphate de chaux du Havre. — Argile réfractaire de Vagnas. Calcaire de Bouré. — Calcaire de l'Echaillon. Marnes pour amendement des terres. — Craie de Meudon.
	IV. — TERRAINS TERTIAIRES	
Terrain éocène.	*Argile plastique :* Conglomérat de l'argile plastique, lignite, argile panachée, sables et pyrites, argile plastique grise, sables coquilliers, sables à lignites pyriteux. *Calcaire grossier :* Sable glauconieux et chlorité. — Banc Saint-Jacqttes. — Calcaire à milliolithes — Banc vert. — Banc de roche. — Liais. — Caillasses.	Sables et lignites du Soissonnais. — Sel gemme de Cardova. — Soufre de Sicile. — Houilles grasses en Suisse et en Savoie. Pierre à bâtir du calcaire grossier. — Gypse en cristaux dans le calcaire grossier du midi de la France.

DÉSIGNATION des GROUPES	COUCHES COMPOSANT LES GROUPES	ROCHES ET MINÉRAUX utiles POUR LES CONSTRUCTIONS
	IV. — TERRAINS TERTIAIRES (*Suite*).	
Terrain éocène.	*Gypse :* Sables et grès de Beauchamps, calcaire siliceux de Saint-Ouen, travertins de Champigny, gypse et marnes lacustres, Marnes d'Aix et d'Auvergne, marnes jaunes, marnes vertes, calcaire siliceux de Brie.	Asphaltes du Gard. — Plâtres du bassin de Paris. — Sel gemme de Pologne et des Pyrénées. — Meulières de la Ferté-sous-Jouarre.
Terrain miocène.	Grès de Fontainebleau et d'Orsay. — Sables. — Argile à meulières. — Calcaire lacustre de Beauce. — Molasse. — Faluns de la Touraine.	Grès de Fontainebleau et d'Orsay. — Meulières de Meudon. — Lignites d'Aix. — Asphalte de Seyssel (Ain). — Gypse d'Aix. — Chaux hydraulique du Tarn.
Terrain pliocène.	Sables coquilliers de Normandie. — Molasse d'eau douce. — Sable marin ou lacustre de la Limagne et des Landes. — Argile bleue de la Manche. — Limon jaune de Picardie. — Tufs à ossements d'Auvergne. — Dépôts marins et d'eau douce.	Amendements coquilliers. — Fer des Landes. — Lignites de l'Isère, des Flandres, de la Haute-Saône.
	V. — TERRAINS QUATERNAIRES ET ACTUELS	
Terrain quaternaire.	Diluvium rouge et gris. — Tuf volcanique. — Cavernes à ossements. — Dépôts et blocs erratiques. — Dépôts de transports des vallées et des mers. — Alluvions anciennes. — Limon siliceux et calcaire.	Fer phosphoreux de la Moselle et des Ardennes. — Terre noire de Russie. — Tourbe. Or, argent et platine du Rhin, de l'Oural, etc. — Soufre. — Pouzzolanes.
Terrain actuel.	Tourbes et marais tourbeux. — Tufs travertins et dépôts de sources minérales. — Alluvions maritimes et cordons littoraux. — Alluvions d'eau douce. — Deltas. — Roches et îles madréporiques. — Sédiments des geysers. — Humus et terre végétale.	Tourbes de la Somme. — Fer sulfureux et phosphoreux. — Pouzzolanes. — Tangue et merl de Normandie et de Bretagne. — Or du Rhône, du Rhin. — Soufre volcanique.

Les terrains primitifs, avons-nous dit, ne présentent point trace de vie. C'est dans les couches sédimentaires que la végétation et la vie apparaissent et que les espèces se transforment progressivement pour arriver aux types actuels. Les terrains de transition nous montrent des plantes marines et terrestres, des algues, des polypes, des crustacés et des mollusques, puis des poissons et des reptiles; la zone carbonifère est caractérisée par une végétation puissante de fougères et d'arbres monocotylédones, premiers insectes, premières coquilles connues; le trias nous offre les premiers mammifères didelphes; dans le terrain jurassique apparaissent les bélemnites, règne des ammonites et des sauriens, apparition des ammonites; le terrain crétacé offre également de nombreuses ammonites, la vie y est active et les espèces sont nombreuses et variées, apparition des plantes dicotylédones; celles-ci se développent dans le terrain tertiaire, ainsi que les mammifères, il n'y a plus de bélemnites ni d'ammonites et tout se rapproche des espèces actuelles, règne des nummulites; à l'époque quaternaire l'homme apparaît sur la terre avec les races éteintes des grands mammifères.

Cartes et coupes géologiques. — Pour dresser la carte géologique d'un pays, on reconnaît en chaque point le terrain que recouvre immédiatement la terre végétale. Les résultats sont rapportés sur une carte géographique, on trace les lignes de passage d'un terrain à l'autre et on recouvre d'une teinte particulière la surface occupée par chaque terrain. Une pareille carte est utile à tous : au savant, à l'ingénieur, au constructeur, au mineur, à l'agriculteur et même au militaire. Elle permet par exemple, à l'ingénieur chargé de construire une voie de communication d'apprécier les difficultés qu'il rencontrera et d'évaluer la dépense; elle permet au général de savoir si le pays est praticable à la cavalerie et quel genre de ressources il peut offrir. Il est donc du plus grand intérêt d'obtenir des cartes géologiques aussi complètes et aussi exactes que possible; le service national des mines a rendu sous ce rapport de grands services au pays, et le premier soin de l'ingénieur chargé de l'étude d'une voie de communication doit être de se procurer la feuille au $\frac{1}{80000}$ donnant avec les teintes conventionnelles la représentation géologique de la région. Cette carte seule permet de tracer approximativement la coupe géologique sur l'axe de la voie projetée.

S'il est utile, en effet, de connaître en plan l'aspect géologique d'un pays, il est non moins précieux d'avoir les profils que présente le sol quand on le coupe par des plans verticaux, ce que l'on appelle les coupes géologiques. Elles permettent de suivre dans les entrailles de la terre les diverses formations, d'étudier leur inclinaison, leur position relative, et d'en déduire des résultats importants pour l'industrie et pour la science. Ces coupes géologiques que l'on peut, avons-nous dit, établir approximativement par la considération des cartes géologiques, se présentent parfois nettement établies par la nature même, par exemple sur les falaises et dans certaines vallées; les puits de toutes espèces, les grandes tranchées de chemins de fer fournissent quantité de coupes intéressantes. Mais ce n'est guère que par une série de sondages convenablement répartis que l'on obtient une représentation exacte du sous-sol, représentation indispensable pour l'étude de tous les grands travaux publics.

ÉTUDE SOMMAIRE DES ROCHES

Les roches sont les corps qui entrent dans la composition de l'écorce terrestre. Il en existe une grande variété, mais nous signalerons surtout celles qui offrent quelque intérêt pour le constructeur.

Les roches sont toujours *homogènes* lorsque leur composition est uniforme, tels sont la plupart des grès et des calcaires; elles sont *hétérogènes* lorsqu'elles résultent du mélange de plusieurs espèces différentes, tel est le granite ou le marbre-brèche.

Roches élémentaires. — Les roches élémentaires sont des minéraux homogènes, chimiquement définis, qui peuvent se rencontrer isolés dans la nature et qui par leur mélange engendrent les roches composées.

Il existe environ soixante minéraux élémentaires, voici les plus intéressants pour nous :

1° CARBONE ET CARBURES. — Le carbone pur se trouve à l'état de graphite ou mine de plomb; on le retrouve ensuite dans les anthracites, les houilles et les lignites. Le pétrole, exemple rare de minéral liquide, est un mélange de carbures d'hydrogène, dont le gisement principal se rencontre dans les terrains dévonien et silurien. Les bitumes renferment avec le carbone de l'hydrogène et de l'oxygène, la principale espèce est l'asphalte.

2° QUARTZ. — Le quartz type est la silice ou oxyde de silicium anhydre, cristal de roche. Parmi les variétés du quartz on distingue :

Le quartz hyalin ou cristal de roche,
Le quartz compacte ou quartzite,
L'agate,
Le silex,
Le quartz terreux,
Le quartz résinite,
Le jaspe,
Le grès.

Le *cristal de roche* doit son nom à sa grande transparence, c'est de la silice pure. On le rencontre souvent en cristaux énormes d'un décimètre et plus de hauteur. Généralement il est blanc; quand il est coloré en violet par l'oxyde de manganèse, il devient l'améthyste, et quand il est coloré en jaune gris par le bitume, c'est du quartz enfumé; les cristaux de quartz renferment parfois des cristaux étrangers, par exemple des lamelles de mica réfléchissant la lumière, dans ce dernier cas il constitue l'aventurine.

Les *quartzites* se trouvent dans les terrains de transition des Alpes et de Bretagne, aux environs de Cherbourg et dans le massif des Ardennes. Ce sont des grès métamorphiques, dans lesquels les grains de quartz, souvent peu apparents, sont reliés par une pâte siliceuse.

L'agate est une pierre précieuse que l'on trouve en rognons dans les terrains anciens; en la sciant, on l'obtient sous forme de bandes rubannées, concentriques; l'agate à rubans alternativement noirs et blancs est l'onyx; lorsque les rubans sont rouges et blancs, c'est le sardonyx; les agates claires sont des calcédoines et les agates rouges des cornalines.

Le *silex* se présente en rognons plus ou moins gros tout bosselés et quelquefois réunis les uns aux autres par des branches; on les trouve dans la craie, aussi sont-ils blancs à la surface. A l'intérieur, ils sont noirs ou gris, quelquefois jaunes. Les fragments en sont très aigus et constituent la pierre à fusil. Le silex est sans éclat, légèrement transparent. Les silex roulés des terrains de transport et des alluvions sont plus durs que ceux que l'on trouve en place dans la craie; ils sont préférables pour l'entretien des routes.

A côté de la pierre à fusil se place la *meulière*, silex tout rempli de crevasses et de boursoufflures intérieures, qui semble avoir pris naissance dans un liquide bouillonnant. Les cavités sont plus ou moins étendues, elles sont souvent tapissées de cristaux. La meulière est une pierre dure et résistante, la meilleure est celle dans laquelle les cavités sont de dimensions moyennes et uniformes; celle qui donne les meules à moulin a des cavités petites et régulières. La meulière coquillière des environs de Paris est réservée aux constructions.

Le quartz *terreux* est la couche blanchâtre et pulvérulente qui recouvre les rognons de silex. Le quartz terreux est la base des poussières appelées tripoli, dont les grains très durs servent à polir les métaux.

Le quartz *résinite*, ainsi nommé par son aspect, est une silice hydratée; blanc laiteux avec reflets irisés, il constitue l'opale.

Le *jaspe* est un quartz opaque, mélangé d'oxyde de fer ou d'hydrate de cet oxyde; il présente parfois une série de couches concentriques.

3° CHAUX CARBONATÉE OU CALCAIRE. — La chaux carbonatée pure a, sous ses diverses formes, la composition chimique $CaO\,Co^2$; elle se dissout dans l'acide nitrique et fait effervescence avec les acides. Elle est blanche, mais, dans la nature, elle se trouve souvent colorée par des matières étrangères. Elle est rayée par une pointe d'acier; par la cuisson, elle se décompose et donne de la chaux vive.

Les principales variétés de calcaire sont:

Le carbonate de chaux cristallisé, spath d'Islande, arragonite,
Le marbre,
L'albâtre,
La pierre à bâtir, la pierre à chaux, la pierre lithographique,
La craie, le blanc d'Espagne,
Le tuffeau, le travertin.

Au point de vue de la composition physique, on distingue les calcaires fibreux, saccharoïde, compacte, terreux.

Le calcaire *fibreux*, qui s'est formé par cristallisation au sein des eaux, est un assemblage de longs cristaux prismatiques accolés; le plus souvent l'apparence cristalline disparaît, les cristaux sont de véritables filaments et la substance prend un aspect soyeux et nacré. La couleur est laiteuse et, lorsqu'elle varie d'une zone à l'autre, on a l'albâtre antique. Le corail est un calcaire fibreux coloré par des matières organiques.

Le calcaire *saccharoïde* a l'apparence grenue du sucre, apparence due à la cristallisation; il est translucide. C'est une roche métamorphique que l'on trouve toujours au voisinage d'un calcaire ordinaire renfermant les fossiles du lias. Les deux types de ce calcaire sont: 1° le marbre de Paros et le marbre pentélique, à gros grains presque lamelleux; et 2° le marbre de Carrare à grain très fin. Le calcaire saccharoïde est très variable d'aspect dans une même carrière, et cela se comprend si l'on considère la cause qui l'a produit; la cristallisation a dû être d'autant moins parfaite que les couches s'éloignaient plus du foyer, que ce foyer fût la chaleur souterraine ou la chaleur abandonnée par un filon se solidifiant.

Le calcaire *compacte* est une formation puissante qui, mêlée à des couches argileuses, constitue le massif du Jura. Sa cassure est esquilleuse ou conchoïde, suivant qu'il est blanc ou coloré, la variété blanche est pure et la forme de la cassure indique un commencement de cristallisation. Le calcaire compacte est généralement résistant, surtout s'il est pur; on le trouve coloré en jaune par de l'oxyde de fer, en brun par l'hydrate d'oxyde de fer, en gris par le bitume ou le charbon; dans le terrain houiller, il est même tout à fait noir, marbre de Belgique. Le calcaire pur calciné donne de la chaux grasse; argileux, il donne des chaux maigres et des chaux hydrauliques.

Le calcaire *oolithique* est formé par la réunion d'une masse de petits grains de calcaire compacte, réunis quelquefois par une pâte calcaire; le nom de cette pierre vient de ce qu'elle ressemble à un amas d'œufs de poisson accolés les uns aux autres. L'oolithe est un grain très petit et le calcaire a une cassure nette et uniforme; lorsque la grosseur du grain dépasse celle d'un grain de plomb, on a ce qu'on appelle le calcaire pisolithique; le grain y atteint quelquefois de grandes dimensions, comme dans les dragées de Tivoli; mais, si l'on casse ces noyaux calcaires, on les trouve formés d'une série de couches.

Certains calcaires compactes renferment dans leur pâte une multitude de coquilles fort bien conservées, qui donnent à la pierre des reflets brillants; cette pierre s'appelle alors la lumachelle et sert à l'ornementation.

Le calcaire *terreux* est tendre, friable, presque toujours impur. La variété pure constitue la craie. Quand il renferme plus de 40 p. 100 d'argile, il s'appelle marne, variété fort employée en agriculture parce qu'elle se délite à l'air et donne aux végétaux la chaux qui leur est nécessaire. — Le calcaire terreux se trouve dans les terrains crétacés et dans les terrains tertiaires.

La *dolomie* est formée d'un équivalent de carbonate de chaux et d'un équivalent de carbonate de magnésie. On la trouve dans les Alpes à l'état compacte et à l'état terreux dans quelques couches de craie des environs de Paris.

4° CHAUX SULFATÉE OU GYPSE. — Minéral très tendre, se laisse rayer à l'ongle, presque toujours blanc, il abandonne de l'eau par calcination. —

Sa formule est $CaO.SO^3 + 2HO$. — Il en existe plusieurs variétés : saccharoïde, grenue, fibreuse, compacte.

Le gypse cristallisé présente un plan de clivage très facile, et se sépare en longues lames avec la pointe d'un canif; on trouve dans le bassin de Paris de beaux cristaux en forme de fer de lance.

Le gypse saccharoïde, très blanc, très tendre, à cassure grenue, se taille très facilement; il constitue l'*albâtre* ordinaire dont on fait des objets d'ornement.

Le gypse compacte est à cassure esquilleuse, d'un blanc sale, souvent un peu jaune.

La chaux sulfatée se rencontre dans tous les terrains de sédiment, où elle semble avoir été formée par réaction chimique. On en trouve des gisements considérables dans les terrains tertiaires et les marnes irisées. Elle existe aussi, mais en masses accidentelles, dans les terrains secondaires; elle a dû naître dans ces terrains postérieurement à leur formation et elle est accompagnée de roches porphyriques contemporaines. C'est ainsi que se présente le gypse des Alpes et des Pyrénées.

Le bassin de Paris est très riche en pierre à plâtre qui offre de nombreux débris fossiles.

L'*anhydrite* diffère du gypse en ce qu'il ne renferme pas d'eau. Substance d'un blanc laiteux, diaphane, s'altère facilement à l'air.

5° FELDSPATH. — Le feldspath comprend une famille de minéraux de structure analogue.

Les roches plutoniennes, les granites par exemple, sont formées en grande partie de feldspath en lamelles nacrées blanches ou faiblement colorées. Longtemps on a cru que le feldspath était un silicate double d'alumine et de potasse; on reconnut ensuite que la potasse pouvait y être remplacée en tout ou en partie par la soude et aussi par les bases terreuses (fer, chaux, magnésie).

Les principales espèces de feldspath sont :

L'orthose, silicate double d'alumine et de potasse;

L'orthose vitreux, dans lequel la potasse est en partie remplacée par la soude;

L'albite, dans lequel la potasse est complètement remplacée par la soude;

L'oligoclase, dans lequel la potasse existe concurremment avec la soude et la chaux;

Le labrador, dans lequel la potasse est remplacée par la soude et la chaux.

L'*orthose* se trouve en cristaux blancs dans la pâte des roches anciennes, ou bien encore en cristaux séparés tapissant des géodes, ou enfin en masses lamelleuses. Il est généralement blanc, dur et raye le verre.

Il existe un feldspath lamelleux sous forme de filons dans les granites et les porphyres; il est blanc laiteux ou rose, quelquefois nacré et irisé.

Il existe bien des variétés d'orthose, ayant même composition chimique et se distinguant par des détails de forme et de couleur.

Au voisinage du feldspath cristallisé on trouve une poudre blanche terreuse résultant de l'altération du feldspath qui a perdu son alcali ; cette terre blanche est un silicate d'alumine pur, c'est-à-dire du kaolin, base de la porcelaine.

L'orthose compacte, ou *pétrosilex* (hornstein), se rencontre dans le massif des Vosges. Minéral difficilement fusible, il donne un émail blanc, raye le verre et offre une cassure esquilleuse, il est à bords translucides et possède l'aspect des corps gras. Ses couleurs sont variées : tantôt gris rougeâtre ou verdâtre, tantôt gris plus ou moins blanchâtre, quelquefois rouge sang.

Le pétrosilex a même composition chimique que le feldspath, avec une proportion de silice un peu plus forte ; il se trouve dans les granites, et aussi dans les terrains de transition, soit sous forme de filons, soit sous forme de couches réellement sédimentaires (pierres de Chalonnes-sur-Loire).

Le feldspath sonore ou *phonolite* ressemble au pétrosilex, mais s'en distingue par sa plus grande fusibilité ; il donne un émail gris, se laisse rayer par l'acier ; quelquefois se débite en lames, telle est la roche tuilière du Mont-Dore.

L'*obsidienne* est un feldspath vitreux, à cassure conchoïde, vitreuse, éclatante ; elle ressemble tout à fait à un émail, et en effet c'est un émail produit par la chaleur dégagée au moment de l'éruption des roches plutoniennes. Les obsidiennes sont noir ou vert foncé ; elles se rencontrent dans les terrains volcaniques et se présentent en coulées assez puissantes pour former quelquefois de véritables montagnes. La *pierre ponce* est une modification de l'obsidienne : celle-ci, à l'état de fusion, a été traversée par un courant gazeux froid qui l'a boursoufflée et solidifiée.

L'*albite* se rencontre en cristaux, en lamelles et en masses grenues. Éclat vitreux. Couleur ordinaire : blanc de lait. Elle est translucide et aussi dure que l'orthose. Elle se trouve en filons dans les Alpes et en cristaux dans le granite, où on la confond souvent avec l'oligoclase. L'albite en cristaux se trouve surtout dans les granites relativement modernes, tels que ceux du Forez. Les porphyres et les diorites sont des roches renfermant de l'albite.

L'*oligoclase* se présente généralement en masses lamelleuses, analogues à celles de l'orthose ; ces deux minéraux sont souvent mélangés. Sa couleur générale est le gris avec une teinte jaunâtre. L'oligoclase se trouve surtout dans les granites, principalement en Suède et en Norvège, où elle joue le même rôle que l'orthose. On la rencontre aussi dans certains granites de la Bretagne et du centre de la France ; ces granites sont à gros grains et d'origine postérieure à celle des granites à orthose qui sont à plus petits grains.

Le *labrador* se présente en masses lamelleuses d'un gris cendré ; souvent le basalte et les laves renferment de nombreux cristaux très petits de labrador. On le trouve dans les roches analogues au granite, mais qui s'en distinguent par l'absence du quartz, telles que les diorites, les basaltes et les laves.

6° MICA. — Le mica est un des minéraux les plus simples à reconnaître : il est en lamelles plus ou moins épaisses, dont le clivage parallèlement à la base est très facile ; avec un couteau, avec l'ongle on en détache de petites feuilles transparentes et minces. Le mica est très flexible et en même temps élastique ; les feuilles repliées sur elles-mêmes reviennent ensuite à leur forme plate.

Possédant un éclat métallique très vif, il affecte diverses couleurs ; ordinairement il est blanc argentin, ou noir verdâtre. Sa fusibilité est variable ; cela tient à des compositions chimiques différentes, et il est convenable de considérer le mica non comme un individu, mais comme une famille dont la propriété générale est de se diviser en lamelles transparentes et brillantes (*micare*, briller).

Au point de vue chimique, les principes dominants du mica sont : la silice, l'alumine, avec la magnésie, la potasse et la lithine ; à ces éléments s'ajoutent en moindre proportion les protoxydes de fer et de manganèse et quelquefois du fluor ou de l'eau.

Le mica se trouve surtout au sein des terrains anciens, dans les granites, les gneiss et les micaschistes ; on le rencontre aussi dans les géodes au milieu des terrains volcaniques. Enfin, comme c'est un minéral des moins altérables, il a survécu à l'altération de certaines roches anciennes ; il a été entraîné par les courants, et ces lamelles se sont déposées à plat sur des couches sédimentaires auxquelles elles forment comme une enveloppe. On rencontre de ces lames de mica jusque dans les terrains tertiaires.

7° TALC. — Le talc comprend une famille de minéraux, ordinairement vert clair, dont le caractère spécial est d'être onctueux au toucher comme le savon ; le talc est infusible.

C'est un composé de silice, de magnésie et d'eau ; tendre, il se laisse rayer à l'ongle et possède un éclat gris nacré, il peut se diviser en lames flexibles, mais non élastiques.

Le talc se trouve en rognons dans les schistes talqueux et en lamelles remplaçant le mica dans certains granites des Alpes appelés protogine.

Une variété de talc est la craie de Briançon, masses d'un blanc de lait, onctueuses et schisteuses.

Un silicate de magnésie naturel est la *serpentine* qui se trouve plutôt à l'état de roche composée que de minéral.

8° AMPHIBOLE. — Sous le nom d'amphibole on range trois espèces de minéraux qui, ayant même forme cristalline, présentent quelques différences dans leur composition et, par suite, dans leurs propriétés physiques, savoir :

L'Amphibole trémolithe qui est blanche $(CaO, SiO^3 + 3MgO.2SiO^3)$;
— actinote — vert clair $(CaO, SiO^3 + 3(MgFe)O.2SiO^3)$;
— hornblende — noire et lamelleuse.

La *trémolithe* est une variété que l'on trouve toujours pure ; mais elle est rare et on la rencontre disséminée dans les calcaires saccharoïdes et dans les roches schisteuses des terrains de transition, quelquefois mêlée à un peu de graphite. A côté d'elle il faut placer l'asbeste (incombustible) ou *amiante*, que l'on peut séparer en fils soyeux susceptibles d'être tissés. De la trémolithe se rapproche encore le *jade*, plus ou moins verdâtre, très dur, très résistant, facile à polir et à aiguiser; on l'appelle encore pierre des amazones, pierre de hache, pierre de la circoncision.

L'*actinote* est d'un vert végétal à teinte claire, fusible en un verre peu coloré, se rencontre dans les schistes talqueux où on la trouve en cristaux très allongés.

L'*amphibole noire* se trouve quelquefois en cristaux et plus souvent en masses fibreuses ou lamelleuses avec faces de clivage miroitantes. Elle se trouve dans les gneiss, les schistes micacés, dans la syénite qui est un granite amphibolique, dans les diorites et dans les roches volcaniques anciennes et modernes.

9° PYROXÈNE. — Le pyroxène comprend une famille de minéraux, souvent tellement distincts comme composition chimique que longtemps on s'est refusé à les associer; mais on reconnaît bien vite qu'ils ont entre eux un rapport intime si l'on remarque qu'ils ont tous la même forme cristalline.

Le pyroxène est un silicate double de chaux et de magnésie; mais la chaux peut se trouver remplacée par le protoxyde de fer, et la magnésie elle-même par les protoxydes de fer et de manganèse.

Il y a deux variétés principales de pyroxène:
Le diopside, qui est à base de chaux et de magnésie;
L'augite, qui est à base de chaux, oxyde de fer et de magnésie.
Le diopside est le pyroxène pur. Quelques échantillons sont blancs; la plupart sont vert clair et transparents, quelques-uns ont une teinte verte assez foncée. On trouve ce minéral en Piémont et dans les Pyrénées. Le diopside ne se rencontre qu'en filons au milieu de divers terrains.

L'augite, au contraire, forme des roches porphyriques et surtout des roches volcaniques : méplaphyres, basaltes, trapps.

Une chose remarquable est que le pyroxène se produit artificiellement dans les scories de certains hauts fourneaux.

10° ARGILE. — L'argile n'est véritablement un minéral simple qu'à l'état de kaolin, silicate d'alumine. Généralement, c'est une roche composée.

Roches composées. — 1° GRANITES. — Les granites sont formés de trois éléments :
Quartz, feldspath-orthose, mica.
La structure d'agrégation de cette roche est caractéristique.
Il est rare de rencontrer dans le granite le quartz sous une forme cristalline bien définie; il est presque toujours en grains. Généralement le quartz est blanc et ses cristaux, quand il y en a, sont transparents et incolores; quelquefois cependant ils affectent la teinte jaune du quartz enfumé, c'est-à-dire du quartz sali par des émanations bitumineuses.

Le mica est en lamelles caractéristiques; il est facile avec un couteau d'enlever à ces lamelles d'autres petites lamelles brillantes, minces et élastiques. Le mica a toujours un éclat métallique avec une couleur blanchâtre, noire ou verte ; ces teintes peuvent être mélangées dans le même morceau de granite.

Le feldspath est généralement sous une forme lamelleuse, quelquefois grenue et alors le granite est à grains fins. Cependant on rencontre des échantillons possédant du feldspath en gros cristaux d'un centimètre de long, donnant au granite la structure d'agrégation porphyroïde (l'apparence porphyroïde est celle d'une roche qui, comme le porphyre, est formée de gros cristaux se détachant sur une pâte homogène). Il y a souvent dans le même granite deux feldspaths mélangés ; c'est ainsi qu'on peut y rencontrer à la fois un feldspath rose (orthose) et un feldspath blanc verdâtre (albite ou oligoclase).

Le granite est une roche à éléments très durs ; mais elle se brise facilement et il est facile d'en enlever des éclats avec un marteau. C'est une excellente pierre de taille, cependant il ne faut pas s'en exagérer la durée. On trouve certains granites en état de décomposition plus ou moins avancée ; quelques-uns même finissent par se transformer en kaolin ; cette transformation se rencontre fréquemment dans le centre de la France.

Le granite constitue des contrées d'une étendue considérable. En général, il forme l'axe des grandes montagnes et constitue des formations abruptes et tourmentées émergeant des terrains sédimentaires. Quelques-uns de ces massifs sont de formation relativement récente.

Lorsque, dans le granite, le mica est remplacé par un minéral pailleté, vert, talc ou chlorite, il prend le nom de *protogine*. La protogine présente les structures d'agrégation les plus variées, depuis la structure granitoïde jusqu'à la structure porphyroïde. Le Mont-Blanc et les aiguilles voisines, ainsi que les montagnes du Creuzot, sont formées de protogine. La protogine a dû apparaître un peu après la période houillère, car les assises du terrain houiller sont relevées sur ses flancs.

La *syénite* est un granite d'Égypte, dont l'obélisque de la place de la Concorde, à Paris, est un exemplaire monumental ; le mica y est partiellement remplacé par de l'amphibole. La syénite est moins âgée que le granite ; on la trouve aux deux extrémités du massif des Vosges, tandis que le granite est au centre. La syénite est une belle pierre d'ornement à cause de sa coloration ; généralement le feldspath y est rose et l'amphibole vert foncé, ce qui produit un contraste. Par malheur, cette roche se désagrège plus facilement que le granite et elle n'est pas toujours bien homogène.

La *pegmatite* ou granite graphique est un granite dans lequel le quartz est en cristaux complets dont les axes sont parallèles ; à l'aspect on croit voir apparaître sur le fond comme une série de caractères hébraïques.

Le *gneiss* est une sorte de granite dans lequel le mica domine. Les lames de mica disséminées dans le granite d'une manière irrégulière, se sont placées dans le gneiss parallèlement à un plan ; il en résulte une série de zones donnant à la roche un aspect rubanné. Le gneiss, que l'on appelle quelquefois granite rubanné ou schisteux (du grec *schistos*, divisé), est toujours associé au granite et recouvre ce dernier. Le granite est comme la fondation du sol terrestre, fondation qui repose sur les matières incandescentes de l'intérieur du globe, et le gneiss est la seconde assise, celle qui supporte les terrains de sédiments.

Le granite schisteux est fréquemment employé pour les constructions : sa structure permet de le débiter en blocs réguliers.

A côté du gneiss il faut placer le gneiss talqueux ; c'est une protogine dans laquelle le talc s'est disposé par bandes.

On trouve en Bretagne, près de Nantes, un gneiss feuilleté qui contient de l'amphibole au lieu de mica ; c'est une syénite schisteuse.

La formation du gneiss éruptif s'explique soit en supposant que la masse liquéfiée s'est solidifiée lentement et a permis aux lames de mica de prendre une orientation stable, soit encore en disant que la traction, opérée dans les coulées pâteuses par l'action de la pesanteur a produit comme un laminage de la roche. Le plus souvent cependant, il faut considérer le gneiss comme une roche métamorphique du granite auquel il est toujours associé : on passe de l'un à l'autre par gradations insensibles.

Dans les gneiss métamorphiques, comme dans les gneiss éruptifs on trouve du quartz, du feldspath et du mica. Quand le feldspath disparaît, les feuilles de mica se déposent par bandes et l'on se trouve en présence d'une roche feuilletée, d'origine métamorphique qu'on appelle *micaschistes*. Les micaschistes sont riches en minéraux cristallisés.

Quand le talc a remplacé le mica on obtient le *talcschiste*.

Les schistes forment des couches considérables que l'on rencontre au-dessus des granites à la base des terrains anciens.

On observe, à partir des granites, une série de roches métamorphiques dans lesquelles l'action métamorphique va sans cesse en décroissant ; d'abord ce sont les gneiss, puis les mica et talcschistes, roches parfaitement cristallisées ; viennent ensuite les roches qu'on appelle schistes micacés ou talqueux, qui se séparent en feuillets plus ou moins épais, plus ou moins continus, dans lesquels la structure cristalline est moins facile à reconnaître ; au-dessus on trouve les *phyllades*, roche feuilletée constituant des assises puissantes et susceptibles de donner des plaques pour couvrir les édifices, des dalles, des tables, des planches à écrire. Les phyllades passent aux schistes ardoisiers qui se débitent en feuilles appelées *ardoises* et dans lesquels on ne trouve plus trace de cristallisation ; au-dessus encore sont les schistes argileux en feuillets mal définis et peu solides, enfin viennent les argiles.

Il faut considérer qu'à l'origine la masse entière, du gneiss à l'argile, était composée seulement d'argile, roche arénacée formée par les débris enlevés aux roches par les eaux et transportés ensuite dans les dépressions : la masse argileuse entière a subi l'action métamorphique, mais l'effet produit a varié suivant la distance au foyer et les couches supérieures ont pu rester à l'état argileux.

Le *diorite* est une roche granitoïde qui ne renferme que deux éléments : l'amphibole et le feldspath.

2º PORPHYRES. — La structure porphyrique, avons-nous dit, est celle d'une roche formée d'une pâte dans laquelle sont disséminés des cristaux plus ou moins gros.

Le *porphyre feldspathique* est une pâte de feldspath renfermant des cristaux de feldspath. La couleur la plus commune est un rouge très prononcé. Parfois, la pâte est mélangée d'un peu d'amphibole et la couleur devient verdâtre, c'est le cas du porphyre vert antique.

Le *porphyre quartzifère* est une pâte feldspathique renfermant des cristaux de feldspath et des grains de quartz cristallisé. La pâte est généralement rouge foncé, quelquefois brune ou grise; les cristaux de feldspath sont blancs, quelquefois verdâtres ou rosés, mais avec une teinte claire qui se détache nettement sur un fond sombre. Les cristaux de quartz sont incolores et transparents.

La pâte des porphyres peut, dans certains cas, devenir terreuse, et on a alors des porphyres argileux; on les trouve associés au terrain de grès rouge. On rencontre également des porphyres quartzifères terreux en Bretagne.

Le porphyre à pâte rouge sombre et à cristaux blancs est une des plus belles pierres que l'on connaisse; malheureusement, s'il se conserve bien à l'air dans les climats secs comme celui de l'Égypte, il ne résiste guère sous nos climats humides.

3° TRACHYTES. — Le trachyte est une des trois principales roches volcaniques : trachyte, basalte, lave.

Comme composition, le trachyte présente une grande analogie avec le porphyre feldspathique : c'est une roche composée de feldspath en pâte avec des cristaux disséminés de feldspath, d'amphibole et de mica. — La pâte des trachytes est tantôt blanche, tantôt grise ou jaunâtre ; elle est poreuse. Quelquefois la pâte est réduite à fort peu de chose par la multiplicité des cristaux, et la roche prend un aspect granitoïde.

Le caractère du trachyte est de présenter une pâte feldspathique poreuse, quelle que soit la proportion de cristaux étrangers mélangés.

Les trachytes sont des roches éruptives qui ont paru depuis le milieu jusqu'à la fin de la période tertiaire.

En France, le groupe du Cantal, le massif du Mont-Dore, la chaîne du Velay avec le pic de Mezenc sont de formation trachytique.

Les trachytes sont de bons matériaux de construction; lorsqu'ils sont durs, ils sont très résistants à cause de leur structure poreuse. La cathédrale de Cologne est construite en belle pierre de trachyte granitoïde.

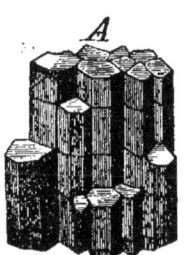

Fig. 6.

4° BASALTE. — Le basalte est une roche composée de labrador et de pyroxène augite.

Elle existe quelquefois avec la structure granitoïde et l'on peut y distinguer les deux minéraux cristallisés ; mais, le plus souvent, c'est une masse homogène, très résistante, d'un noir bleuâtre, renfermant les deux minéraux fondus ensemble et indistincts.

Le basalte granitoïde se rencontre accidentellement dans la masse des basaltes ordinaires. C'est surtout le pyroxène qui forme la plus grande partie du basalte.

Le basalte se présente dans la nature sous des aspects forts curieux : les masses basaltiques sont généralement formées de prismes à base hexagonale accolés les uns aux autres ; cela tient à ce que le basalte liquide est homogène et qu'en se solidifiant il se contracte aussi d'une manière homogène et se divise alors en prismes réguliers hexagonaux formant quelque chose d'analogue aux rayons d'une ruche.

Dans le Vivarais on trouve un exemple frappant de la formation basaltique. Du cratère de la Coupe part une longue coulée de basalte que l'on peut suivre sur le flanc de la montagne jusqu'à la base où la nappe liquide s'est

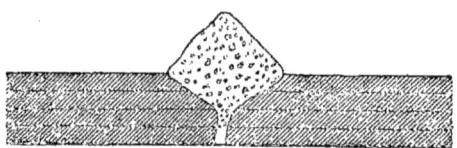

Fig. 7.

étendue, puis solidifiée et a produit un monceau de colonnes prismatiques accolées.

En d'autres endroits, le basalte est venu de l'intérieur en filons puissants qui, parvenus au jour, se sont épanchés sur le sol de manière à former soit des plateaux basaltiques, soit de véritables montagnes qui sont comme la tête d'un champignon dont la tige pénètre dans la terre.

Parfois, les roches sédimentaires sont enlevées par les eaux, la tige basaltique reste seule, divisée en colonnes et supportant un chapeau poreux et scoriacé, comme dans la fameuse grotte de Fingal en Irlande.

Comme agglomération de basalte, citons encore la chaussée des Géants, que l'on trouve en Ardèche sur les bords d'une petite rivière.

Le basalte fournit de bons matériaux de construction ; ses prismes sont tout taillés, par exemple, pour faire des pavés, puisque leurs hexagones ne laissent entre eux aucun vide.

5° LAVES. — Les laves composent une famille de roches voisines tantôt des trachytes, tantôt des basaltes ; ce sont les déjections des volcans de l'époque moderne. Les plus anciennes appartiennent en France aux volcans de l'Auvergne, du Velay et du Vivarais, volcans aujourd'hui éteints, mais bien conservés comme forme et postérieurs à la formation basaltique que leurs laves recouvrent.

Les laves, sortant des cratères liquides et portées à une haute température, s'écoulent sur les flancs des montagnes et se refroidissent lentement. Depuis longtemps l'écorce est solide quand l'intérieur est encore pâteux.

Cette écorce présente au plus haut point la structure scoriacée : en se solidifiant, la lave se contracte, mais le liquide intérieur n'obéit pas à ce mouvement, d'où résultent des déchirements nombreux ; la masse s'étire et se fendille et les gaz qui s'en dégagent la rendent poreuse.

Les laves, qui se refroidissent très lentement, prennent une structure compacte ; elles sont très dures et on les emploie à Naples comme matériaux de construction.

Les laves scoriacées, ou tufs volcaniques, broyées et pulvérisées, donnent de précieuses pouzzolanes.

6° CALCAIRES. — Nous avons décrit les calcaires en tant que roche élémentaire.

Ils forment une grosse partie de l'écorce terrestre ; ils servent tous aux constructions d'une manière ou de l'autre ; mais ils ne sont presque jamais composés de carbonate de chaux pur et renferment soit de l'argile, soit du quartz, soit des matières bitumineuses.

Ils se présentent donc sous plusieurs aspects que nous nous réservons de décrire lorsque nous nous occuperons des matériaux, spécialement au point de vue de la construction.

7° Roches arénacées. — La masse de vapeur d'eau contenue dans l'atmosphère retombe en pluie et forme sur le sol des courants liquides d'une puissance variable, qui attaquent tous plus ou moins les roches qu'ils rencontrent. Les roches les plus dures sont entamées, et leurs fragments entraînés se déposent ensuite dans des eaux calmes ; il arrive qu'en plus d'un endroit ces fragments sont agglutinés et soudés les uns aux autres par des ciments ou des pâtes de même composition chimique ou de composition différente. C'est ainsi qu'on explique la formation des roches arénacées.

A toutes les époques du globe il exista des courants liquides plus ou moins énergiques : de nos jours encore, nous voyons des torrents enlever aux montagnes des masses énormes de matières : on doit donc trouver des roches arénacées dans presque tous les terrains. La forme et la grosseur des fragments sont très variables, et c'est ce caractère qui sert à distinguer les diverses roches.

On les appelle *brèches*, quand les fragments sont anguleux; *poudingues*, lorsque les fragments sont arrondis et ont une certaine grosseur. Les poudingues sont des pâtes renfermant des galets ou cailloux roulés. Les roches arénacées prennent le nom de grès, lorsque les fragments sont à l'état de petits grains.

Enfin, il existe une roche d'apparence homogène et compacte, qui cependant est arénacée : c'est l'argile, formée d'éléments ténus, sorte de vase fossile, abandonnée par les eaux troubles qui avaient déposé d'abord les gros fragments, qui ne se tiennent pas en suspension. Les argiles comprimées par les couches postérieures ont pris, dans certains cas, une solidité très grande ; d'autrefois, des influences métamorphiques leur ont donné un aspect schisteux, et elles constituent alors les schistes argileux.

Parmi les roches arénacées, il faut placer encore les *conglomérats*. Une roche en fusion, poussée de l'intérieur du globe, a rencontré sur son passage une roche fissurée à laquelle le courant a enlevé de nombreux fragments ; ces fragments, à force de rouler, se sont arrondis et sont restés dans la pâte solidifiée. Cette pâte est souvent composée de trachyte ou de basalte, et la roche s'appelle conglomérat trachytique ou basaltique. La soudure entre la pâte et les fragments est quelquefois parfaite, à ce point qu'on ne distingue pas de solution de continuité, et qu'on passe insensiblement de la pâte porphyrique aux fragments englobés ; le grès rouge est un exemple très net de cette disposition. Il arrive fréquemment que la pâte et les fragments sont de même composition ; ainsi dans le Cantal, les conglomérats trachytiques ont été formés par du trachyte en fusion qui a entraîné du trachyte déjà solidifié.

Les roches arénacées se ressemblent beaucoup, bien qu'appartenant à des étages souvent très éloignés, et cela se conçoit, puisqu'elles ont été formées par les mêmes procédés mécaniques; elles peuvent donc se ressembler, bien que ne renfermant pas les mêmes éléments. C'est ainsi que des grès d'un âge bien différent peuvent offrir le même aspect. Quand on veut les étudier et les classer, la méthode la plus simple est de les prendre par rang d'âge.

Dans les terrains de transition, on trouve : 1° la brèche universelle, composée de fragments de roches anciennes, porphyre, granite, etc., reliés par une pâte feldspathique compacte ou pétrosilex; on la tire d'Égypte, et c'est une pierre d'ornement; 2° la grauwacke, roche grise, comme l'indique son nom, est composée de fragments de roches anciennes agglutinés par un schiste argileux ou par de l'argile. Quelquefois, par l'effet de quelque cause étrangère, la pâte argileuse s'est trouvée remplacée par une autre d'apparence feldspathique, quelquefois même par un schiste talqueux ou micacé. Les fragments sont le plus ordinairement des galets très petits (granite, porphyre, quartz, etc.) et alors la grauwacke est dite à grains fins; parfois, cependant, les galets sont assez gros pour que la grauwacke devienne une poudingue. Dans certains cas, les fragments de mica dominent, et comme ils sont lamelleux, ils se sont déposés dans le liquide en couches horizontales, ce qui donne à la roche une texture feuilletée : c'est alors de la grauwacke schisteuse.

Dans le terrain houiller on trouve une belle couche de grès formée aux dépens des roches anciennes; il contient beaucoup de galets siliceux réunis par un ciment argileux, et quelquefois très riche en mica. Le grès houiller prend, dans certains cas, le nom de granite recomposé, parce qu'il est formé de grains de granit; il contient beaucoup de mica, et lorsque ce minéral a pu s'orienter, il s'est disposé par couches et donne au grès la structure d'un schiste micacé. Pour distinguer ces grès des véritables schistes micacés appartenant aux terrains anciens, il faut remarquer que, dans les grès schisteux, le mica ne miroite que dans le plan de stratification; au contraire, dans le vrai schiste micacé, le mica est disséminé partout et miroite dans toutes les directions. Le grès houiller ressemble à la grauwacke, mais le ciment est beaucoup moins solide, parce qu'il est argileux. Le grès houiller passe insensiblement à des schistes argileux et à des argiles ressemblant à des grès à grains fins. Quand le grès houiller est à grains fins et que la pâte est résistante, on peut en tirer de belles pierres de construction.

Au-dessus du grès houiller, on trouve le grès rouge, composé d'un ciment marneux et sablonneux, coloré par de l'oxyde rouge de fer, englobant des galets de quartz hyalin. Il est souvent associé à des porphyres, qui sont entrés dans la pâte, de sorte qu'on peut dire que ce grès est à pâte porphyrique.

Vient ensuite le grès bigarré : il est à grains fins, renfermant quelques noyaux de quartz, avec un ciment sablonneux et ferrugineux, lequel passe du rouge au vert dans un même échantillon : de là vient le nom de grès bigarré.

Dans le lias, vient un grès formé de grains siliceux réunis par un ciment argileux blanchâtre ; il est employé comme pierre de taille.

Le grès vert est à la base des terrains crétacés ; il est parsemé d'une multitude de points verts qui sont dus à du silicate de fer ; ces grains ressemblent à de la chlorite. On a donné au grès vert le nom impropre de grès chlorité. On l'appelle aussi tuffeau ou pierre de tuffeau.

Le grès vert est composé de grains siliceux réunis par un ciment calcaire, et quelquefois aussi par un ciment siliceux.

Dans les terrains tertiaires existent de nombreuses couches de grès formées de grains siliceux et de ciment argileux ; quelquefois ils se transforment en sables siliceux sans aucune cohésion. Ces couches se rencontrent à la hauteur de l'argile plastique et du calcaire grossier. Dans beaucoup de cas, les grès tournent ainsi au sable ; le sable est une roche composée de grains durs arrachés à d'autres roches et non reliés par un ciment ; les sables n'ont qu'une médiocre cohésion.

A la séparation des terrains tertiaires inférieurs et moyens (au-dessus du gypse et au-dessous du calcaire d'eau douce dans le bassin de Paris), on trouve le grès le plus important, le grès de Fontainebleau. Il est composé de grains siliceux réunis par une pâte argileuse ou calcaire ; quelquefois cette pâte est siliceuse et alors le grès est dur et résistant, et on l'emploie au pavage.

Dans certaines régions, en Suisse, par exemple, le grès de Fontainebleau est remplacé par la roche appelée molasse, qui est à pâte peu solide, et qui, quelquefois, renferme de gros galets siliceux.

Comme nous l'avons dit plus haut, un grès dépourvu de ciment devient un sable ; c'est ainsi que, dans la forêt de Fontainebleau, des couches de grès se continuent par des couches de sables siliceux purs. On en trouve des couches dans beaucoup de formations, mais surtout dans les terrains tertiaires.

Certains grès durs fournissent de bonnes pierres d'appareil ; le grès bigarré a servi à construire la cathédrale de Strasbourg, et il s'est prêté au travail de la sculpture. Le grès rouge de Russie, près du lac Ladoga, est susceptible de recevoir un beau poli ; on en a fait le sarcophage de Napoléon Ier aux Invalides.

Dans le grès bigarré, on trouve quelques assises schisteuses qui fournissent des plaques minces dont on recouvre les maisons en Alsace et dans les Vosges. Les grès servent pour le pavage des rues, pour la fabrication des meules et des filtres.

Dans toutes les formations, on trouve une roche appelée brèche calcaire ; elle est formée de morceaux anguleux de calcaire reliés par un ciment calcaire, et tous ces éléments appartiennent au terrain même sur lequel repose la brèche, de sorte que la roche a pris naissance sur place.

8° ARGILES ET MARNES. — Les argiles sont des masses plus ou moins dures, qui absorbent l'eau et deviennent onctueuses au toucher ; délayées dans l'eau, elles donnent une pâte qui durcit au feu et qui, refroidie, happe à la langue, parce qu'elle est sillonnée d'une masse de vaisseaux capillaires qui absorbent la salive ; les argiles ont une certaine odeur amère caractéristique.

On range sous le nom d'argile bien des roches différentes :

1° Le *kaolin*, qui est un silicate d'alumine pur, servant à fabriquer la porcelaine fine, et résultant de la décomposition des feldspaths. Nous avons vu que les feldspaths étaient des silicates doubles d'alumine et d'alcali ; l'alcali se dissout à la longue et laisse un silicate alumineux. Ce qui prouve cette origine, non seulement pour le kaolin, mais pour les argiles ordinaires, c'est qu'il n'est pas rare d'y rencontrer une certaine proportion d'alcali.

2° Les *argiles ordinaires*, dont le type est l'argile plastique. Ce sont des combinaisons de silice, d'alumine et d'eau ; elles renferment 10 à 12 p. 100 d'eau, sont inattaquables par les acides, forment avec l'eau une pâte ductile dont on façonne les poteries ; l'eau n'y existe qu'à l'état de mélange, parce que le silicate l'absorbe facilement dans une proportion constante, et si l'eau y existait à l'état de combinaison, la roche se dissoudrait dans les acides, car tous les hydrates sont solubles. Cette classe d'argile prend le nom d'argiles ordinaires ou terre à poteries.

3° Les *argiles smectiques* ou *terre à foulon*. Elles sont attaquables en entier par les acides, renferment 20 à 25 p. 100 d'eau à l'état de combinaison, forment avec l'eau une pâte non ductile, qui se déforme et se gerce au feu. Ces argiles forment avec les graisses un savon terreux ; aussi les emploie-t-on à dégraisser les laines sous le nom de terre à foulon ; elles fournissent les meilleures pouzzolanes artificielles.

Entre les deux classes d'argiles, renfermant l'une 12 p. 100 d'eau mélangée, l'autre 25 p. 100 d'eau combinée, on en trouve beaucoup d'intermédiaires qui semblent être un mélange des deux autres.

Les deux classes ne diffèrent pas moins sous le rapport du gisement que sous le rapport des propriétés chimiques.

Les argiles plastiques sont toujours à la base des terrains, immédiatement au-dessus des grès : ce sont des roches déposées par voie mécanique ; les eaux entraînant des matières solides ont déposé d'abord les gros fragments, lesquels ont formé les grès, puis les particules en suspension, lesquelles ont donné de la vase aujourd'hui transformée en argile. Cette vase provient de la trituration des roches feldspathiques anciennes, qui sont riches en silicate d'alumine, et elle renferme toujours un peu d'alcali.

Au-dessus des grès et des argiles plastiques, on trouve des roches sédimentaires, les calcaires, qui se sont déposés par voie chimique ; entre les couches de précipité calcaire, se sont déposées des couches d'argile, qui sont les argiles smectiques. On les trouve donc à la partie supérieure des formations, et elles ont pris naissance, non par un procédé mécanique, mais par voie de précipitation chimique : ce sont des argiles hydratées des sortes de terres auxquelles on ne devrait pas donner le nom d'argiles.

Kaolins. — On peut attribuer la formation des kaolins à la décomposi=

tion sur place des roches feldspathiques. Les kaolins ne sont point du silicate d'alumine pure; on leur fait subir un lavage, et la partie ténue qui reste en suspension dans l'eau et se dépose ensuite dans des bassins, jouit seule des propriétés plastiques nécessaires pour la fabrication des porcelaines fines.

Les kaolins sont des roches d'un beau blanc, quelquefois un peu rose, à texture terreuse et grenue, renfermant des grains de quartz, de feldspath et de mica, qui se déposent aussitôt quand on délaye la roche dans l'eau.

Le kaolin durcit par l'action du feu, mais ne fond pas, à moins qu'il ne renferme des grains de feldspath.

On trouve des kaolins dans tous les pays à montagnes granitiques; quelquefois les petites masses de kaolins ont conservé la forme de cristaux de feldspath, qui tombent en poussière et laissent leur empreinte dans la masse. Les kaolins susceptibles de servir pour la porcelaine sont rares, car beaucoup renferment de l'oxyde de fer qui colore la pâte, ou de la potasse qui la rend fusible.

Le kaolin de Saint-Yrieix, près Limoges, est réservé à la manufacture de Sèvres.

Argiles plastiques. — La véritable argile plastique est un silicate d'alumine pur $(2Al^2O^3, 2SiO^2)$; elle se prête à un façonnage aussi compliqué que l'on veut sans se briser dans les mains; elle est infusible, et a beaucoup de peine à perdre toute l'eau qu'elle renferme : à l'état ordinaire, elle forme des couches imperméables.

Sa couleur est le gris clair : quelquefois elle est parsemée de taches ferrugineuses, et alors on ne peut l'employer pour la porcelaine; d'autres fois elle est colorée en noir par du bitume, mais ce bitume se volatilise par la chaleur, et en somme l'argile noire fournit de la porcelaine blanche.

Après calcination modérée, les argiles plastiques deviennent plus solubles dans les acides, ce qui indique que la combinaison de la silice et de l'alumine est en partie détruite; dans cet état, les argiles sont très aptes à donner de bonnes pouzzolanes. Par une forte calcination, au contraire, les argiles deviennent insolubles, et la chaux n'a plus d'action sur les pouzzolanes formées avec ces argiles. Par une chaleur très élevée, les argiles finissent par perdre toute leur eau : broyées ensuite, elles ne forment plus de pâte ductile; la combinaison chimique a donc été modifiée par la chaleur.

On trouve, près de Dreux, des argiles complètement infusibles, dont on fabrique les vases réfractaires, creusets de verreries, cornues à gaz, etc.

La terre de pipe est tantôt une argile blanche ou grisâtre, tantôt du kaolin.

Les argiles figulines servent à fabriquer les poteries communes, les terres cuites et les briques; elles sont moins liantes et moins infusibles que les argiles plastiques, qu'elles servent quelquefois à dégraisser. Elles contiennent 5 à 6 p. 100 de chaux carbonatée ou silicatée, avec une plus ou moins grande proportion de fer, qui leur donne par la cuisson une teinte rouge ou jaune.

Marnes. — Nous venons de voir que l'argile figuline contient une certaine proportion de chaux; si cette proportion augmente, on passe aux argiles calcaires et aux marnes. Les marnes renfermant 20 à 25 p. 100 de calcaire sont employées dans l'art du potier pour dégraisser l'argile plastique, l'empêcher d'éprouver par la chaleur un retrait trop considérable, et par suite de se gercer.

La véritable marne est celle qui renferme à peu près parties égales de calcaire et d'argile; elle possède la propriété de se déliter, c'est-à-dire de tomber en poussière à l'air, et on l'emploie comme amendement. Elle produit un effet rapide, puisqu'elle se pulvérise et présente en chaque point du sol à la végétation la chaux qui lui est nécessaire.

Nous devons encore citer, parmi les argiles : 1° les argiles ocreuses, qui doivent leur couleur à de l'hydrate de fer, et que l'on emploie en peinture ; 2° les argiles ferrugineuses, qui sont rougies par de l'oxyde de fer non hydraté, et qui, dans certains cas, constituent la sanguine. Les ocres et la sanguine sont des couleurs employées dans les arts.

Argiles smectiques ou d'origine chimique. — Ces argiles ont une cassure esquilleuse et demi-transparente, qui les sépare nettement des argiles précédentes.

Le type de ces argiles est la terre à foulon, employée depuis une haute antiquité au dégraissage des laines et des draps : sa couleur est gris verdâtre; elle est onctueuse et savonneuse, aussi tendre que de la cire, à cassure légèrement esquilleuse, se délite dans l'eau, tombe en poussière par la chaleur, et fond au chalumeau pour donner un émail gris.

Ces argiles sont hydratées, ainsi que nous l'avons dit; mais, en outre, elles renferment plus d'alumine que les argiles plastiques.

Des lits et des joints dans les roches. — Les roches primitives, de formation ignée, se présentent en masses irrégulières; au contraire, les roches sédimentaires sont, par leur formation même, limitées à deux surfaces parallèles, qu'on appelle *lits*. Primitivement horizontaux, les lits ont suivi le mouvement des terrains et pris une direction quelconque, mais toujours les deux lits d'une même couche sont demeurés parallèles. La hauteur d'assise est fort importante à considérer, car c'est un des éléments de la valeur d'une roche en tant qu'on se propose d'en tirer des matériaux de construction. Les lits sont toujours parfaitement nets, ils correspondent à une zone mince de matière terreuse ou pulvérulente; les pierres employées dans les constructions doivent toujours être posées avec leur lit horizontal, ou plutôt avec leur lit perpendiculaire à la charge qu'elles ont à soutenir, car la résistance est plus grande dans cette direction que dans toute autre. Il semble, en effet, que ces roches sédimentaires aient quelque ressemblance avec un livre qui est capable de porter un gros poids si on le pose sur le plat et qui s'affaisse si on le pose sur la tranche.

En dehors des lits qui caractérisent les roches neptuniennes, on rencontre dans les roches de tout genre des joints plus ou moins nombreux, plus ou moins rapprochés, dont la distribution obéit à une loi que les expériences de Daubrée ont mise en lumière.

Ces expériences nous ont paru présenter quelque intérêt pour le constructeur, et nous nous proposons d'en donner ici une idée sommaire.

Les failles, comme celles que représente la figure 4, ont fait de la part des mineurs l'objet d'une étude spéciale, car les filons métalliques doivent naissance à leur remplissage; « elles jouent, dit Daubrée, un rôle de premier ordre dans l'écorce terrestre, qu'elles divisent en innombrables compartiments, en des sortes de voussoirs; elles forment comme des linéaments auxquels se coordonnent les traits du relief terrestre. »

« Les fissures qu'on a désignées sous le nom de *joints* ont été aussi remarquées depuis longtemps, soit à cause de leur grand nombre, soit surtout dans les cas où elles s'entrecoupent par systèmes parallèles et assez réguliers pour simuler une cristallisation. Ces dispositions, que l'on a nommées pseudo-régulières à cause de cette ressemblance, se rencontrent dans des roches de natures variées. Tels sont particulièrement le quartzite, le grès quartzeux, le phyllade, le calcaire, la houille et le granit où les parallélipipèdes sont souvent rectangulaires. Il n'est pas rare que les joints permettent de diviser la roche en polyèdres très petits, de manière à rappeler ce qui arrive dans le clivage des cristaux proprement dits. »

« Sans présenter cette disposition en parallélipipèdes, les joints peuvent offrir une symétrie remarquable; tel est le cas pour les polyèdres de granit que Ramond rencontra au sommet du Mont-Perdu, dont il mesura les angles avec soin et qu'il figura comme pouvant être des produits de cristallisation.

« Ailleurs les joints se coupent sans régularité apparente, mais ils sont si nombreux que l'on ne peut obtenir de cassures fraîches de la roche, lors même qu'on l'a divisée en très petits fragments : tel est, par exemple, le calcaire crétacé dans une partie de la chaîne des Corbières. »

On a attribué la formation des joints à une sorte de cristallisation, ou à un retrait, ou enfin à des actions mécaniques.

Cette dernière supposition paraît avoir un fondement réel. En effet :

1° La constance, sur de grandes étendues, de l'orientation de certains systèmes de joints a été fréquemment constatée; il a même été reconnu que ces joints conservent leur direction en passant d'un étage à l'autre, par exemple du granit dans les schistes en Cornouailles;

2° Généralement, deux directions de joints prédominent d'une manière frappante, et ces deux directions sont perpendiculaires entre elles;

3° Dans le voisinage des joints, les fossiles sont déformés et distordus, ce qui exclut l'idée de cristallisation ou de retrait;

4° Enfin, lorsque des joints traversent des poudingues ou des conglomérats, fréquemment ils coupent en deux, de la manière la plus nette, les cailloux de quartz ou de porphyre qu'ils rencontrent; une action énergique de cisaillement s'est donc opérée lors de la formation des joints.

Le fait dominant de toutes ces fractures est leur parallélisme ; c'est précisément ce fait que les expériences de Daubrée ont reproduit.

« Ce qui m'a guidé, dit-il, c'est l'idée préconçue qu'en infléchissant une plaque mince, d'abord plane, de manière à lui donner la forme d'une surface réglée, on arriverait à la briser, suivant des lignes droites qui seraient en rapport avec les génératrices de cette nouvelle surface. »

Une plaque de la substance à examiner est donc fixée en bas entre deux mâchoires fixes et en haut entre deux autres mâchoires d'un tourne-à-gauche, à l'aide duquel on exerce une torsion qui ne tarde pas à déterminer une rupture. En même temps que la rupture des plaques, il se produit un très grand nombre de fissures, présentant une régularité géométrique. On reconnaît immédiatement l'existence de deux systèmes de direction également inclinés sur l'axe de torsion. La plupart des cassures traversent toute la plaque, quelques-unes se perdent dans l'intérieur, « d'autres s'arrêtent brusquement à des figures conjuguées au delà desquelles elles ne se prolongent pas, formant ainsi des séries de tronçons en échelons, disposition très fréquente dans la nature. »

Les fissures s'éloignent peu d'une ligne droite et ont une tendance évidente au parallélisme ; elles se groupent en deux systèmes conjugués

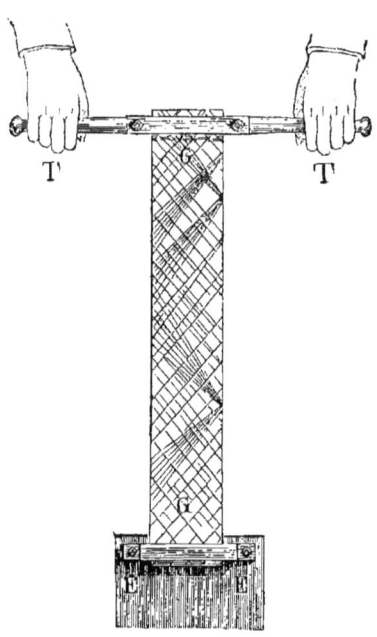

Fig. 8.

constituant un réseau où beaucoup de croisements donnent lieu à des losanges ; l'angle des deux systèmes dépend des dimensions de la plaque, il est souvent voisin d'un angle droit ; les intersections ont tendance à se répartir suivant des droites parallèles aux grands bords de la plaque ; parfois, au lieu d'une fissure unique, il se forme un groupe de fissures dessinant un éventail peu ouvert ; les fissures qui déterminent la cassure sont en petit nombre, il en existe beaucoup d'autres présentant encore quelque adhérence, quelquefois même celles-ci sont complètement intérieures et n'arrivent nulle part à la surface ; parallèlement aux fissures accusées, il en existe une infinité extrêmement fines, qui sont comme les indices d'une sorte de clivage.

Les expériences du savant ingénieur ont porté en outre sur les cassures obtenues par une simple pression ; il a soumis à la rupture par compression des substances à la fois cassantes et flexibles et a observé les résultats suivants :

1° La pression détermine une fente oblique et presque plane, dont l'incidence sur la verticale s'éloigne peu de 45°; un glissement se produit et la face de la rupture, au lieu d'être tout à fait plane, présente des aspérités, d'où des alternatives de renflement et d'étranglement comme dans les filons; une seconde cassure, symétrique de la première, se produit à partir de l'arête inférieure et se prolonge jusqu'à la rencontre de la précédente;

2° En outre, une très nombreuse série de fissures rectilignes et parallèles se manifeste sur chacune des faces; ces fissures, d'une épaisseur très faible, ne se décèlent souvent que par des lignes fines et régulières qu'on dirait tracées au burin; elles forment un réseau de deux systèmes parallèles aux fentes principales, et l'ensemble rappelle un quadrillé; « tandis que les fentes principales sont comparables aux failles, les fissures plus ou moins fines peuvent être assimilées aux faces de joint et de clivage si fréquentes dans les roches »;

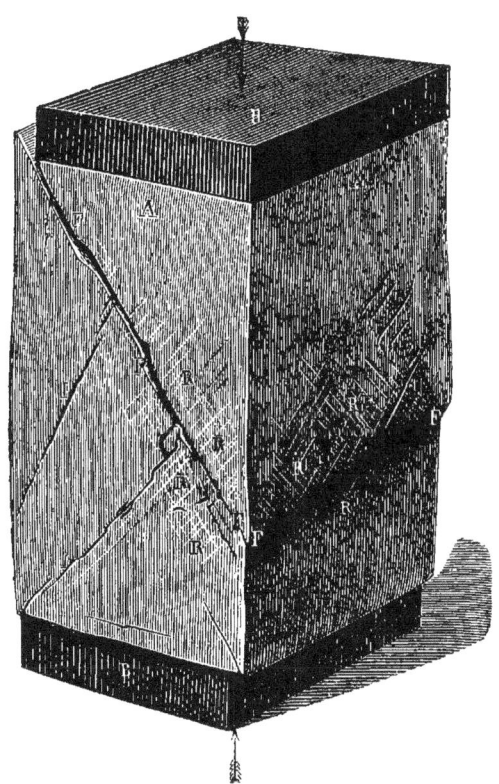

Fig. 9.

3° La déformation engendre en outre quelques déchirures béantes se rattachant par le parallélisme aux deux systèmes de fissures;

4° Toutes ces fissures se groupent en deux systèmes parallèles aux fentes principales et sont inclinées d'environ 45° sur la direction de la pression. Souvent l'un des deux systèmes prédomine beaucoup par rapport à l'autre.

Ces expériences jettent un jour tout nouveau sur la formation des failles et des joints dans les roches, et grâce à elles le constructeur pourra se rendre compte de bien des phénomènes observés dans les carrières. L'écorce terrestre a été et est encore soumise de la part des fluides intérieurs à des torsions et des compressions qui se traduisent dans sa masse par d'innombrables cassures analogues à celles que l'expérience vient de reproduire, et dont on peut reconnaître l'existence dans beaucoup de roches, notamment, comme le signale Daubrée, dans les grès de Fontainebleau.

PRINCIPES GÉNÉRAUX D'HYDROLOGIE

Si l'ingénieur trouve dans la constitution du sol et dans l'examen des cartes géologiques des renseignements précieux pour la préparation des projets et la construction des ouvrages d'art qui lui sont confiés, l'étude des lois relatives à la répartition des eaux superficielles et des sources ne lui rend pas de moindres services, et, quand nous parlons de l'ingénieur, nous confondons dans cette appellation tous les constructeurs qui ne sont pas de simples agents d'exécution.

Pour ce motif, il nous a paru utile de présenter ici un résumé des quelques notions hydrologiques intéressant l'art du constructeur.

Origine des sources. — Lorsqu'une eau souterraine vient à paraître au jour et à couler sur le sol, elle constitue une source.

Les sources sont le produit de l'infiltration des eaux pluviales.

Il a fallu bien des siècles pour arriver à établir cette notion si simple. Les anciens, voyant que le niveau de la mer se maintenait invariable, malgré l'apport incessant des fleuves, s'imaginaient que les eaux revenaient de la mer aux sources par des conduits souterrains, et qu'il s'établissait ainsi une circulation continue.

La circulation continue existe bien, mais elle s'établit par l'atmosphère et les nuages et non par les profondeurs du sol.

On connaissait, dit Darcy, l'une des moitiés de cette chaîne sans fin qui devait nécessairement unir les fontaines à la mer et la mer aux fontaines.

On dérobait l'autre à nos yeux en la plaçant dans les entrailles de la terre ; on peut la voir au contraire, les nuages en sont les anneaux.

La position, la puissance et la nature des sources dépendent uniquement de la constitution géologique des terrains qui leur donnent naissance.

1° Sources des terrains imperméables. — Lorsque, par un temps pluvieux, on parcourt un pays à sol imperméable, on voit l'eau ruisseler de toutes parts ; s'il y a de la pente, cette eau coule à la surface et forme de nombreux ruisseaux qui ravinent les terres et qui, réunissant leurs eaux, engendrent des rivières limoneuses d'allure torrentielle. S'écoulant à l'air libre, les eaux pluviales arrivent rapidement et simultanément dans les vallées ; il en résulte des crues violentes qui se produisent en quelques heures, mais qui disparaissent de même lorsque la pluie vient à cesser ; pendant la sécheresse, l'alimentation de ces cours d'eau cesse complètement et ils ne tardent pas à tarir.

Lorsque le sol imperméable est peu accidenté, les eaux pluviales ne trouvent pas d'écoulement ; elles s'accumulent à la surface sous forme de marais et d'étangs. Ces eaux stagnantes constituent un danger permanent pour la contrée qu'elles recouvrent ; il faut, en bien des cas, leur créer un écoulement vers les vallées et les terrains perméables.

L'alimentation des cours d'eau situés dans les terrains imperméables est donc essentiellement superficielle; les sources importantes sont rares dans ces terrains, et cela se conçoit, car une source est toujours alimentée par de l'eau pluviale qui s'est infiltrée dans le sol.

Cependant, l'imperméabilité d'un terrain n'est jamais absolue; il y a toujours des crevasses, des fissures qui recueillent une certaine quantité d'eau; les assises calcaires ou sableuses que l'on trouve associées à beaucoup de terrains imperméables ont toujours une certaine perméabilité, quelque compactes qu'elles soient, et lorsqu'elle affleurent sur le flanc d'un coteau ou lorsqu'elles se relèvent pour se montrer au jour, elles donnent lieu à des pleurs ou suintements qui se réunissent pour former des sources.

La présence des sources dans les terrains imperméables tient donc à des causes accidentelles; ces sources peuvent être nombreuses, mais il est bien rare qu'elles soient puissantes; en tous cas, elles sont irrégulièrement distribuées; on les trouve aussi bien dans le voisinage des sommets que sur le flanc d'un coteau ou dans une ondulation quelconque.

2° **Sources des terrains perméables.** — Considérons maintenant un terrain perméable; il absorbe toutes les eaux pluviales qu'il reçoit; celles-ci ne s'écoulent pas à la surface, elles pénètrent dans le sol jusqu'à ce qu'elles se trouvent arrêtées par une assise imperméable. Les ruisseaux sont rares à la surface du pays, puisqu'il n'y a pas d'écoulement superficiel; l'eau s'accumule à l'intérieur sous forme de nappe à niveau variable, qui monte ou qui s'abaisse, suivant que la saison est plus ou moins pluvieuse.

Qu'une ondulation, qu'une vallée se présente, dont le fond soit au-dessous du niveau de la nappe souterraine, celle-ci s'épanche et prend son cours à l'air libre. Elle forme une rivière dont les eaux sont limpides, car elles ont été filtrées pendant leur voyage souterrain; la vitesse du courant n'est jamais bien grande, parce que les pluies passent lentement de la surface du sol au fond de la vallée et que leur vitesse de circulation dans la terre est nécessairement restreinte.

Avec ces cours d'eau, on ne connaît point les crues rapides et violentes; mais quand la nappe d'eau s'est élevée, elle met beaucoup de temps à descendre et il en résulte des crues modérées, mais durables.

Dans les terrains perméables, les eaux s'infiltrent par toute la surface du sol pour alimenter la nappe souterraine; celle-ci, drainée par les vallées, s'y épanche lorsque le fond de ces vallées est au-dessous du niveau de la nappe.

La communication entre la nappe souterraine et la rivière s'établit en divers points où l'eau trouve un débouché plus facile; ces points sont autant de sources.

Les sources dans les terrains perméables se rencontrent donc exclusivement au fond des vallées, c'est-à-dire sur le cours d'eau lui-même ou dans son voisinage; les plateaux et les versants conservent une aridité perpétuelle.

Si le terrain est également perméable, comme le sable, et présente à peu près partout la même facilité au passage des eaux, les sources existent tout le long du lit et des berges de la rivière; elles sont nombreuses et faibles.

Généralement, il n'en est pas ainsi; il se présente toujours des portions de sol moins résistantes où le passage est plus facile; c'est là qu'on trouve les sources les plus abondantes, auxquelles correspond souvent l'origine d'un cours d'eau.

Ainsi, la condition nécessaire et suffisante pour qu'il existe des sources et, par suite, un cours d'eau dans une vallée perméable, c'est que le niveau de la nappe d'eau souterraine soit plus élevé que le fond de la vallée. Dans les parties hautes des vallées et dans beaucoup de vallées secondaires, il n'en est pas ainsi : la nappe d'eau n'affleure pas le fond; on a ce qu'on appelle des vallées sèches.

La nappe d'eau, étant alimentée par les infiltrations des eaux pluviales, s'élève ou s'abaisse suivant que la saison est plus ou moins humide; le débit des sources est lui-même soumis à ces variations. A la suite d'une sécheresse prolongée, des vallées que parcourait un cours d'eau peuvent se transformer en vallées sèches pour un temps plus ou moins long : les sources des parties hautes d'une vallée peuvent se tarir et la naissance de la rivière descend de plus en plus à mesure que la sécheresse se prolonge.

Les sources puissantes se rencontrent fréquemment aux points où les vallées secondaires viennent se souder à la vallée principale.

Lorsqu'on descend de la ligne de faîte qui sépare les bassins de la Loire et de la Seine par la vallée de l'Essonne jusqu'à la Seine, on se trouve d'abord sur le terrain qui porte le nom d'argile du Gâtinais; c'est un sol imperméable, sillonné de ruisseaux et autrefois parsemé d'étangs ou gâtines; en hiver, l'eau se montre de toutes parts; en été, tous les cours d'eau sont à sec; on rencontre bien çà et là des sources, elles sont disséminées au hasard; il en existe dans la forêt d'Orléans, au voisinage de la ligne de faîte, mais ces sources ont toutes un débit très faible; elles ont pour origine quelques veines de sable plus ou moins placées sous l'argile et faisant office de drains naturels; après les argiles du Gâtinais, on entre sur un sol éminemment perméable, calcaire de Beauce et sables de Fontainebleau; tous les plateaux sont arides, bien des vallées secondaires sont sèches; les sources se rencontrent uniquement sur le thalweg de la vallée principale, et les plus importantes, qui portent le nom de noues ou de gouffres, apparaissent à la jonction de cette vallée et d'un vallon secondaire. Ces sources donnent quelquefois passage au produit de l'infiltration des eaux pluviales tombées sur une vaste étendue; aussi sont-elles puissantes et souvent capables de faire tourner un moulin à quelques mètres de leur naissance.

Niveaux d'eau. — Dans un pays à sol imperméable, les sources, avons nous dit, n'obéissent à aucune loi; elles sont dues à une cause accidentelle et on peut en rencontrer partout, dans le voisinage des sommets comme dans les ondulations des terrains.

Dans un sol perméable, les sources se rencontrent exclusivement dans le thalweg des vallées, c'est-à-dire au voisinage des cours d'eau; si le sol est d'une perméabilité homogène, comme le sable, les sources sont continues; si la perméabilité n'est pas homogène, comme dans les calcaires, les sources se trouvent aux points de plus facile passage et prennent quelquefois une importance capitale.

Lorsqu'un sol perméable est superposé à une couche imperméable, toute l'eau d'infiltration qui le pénètre est arrêtée par cette dernière; elle s'écoule dans le sens de la pente et paraît au jour sous forme de sources que l'on rencontre tout le long de la ligne de séparation des deux terrains perméable et imperméable.

Qu'une vallée d'érosion se présente dans un pareil terrain, on trouvera à flanc de coteau la ligne de séparation de l'assise perméable et de l'assise imperméable, et tout le long de cette ligne existeront des sources plus ou moins importantes, suivant que le passage est plus ou moins facile. La ligne de séparation est ce qu'on appelle un niveau d'eau. Ainsi, dans la vallée de la Marne, il existe un niveau d'eau qui correspond à la ligne séparative de l'argile plastique et du calcaire grossier.

Puits artésiens. — Les couches perméables et imperméables se superposent dans un bassin comme le font des coupes de dimensions décroissantes que l'on empile les unes dans les autres; l'eau pluviale s'infiltre dans les couches perméables et descend dans la terre jusqu'à ce que la coupe soit pleine. Les couches imperméables restent sèches et l'eau se trouve emprisonnée entre deux de ces couches consécutives. Si l'on se place au centre du bassin et qu'on vienne à forer un tube à travers toutes les couches, l'eau emprisonnée s'élève et tend à prendre son niveau hydrostatique; ce niveau peut être, dans certains cas, plus élevé que la surface du sol; la diminution de pression se traduit par une production de vitesse, l'eau jaillit à la surface et l'on est en présence d'un jet naturel, de ce qu'on appelle un puits artésien.

Application des observations précédentes. — L'aspect seul d'une carte hydrographique permet donc de reconnaître immédiatement si le sol est perméable ou imperméable : dans le premier cas, la carte n'indique qu'un très petit nombre de rivières importantes ayant leur source dans les vallées principales à quelque distance du faîte, et beaucoup de vallées secondaires restent sèches; dans le second cas, la carte est sillonnée de ruisseaux ou recouverte d'étangs, l'eau se montre dans toutes les dépressions. Le bassin de la Seine offre un exemple bien marqué de ces distinctions tranchées entre les deux natures de terrain : le plateau ondulé qui s'étend de Fontainebleau à Chartres est formé par les sables de Fontainebleau et le calcaire de Beauce, terrain éminemment perméable; aussi n'est-il arrosé que par huit rivières et forme-t-il comme une tache blanche sur la carte hydrographique; la région au sud de la précédente est, au contraire, parsemée de ruisseaux, de mares et d'étangs, c'est qu'en effet elle est formée par les sables argileux du Gâtinais, absolument imperméables; on peut tracer sur la carte même la ligne de démarcation des deux terrains.

Il semble, au premier abord, que les fondations des ouvrages d'art doivent être plus faciles dans les terrains perméables que dans les terrains imperméables; cela n'est pas toujours vrai; tant que l'on ne descend pas jusqu'à la nappe d'eau du terrain perméable, on ne rencontre pas de difficultés, mais, dès qu'il faut la dépasser, on est entraîné à effectuer des épuisements considérables puisque la fouille est alimentée par un vaste réservoir souterrain. On est tout étonné parfois de se heurter à un pareil obstacle pour des ouvrages à fonder dans une vallée sèche. Dans les terrains franchement imperméables, cette circonstance n'est pas à redouter, et, en général, les épuisements n'offrent pas de grosses difficultés.

SONDAGES

La géologie nous fait connaître la constitution générale d'un pays et nous donne des renseignements qui suffisent pour l'étude des avant-projets, mais l'étude des projets définitifs réclame plus de précision, et il est indispensable de connaître soit la nature et l'épaisseur des assises qu'une tranchée ou un tunnel devront traverser, soit encore la profondeur à laquelle se rencontre le terrain solide à l'emplacement des fondations d'un pont.

On ne peut y parvenir que par des sondages exécutés à l'emplacement même, et cette opération présente parfois de grosses difficultés; elle exige en tous cas une attention de tous les instants, car, si elle n'est pas absolument exacte, elle peut entraîner de graves mécomptes.

Procédés généraux de sondage. — Il existe trois procédés généraux de sondage, savoir :

Sondage ordinaire ou avec tige rigide;
Sondage chinois ou à la corde ;
Sondage Fauvelle ou à curage continu.

1° *Sondage ordinaire*. — Le procédé ordinaire consiste dans l'emploi d'une longue tige rigide, formée de tiges élémentaires vissées les unes aux autres, et munie à son extrémité inférieure d'outils destinés à attaquer la roche ; à l'extrémité supérieure, on trouve une tête portant un anneau pour suspendre l'appareil, avec des œils dans lesquels on passe les leviers destinés à imprimer à la tige un mouvement de rotation.

La tige rigide est en fer carré, de dimensions qui croissent avec la profondeur et le diamètre du trou de sonde; les tiges élémentaires se terminent en haut et en bas par des renflements (*fig. 1, pl. 1*); celui du bas est percé d'une douille taraudée et celui du haut se prolonge par un goujon qui s'engage dans la douille de la tige précédente.

Il est facile d'allonger ou de diminuer à volonté la tige de sonde, et lorsqu'on veut la retirer du trou, on dévisse chaque barre aussitôt qu'elle est tout entière au-dessus du sol. Il faut remarquer l'inconvénient de ce système : on est forcé de faire tourner la sonde toujours dans le même sens, afin de ne point dévisser les barres.

Lorsqu'on remonte la sonde, il y a un temps d'arrêt pour enlever chaque tige, et il faut tenir suspendue toute la portion de la sonde qui est encore dans le trou : on la saisit au-dessous du renflement supérieur de la première tige par une clef de retenue : la clef de retenue (*fig.* 2) est un fer carré contourné en forme d'U, dont une des branches est plus longue que l'autre ; c'est par celle-ci que l'on manœuvre l'outil, entre les deux branches duquel on loge la tige carrée de la sonde ; tout le poids de la sonde repose donc sur cette clef, qui se trouve énergiquement appuyée sur la plate-forme horizontale très solide entourant l'orifice. Pour dévisser les tiges élémentaires, on se sert d'un tourne-à-gauche (*fig.* 3), qui peut servir aussi à supporter toute la colonne.

L'outil qui attaque la roche est un trépan, analogue au fleuret du mineur ; on soulève la sonde, puis on la laisse retomber, et le choc produit un broyage énergique ; après chaque coup, on fait tourner la tige d'un certain angle, afin d'obtenir un trou cylindrique.

Dans les terrains tendres, on remplace le trépan par des tarières qui agissent par rotation, et qui sont armées de mèches, à moins que l'on n'ait à traverser de l'argile ; la mèche est alors inutile.

Après quelques coups de trépan, le fond du trou est plein de débris qu'il faut enlever pour poursuivre le travail ; au moyen d'un câble manœuvré par un treuil, on descend au fond du trou un cylindre creux en tôle, qui est percé à la partie inférieure d'un orifice fermé par un boulet mobile, ce qu'on appelle une soupape à boulet. En faisant danser ce cylindre au bout du câble, à chaque oscillation la soupape s'ouvre, puis se referme, après avoir laissé entrer les détritus dans le cylindre creux, que l'on soulève ensuite (*fig.* 4).

Il arrive quelquefois que les tiges se brisent dans le trou ; pour les relever, on emploie soit une tige appelée caracole, munie d'un doigt horizontal analogue à la clef de retenue et destinée à saisir une barre au-dessous de son renflement (*fig.* 9), soit une tige terminée par une cloche conique, dans laquelle est creusée une douille pouvant s'engager sur la vis de la tête d'une barre (*fig.* 5).

Ce qui précède suffit à faire comprendre la marche de l'opération : on commence le sondage avec une tarière à bras, et lorsqu'on arrive à la roche dure, on remplace la tarière par le trépan. A partir de 10 mètres, il faut recourir aux moyens mécaniques (chèvres, treuils, etc.) pour soulever la sonde.

Lorsqu'on arrive à une profondeur notable, toutes les fois qu'on laisse retomber la sonde pour attaquer le rocher, il y a un coup de fouet considérable de la tige contre les parois du trou ; il en résulte plusieurs inconvénients : 1° une grande perte de travail absorbée par le choc et les vibrations ; 2° une dégradation des parois qui se traduit par des éboulements ; 3° une détérioration rapide de la tige et des ruptures fréquentes. Ainsi, on est forcé de soulever en pure perte une masse énorme de fer, quand il suffirait d'avoir un certain poids immédiatement au-dessus du trépan.

Cette idée a été mise en pratique : la partie inférieure seule de la sonde est en fer ; elle s'assemble avec le reste au moyen d'une coulisse, de sorte que le choc ne se transmet pas à la partie supérieure. Pour celle-ci, on a remplacé les tiges de fer par des tiges de bois dur. Comme le trou de sonde est presque toujours plein d'eau, les tiges de bois tendent à être soulevées, et cela diminue d'autant la force motrice à employer : on peut calculer les longueurs relatives du fer et du bois de manière à donner le poids que l'on veut à cette espèce de mouton que constitue la sonde.

Dans les puits artésiens et dans les terrains ébouleux on complète le travail par le tubage du trou, qui se fait soit en tuyaux de bois, soit en tuyaux de tôle ou de fonte qui s'oxydent bien vite, soit en tuyaux de tôle galvanisée, soit en tuyaux de cuivre laminé.

2° *Sondage chinois ou sondage à la corde.* — L'outil dont on se sert est en fonte et fer, et on lui imprime un mouvement de mouton au moyen d'un cordage solide que manœuvre une sonnette. L'outil est un pilon de fonte, coulé en coquille, muni à sa base d'une série de dents rayonnantes qui broyent le rocher; ces dents dispensent de produire le mouvement de rotation de la tige. Le pilon cylindrique est cannelé, et la boue formée par les détritus remonte dans ces cannelures et vient se rendre dans un évidement que présente le pilon à la partie supérieure; cet évidement est un cône renversé, semblable à celui qui existe dans les boulets cylindro-coniques. Quand on suppose que l'évidement est plein, ce qui se reconnaît à la hauteur d'enfoncement, on relève le pilon et on le vide.

Dans les terrains mous, on remplace le pilon plein par un cylindre creux, dont les bords de la base sont taillés en biseau pour attaquer le terrain : ce cylindre est fermé, à sa partie inférieure, par un clapet qui s'ouvre de bas en haut, de telle sorte que les détritus ne peuvent pas retomber. Ce cylindre creux se prolonge par une tige en fer qui traverse à frottement doux un mouton manœuvré par la sonnette; le mouton vient battre la base supérieure du cylindre et produit l'enfoncement. Quand l'enfoncement est égal à la hauteur du cylindre, on le soulève pour le vider.

Le sondage à la corde est, comme on le voit, très simple, d'une installation facile et peu coûteuse; il mérite d'être propagé pour établir des puits dans les régions où la nappe d'eau n'est pas à une profondeur trop considérable.

3° *Sondage Fauvelle ou à curage continu.* — La sonde est une tige creuse en fer, portant à sa base un outil d'un diamètre plus large, afin qu'il y ait entre la tige et les parois du trou un intervalle libre. Une pompe de compression lance dans la tige creuse un courant d'eau qui balaye les détritus et les entraîne en les faisant remonter dans la portion annulaire en dehors de la sonde. On imprime à la sonde un mouvement de mouton continu, et on a l'immense avantage de n'avoir pas à relever continuellement une sonde qui peut avoir quelques centaines de mètres de longueur.

État actuel de l'art du sondeur. — L'art du sondeur a reçu dans ces dernières années de grands perfectionnements, surtout en ce qui touche les sondages de mines et les forages de puits artésiens. M. l'ingénieur Lippmann, au congrès international du génie civil de 1878, a brillamment exposé la question, et nous donnons de son mémoire un résumé avec quelques extraits :

« *Sondage à la corde ou sondage chinois.* — Tout le monde sait que le procédé consiste à broyer la roche au moyen d'une masse contondante ou mouton, en fer aciéré à sa base, et munie, à sa partie supérieure, d'une cuvette dans laquelle se loge une partie des boues ou détritus produits par la désagrégation du terrain que l'outil traverse. Un anneau sert à suspendre le trépan à une corde qui a son autre extrémité fixée, au jour, à un long levier en bascule. Le matériel de sondage est complété par un moulinet en bois sur lequel s'enroule et se déroule la corde du mouton, pour le remonter au sol ou le redescendre au fond. Un ou plusieurs hommes, suivant le poids du mouton, manœuvrent la bascule soit avec les pieds, soit à bras, soit encore, dans les chantiers bien organisés, à l'aide d'un moteur quelconque qui servira aussi à l'enroulement du câble après la batterie.

Est-il rien de plus simple qu'une telle installation ? Pourquoi alors, puisqu'on peut citer de nombreuses réussites, le sondeur ne s'acharne-t-il pas à donner à ce système tout le perfectionnement désirable pour en permettre partout l'application ? C'est parce que les réussites n'ont été et ne sont obtenues que dans des contrées où l'homogénéité, la solidité des roches, le peu d'inclinaison des couches, l'absence de passages ébouleux, etc., ne sollicitent pas la déviation de l'outil foreur, ne produisent pas son coinçage, et n'obligent pas à garnir de tubes les parois du forage ; parce que, à côté des résultats obtenus, on ne parle pas des insuccès qui font souvent abandonner le forage, dans lequel l'outil engagé et les sommes dépensées ne représenteraient pas une valeur comparable aux frais qu'il y aurait à faire pour arriver à désobstruer le trou de sonde ; parce qu'il n'y a pas un sondeur qui n'ait eu l'idée de reprendre les essais tentés par ses devanciers, et qui ne soit arrivé à reconnaître l'obligation d'avoir, à côté de la sonde à la corde, une sonde rigide avec ses accessoires et l'aménagement que sa manœuvre rend nécessaire, soit pour dégager l'outil coincé, soit pour retirer le câble brisé, soit pour traverser à la tarière les passages argileux, soit pour extraire des témoins, etc. »

« *Système à sonde creuse.* — Ici l'appareil consiste en un outil foreur, trépan ou tarière, fixé au pied d'un tube en fer creux, à emmanchement à vis, composé de divers tronçons adaptés les uns au bout des autres pour former toute la hauteur du forage ; la tête de la sonde est disposée de manière à en permettre la rotation, elle est creuse aussi et munie d'un ajutage qui la met en communication avec le tuyau d'une pompe foulante. On obtient l'approfondissement, comme avec la tige rigide, soit par percussion, soit par rotation, et en faisant fonctionner simultanément la pompe, l'eau injectée par l'intérieur de la sonde remonte extérieurement en entraînant avec elle les détritus qui viennent se déposer à la surface, en permettant ainsi à l'outil de travailler toujours sur un fond net. On comprend l'avantage énorme qu'on doit trouver dans ce procédé, qui permet un travail presque continu, car on n'a plus à manœuvrer la sonde que de temps en temps, uniquement pour vérifier l'état de l'outil ;

mais pourquoi, après avoir donné de si beaux résultats, notamment à Perpignan et dans ses environs, ce système ne s'est-il pas généralisé ; pourquoi ? Parce que d'abord on n'a pas toujours à sa disposition la grande quantité d'eau qu'il nécessite et qui croît évidemment avec le diamètre à donner au forage ; parce que dans l'exécution d'un puits artésien, par exemple, l'eau introduite empêche de surveiller les oscillations qui se produisent dans le niveau d'eau du forage, et qui sont les indices de la rencontre de la nappe cherchée, qu'on risque alors de perdre à tout jamais en la traversant et la masquant par un tubage ; parce qu'enfin il est rare que, dans un sondage, on ne rencontre pas, plus ou moins près de la surface, une première nappe d'eau qui sera d'autant plus absorbante qu'elle était plus puissante ; alors, tout ou partie de l'eau injectée se perd à ce passage, en abandonnant tout ou partie des détritus entraînés qui s'accumulent à cet endroit et retiennent la sonde prisonnière. »

Sondages au diamant noir. — Nous aurons l'occasion d'examiner ultérieurement l'usage qui a été fait du diamant noir pour la taille des belles pierres dures, telles que le granit. On était naturellement amené à l'appliquer aux sondages et l'inventeur du système a été l'ingénieur suisse Leschot qui, voyant utiliser à Genève le diamant noir pour la taille des pierres précieuses, eut l'idée de s'en servir pour armer les perforateurs de tout genre.

A l'extrémité d'une mèche en acier sont sertis des éclats de diamants noirs, et la sonde entière est animée d'un mouvement de rotation, en même temps qu'un courant d'eau comprimée lancé au fond du trou par l'intérieur d'une tige creuse, remonte autour de cette tige en entraînant les détritus, comme dans le sondage Fauvelle.

L'emploi du diamant noir donne une grande rapidité dans le forage, mais en même une énorme élévation du prix qui ne peut que s'accroître avec le temps. Le système paraît donc devoir être réservé à la perforation des roches exceptionnellement dures ; il devient, du reste, impuissant en présence de certaines roches, telles que les poudingues ou conglomérats et les argiles, pour lesquelles le vieux système à tige rigide reste toujours le plus convenable.

Sondages à la tige rigide. — La première question à résoudre dans ce système est de savoir si l'on doit prendre une tige en bois ou une tige en fer. La tige en bois a l'avantage de la légèreté, elle est à peu près équilibrée et l'effort pour remonter ou pour retenir une tige de quelques centaines de mètres de longueur se trouve considérablement atténué. Mais le bois offre en revanche des inconvénients : sous la pression considérable auquel il est soumis dans les trous de sonde il éprouve une modification moléculaire, sa densité augmente, il se comprime, les emmanchements en fer de chaque morceau de la tige prennent du jeu, le bois se détériore vite, il résiste mal aux efforts de torsion que la sonde a parfois à subir ; il ne paraît en somme ni avantageux, ni économique.

Doit-on, du reste, se préoccuper particulièrement de diminuer le poids de la tige de sonde ? Non, dit M. Lippmann, « car, avec les appareils à chute libre, qui constituent le plus grand perfectionnement apporté par notre époque à l'industrie du sondage; la tige de sonde tout entière se trouve équilibrée, et la dépense de force, pour opérer le battage au trépan à 800 ou 1 000 mètres, n'est pas plus grande que pour battre à 100 mètres; on n'a à compter avec le plus grand effort à faire par rapport au poids de la sonde que lorsqu'il s'agit de remonter au jour l'outil qui a travaillé au fond du trou. » Les appareils à chute libre ont aussi l'avantage d'éviter les coups de fouet qui agitent la tige entière lorsqu'elle retombe brusquement au fond du trou, et ces vibrations énormes sont funestes à la solidité du forage, ils amènent des éboulements et entraînent de nombreux et dispendieux tubages.

C'est donc avec raison qu'on a cherché à équilibrer la plus grande partie de la tige en se bornant à laisser retomber d'une certaine hauteur seulement l'outil même de la sonde; la percussion et le choc sont donc limités à l'effet utile.

On est arrivé à ce résultat par divers systèmes qui ont quelque analogie avec les déclics en usage dans les sonnettes pour le battage des pieux; on sait que, dans ces sonnettes, le mouton en fer porte à sa partie supérieure un anneau dans lequel vient s'engager un crochet ordinaire, ou un double crochet formant tenaille; ce crochet termine le câble qui soulève le tout jusqu'à la hauteur voulue; quand celle-ci est atteinte, un déclic dégage le crochet ou fait ouvrir les tenailles et le mouton tombe seul pendant que le câble descend lentement après lui et vient le ressaisir à nouveau. On a eu recours dans les tiges de sonde à un système analogue; la partie haute de la tige est réunie à la partie basse voisine de l'outil par une coulisse ou glissière qui permet aux deux sections de la tige de se mouvoir sur la verticale indépendamment l'une de l'autre, tout en demeurant solidaires pour le mouvement de rotation; quand le déclic se produit, l'outil et la partie qui en est solidaire tombent brusquement et broyent la roche par percussion, tandis que la tige entière descend lentement après eux. La partie supérieure des tiges peut, du reste, être équilibrée par un contrepoids, ou même construite en bois, ou munie d'une fourrure en bois afin de s'équilibrer elle-même. Cette disposition permet de donner à l'outil un poids en rapport avec la dureté de la roche de manière à proportionner à cette dureté l'effort de percussion.

Comme nous l'avons dit, les procédés inventés pour obtenir la chute libre de l'outil sont nombreux, et plusieurs donnent de bons résultats. Grâce à eux, les accidents sont devenus bien plus rares et la rapidité du forage s'est considérablement accrue parce qu'on a pu accélérer comme on l'a voulu la vitesse du battage.

Forages à grand diamètre. — On ne se servait autrefois de la sonde que pour des trous de petit diamètre; peu à peu on a reconnu qu'il y avait avantage à augmenter le diamètre, que le travail se faisait plus facilement et plus vite. Enfin on en est venu à creuser à la sonde les puits de mine qui ont jusqu'à 4^{m}30 de diamètre, et l'emploi des outils à déclic à permis de réaliser ces tours de force. « Il est extrêmement intéressant, dit M. Lippmann, de voir la régularité, la douceur, le silence même avec lesquels se meut et travaille un trépan de 25,000 kilogrammes, soulevé de 40 à 50 centimètres, dix à quinze fois par minute, pour retomber de tout son poids sur le fond qu'il réduit en poussière. »

La figure 10 représente un trépan de 0^m70 de diamètre qui a servi à M. Saint-Just Dru pour le forage des puits artésiens de la Butte-aux-Cailles et de la place Hébert, à Paris. Il comprend quatre lames indépendantes, solidement ajustées sur la base de la sonde et faciles à monter comme à démonter ; cet outil en retombant agit par percussion sur la roche et la broie ; à chaque coup le trépan tourne d'un certain angle afin de creuser un trou cylindrique. Les détritus sont enlevés de temps en temps avec une cuiller cylindrique à soupape.

Emploi de la dynamite. — La dynamite, si précieuse pour le déblai des roches, rend au sondeur de grands services ; elle sert à réduire en fragments un morceau d'outil brisé ou coincé au fond du trou, à élargir le diamètre à la traversée d'une couche exceptionnellement dure, et même à préparer le broyage de la roche en la fendillant de toutes parts.

Sondages à effectuer pour les travaux publics. — Les sondages à effectuer pour la préparation des projets de travaux publics s'effectuent par les procédés généraux que nous venons de décrire, mais ils sont, en général, beaucoup plus simples pour deux raisons :

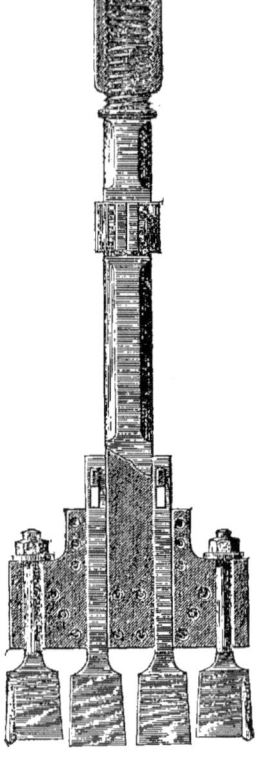

Fig. 10

1° ils ne portent que sur de faibles profondeurs, car, sauf dans le cas assez rare de construction d'un souterrain, il n'est guère de tranchée qui atteigne une trentaine de mètres et on demeure presque toujours bien au-dessous de cette cote ; 2° il est rare qu'il s'agisse de traverser des couches dures, et, dans l'étude des fondations des ouvrages, on n'a même jamais à percer une assise rocheuse, car, dès qu'une pareille assise est atteinte, le travail est terminé, c'est précisément elle dont on se proposait de trouver la profondeur.

S'il s'agit de chercher un fond solide à une profondeur qui ne dépasse pas deux mètres, on peut, à la rigueur, se contenter d'une tige rigide en fer qui se termine en pointe et que l'on enfonce soit à coup de maillet, soit par un mouvement de rotation (fig. 11, pl. 1) ; mais ce procédé ne peut évidemment convenir que pour des constructions ordinaires.

Si la recherche ne doit pas pénétrer à plus de 7 ou 8 mètres et qu'il s'agisse de traverser des couches terreuses ou vaseuses peu résistantes, on arrive bien au but avec une sonde à tarière de la forme de celle que représente la figure 11. Outre la tige porte-outil, il faut avoir une série de tiges ayant en général chacune un mètre de longueur, et qui s'assemblent les unes au-dessus des autres au fur et à mesure de l'approfondissement; le mouvement de rotation est donné par deux hommes agissant aux extrémités d'un tourne-à-gauche posé sur la tête de sonde; il faut, pour éviter les engorgements, remonter la sonde chaque fois qu'on est descendu d'une hauteur de tarière. Le point délicat des appareils de ce genre, que l'on rencontre dans beaucoup de services d'ingénieurs et qui sont utiles pour tous les travaux courants, est le mode d'emmanchement des tiges : il y a toujours un bout mâle qui pénètre dans un bout femelle et l'assemblage forme un renflement sur l'ensemble de la tige de sonde, renflement dont le diamètre doit être légèrement inférieur au diamètre de l'outil; quelquefois une simple goupille traverse l'assemblage, mais ce n'est guère solide et les têtes de la goupille créent un obstacle au mouvement de rotation, en même temps qu'elles dégradent les parois du trou; l'assemblage à clavettes intérieures, plus ou moins semblable à celui de la figure 12, ne nous paraît pas meilleur, car il prend vite un jeu considérable et présente également l'inconvénient des saillies; nous préférons donc l'assemblage à vis en usage dans les grandes sondes, il est plus simple et plus solide, mais il exige beaucoup plus de soins, il ne faut pas laisser rouiller les vis, il faut les graisser soigneusement chaque fois que l'on s'en sert, et on est obligé souvent de recourir à un tourne-à-gauche spécial pour opérer le dévissage.

Fig. 11.

Il est indispensable de joindre à l'appareil une clef de retenue, du genre de celle que représente la figure 2, planche 1; cette clef sert à soutenir l'appareil entier chaque fois que l'on visse ou que l'on dévisse une nouvelle tige; sans lui, on risque de voir fréquemment la sonde retomber au fond du trou. Il va sans dire que le trou de sonde est compris entre deux madriers appliqués sur le sol et destinés à soutenir la clef de retenue, et qu'il faut protéger également le sol par un revêtement en planches afin d'éviter une compression des terres qui boucheraient le trou.

Nous avons fait beaucoup d'opérations avec une sonde ainsi réduite à sa plus simple expression, et elle suffit dans beaucoup de cas; elle permet de descendre facilement à une dizaine de mètres dans des terrains tourbeux, vaseux ou marneux, et même dans des terrains assez compacts si l'on a soin de jeter de l'eau dans le trou.

Dans les terrains sableux on devra jeter avec l'eau des boulettes d'argile que la tarière délayera et qui serviront à lisser et à consolider les parois du trou de sonde.

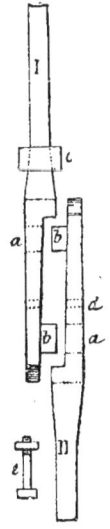

Fig. 12.

L'opération est donc assez simple; il convient cependant de signaler une cause d'erreur susceptible d'entraîner plus tard de graves ennuis; il arrive parfois que l'outil rencontre une pierre, un caillou, l'opérateur s'imagine alors avoir atteint le solide, il arrête son forage et donne ses résultats à l'ingénieur qui s'en sert pour établir son projet; puis on s'aperçoit en exécution que le terrain solide est à deux ou trois mètres plus bas, de sorte qu'il faut changer tout le système. On ne doit donc pas s'arrêter dans le sondage au premier obstacle qu'on rencontre; il faut continuer quelque temps encore, sauf à substituer un trépan à la tarière et à agir par percussion si cela est nécessaire; quelquefois cependant, une rotation prolongée suffit pour désagréger l'obstacle ou pour le déplacer.

Il est, du reste, une précaution que l'on doit toujours prendre et qui évitera tout mécompte : c'est de ne pas se contenter d'un sondage, et d'en effectuer plusieurs, par exemple un à chaque angle et un au centre de la fondation projetée.

Pour des profondeurs supérieures à dix mètres ou pour des terrains difficiles, un outillage plus complexe est nécessaire; nous en donnerons une description rapide en prenant pour guide le petit traité de sondage de M. l'ingénieur Lippmann, si expert en ce sujet.

1° *Outils*. — Les outils de forage sont le trépan (*fig.* 6 *pl.* 1), qui agit par percussion sur les roches dures, et les tarières (*fig.* 7 et 8), qui agissent par rotation sur les roches tendres et terreuses. Dans un même sondage on a presque toujours à employer successivement les deux espèces d'outils.

Le *trépan* est plat, c'est-à-dire terminé comme une pince de fer ordinaire, ou à téton; ce dernier prépare le travail et creuse un trou central que l'on élargit avec le trépan plat. On soulève la tige et on laisse retomber, de sorte que le trépan agit par percussion et broie la roche; la hauteur de chute doit diminuer et la rapidité des coups augmenter avec la dureté de la roche. Il faut éviter avec soin d'employer à un moment donné un trépan d'un diamètre légèrement supérieur à celui des trépans précédents, car l'outil se coincerait dans le trou et on aurait beaucoup de mal à l'arracher. A chaque coup on fait tourner la sonde régulièrement d'un sixième ou d'un dixième de circonférence.

Il y a trois espèces de *tarières* : la tarière ouverte (*fig.* 7), la tarière rubannée ou langue américaine (*fig.* 8) et la tarière à mouche rubannée, qui est intermédiaire entre les deux autres. La tarière ouverte est une portion de cylindre creux, munie à sa partie inférieure d'une langue concave et pointue, appelée *mouche*, qui attaque le terrain et en pousse les débris vers le haut dans le cylindre ; la mouche se raccorde avec le cylindre par une arête tranchante inclinée, et au bas de cette arête un talon horizontal s'oppose, quand on remonte la tarière, à la chute des matières qui s'y trouvent entassées.

Il est à remarquer que le bec de la mouche est excentré, sans quoi il pivoterait sur les cailloux au lieu de les attaquer et de les déplacer.

Lorsqu'on est exposé à rencontrer des graviers et des cailloux nombreux, on remplace la mouche ordinaire par une mouche à deux dents comme celle qui termine la langue américaine et qui peut agir à la fois par rotation et par percussion ; on a alors la *tarière à mouche rubannée*.

Celle-ci et la tarière ordinaire conviennent aux terrains liants : argiles, marnes et sables gras; dans les terrains secs, graviers maigres ou compacts, on a recours à la *langue américaine*, que l'on fait agir simultanément par rotation et par percussion. On arrose le trou et on y jette pendant l'opération des boulettes d'argile qui agglomèrent les détritus et consolident les parois du trou.

L'outil doit toujours être remonté avant d'avoir pénétré d'une quantité égale à sa hauteur, sans quoi la matière formerait bourrelet au-dessus de lui et rendrait l'arrachement parfois fort difficile.

L'enlèvement des détritus, qui ne s'effectue jamais complètement par l'outil, même avec la tarière à cylindres, s'effectue par les *cuillers à boulet* ou *à soupape*, (*fig.* 4, *pl.* 1). Ces appareils sont garnis à leur base de frettes coupantes, ils se remplissent par percussions légères et successives et, avant de les remonter, on donne quelques coups plus forts pour que la soupape ou le boulet retombent bien sur leur siège.

On recueille avec soin les échantillons de toutes les couches traversées et on les classe dans une boîte à compartiments lorsqu'il importe de les conserver. Si même on procède à une étude géologique, on se sert d'un outil spécial, ou trépan annulaire (*fig.* 12), qui taille au fond du trou un témoin cylindrique, et ce témoin est ensuite détaché de sa base par un outil également annulaire mais muni d'un doigt vertical qui pénètre par choc dans la rainure circulaire au pourtour du témoin.

2° *Tiges de sonde.* — Les morceaux de la tige de sonde sont représentés (*fig.* 1, *pl.* I) avec leurs emmanchements mâles et femelles. Ces morceaux peuvent avoir trois ou quatre mètres de long; aussi, avant d'ajouter à la tige un nouveau morceau, est on obligé de recourir, pour l'allongement, à un jeu de morceaux plus petits qu'on appelle les allonges et qui vont croissant de mètre en mètre.

3° *Engins de manœuvre.* — La manœuvre de rotation s'effectue avec le tourne-à-gauche à bras d'hommes; il en est de même pour la manœuvre de percussion, et pour la mise en place et l'enlèvement de la tige dès que la profondeur ne dépasse pas une dizaine de mètres. Mais pour cette profondeur même il est déjà commode de recourir à une petite chèvre à trois branches, comme celle de la figure 1, planche 1; une poulie est placée au sommet de la chèvre et toute la manœuvre s'effectue à la tiraude avec un bon câble et mieux avec une chaîne. Cet appareil suffit avec la sonde n° 6, pour pousser jusqu'à une vingtaine de mètres de profondeur et peut-être un peu plus dans des terrains faciles.

Pour des profondeurs plus grandes une chèvre à treuil est nécessaire; mais, comme l'opération devient délicate, il faut la confier à un sondeur de profession qui fournit en location tous les appareils nécessaires.

Les sondages ordinaires jusqu'à 20 ou 25 mètres peuvent être parfaitement exécutés par des ouvriers ordinaires sous la direction d'un agent attentif et soigneux, et l'opération est beaucoup moins coûteuse que si l'on s'adresse à un sondeur de profession. Quand on a à exécuter un certain nombre de ces sondages, on a vite réalisé une économie équivalente au prix d'acquisition du matériel et on conserve ce matériel à sa disposition pour les sondages supplémentaires qu'il est presque toujours utile d'effectuer pendant l'exécution des ouvrages.

4° *Manœuvre*. — Les explications précédentes suffisent à la rigueur pour faire comprendre comment s'effectue la manœuvre. La tête de sonde étant attachée à la chaîne, on commence par descendre l'outil dans le trou, on l'arrête par la clef de retenue, on dévisse la tête avec le tourne-à-gauche et on insère entre la tête de sonde et l'outil une première tige que l'on descend à son tour pour recommencer l'opération.

Quand la sonde est à fond, on agit avec le tourne-à-gauche pour serrer toutes les vis avant de commencer l'opération. La rotation s'effectue, non plus avec un tourne-à-gauche, mais avec le manche de manœuvre qui permet l'action de deux hommes au moins (*fig.* 13, *pl.* 1).

Le chef sondeur a noté très exactement sur son carnet la longueur de l'outil et de chaque tige ou de chaque allonge descendue, de manière à pouvoir, en cas d'accident, connaître la situation exacte de la partie de l'appareil restée dans le trou. Avant de commencer la rotation ou le battage, il marque à la craie un repère sur la tige au niveau du plancher afin de pouvoir suivre à l'œil le mouvement de descente; mieux vaut encore avoir une jauge de la longueur de la tarière et marquer le repère à une hauteur au-dessus du plancher égale à cette jauge.

5° *Tubage*. — Il est nécessaire dans les terrains ébouleux de maintenir les parois du trou au moyen de tubes en tôle mince. Quand on a placé un tubage il faut changer d'outil et poursuivre l'approfondissement avec un moindre diamètre; la réduction de diamètre est au moins égale à deux fois l'épaisseur de la tôle des tubes. Cette tôle de fer doit être d'excellente qualité. Les tubes successifs sont assemblés au moyen de manchons en tôle mince avec rivets à tête plate; ils descendent d'eux-mêmes à mesure que se fait l'approfondissement, ou bien on aide à l'enfoncement en agissant par percussion avec tout le poids de la sonde sur un manchon en bois adapté à la partie supérieure du tube. Nous n'insisterons pas sur cette opération qui doit être confiée à des ouvriers spéciaux, à moins qu'il ne s'agisse seulement de tuber les premiers mètres du sondage; dans ce cas, il y aura parfois avantage à exécuter sur cette hauteur une fouille blindée au fond de laquelle commencera le sondage proprement dit.

6° *Tuyaux-guides, sondages en rivière*. — Lorsque le sondage s'exécute au fond d'une excavation ou au fond d'une rivière, le plancher d'opération est nécessairement établi à quelques mètres au-dessus de ce fond, on a recours à un tuyau-guide qui renferme toute la partie intermédiaire de la tige de sonde.

Pour les sondages en rivière, la difficulté est d'obtenir un point d'appui invariable; le plus simple est de relier deux petits bateaux par un plancher qui les rende bien solidaires, on fixe chacun d'eux par quatre amarres et le tuyau-guide s'engage dans un orifice ménagé au milieu du plancher qui porte la chèvre de manœuvre; c'est également sur ce plancher que marchent les ouvriers imprimant à la tige de sonde son mouvement de rotation.

Le tuyau-guide est engagé autant que possible dans le fond de la rivière.

La figure 16, planche 1, représente une disposition adoptée par M. l'ingénieur Séjourné et recommandée par M. Lippmann : « Quand on doit travailler, dit ce dernier, sur un cours d'eau rapide, sujet à de fortes et fréquentes variations, il vaut mieux n'employer qu'un seul grand bateau plat, un chaland, dont la position se règlera bien plus facilement ; le plancher de manœuvre se placera sur deux fortes longrines, prolongées en encorbellement à l'arrière du bateau dont l'avant fait face au courant. Un deuxième plancher, solidaire et en contre-bas du premier, est établi dans le plan de la ligne de flottaison ; la direction du tuyau-guide est ainsi bien assurée. On place le tuyau-guide presque au contact du bateau, de manière à diminuer le plus possible le porte-à-faux du plancher de manœuvre ; et on voit que dans cette position le tube sera beaucoup moins exposé aux dérangements, à l'ébranlement que les mouvements de l'eau pourront transmettre à tout l'ensemble ; on doit, à cet effet, laisser dans les planchers un certain jeu autour du tube et les colliers peuvent eux-mêmes glisser un peu dans tous les sens sur ces planchers. Sur le lit de la rivière, le tube est maintenu vers sa base par une masse de fonte très pesante, au travers de laquelle il passe par une ouverture ayant même diamètre que lui ; cette masse de fonte est attachée par des amarres qui servent à la retirer en fin de travail. L'avant du bateau est tenu par deux ancres obliques de 300 kilog. et par une ancre droite de 600 kilog. tendues au cabestan ; l'arrière est tenu par deux ancres de 200 kilog. Pendant les crues on lâche les câbles des ancres et on desserre les colliers du tuyau-guide. Il est inutile d'ajouter qu'il faut lester l'avant du bateau pour équilibrer la charge de l'arrière. »

7° *Accidents ; ruptures.* — Si une rupture se produit au niveau ou un peu au-dessus d'un emmanchement, on se sert de la *caracole*, figure 9, planche 1, appareil muni d'un doigt horizontal qui vient embrasser la tige au-dessous du manchon et permet de la soulever.

Quand la rupture se produit dans le cours d'une tige, l'usage de la caracole n'est pas possible, parce qu'elle ferait arcbouter la tige contre les parois du trou ; on a recours à la *cloche à vis*, figure 5, planche 1, cône d'acier fileté intérieurement ; la vis mord dans la tige brisée et un tour ou deux suffisent pour donner une adhérence suffisante.

Quand un outil est coincé, on tend fortement la sonde et on la frappe horizontalement au sommet avec des maillets en bois et les vibrations suffisent, en général, pour détruire, au bout d'un certain temps, l'adhérence de l'outil et de la roche.

8° *Numéros des sondes.* — Les sondes sont classées par numéros d'ordre, suivant l'épaisseur de leurs tiges et les profondeurs auxquelles elles peuvent descendre :

RECONNAISSANCE DU SOL ET DES ROCHES; SONDAGES

NUMÉROS	COTÉ DU FER CARRÉ DE LA TIGE	DIAMÈTRE DU TROU	PROFONDEUR DU SONDAGE
	millimètres	millimètres	mètres
6	20	70 à 100	10 à 15
5	25	70 à 135	25 à 30
4	30	70 à 150	40 à 50
3	35	200	60 à 80
2	40	250	80 à 100
1	45	300	100

9° *Devis des sondes.* — M. Lippmann nous a fourni une sonde n° 6 comprenant les éléments suivants :

	fr	c.		fr	c.
1 Tête de sonde............	14	»	Report...	337	50
1 Clef de relevée...........	18	»	50 Boulons de jonction (p^r tuyaux)..	10	»
1 Esse à brides.............	5	»	1 Trépan à téton de 70 mill. ...	21	»
1 Clef de retenue............	7	»	1 Tarière ouverte de 65 mill. ...	38	»
1 Manche de manœuvre.......	18	»	1 Tarière rubanée de 65 mill. ...	20	»
2 Tourne-à-gauche..........	10	»	1 Soupape à clapet de 60 mill...	42	»
1 Allonge de 1 mètre	14	»	1 Caracole...............	14	»
9 Tiges de 2 mètres.........	162	»	1 Chèvre en fer à trois montants avec poulie et cordage.....	110	»
1 Tarière ouverte de 95 millimètres.	52	»			
5 Mètres de tuyaux de 80 mill. ...	57	50	Total.....	612	50
A reporter......	337	50			

Les montants de la chèvre se replient et tout l'appareil peut être logé dans une caisse, de sorte qu'il est facile à déplacer et à conserver. Il permet d'atteindre une profondeur de vingt mètres dans un terrain ordinaire.

Pour les petits sondages courants de moins de dix mètres, on pourrait se borner à : 1 clef de retenue, 1 manche de manœuvre, 2 tourne-à-gauche, 1 allonge, 4 tiges, 1 trépan et une tarière, et la dépense d'acquisition tomberait à 180 francs.

Sondages par puits d'essai. — Les sondages, tels que nous venons de les décrire, donnent bien la composition exacte des terrains traversés; mais on comprend qu'il vaudrait mieux encore voir ces terrains à leur emplacement même et pouvoir y exécuter une fouille afin de se rendre compte de la difficulté qu'on éprouvera à les déblayer. C'est à quoi l'on arrive en exécutant des puits d'essai assez larges pour qu'un ouvrier puisse y travailler à l'aise.

Ces puits d'essai doivent toujours être exécutés à l'emplacement des tranchées à ouvrir pour le passage d'une voie de communication.

La première précaution à prendre est de les entourer d'une barrière solide afin d'éviter des accidents dont le chef des travaux serait personnellement responsable.

Il est rare que l'on puisse exécuter à parois libres un puits de quelques mètres de profondeur ; quelques terrains rocheux, crayeux ou calcaires se prêtent seuls à cette combinaison. Généralement, il faut soutenir les parois de la fouille et les étrésillonner, comme nous le verrons dans une autre partie de l'ouvrage.

Quelquefois même, dans les terrains ébouleux, tourbe, vase, sable, argile, il faut recourir à des fouilles blindées, qui s'exécutent comme il suit, figure 17, planche 1 :

On constitue avec des rondins a et b des cadres rectangulaires, que l'on place convenablement à des distances indiquées par l'expérience ; dans un terrain ordinaire l'espacement sera de 2 mètres ; on le réduira à 1 mètre dans un terrain fluent. Ces cadres horizontaux sont reliés verticalement par des poteaux d'angles formés aussi avec des rondins. Derrière les cadres on glisse un peu obliquement des palplanches de que l'on enfonce à coups de masse au fur et à mesure que la profondeur de l'excavation augmente, et que l'on coince énergiquement contre les cadres.

Si le terrain est ordinaire, on se contente de placer verticalement derrière les cadres des palplanches verticales, plus ou moins espacées entre elles, et on réunit les cadres entre eux par des poteaux qui reportent toute la charge sur le cadre supérieur, lequel est relié à un ensemble de pièces de bois s'appuyant sur le sol par une large surface ; de place en place, on creuse dans la roche des cavités où l'on loge les bouts des grands côtés d'un cadre et on constitue ainsi des supports intermédiaires.

Dans les terrains coulants on n'a pas besoin de suspendre les cadres, la poussée des terres suffisant à les maintenir et à les empêcher de descendre.

Représentation des résultats d'un sondage.

— Les résultats d'un sondage unique se représentent facilement, si le chef sondeur a soigneusement noté les profondeurs auxquelles il a rencontré les diverses assises et s'il a conservé des échantillons de chacune d'elles.

On porte sur une verticale, comme l'indique la figure 15, planche 1, les hauteurs des assises successives et par chaque division on trace une horizontale ; entre les horizontales on place soit des teintes, soit des hachures distinctes.

Il ne faut pas oublier d'indiquer le *niveau de l'eau* dans le trou de sonde; c'est un élément très important à connaître. Il convient même de suivre les variations de ce niveau pendant l'opération ; on le voit parfois s'abaisser lorsqu'après avoir traversé une assise imperméable on pénètre dans une assise perméable, le sondage est alors devenu un drainage vertical. Il arrive aussi que le niveau remonte brusquement lorsqu'on parvient à une assise perméable comprise entre deux assises imperméables ; on a créé dans ce cas un puits artésien ; nous avons vu, dans la formation des sables du Soissonnais, descendre sans eau jusqu'à 8^m50 de profondeur, et, à cette cote, le niveau de l'eau est brusquement remonté à 3^m50, soit une ascension de 5 mètres ; il est vrai qu'un peu après 8^m50 se trouvait une assise d'argile plastique sur laquelle reposait une assise sableuse surmontée elle-même d'une couche d'argile jaune.

Lorsqu'on a établi la coupe du terrain à l'aplomb de chaque sondage, il semble facile de construire la coupe géologique sur l'axe du travail projeté, par exemple sur l'axe d'une tranchée. On construit le profil en long du terrain, et sur ce profil on rapporte les sondages effectués en divers points successifs tels que A et B, figure 13, les points $abc..$ $a'b'c'..$ étant les points de passage des diverses assises, il semble qu'il n'y ait, pour figurer ces assises mêmes, qu'à tracer les lignes droites aa' bb' $cc'..$; c'est, en effet, ce que l'on pourra faire si l'on dispose de sondages rapprochés entre lesquels les assises ne présentent pas d'ondulations importantes; mais il est rare que, dans une étude, les sondages soient très rapprochés, et il convient alors de rechercher non seulement la position sur la verticale des points tels que a et a', mais encore l'inclinaison même que présente en ces points la surface de séparation des deux assises successives.

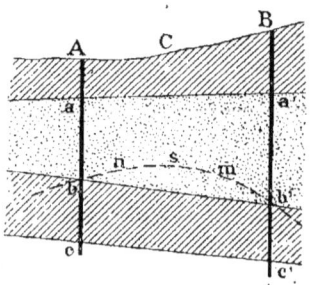

Fig. 13.

Dans un sondage ordinaire, on obtient cette inclinaison en enlevant un témoin sans imprimer le moindre mouvement de rotation à la tige de sonde; le témoin arrivé au jour, il sert à relever approximativement l'inclinaison et la direction du lit. L'opération est plus facile lorsque l'on creuse des puits d'essai, parce qu'on peut relever directement pour chaque lit rencontré, à l'aide d'une boussole et d'un niveau de maçon, l'orientation et l'inclinaison de ce lit, c'est-à-dire la direction de son horizontale et l'angle formé par sa ligne de plus grande pente.

Nous reconnaîtrons de la sorte que la direction du lit auquel appartiennent les points b et b' est bn sur le profil A et $b'm$ sur le profil B, de sorte que la forme de ce lit est non pas la droite bb', mais une courbe telle que bsb'.

Au cas où le tracé approximatif de cette couche ne suffirait pas, on le rectifierait en exécutant en C un sondage supplémentaire.

Nous insistons sur ces précautions, parce que l'opération des sondages est capitale en vue de la bonne préparation des projets; est-elle complète et soigneusement exécutée, on évite bien des mécomptes; est-elle négligée, on s'expose à de fausses manœuvres, à des évaluations inexactes, à des procès avec les entrepreneurs et même à de graves accidents.

On ne saurait donc trop recommander à l'ingénieur de surveiller personnellement les travaux de sondages et d'y apporter un soin vigilant.

DEUXIÈME PARTIE

TERRASSEMENTS ET DRAGAGES

OBJET ET DIVISION DE LA DEUXIÈME PARTIE

Les terrassements en matière de travaux publics ont pris, depuis un demi-siècle, des développements considérables et ont donné lieu à l'invention de procédés nouveaux, de machines ingénieuses. Cependant il y a beaucoup à faire encore en cette matière et, sur un grand nombre de chantiers même importants, on semble ignorer l'immense supériorité sur le travail manuel que présente à tous égards le travail mécanique.

On ne réfléchit pas assez au chiffre considérable que produit en fin d'année, dans une grande entreprise de terrassements, une économie de quelques centimes par mètre cube de terre fouillée et transportée, et il est bien rare que cette économie ne puisse pas être réalisée sur une des manutentions diverses auxquelles est soumis ce mètre cube de terre.

Il importe donc de propager sans cesse les engins mécaniques qui épargnent à l'homme un dur labeur, et abaissent en définitive le prix de revient du travail.

L'étude générale des terrassements se divise naturellement en quatre chapitres :

Chapitre I. — *Fouille et charge.*
Chapitre II. — *Procédés de transport.*
Chapitre III. — *Exécution des déblais et des remblais.*
Chapitre IV. — *Dragages ou terrassements sous l'eau.*

TERRASSEMENTS ET DRAGAGES

CHAPITRE PREMIER

FOUILLE ET CHARGE

La fouille et la charge des terres sont deux opérations connexes, parfois simultanées, dont l'étude ne saurait être scindée.

Les procédés sont tout différents, suivant qu'il s'agit :

1° De *déblais terreux*,

Ou 2° de *déblais rocheux*.

Nous appelons déblais terreux les déblais à effectuer dans des terrains qui peuvent être morcelés ou ameublis soit par pression, soit par percussion, à l'aide d'outils tranchants.

Nous appelons déblais rocheux ceux pour lesquels la division du terrain s'effectue avec le secours des matières explosives, telles que la poudre de mine et la dynamite.

1° DÉBLAIS TERREUX

Les déblais de ce genre s'effectuent le plus souvent par des *outils à main*, dont la pelle et la pioche sont les types; mais, dès qu'ils atteignent un volume un peu considérable, il y a avantage à recourir à de puissants engins mécaniques qu'on appelle *excavateurs*.

A. TRAVAIL AVEC OUTILS A MAIN

Il arrive quelquefois que l'on s'attaque à des terres meubles et sablonneuses, et qu'il est possible de les charger immédiatement en se servant uniquement de la pelle; mais c'est le cas le plus rare, et, en général, il faut au préalable ameublir la terre au moyen d'une pioche (*fig.* 14); souvent même il faut recourir au pic, sorte de pioche à laquelle on ne conserve que la branche pointue. Les extrémités de la pioche et du pic doivent être aciérées, car elles sont exposées à rencontrer des terrains durs; toutefois, lorsqu'on les emploie à l'extraction des rochers, il faut se garder de donner aux pointes une trempe trop énergique, si on ne veut les voir se briser à chaque instant. La pioche du poids de 5 kilogrammes coûte 4^f,75, et le pic du poids de 1^k,7 coûte 1^f,35.

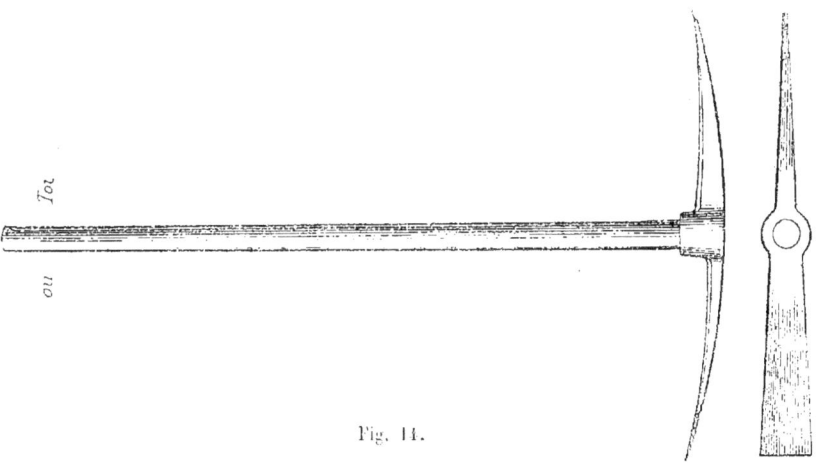

Fig. 14.

Dans les terrains vaseux, faciles à découper en tranches, on se sert du louchet ou de la bêche.

Avant la construction des chemins de fer, on ne connaissait guère les grands ateliers de terrassement ; chaque ouvrier, suivant son pays et sa routine, avait un outil spécial. On reconnut bien vite les inconvénients de cette confusion, et les entrepreneurs comprirent que c'était leur avantage de mettre aux mains de l'ouvrier l'outil le plus commode. A la suite d'une longue expérience, M. Guillet, conducteur des ponts et chaussées, recommandait l'emploi de la pelle représentée par la figure 15. « Ces

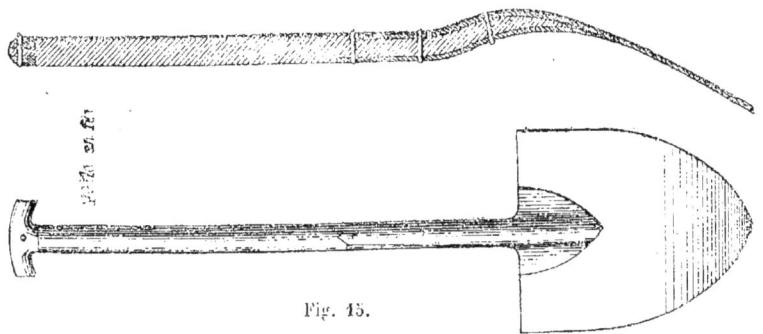

Fig. 15.

pelles sont en fer battu, d'un assez fort échantillon (3 millimètres d'épaisseur); elles ont, vues de face, une figure qui se rapproche de l'ogive, et forment un peu la cuiller vers le milieu ; deux lames en fer, qui ne sont que le prolongement de la pelle elle-même, servent d'enveloppe au manche jusqu'à 25 centimètres de hauteur et, à l'aide de clous rivés, le maintiennent solidement. »

Par sa forme, cet outil pénètre facilement dans des terrains un peu durs et graveleux; la poignée qui surmonte le manche permet à l'ouvrier d'exercer un plus grand effort. Cette poignée est gênante dans les premiers temps, et en plus d'un cas on l'a abandonnée, en se contentant d'allonger le manche de 0^m15 à 0^m20, ainsi qu'on le voit sur la figure 16.

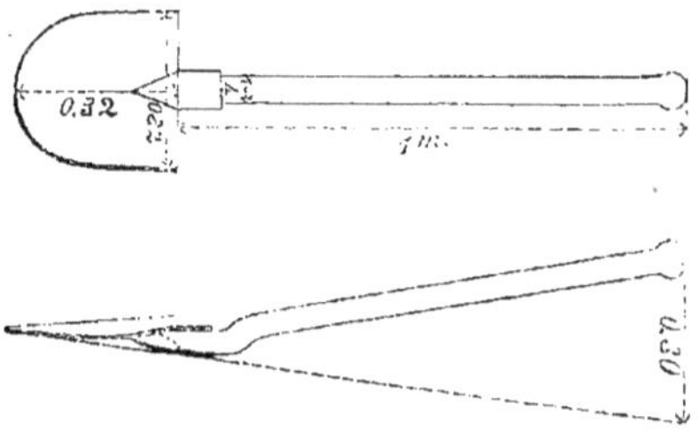

Sur cette figure, on voit que le manche fait un angle avec la pelle ; cette forme n'est favorable qu'au jet de la terre dans le sens vertical : on peut la considérer comme nuisible à l'effort exercé.

Fig. 16.

Lorsqu'on a un terrain que l'on peut attaquer à la pioche, on l'enlève par couches successives de 0^m30 à 0^m40 : un ouvrier pioche le sol, et un ou plusieurs ouvriers chargent dans les véhicules la terre ameublie.

A la pelle on substitue parfois le louchet ou la bêche, qui n'ont pas la forme en ogive, mais qui sont formés d'une lame quasi rectangulaire.

On doit tendre évidemment à réduire le plus possible le poids de la pelle qui sert à lancer des terres, car il est évident que l'on augmente en conséquence soit la charge enlevée, soit la longueur du jet. Mais cette réduction de poids n'est pas autant à rechercher dans les outils qui agissent par percussion; le travail de ces outils est, en effet, dans une dépendance étroite avec leur masse.

Ce qui importe avant tout, c'est que l'outil soit en métal de bonne qualité, et qu'il soit solidement emmanché, ce qui ne peut s'obtenir qu'avec les emmanchements à douille.

Le manche doit être en bois dur et élastique, tel que le frêne ; ce manche est rond pour la bêche et le louchet : on lui donnera de préférence une forme ovale dans les outils à percussion, surtout dans les outils à deux lames comme la pioche, car il importe que l'outil sous l'action de la pesanteur ne tourne pas dans la main de l'ouvrier. Pour le même motif, il est bon de placer, sur l'œil même destiné à recevoir le manche, le centre de gravité des outils à deux lames.

On rencontre quelquefois des outils qui n'ont que l'une des deux lames de la pioche complète ou *tournée*. Si c'est la lame coupante, l'outil conserve le nom de pioche; si c'est la lame pointue, il s'appelle un pic.

On emploie aussi parfois la pioche à deux lames coupantes, comme celle que représente la figure 17, et qui possède une lame verticale et une lame horizontale; elle ne convient pas évidemment aux terrains durs, mais elle rend des services dans les terrains feutrés de racines.

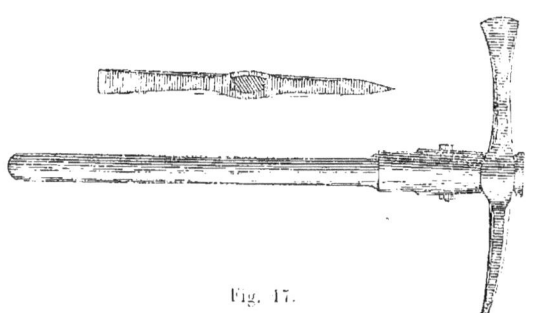

Fig. 17.

On ne saurait trop recommander l'introduction dans les chantiers des outils dits *américains*, qui sont si appréciés par l'agriculture. Ce sont des *outils en acier*, fabriqués d'une seule pièce à l'aide de matrices spéciales, doués d'une remarquable solidité et d'une grande élasticité; les manches en bois présentent une bonne courbure, obtenue à la vapeur; ils se terminent en général par une poignée recouverte de tôle, et l'emmanchement est toujours à douille.

Les qualités exceptionnelles de ces outils, qui sont moins chers que les produits de l'ancienne taillanderie, sont dues au choix de matériaux de première qualité; on prend de l'acier de Suède, qui est trempé au plomb ou à l'huile.

Les soins à donner à l'entretien des outils ne sont pas négligeables et ont une grande influence sur la production de travail. Une bêche rouillée entre péniblement dans la terre; avec une bêche luisante on économise au contraire du temps et de la force. Les outils doivent donc être chaque soir rentrés bien secs et bien nettoyés; ce serait même une bonne chose de les laver et de les sécher au feu; pendant le travail, lorsque les terres s'attachent à l'outil, il y aurait avantage à pouvoir laver la lame de temps en temps en la plongeant dans un baquet d'eau.

Nous terminerons en disant qu'il ne faut pas imposer aux vieux terrassiers de profession un outil d'une nouvelle forme; ils sont habitués depuis des années à un certain système, avec lequel ils produisent plus de besogne et qu'ils croient préférable à tout autre; on ne peut agir sur eux que par persuasion, et il faut les convaincre par des expériences répétées.

Abatage. — On se propose de prolonger une tranchée terminée par une paroi verticale. Perpendiculairement à cette paroi, on établit deux saignées que l'on descend jusqu'au sol de la tranchée; on réunit ces deux saignées par une autre horizontale, que l'on creuse autant que possible, tant qu'il n'y a pas danger d'éboulement. On comprend que l'on a ainsi formé un prisme de terre, qui ne tient plus à la masse que par la face verticale opposée à la paroi de la tranchée. Dans le plan de cette face on enfonce à grands coups de maillet de gros coins en bois; le prisme se détache et s'ébranle. On obtient ainsi d'un seul coup jusqu'à 30 mètres cubes de déblais et même davantage (*fig.* 18 et 19).

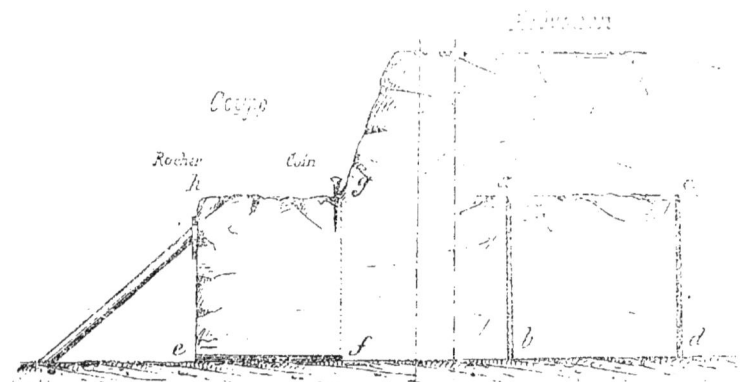

Fig. 18.

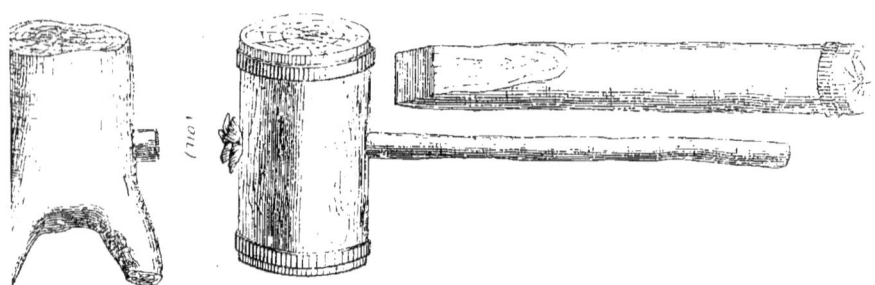

Fig. 19.

Mais le procédé est dangereux parce que souvent la rupture du bloc est inopinée, car les ouvriers, généralement à la tâche et gagnés par l'appât du gain ou entraînés par une sorte de bravade, poussent trop loin le creusement à la base et n'ont pas le temps de s'échapper.

Le procédé est donc proscrit sur la plupart des chantiers, et c'est avec raison, car il ne faut pas compromettre la vie d'un seul ouvrier même pour un bénéfice considérable, et c'est à l'ingénieur qu'il appartient de faire énergiquement prévaloir ce principe.

Usage de la dynamite pour la fouille des terres. — Heureusement, on possède aujourd'hui un moyen de désagréger les terrains compactes, c'est l'emploi de la dynamite. La poudre de mine était impuissante à produire cet effet parce que son action est trop lente; la dynamite par son action violente, qui ne demande pour ainsi dire pas de bourrage, détermine un ébranlement moléculaire énorme dans toute la masse terreuse qui l'entoure, et l'on reconnaît, lorsque l'on attaque la masse à la pioche, que la désagrégation, pour n'être pas très apparente, n'en est pas moins considérable.

Un trou de 0^{m}05 de diamètre, de 2 mètres de longueur, percé tous les 4 mètres de distance, chargé de 250 grammes de dynamite n° 3, bourré par une hauteur de terre de 1 mètre, désagrège une terre compacte jusqu'à 2 mètres de profondeur.

Il importe de signaler ce procédé à l'attention des entrepreneurs qui n'en soupçonnent pas encore tous les avantages.

Il est également précieux pour déblayer le terrain des souches et troncs d'arbres dont il est parfois encombré. A l'Exposition de 1878, des constructeurs autrichiens avaient présenté les appareils et documents relatifs à l'emploi de la dynamite pour ces opérations.

« Il convient, dans cet emploi, dit M. Alfred Durand-Claye, de commencer par déblayer nettement l'arbre ou la souche et de séparer à la hache les principales racines latérales. A moins de dimensions exagérées de la souche, une seule cartouche avec mèche Bickford suffit. Le trou de mine est pratiqué avec une tarière allemande, au diamètre de 0^m025 à 0^m028, soit dans l'axe, soit de côté, au travers de la couronne des racines jusqu'au cœur du tronc. La charge est de 50 à 65 grammes de dynamite ; pour une souche à chicot, ayant un fort pivot, la charge doit atteindre 100 à 133 grammes. Pour des souches de plus de 1 mètre avec fortes racines latérales, on perfore ces dernières et on les fait sauter isolément. En 10 minutes, des blocs noueux de chêne de 1 mètre à 1^m20 de diamètre, peuvent être fendus de 3 à 8 morceaux, moyennant une dépense de 28 à 40 francs environ. »

« La dynamite, dit M. Louis Roux, ingénieur en chef des poudres et salpêtres, paraît devoir rendre de grands services dans des travaux où la poudre ne peut convenir. Nous voulons parler des travaux de la terre, quand il s'agit d'ameublir profondément des terres incultes, de manière à diviser le sous-sol et à y faire parvenir les influences salutaires de l'air et de l'eau. On en trouve encore un emploi avantageux dans le défrichement des forêts, quand sont restées enfouies dans le sol de grosses souches d'arbres qu'on y laisse le plus souvent pourrir à cause des frais excessifs que nécessiterait leur enlèvement. Il est difficile, en France, de se rendre compte des bénéfices réels que peut procurer l'emploi de la dynamite, à cause des charges excessives qui pèsent sur cette matière. Ce n'est qu'à l'étranger que nous pouvons trouver des termes de comparaison. C'est par les publications étrangères que nous connaissons l'intérêt que présente la dynamite dans les travaux de la terre. Ces avantages nous sont interdits. »

M. le professeur Heyne cite une fouille pratiquée dans de l'argile compacte à l'aide de la dynamite, ou plutôt de la nitroglycérine. On pratiqua avec une sonde un trou de 3^m80 de profondeur et de 0^m05 de large, dans lequel on introduisit 2,400 grammes d'huile explosive ; dans le liquide on jeta des cailloux pour le répartir sur une grande hauteur. On obtint de la sorte une masse de 200 mètres cubes déchirée dans tous les sens, et la fouille ne revint guère par ce procédé qu'à une douzaine de centimes par mètre cube. Avec des masses plus fortes, la dépense unitaire serait encore abaissée.

Même au prix actuel de la dynamite en France, il est probable qu'avec elle on arriverait encore à une grande économie dans le prix de revient

TERRASSEMENTS ET DRAGAGES

de la fouille de certains terrains compactes, et l'on réaliserait l'immense avantage de réduire le nombre des ouvriers du chantier.

Usage de la charrue pour les fouilles. — La méthode généralement suivie pour les terrassements, méthode qui consiste à attaquer de front une tranchée sans répartir sur toute la longueur la fouille et la charge, ne nous paraît plus en rapport avec les moyens de transports dont on dispose et pourrait, croyons-nous, recevoir des modifications avantageuses. Si elle était modifiée, on pourrait notamment recourir, pour la désagrégation des tranches successives de terre, à l'emploi des charrues puissantes mues soit par des bœufs, soit par la vapeur. Les Américains sont entrés dans cette voie, et nous pourrions les imiter en bien des cas.

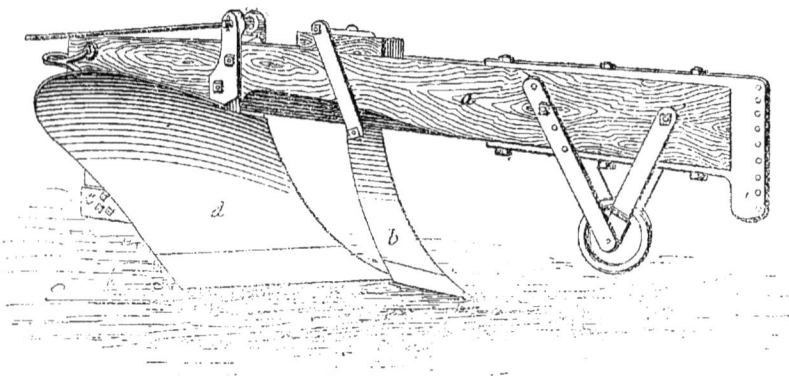

Fig. 20.

On voit encore aujourd'hui effectuer à bras d'homme la fouille de longs fossés ou de tranchées larges et peu profondes, alors qu'il serait facile de réaliser une grosse économie en ayant recours aux charrues défonceuses, dont on construit d'excellents modèles.

Il y a là, ce nous semble, un progrès à réaliser.

Les Américains nous en donnent l'exemple et nous reproduisons, d'après la *Revue générale des Chemins de fer*, la description de la charrue et du racloir ayant servi à creuser des fossés dans l'Arkansas le long des voies ferrées.

Pour creuser les fossés on fait d'abord usage d'une grande charrue capable de tracer un sillon d'environ 0^{m}30 de profondeur ; on fait ensuite passer le racloir pour atteindre une profondeur pouvant aller jusqu'à 1^{m}20.

La charrue et le racloir sont successivement attachés, comme l'indique la figure, à une poutre en fer s'engageant sous le wagon plate-forme et à un appareil de levage placé sur le wagon. Pour équilibrer le poids, on dispose environ 10 tonnes de rails sous le plancher de la plate-forme. Tout le système pèse 20 tonnes et est remorqué par une locomotive.

Dans les terrains perméables et humides, le racloir enlève à chaque passe une épaisseur de terre variant de 0^m075 à 0^m127 et laisse derrière lui une surface parfaitement plane.

Fig. 21.

Les dimensions de la charrue sont les suivantes : l'age a a une longueur de 3^m965 et une section de 0^m33 sur 0^m18, il est en chêne ; le coutre b pèse 75 kil. ; le sep c est formé d'une barre de fer de 0^m50 de haut, 0^m20 de large et 1^m83 de long ; la hauteur du versoir d est de 0^m915. Le poids total de la charrue est de 1 tonne et elle trace un sillon de 0^m760 de largeur.

Le racloir, dont le poids est de 1,270 kilog. environ, consiste en une plaque d'acier e de 5^m40 de longueur, 0^m912 de largeur et 0^m019 d'épaisseur ; cette plaque fait un angle de 45° avec le sep f ; elle est reliée à un robuste châssis formé de rails vignole en acier. Avec ces appareils on est arrivé, dans des circonstances favorables, à creuser 3^k200 de fossés de 0^m60 de profondeur par journée de 10 heures de travail.

Résultats d'expériences sur la fouille à la main. — Il est difficile de donner des chiffres précis sur la quantité de travail que peut fournir un ouvrier employé à la fouille et à la charge des terres. La variété des cas est immense et la moyenne est difficile à dégager.

Dans une journée de dix heures, un bon ouvrier robuste a pris à la pelle et jeté de côté :

14 à 18^{m3} d'humus et de sable meuble;
11^{m3} de terre de jardin,
5,6 à 9^{m3} de terre glaise, d'argile faible, de sable ferme, de gravier terreux.

En France, on admet comme type de la terre meuble susceptible d'être chargée directement sans piochage préalable, celle dont un homme peut prendre à la pelle et jeter de côté, ou dans une brouette à son niveau, un cube de 15 mètres par journée de 10 heures; il y a même des cas où l'on arrive à un produit de 24 mètres cubes.

Si la terre est trop dure pour que l'on puisse la prendre directement à la pelle, il faut, si l'on veut que le pelleur déblaye ses 15 mètres cubes dans la journée, lui adjoindre un ou plusieurs piocheurs.

C'est d'après le nombre des piocheurs que dessert un pelleur que l'on classe les terres. Ainsi, un piocheur suffit-il à deux pelleurs, on dit que la terre est à un homme et demi; si à chaque pelleur il faut son piocheur, la terre est à deux hommes; si, pour un pelleur, deux, trois, quatre piocheurs sont nécessaires, on dit que la terre est à trois, quatre ou cinq hommes.

On arrive de la sorte, en expérimentant avec de bons ouvriers également forts et habiles, à classer les terres et à fixer le prix qu'il convient de payer dans chaque cas pour 1 mètre cube de déblai.

Le coefficient d'une terre s'obtient en faisant piocher un ouvrier pendant t minutes; s'il met t' minutes à charger ce qu'il a pioché, il résulte de ce qui précède que le coefficient de la terre est de $\left(\dfrac{t}{t'}+1\right)$ ou $\dfrac{t+t'}{t'}$.

Dans chaque cas, il est bon de s'en rapporter à l'expérience directe; nous ne donnons qu'à titre de renseignement les quelques chiffres suivants :

1 mètre cube de terre végétale ordinaire pèse de 1,200 à 1,400 kil.
— sable fin et sec — 1,400 —
— sable fin et humide — 1,300 —
— terre argileuse — 1,600 —
— terre glaise — 1,900 —
— terre de bruyère — 650 —
— marne — 1,600 —

Temps nécessaire à la fouille d'un mètre cube de terre franche légère . . . . . 0^h 80
— — — de terre ordinaire 0 90
— — — de terre végétale mélangée . . . 0 65
— — — de sable coulant 0 95
— — — de tourbe ou fange 1 36
— — — d'argile ou glaise 1 45
— — — de gravier très serré 1 57

S'il suffit de déplacer la terre à une distance inférieure à 4 mètres dans le sens horizontal, le pelleur la jette directement; mais alors il n'enlève plus que les trois quarts du cube qu'il aurait mis en brouette, ou jeté de côté.

D'autres fois, la tranchée est profonde et de faible largeur; alors on conserve une série de banquettes en terre formant un escalier dont la hauteur de marche est au plus égale à 2 mètres, et les ouvriers se passent la terre d'un gradin à l'autre. Si même la tranchée n'est pas assez large pour que l'on puisse conserver des gradins, on établit de petits échafaudages étagés. Dans ces conditions, pour un travail important, il sera toujours préférable de recourir à des monte-charges mécaniques.

Les cubes enlevés par un pelleur dépendent de la hauteur du véhicule dans lequel il doit lancer les terres; les cubes cités précédemment s'appliquent seulement au cas où la terre est jetée de côté dans un véhicule peu élevé, tel qu'une brouette ou un wagon placé en contre-bas. Lorsque le tombereau ou le wagon est au même niveau que l'ouvrier, il faut compter sur une réduction de $\frac{1}{5}$ au moins, et le cube chargé tombe à 12 mètres par journée de dix heures.

Les éléments précédents, étant connu le prix de la journée d'un ouvrier, permettront toujours d'établir approximativement le prix à payer pour fouille et charge d'un terrain donné.

Dans un projet important, il sera bon, lors de l'ouverture des puits d'essai, de procéder à quelques expériences qui permettront d'établir les prix en toute connaissance de cause; toutefois, ces expériences doivent être interprétées avec sagacité, car il arrive presque toujours qu'on les exécute avec de bons ouvriers d'élite, qui ne peuvent être pris comme terme moyen.

Observations sur la charge. — C'est le chiffre de 15 mètres cubes par journée de dix heures que l'on adopte, avons-nous dit, comme base de travail moyen d'un ouvrier pelleur qui charge en brouette, ou dans tout autre véhicule bas, de la terre bien ameublie et qui a presque toujours fait l'objet d'une fouille préalable; le chiffre de 15 est réduit à 12 lorsque la charge s'effectue dans un véhicule élevé.

On compte qu'un bon ouvrier robuste peut fournir 600 pelletées de terre meuble à l'heure et la lancer à 1^m50 ou 2 mètres de hauteur; s'il s'agit de terres lourdes, on tombe à 500 pelletées par heure.

En somme, les bases adoptées en France paraissent rentrer dans une bonne moyenne et concordent avec les chiffres donnés à l'étranger.

Il est à remarquer que le chargement des éclats rocheux est bien plus difficile que le chargement des terres; la pelle entre difficilement dans un tas de pierres et beaucoup de morceaux roulent et retombent pendant le voyage.

Pour charger ces matériaux, lorsqu'ils ne dépassent pas la dimension moyenne de 0^m10, il y a avantage à recourir à des pelles à jour en forme de fourches à cinq ou six dents; c'est l'outil qui donne les meilleurs résultats, par exemple pour le caillou de route. Les débris terreux qui restent sont ensuite enlevés à la pelle.

Quand il s'agit de roches lourdes, un ouvrier n'en peut guère charger que 6 mètres cubes dans des véhicules bas et 4 mètres dans des véhicules élevés. Les morceaux qui se trouvent sous forme de moellons sont chargés à la main.

B. — EXCAVATEURS.

Les excavateurs sont des appareils qui effectuent tout à la fois, et mécaniquement, la fouille et la charge des terres. On peut les classer en deux systèmes : le *système français* et le *système américain*. Dans le premier système, la fouille est effectuée par un certain nombre de cuillers ou godets de capacité restreinte ; au contraire, dans le second, on met en œuvre une cuillère unique de grande capacité.

Les Américains jugent leur système bien supérieur au nôtre ; le fait est contestable et ne paraît prouvé que dans certains cas particuliers.

Excavateurs du système français. — Le plus répandu de ces appareils est l'excavateur Couvreux, dont voici la description, empruntée à la légende de la collection de dessins de l'École des ponts et chaussées.

Il est représenté par les figures de la planche 2.

Excavateur Couvreux. — L'excavateur Couvreux est une drague munie de godets d'un système particulier et montée sur un chariot roulant. Une machine à vapeur de 20 chevaux actionne les godets et une deuxième machine de 4 chevaux sert à faire circuler l'appareil sur sa voie de travail.

Le chariot repose sur trois essieux, dont les roues sont espacées de 1^m50. Les essieux extrêmes sont en outre prolongés de façon à porter chacun un balancier muni de deux roues plus petites, qui roulent sur une troisième ligne de rails placée à 0^m30 de la voie principale : de sorte que le chariot repose sur dix roues. Les roues auxiliaires n'ont que 0^m60 de diamètre et sont situées du côté de l'élinde. Une caisse à eau fixée du côté opposé, au-dessous du tablier, contribue encore à la stabilité de l'appareil.

Lorsqu'il s'agit de transporter l'excavateur à de grandes distances sur les voies de chemins de fer, on enlève les roues auxiliaires et les balanciers. Le châssis du chariot est muni à cet effet de crochets d'attelage et de tampons à ses deux extrémités.

La chaudière est horizontale, tubulaire, à retour de flamme, avec une surface de chauffe de 40 mètres carrés. Elle est timbrée à 6 1/2 atmosphères.

La petite machine actionne, à l'aide d'une vis sans fin et de chaînes de Galle, l'essieu du milieu ; une seconde chaîne semblable rend cet essieu solidaire de l'essieu d'arrière.

Le chapelet de godets forme une chaîne sans fin, qui est entraînée par un tourteau à six pans et à cames, placé au sommet de l'appareil ; ce tourteau est mis en mouvement par la machine de 20 chevaux, à l'aide de deux jeux d'engrenages qui modifient la vitesse de rotation dans le rapport de 1 à 7.

Le chapelet de godets est soutenu et guidé par une élinde garnie de rouleaux et terminée à sa partie inférieure par un tambour circulaire mobile de 1 mètre de diamètre. Le tout est suspendu, par un palan à chaîne, à une chèvre dont les pieds sont articulés sur le chariot. Un treuil à double noix permet de faire varier l'inclinaison de l'élinde suivant les exigences du travail des godets.

Les godets s'emplissent en montant au-dessous de l'élinde; ils se vident par un déplacement automatique du fond. Le godet et le fond sont solidaires de deux maillons différents de la chaîne, de sorte que le mouvement même du tourteau supérieur les force à se séparer, laissant une ouverture par laquelle le déblai tombe dans un couloir.

Ce couloir est articulé et aboutit à un wagon placé sur une voie latérale à celle de l'excavateur.

La continuation du mouvement oblige les godets à se refermer exactement.

L'excavateur creuse par conséquent, à côté et en contre-bas de la voie qui le supporte, une fouille qui peut atteindre jusqu'à 6 mètres au-dessous du niveau du rail; il dépose les déblais dans des wagons du côté opposé.

Il peut servir aussi à former directement des remblais latéraux. Dans ce cas, on remplace le couloir à bascule par un tablier porteur, de longueur et d'inclinaison variables; on peut ainsi porter les déblais jusqu'à 10 mètres de distance et à des hauteurs de 4 à 5 mètres.

La capacité des godets est de 170 litres. En imprimant au tourteau une vitesse de 20 tours par minute, on peut emplir et vider 30 godets, ce qui produit $5^{mc}10$, ou, par journée de douze heures, 3,672 mètres cubes; le travail effectif se réduit à 2 mètres cubes en moyenne, à cause des arrêts accidentels et des changements de wagons, soit 120 mètres cubes à l'heure.

Le poids total de l'appareil est d'environ 40.000 kilogrammes; le personnel nécessaire à la manœuvre comprend : 1 mécanicien, 1 chauffeur et 2 aides; il faut, en outre, 10 hommes pour l'entretien et le déplacement des voies.

L'excavateur peut également travailler comme drague à sec, prenant les déblais au niveau de la voie et au-dessus. Dans ce cas, on emploie des godets ordinaires qui descendent vides au-dessous de l'élinde et remontent chargés au-dessus.

On a reproché à l'excavateur Couvreux, du type que nous venons de décrire, de ne travailler qu'en élargissement sur une voie latérale à la tranchée. Lorsqu'une installation de ce genre est possible, on en tire, en effet, d'excellents résultats.

Mais il était désirable d'obtenir également un appareil fonctionnant en cunette, c'est-à-dire au niveau même de la plate-forme de la tranchée, et déblayant en avant.

C'est à quoi M. Couvreux est arrivé par son appareil à élinde pivotante, (*fig. 1 pl. 3*). En combinant les deux appareils on obtient un travail considérable, comme le montrent les figures 2 et 3, planche 3.

Avec l'élinde pivotante, le terrain est attaqué sur une surface à plan circulaire et la chaîne de godets se déplace par un mouvement lent de rotation autour d'un pivot vertical en même temps qu'elle fouille le sol. Les déblais sont rejetés en arrière de l'excavateur dans l'axe de la tranchée; deux voies latérales reçoivent alternativement les wagons pleins et les wagons vides, et le couloir déverse les terres tantôt à droite, tantôt à gauche.

L'excavateur avance sur une voie spéciale posée dans l'entre-voie des deux voies à wagons; celles-ci ont généralement 1 mètre de large, tandis que l'excavateur circule sur voie de 1^{m}44.

La manœuvre de l'excavateur exige :

COMME PERSONNEL	F.	C.
Un chef de service..........	10	»
Un mécanicien............	6	»
Un aide-mécanicien.........	5	»
Un chef dragueur...........	5	»
Un manœuvre.............	3	50
Un homme de couloir........	3	50
Un aide pour le charbon et l'eau...	2	»
Deux hommes pour l'entretien....	8	»
Quatre ripeurs de la voie......	14	»
Total....	57	»

COMME MATIÈRES	F.	C.
600 kilog. de charbon à 4 fr. ...	24	»
2 kilog. d'huile à 1 fr. 50......	3	»
Matières premières pour entretien..	8	»
Prix de la machine (20,000 fr.), amortissement à 25 p. 100 par an, pour 200 jours de travail...	25	»
Total....	60	»

Dépense totale : 117 fr. pour 1,200 mètres cubes, soit 0 fr. 10 par mètre cube.

Il va sans dire que ce prix suppose un travail continu de plusieurs années; s'il en était autrement, le taux de l'amortissement devrait être beaucoup plus élevé.

Il ne faut pas oublier non plus que le rendement de 2 mètres cubes à la minute s'applique à un terrassement facile en bon sable et qu'il est plus prudent de ne compter en général que sur un cube de 80 mètres à l'heure.

M. l'ingénieur de Préaudeau a employé l'appareil Couvreux aux fouilles de l'écluse et de la dérivation de Carrières sur la Seine.

« C'était, dit-il, un type de 40 tonnes, porté sur trois rails; l'élinde permettait d'exploiter une hauteur d'attaque de 4^{m}50 à 5 mètres; il était desservi par deux trains de 14 wagons d'une capacité de 3 mètres cubes, traînés chacun par une locomotive de 15 tonnes; chaque locomotive restait constamment attelée à son train et servait pendant le chargement à diriger successivement chaque wagon sous le couloir de l'excavateur.

Par heure de travail effectif, dans les fouilles de l'écluse, le rendement moyen a été de 66 mètres cubes, le rendement maximum de 89 mètres cubes.

Dans la dérivation, le rendement moyen a atteint de 75 à 80 mètres cubes; le maximum 100 mètres cubes.

Les circonstances qui ont de l'influence sur la production d'un chantier à l'excavateur, organisé comme nous l'avons indiqué, c'est-à-dire desservi par des machines, sont :

La nature du terrain au point de vue soit du déblai, soit du remblai;

La longueur et le cube de la fouille.

Les excavateurs, d'après les premières applications qui en ont été faites, sont spécialement destinés à l'extraction des sables et graviers ; leur emploi se généralise pour l'exploitation des ballastières, et y produit le maximum de leur rendement, même lorsque l'extraction a lieu en partie sous l'eau.

Dans les alluvions plus ou moins argileuses de la vallée de la Seine, l'excavateur sous l'eau ne produirait pas de bons résultats, les parties de sables fins ou d'argiles molles seraient délayées et s'échapperaient des godets ; la décharge deviendrait difficile et le rendement s'abaisserait à un chiffre trop faible.

Si cette nature de terrains se rencontrait avec une grande homogénéité, les difficultés relatives à la décharge pourraient disparaître, moyennant une installation spéciale ayant pour objet de rendre les déblais fluents, et peut-être pourrait-on, en mettant des portes aux godets, faire monter même les vases délayées du fond.

Les conditions dans lesquelles nous nous sommes trouvés n'ont pas permis de chercher une solution dans ce sens ; car à côté des sables plus ou moins argileux et d'argiles molles, se trouvaient des argiles compactes, collantes et peu susceptibles d'être délayées.

Pour satisfaire à ces conditions complexes, il a été reconnu nécessaire :

1° D'opérer absolument à sec, en creusant au moyen de wagons ou de la grue, avant la mise en œuvre de l'excavateur, une rigole à un niveau inférieur de 0^{m}50 à celui de sa passe ;

2° De ralentir la marche de la machine, toutes les fois que par le fait de sources retenues à un niveau élevé par des veines argileuses les terres se maintenaient humides et tendaient à se délayer.

Ce dernier fait, ainsi que l'insuffisance de la longueur des passes, a surtout contribué à diminuer la production dans la fouille des écluses. En terrain humide, plus les passes sont longues et moins souvent on déblaie à la même place, ce qui donne aux terres délayées le temps de s'assécher.

Dans la dérivation, surtout lorsque le temps était humide, une autre difficulté se présentait surtout dans les veines argileuses ; des terres assez compactes pour se charger facilement conservaient assez d'humidité au remblai pour rendre les ripages de voies fort difficiles, et produire des glissements par masses ; à ce point de vue, l'étendue du dépôt des remblais a une importance capitale pour permettre de ne pas décharger trop souvent à la même place.

Les conclusions à tirer de ces remarques sont que les excavateurs, pour bien fonctionner dans des terres argilo-sableuses, doivent être complètement hors d'eau, travailler par passes de 2 à 300 mètres de long et disposer d'une décharge étendue relevée de 4 à 5 mètres au-dessus du sol au moyen de terres sèches.

Il est en outre fort utile qu'en vue des terres argileuses collantes, l'arbre de l'excavateur soit muni d'une pelle à curer les godets.

Dans ces conditions, on fera avec des locomotives de 25 à 30,000 mètres cubes de terrassements par mois, pourvu que les distances réelles de transport du déblai au dépôt ne dépassent pas 1,500 mètres en moyenne avec rampes de 0^{m}01 au maximum; ces chiffres avec le même engin pourraient être augmentés de moitié si on disposait d'une troisième locomotive et d'une installation de voie qui permît d'aborder l'excavateur par les deux extrémités de la passe et qui réduisît les temps perdus pour manœuvres de wagons.

Mais on ne pourrait faire utilement cette dépense supplémentaire d'installation, que si on avait au moins 200,000 mètres cubes de terrassements à enlever à l'excavateur en une campagne. »

Le prix de revient du mètre cube de terrassements, à Carrières, prix comprenant la surveillance, la main-d'œuvre, le charbon et toutes les dépenses autres que les frais généraux, l'entretien et l'amortissement du matériel, a été :

Dans les fouilles de l'écluse, avec l'excavateur	0f.68
— — avec le chargement à bras d'hommes . . .	1 12
Dans la dérivation avec excavateur.	0 55
— avec le chargement à bras d'hommes.	0 89

Ces prix comprennent le transport et le déchargement; les distances réelles de transport, sur rampes de 0^{m}01, excepté dans les fouilles, étaient de 1,000 mètres pour les terrassements à la méthode ordinaire et de 1,500 mètres pour les terrassements à l'excavateur. L'économie réalisée par l'excavateur était donc de 0 fr. 35 à 0 fr. 40 par mètre cube, en ne tenant compte ni de l'intérêt ni de l'amortissement de l'appareil.

Excavateur Sayn. — La figure 5, planche 3, indique la disposition générale de cet excavateur qui a été employé à creuser une dérivation de la Marne. Il repose sur trois essieux; la chaudière porte sa machine qui est de la force de 20 chevaux; l'ensemble est locomobile, de façon à pouvoir être employé pour d'autres travaux.

Le poids de l'appareil avec chaîne à godets est d'environ 38.000 kilog. et on le vend 42,000 fr.; avec les voies nécessaires, le prix s'élève à 48,000 fr.

On estime comme suit la dépense journalière, en admettant 250 jours de travail par an et l'amortissement complet de la dépense en six années :

	F. C.		F. C.
Intérêt à 6 p. 100	11 52	*Report*	103 22
Amortissement en 6 ans	21 20	Un chef dragueur	8 50
Entretien journalier	40 »	Un mécanicien	8 50
Huile et graisse	5 »	Un chauffeur	6 »
Chiffons	2 50	Un garde de nuit chauffeur	5 »
Eau : 3 mètres cubes	3 »	Un pourvoyeur	4 »
Combustible : 500 kilog. à 40 fr. .	20 »	Imprévu	10 »
A reporter . . .	103 22	Total	145 22

L'appareil donne 600 mètres cubes par jour, d'où un prix de revient de 0 fr. 242 par mètre.

La figure représente une disposition dans laquelle l'excavateur est combiné avec une grue à vapeur; la benne de celle-ci reçoit les terres et les dépose en cavalier à 20 mètres de là.

Excavateur Laferrière. — M. Laferrière a employé à des fouilles, sur la ligne de Clermont à Montbrison, un petit excavateur actionné par un treuil à deux hommes, qui arrivait à donner un rendement de 20 mètres par jour avec une dépense de premier établissement de 800 fr.

Le même entrepreneur a construit des appareils de ce genre mus par la vapeur et employés soit au chargement du ballast, soit aux terrassements à sec, soit aux dragages.

Excavateurs Jacquelin et Chèvre. — MM. Jacquelin et Chèvre, ingénieurs civils, ont construit l'excavateur représenté en élévation par la figure 4, planche 3; ils lui donnent le nom de *terrassier à vapeur*, et font remarquer que, contrairement à l'appareil Couvreux, il travaille non pas sur le bord de la fouille, mais dans la fouille même, posé sur la plate-forme, ce qui est avantageux, car il est rare que le relief du terrain naturel aux abords de la fouille soit assez uni pour l'installation de la voie de l'appareil et des voies destinées à la circulation des wagons.

« Nous avons cherché, disent MM. Jacquelin et Chèvre, à construire un appareil qui puisse :

« 1° Travailler en avancement et en élargissement;

« 2° Être employé partout où la dureté exceptionnelle du terrain n'est pas un obstacle absolu, et pour cela se mouvoir sur la *plate-forme projetée* qui permet toujours, avec des pentes et rampes convenables, l'installation des voies de l'appareil et des wagons pleins;

« 3° Agir avec un mouvement absolument continu pour éviter toute perte de temps et de rendement;

« 4° Prendre assez peu de place pour pouvoir exécuter le déblai même d'une tranchée de chemin de fer à simple voie.

« 5° Dans ce dernier cas, le plus défavorable, comme dans tous les autres, assurer la manœuvre des wagons vides et pleins, de façon à éviter tout arrêt;

« 6° Pouvoir déblayer d'un seul coup des terrains ayant jusqu'à 10 mètres environ de hauteur;

« 7° Assurer pendant le chargement le complet remplissage des godets en les forçant à s'appuyer sur le terrain qu'ils déblaient, empêcher la terre de tomber quand ils sont pleins, assurer leur complet déchargement même avec les terres les plus collantes par une disposition spéciale du fond du godet;

« 8° Assurer d'une manière certaine la stabilité de l'appareil en le faisant mouvoir sur une voie de largeur suffisante, en lui donnant un poids convenable qu'une surcharge importante peut augmenter en cas de besoin : enfin, en faisant la commande par courroie qui glissera, dans le cas de résistance exceptionnelle, et évitera les chances de rupture et de renversement. »

L'appareil se compose d'un véhicule en fer monté sur trois essieux. Ce véhicule porte la machine à vapeur qui, par son volant et par une courroie actionne un arbre horizontal fixe porté par le bâti, et cet arbre par un système d'engrenages transmet son mouvement à une roue avec chaîne de Gall, roue qui est folle au sommet de l'arbre vertical qui la porte. Cet arbre vertical est la cheville ouvrière autour de laquelle se meut l'outil excavateur qui se compose d'une chaîne à godets. Le dessin montre comment, par des chaînes de Gall et des engrenages, le mouvement est transmis de la poulie folle placée au sommet de la cheville ouvrière jusqu'au tambour supérieur dont la rotation entraîne la chaîne à godets.

Chaque godet se charge progressivement en montant du tambour inférieur au tambour supérieur de la chaîne; arrivé plein au sommet, il se renverse en tournant vers le ciel son orifice libre, et une petite chaîne limite le mouvement de bascule et empêche le déversement des terres. Le godet arrivé sur le tambour supérieur déverse ses terres dans une trémie centrale A ; elles passent de là dans les augets transporteurs, formant comme une noria inclinée B, et gagnent l'arrière de l'appareil où elles trouvent un double couloir C qui les laisse tomber dans des wagons placés à droite et à gauche du terrassier sur des voies de service.

Le mouvement de pivotement de la flèche à godets autour de l'arbre vertical monté entre les deux essieux de droite s'obtient au moyen d'un treuil et d'une chaîne Gall s'enroulant sur une couronne fixée à la base de l'arbre.

Le mouvement de déplacement de tout l'ensemble s'obtient par une machine spéciale agissant sur l'un des essieux.

Ce terrassier à vapeur est ingénieusement combiné ; nous ne savons s'il a été essayé dans la pratique et s'il a répondu à l'espoir de ses inventeurs.

Plusieurs autres systèmes, plus ou moins dérivés de l'appareil Couvreux, ont été présentés, tant en France qu'à l'étranger; mais c'est l'excavateur Couvreux qui jusqu'à ce jour a reçu le plus d'applications.

Excavateurs du système américain. — Les appareils du système américain diffèrent de ceux du système français par un point essentiel : ils attaquent le terrain à l'aide d'un bras unique armé d'une benne ou cuiller de grande capacité, agissant d'une manière discontinue, tandis que les derniers attaquent le terrain d'une manière continue par une série de godets à capacité restreinte dont les uns s'emplissent pendant que les autres se vident.

L'action continue est évidemment un avantage, mais la multiplicité des récipients augmente le poids mort mobile et sous ce rapport l'avantage revient au système américain qui de plus est mieux disposé pour travailler dans toutes les directions.

M. l'inspecteur général Malézieux, dans son rapport de mission en Amérique, a donné des excavateurs américains, fonctionnant tantôt sous l'eau tantôt à sec, une description complète et fort intéressante ; nous lui emprunterons les extraits qui vont suivre ainsi que les figures 1 et 2 de la planche 8, qui représentent, l'une la drague et l'autre l'excavateur à cuiller.

Nos dragues à godets sont excessivement rares en Amérique; c'est la drague à cuiller que partout l'on préfère.

« La cuiller est suspendue à une grue installée à l'avant d'un bateau plat. A l'arrière du bateau est une locomobile et au milieu deux treuils à vapeur de 0^{m}40 et 0^{m}34 de diamètre. Une cabine en saillie sur le pont abrite ces machines. Le bâti mobile de la grue, formé de deux bras inclinés B, C, d'une traverse horizontale D et d'un court montant E, est lié par des colliers avec un poteau fixe en fonte, poteau creux par lequel la chaîne de levage infléchie descend avant d'aller s'enrouler sur le gros treuil. Ce poteau porte une couronne horizontale supérieure dont la circonférence est reliée avec le petit treuil par une seconde chaîne qui s'infléchit deux fois. On s'applaudit beaucoup d'avoir mis ainsi en évidence et rendu indépendant l'appareil de rotation, au lieu de l'avoir relégué, suivant l'usage, au fond du bateau.

La cuiller est formée d'une hotte en forte tôle de la contenance d'un yard cube (trois quarts de mètre cube). Elle est attachée au manche sur chacune de ses deux parois verticales, par deux barres de fer méplat dont l'une M est dans le prolongement du manche, tandis que l'autre N a une direction oblique. Toutes deux sont articulées sur la hotte et boulonnées fixement sur le manche; mais la pièce M est percée de trois trous qui permettent de placer à trois places différentes l'unique boulon qui la retient : on peut ainsi faire varier un peu l'angle de la cuiller et du manche, lequel est légèrement supérieur à 90 degrés. La cuiller présente une troisième pièce articulée, en forme de demi-cerceau ou d'anse, point d'attache suspendu par un moufle à la partie supérieure de la grue.

Le manche dont la longueur est de 10 à 12 mètres, est formé de deux pièces jumelles entre lesquelles passe le bras supérieur de la grue et qui sont à leur tour enclavées entre les pièces jumelles du bras inférieur B. La traverse D se compose, elle aussi, de deux moises qui sont assemblées à mi-bois avec celles du bras inférieur et laissent conséquemment entre elles un assez grand espace vide.

Dans cet espace sont logés deux arbres tournants que la traverse supporte. Celui d'arrière ne sert qu'à agir sur l'autre à l'aide d'un engrenage. Celui d'avant porte deux galets mobiles et une roue fixe à empreintes. Le manche s'appuie sur les galets et ne peut qu'osciller alentour quand ses extrémités sont maintenues à des distances invariables de l'axe. Pour faire varier ces distances et réaliser la fixité de position, en d'autres termes pour faire avancer ou reculer le manche et le fixer ensuite (sous la réserve de l'oscillation pure et simple) dans la position convenable, on a relié les deux extrémités du manche par une chaîne qui s'applique dans l'intervalle sur la roue à empreintes et se tend d'un côté, tandis qu'elle mollit de l'autre, quand la roue tourne; on peut donc imprimer au manche un mouvement de translation dans l'un ou l'autre sens. Pour diriger le manche ainsi maîtrisé, on emploie deux leviers dont l'un, agissant directement sur l'arbre d'avant, rapproche la cuiller du bateau, tandis que l'autre, agissant sur l'arbre d'arrière, repousse la cuiller au large en la forçant à pénétrer dans le sol. Cette manœuvre est confiée à un ouvrier qui, debout sur une petite plate-forme fixée à la grue et mobile avec elle, agit avec la main sur un des leviers et avec le pied sur l'autre.

Le fond plat de la cuiller est mobile autour d'une charnière. Il se ferme automatiquement par la seule pression de l'eau, lors de l'immersion, grâce à un loquet à ressort. Quand on veut opérer l'ouverture, on dégage le loquet au moyen d'une ficelle qui, pour plus de facilité, agit par l'intermédiaire d'un levier fixé sous le manche de la cuiller.

Considérée dans son ensemble, la machine se conduit ainsi qu'il suit. On commence par amener le bâti mobile dans le plan vertical où l'on veut draguer et l'on débraye le petit treuil à vapeur. Avant d'embrayer le gros, on laisse la cuiller descendre par son propre poids et on la ramène en arrière, c'est-à-dire plus près du bateau, par le moyen de la roue à empreintes; le manche se redresse ainsi presque verticalement, mais il reste toujours adossé à son double galet. Si l'on embraye alors le gros treuil, il tire obliquement sur la cuiller, qui tend à décrire un arc de cercle ayant pour centre l'axe des galets; mais on peut agir en même temps sur le manche pour allonger horizontalement la courbe décrite et remplir plus sûrement la cuiller. Dès que celle-ci n'a plus qu'à remonter, on la redresse de façon à éviter la déperdition qui était si considérable avec les anciennes machines. On limite d'ailleurs l'ascension à la hauteur strictement suffisante. On débraye alors le gros treuil, on embraye l'autre, et la cuiller arrive en tournant au-dessus du réceptacle dans lequel elle doit se vider.

La résistance que la cuiller rencontre dans le terrain à creuser tend quelquefois à faire plonger l'avant du bateau dragueur. Pour prévenir cet effet sur le canal de l'Illinois, où le sol est de marne compacte, on adapte de chaque côté de l'avant deux béquilles ou poteaux à coulisses qu'on fait descendre jusqu'au fond du canal et qu'on fixe avec des broches en fer. Quand le terrain se trouve par trop résistant, on le désagrège préalablement à l'aide de pieux en fer.

La machine à vapeur comprend deux cylindres horizontaux, entièrement distincts, dont les pistons peuvent agir ensemble ou séparément sur le gros treuil. Cela permet de régler la dépense de vapeur sur la difficulté du travail à effectuer. Dans les circonstances les plus favorables, sur le canal de l'Illinois, on extrait de 6 à 700 mètres cubes en douze heures avec une consommation de charbon d'une tonne et demie.

La cuiller se vidait, sur ce même canal, dans une benne suspendue à une autre grue qui, se déplaçant sur des rails de service, parcourait l'une des digues et déposait le produit des dragues en cavaliers extérieurs.

Nous avons constaté, montre en main, que pour remplir la cuiller, la transporter, la vider et la ramener au point de départ il fallait une minute en général.

Que faut-il maintenant penser du mérite comparatif de cette drague et des nôtres? Malgré la préférence à peu près exclusive que lui accordent les américains, il ne nous est pas démontré qu'un dragage à opérer en ligne droite, sur de grandes surfaces et en pleins bancs de sable, ne s'opérerait pas plus économiquement et surtout plus rapidement avec les bateaux pourvus sur chacun de leurs flancs d'une chaîne à godets. Mais pour peu que le dragage soit soumis à des sujétions comme il y en a presque toujours sur nos rivières et sur nos canaux, nous sommes porté à croire que la drague américaine à cuiller est de beaucoup préférable. Elle offre deux avantages très saillants. Le premier, c'est de n'élever les déblais qu'à la hauteur strictement nécessaire. Le second, c'est d'agir à une grande distance du bateau-dragueur au point précis qu'on a en vue, en se prêtant à toutes sortes de complications de fouille, notamment celle de ménager des talus réguliers. Elle peut accéder jusque dans des recoins embarrassés de bâtardeaux, et d'autant mieux que son tirant d'eau est faible. Simple et rustique dans ses organes, elle n'est pas exposée à une casse perpétuelle de godets, de maillons, de tambours, etc. Enfin la drague à cuiller ne fonctionne pas avec l'inflexibilité brutale des chaînes sans fin, elle porte dans tous ses mouvements l'allure calme et réfléchie qu'une volonté intelligente lui imprime. Il n'y a pourtant que trois hommes à bord du bateau dragueur : un chauffeur, un mécanicien et l'homme debout qui gouverne le manche de la cuiller. On voit cette hotte se mouvoir en l'air, tourner, monter ou descendre, avancer ou reculer avec l'aisance d'un bras, d'un bras gigantesque doué d'une force irrésistible. C'est un spectacle véritablement impressionnant.

Nous en avons été frappé, surtout quand nous avons vu la machine à draguer transformée en machine à déblayer à sec, et puisant dans les berges sablonneuses des environs de San-Francisco le déblai qu'elle déposait dans des wagons amenés sur une voie latérale. Nous avons vu le même appareil élargissant une tranchée de chemin de fer du Pacifique entre Wasatch et Ogden. Plusieurs tranchées du Michigan Central Railroad ont été ouvertes avec des machines construites à Chicago, comme les dragues du canal. La grue, les deux treuils, l'unique cylindre à vapeur dont l'axe est ici vertical) et la locomobile sont installés sur une robuste plate-forme en charpente reposant sur quatre roues et calée latéralement à l'aide de verrins. La cuiller n'ayant pas à descendre en contre-bas de cette plate-forme, le manche en est beaucoup plus court que dans les machines à draguer. Les galets de support sont fixés, non à une traverse spéciale, mais au bras inférieur de la grue, entre les deux pièces jumelles qui le constituent. Une transmission de mouvement, opérée par une chaîne à la Vaucanson, permet à la machine de se déplacer elle-même sur des rails. Nous avons vu fouiller et charger en wagon près de trois mètres cubes à la minute. »

La chronique des Annales des Ponts et Chaussées a signalé un excavateur à cuiller construit par MM. Chaplin, de Glascow. Le châssis, entièrement en fonte maléable, est porté par quatre roues ayant l'écartement de la voie normale des chemins de fer. Deux hommes suffisent à la conduite de la machine. Le godet, qui contient 3/4 de mètre cube, se vide par le fond au moyen d'un déclenchement. Le fond se referme automatiquement quand la volée qui porte le tout revient dans la position de travail.

Chaque opération, qui comprend le remplissage du godet, la manœuvre de la volée pour l'amener au-dessus des wagons destinés à emporter les déblais, l'ouverture du godet et enfin la remise en place de la volée, s'effectue en une minute.

On estime que cette machine fait le travail de 40 à 60 hommes. Les prix comparatifs de revient du mètre cube de déblai seraient les suivants :

	A L'EXCAVATEUR	A BRAS D'HOMMES
Terres molles.	0 fr. 20	0 fr. 80
Argiles bleues compactes.	0 25	2 40
Sol avec couches de minerais de fer.	0 40	1 45

M. l'ingénieur en chef Dingler, dans un compte rendu des travaux de Panama, rapporte qu'il se sert d'excavateurs pour attaquer les parties du canal où l'on rencontre des terres meubles, terres généralement composées d'argile mélangée avec un sable feldspathique. Les excavateurs américains, dit-il, sont très ingénieux et, dans les terres meubles, ils donnent des résultats satisfaisants. Les excavateurs français semblent, au contraire, préférables dans les terres argileuses et un peu fortes.

2° DÉBLAIS ROCHEUX

Il y a des roches tendres ou fendillées que l'on peut attaquer par les procédés en usage pour les terres compactes, à l'aide de la pioche ou du pic. La pointe du pic est d'autant moins accusée que la roche est plus dure, car une pointe fine se briserait vite sur une roche dure. Il va sans dire que toutes les pointes sont aciérées et qu'il faut les recharger assez fréquemment, si l'on veut qu'elles fournissent un bon travail. Les outils destinés aux roches dures ne doivent pas recevoir une trempe trop énergique ; ils seraient exposés à se briser.

Le pic ordinaire n'a pas un poids supérieur à 2 kilogrammes, mais le pic à roches pèse jusqu'à 4 kilogrammes et plus ; la masse est, comme on sait, d'une influence prépondérante dans les effets de percussion.

Généralement, on se sert du pic pour procéder par *abatage*, ainsi que nous l'avons expliqué plus haut : on se sert du pic pour creuser dans la masse des rainures horizontales et verticales qui isolent un bloc sur quatre ou cinq de ses faces et ne le laissent adhérer au rocher que sur une ou deux faces. La rupture suivant cette face unique ou ces deux faces est obtenue soit avec le pic lui-même, soit plus souvent avec des coins ou quelques coups de mine. On se sert de coins en fer, auxquels on prépare à l'avance une rainure : on les enfonce avec de gros marteaux en fer ; mais pour qu'ils ne pénètrent pas dans le rocher en le comprimant, ce qui serait du travail perdu, ils agissent sur les parois de la rainure par l'intermédiaire de cales

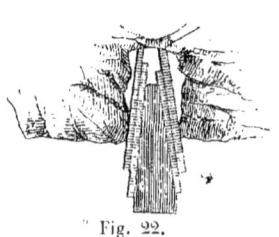

Fig. 22.

en fer ayant pour but de répartir la pression sur une plus grande étendue et de rendre beaucoup moins pénible le dégagement des coins.

Les entailles verticales de l'abatage sont assez faciles à exécuter, même en leur donnant une très faible largeur ; quant à l'entaille horizontale sous le massif, elle est d'un travail pénible : on lui donne le nom de *sous-cave*. Dans certaines roches, comme la houille, on trouve de place en place des lits ou feuillets argileux plus faciles à attaquer : c'est à leur emplacement qu'on exécute les sous-caves, qui prennent alors le nom de *havage*.

Il convient, dans le travail de l'abatage, d'étayer la face antérieure du bloc à détacher ; une simple planche suffit pour cela, et cette précaution empêche souvent un accident grave.

Nous ne citerons que pour mémoire le procédé attribué aux anciens Égyptiens, et consistant à faire entrer dans une rainure de gros coins en bois bien sec, que l'on vient mouiller ensuite ; le bois se gonfle par l'absorption de l'eau, et la force d'expansion due à cet effet physique amène le détachement d'un bloc.

Nous signalerons également pour mémoire le procédé qui consiste à faire agir comme coin de l'eau introduite à l'état liquide, puis congelée. On sait combien est considérable la force expansive de l'eau qui passe de l'état liquide à l'état solide. La densité de la glace est de 0,918, de sorte que le volume solide est au volume liquide dans le rapport de 1,089 à 1. Dans des expériences récentes, on a fait éclater des bombes de 0^m32 de diamètre extérieur et de 0^m039 d'épaisseur, remplies d'eau et plongées dans un mélange réfrigérant ; sous l'influence de la pression, la température de congélation de l'eau s'abaissait jusqu'à un certain moment, où la résistance de la bombe était vaincue. La rupture des projectiles s'est produite sous des pressions qu'on peut évaluer à 500 ou 520 atmosphères. Voilà, certes, une force immense, mais elle est d'une application bien difficile et ne peut constituer un procédé courant.

La seule méthode générale pour obtenir le morcellement des roches est celle de la *mine :* elle consiste à creuser dans la masse des trous plus ou moins espacés, et à remplir ces trous avec une substance explosive ; l'inflammation de cette substance engendre une force d'expansion considérable qui agit sur les parois du trou et tend à disloquer, quelquefois même à projeter la masse rocheuse du côté où existe la moindre résistance.

La méthode comporte donc trois opérations distinctes : le forage des trous, le choix de la substance explosive, la confection de la mine. Ce sont ces trois opérations que nous allons examiner successivement, et nous terminerons par un résumé des résultats d'expériences et par la description de quelques déblais rocheux de grande importance. D'où résulte la division naturelle du sujet :

A. *Forage des trous de mine.*
B. *Choix de la substance explosive.*
C. *Confection et explosion de la mine.*
D. *Résultats d'expérience ; exemples de grandes mines.*

A. FORAGE DES TROUS DE MINE

Le forage des trous de mine s'effectue avec des outils à main ou avec des machines actionnées par un moteur quelconque, eau ou air comprimé, vapeur : ces machines sont les *perforateurs mécaniques*.

1° Outils ordinaires du mineur. — Le principal outil du mineur est le fleuret : c'est une tige cylindrique de fer amincie en biseau à une extrémité; le biseau est aciéré, et on le fait pénétrer dans la roche en frappant la tête du fleuret à coups de masse en fer. Un ouvrier tient le fleuret et l'autre le frappe: si le fleuret restait immobile, on percerait dans le rocher une fente rectangulaire; afin de percer un trou cylindrique, l'ouvrier qui tient la tige la fait tourner après chaque coup de marteau d'un certain angle. La figure 23 représente le fleuret du mineur.

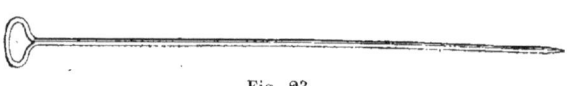

Fig. 23.

La roche est pulvérisée, et, comme on verse toujours un peu d'eau dans le trou pour empêcher l'échauffement, et, par suite, la désaciération du fleuret, il se forme au fond une sorte de boue liquide que l'on enlève avec une cuiller en fer ou curette (*fig. 24*).

Fig. 24.

Le trou terminé, on le sèche avec des tampons, on le remplit de poudre jusqu'au tiers de sa hauteur, on place l'épinglette ou petite tige en bronze dont la tête dépasse l'orifice du trou (*fig. 23*), puis on bourre avec du papier, de la glaise, des débris de rochers, en se servant d'un bourroir en fonte. (Les outils en fer ont causé plus d'un accident, car, lorsqu'ils choquent un morceau de silex, ils peuvent en tirer une étincelle et enflammer la poudre.) Le bourrage achevé, on enlève l'épinglette et l'on remplit avec de la poudre le trou qu'elle laisse vide, ou mieux on se sert d'un tube creux en sureau ou en zinc, dont l'âme est remplie de poudre et se prolonge par une mèche soufrée que l'on enflamme et qui, par son peu de vitesse à brûler, permet aux ouvriers de se mettre à l'abri de l'explosion.

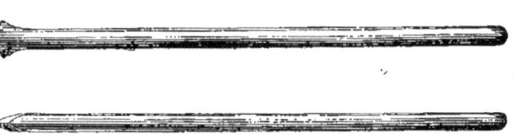

Fig. 25.

Le bourrage avec le papier est mauvais, en ce sens que, si le trou de l'épinglette n'est pas complètement rempli par la poudre, ce papier prend feu et brûle lentement; l'explosion se produit au bout de quelques heures et peut blesser les ouvriers, qui s'imaginaient que la mine avait raté.

Un perfectionnement a été l'emploi des mèches de sûreté, dites fusées Bickford. Ce sont des fusées dont l'âme est une traînée de poudre, et l'enveloppe une corde enroulée et recouverte elle-même d'un ruban goudronné imperméable à l'humidité.

Ces fusées ont l'avantage de servir à enflammer les mines sous l'eau; la poudre est alors contenue dans une boîte en zinc.

Tel est le mécanisme général du travail à la mine. Nous compléterons cet exposé par les détails ci-après :

Pour les trous de 0^m40 à 0^m50 de profondeur, on se sert d'un fleuret dont le manche à 0^m025 à 0^m03 de diamètre et 0^m60 à 1^m20 de longueur; afin d'éviter le frottement de la tige contre les parois du trou et de pouvoir la dégager facilement lorsque l'outil se coince, il est nécessaire que ce dernier soit un peu plus large que la tige.

Généralement, le diamètre des trous de mine ordinaires est de 0^m04. Le petit fleuret est manœuvré habituellement par un seul ouvrier qui est assis, tient d'une main la tige entre ses jambes et de l'autre frappe sur la tête avec un marteau de 2,5 kilogrammes; à chaque coup, il imprime à la tige un léger mouvement de rotation. Le grand fleuret est manœuvré par deux ouvriers, comme nous l'avons dit plus haut; il faut curer le trou pour tout enfoncement d'un centimètre, et ce n'est pas du temps perdu que celui qu'on emploie à de fréquents curages, car la poussière amortit en grande partie l'effet de la percussion.

Quand le trou est pratiqué verticalement et qu'il doit avoir une profondeur dépassant un mètre, on a recours à la *barre à mine;* c'est un fleuret plus long et plus gros, présentant un tranchant aciéré à ses deux extrémités; un ou deux ouvriers la manœuvrent en la relevant et en l'enfonçant successivement avec force et en la faisant tourner à chaque fois d'une petite quantité. La barre à mine a une longueur d'environ 2 mètres et peut peser une vingtaine de kilogrammes.

S'il s'agissait de percer des trous de plusieurs mètres de profondeur, il faudrait abandonner ces engins primitifs et recourir aux appareils de sondage que nous avons décrits ou aux machines perforatrices.

La tête du fleuret est en fer doux; si la massette est aciérée, la tête du fleuret se déforme rapidement et, de plus, l'ouvrier risque d'être blessé par les éclats de fer qui se détachent de la massette; celle-ci doit donc être en fer plutôt qu'en acier; le déchet est un peu plus considérable, mais les coups sont mieux assurés et le travail y gagne.

La profondeur des trous de mine croît avec la dureté de la roche; généralement, pour les roches tendres, elle varie de 0^m35 à 0^m50; elle augmente pour les roches dures et peut atteindre, pour le granite, 0^m75 à 0^m80.

2° Perforateurs mécaniques. — Le procédé ordinaire est encore trop souvent employé dans l'exécution des grandes tranchées rocheuses et dans l'exploitation des carrières; on pourrait fréquemment lui substituer les machines perforatrices dont l'usage est devenu à peu près général pour le percement des tunnels et qui fournissent un travail à la fois rapide et économique.

Tarière pour roches tendres. — Avec les roches tendres, telles que le plâtre et un grand nombre de calcaires, on peut recourir aux tarières pour creuser les trous de mine et substituer à la percussion, qui absorbe toujours une certaine quantité de force vive, un effort continu exercé à la circonférence d'une manivelle. Le système des tarières a même été appliqué par M. Lisbet à la perforation des roches dures.

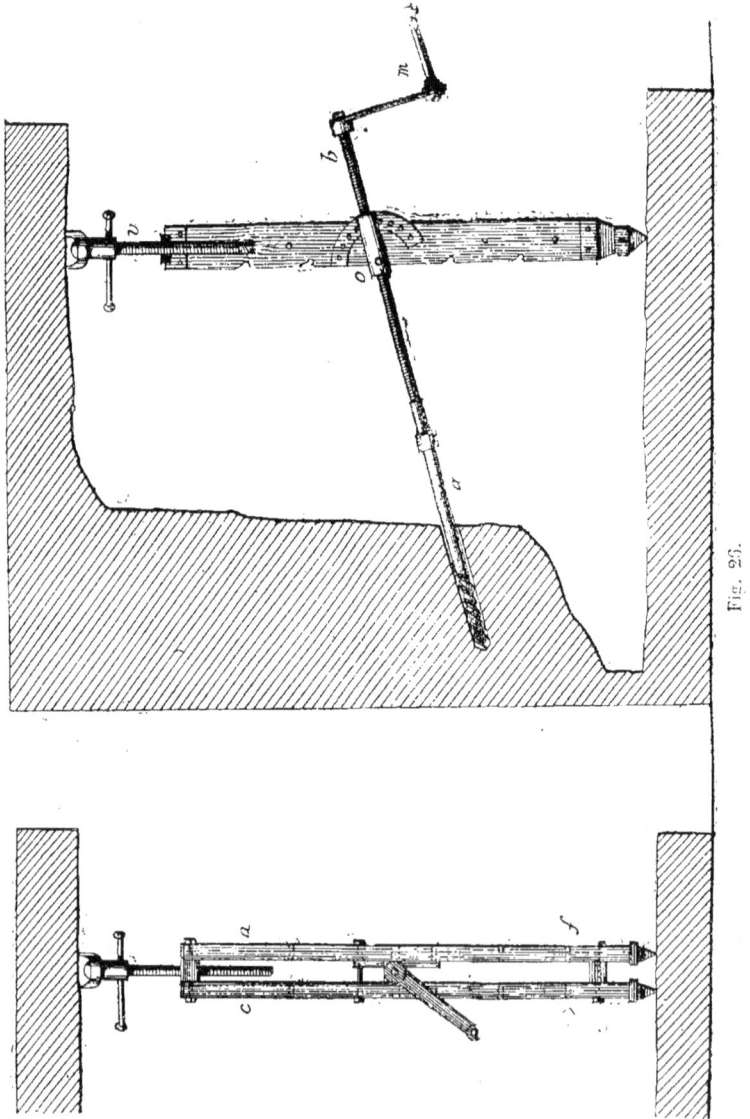

Fig. 25.

La figure 26 représente un appareil presque identique à celui de M. Lisbet. On en comprend la manœuvre à première vue : la tarière (a) est prolongée par une vis, qui traverse un écrou fixe o, et se termine par une manivelle bm. L'écrou fixe est compris entre deux montants ce, df, terminés chacun par une pointe qui s'appuie sur le rocher; à la partie supérieure, une vis à manette v permet d'exercer sur le plafond une pression suffisante pour rendre l'appareil bien immobile. Une série de crans ménagés sur la hauteur des supports, permet de placer l'appareil à différentes hauteurs, et un secteur à trous permet de faire prendre à la tarière diverses inclinaisons autour du point o.

Dans l'appareil Lisbet, la tarière est formée d'un ruban d'acier contourné en hélice; la première spire, d'un plus grand diamètre que les suivantes, attaque seule le rocher et les autres servent à l'expulsion des poussières et débris.

Des expériences exécutées à Montchanin ont donné les résultats suivants : Dans les schistes noirs tendres, on creusait un trou de 0^m53 de profondeur en six minutes, et un trou vertical de 0^m94 en neuf minutes; dans le grès tendre fin micacé, il fallait cinq minutes pour creuser un trou de 0^m73; on changeait trois fois de fleuret, sans que l'outil s'échauffât sensiblement; au contraire, dans le grès extrêmement dur, il fallait huit minutes pour pénétrer de 0^m14 et l'outil s'échauffait un peu. L'outil doit être d'autant plus aigu que la roche est plus tendre.

Une machine analogue au perforateur Lisbet est très commode pour creuser des trous de scellement dans des pierres calcaires.

Le perforateur à rotation, système Lisbet, donne d'excellents résultats avec les roches tendres, mais il a un grave inconvénient : c'est que chaque outil ne convient bien qu'à une roche déterminée, en vue de laquelle il a été construit : quand on passe d'une roche à une autre, il faut changer le diamètre et le pas de la tarière; ces deux quantités diminuent à mesure que la dureté augmente.

Enfin, malgré le bon rendement mécanique de l'appareil Lisbet, il devient impuissant dès qu'il s'attaque à des roches plus dures que le grès, et, si l'on veut alors continuer à se servir d'un perforateur à rotation, il faut recourir à l'appareil Leschot, que nous décrirons plus loin et dont le fleuret est remplacé par un anneau garni de diamant noir.

Pour des roches dures, les appareils à percussion ont été longtemps préférés; ils produisent une désorganisation intermittente, qu'on ne pouvait obtenir avec un effort continu. Aussi, quoiqu'ils soient défectueux au point de vue mécanique, puisque le choc absorbe toujours beaucoup de force vive, ils n'en sont pas moins précieux pour attaquer les roches dures, surtout celles qui se cassent facilement sous les chocs.

Il va sans dire que les appareils à percussion ne feraient que de mauvaise besogne dans des roches tendres; la lame du fleuret y pénétrerait profondément et il faudrait exercer un effort considérable pour la dégager.

Le plus connu des perforateurs à percussion est celui de M. Sommeiller, avec lequel a été exécuté le tunnel du Mont-Cenis.

Perforateur Sommeiller. — Au moment où l'on étudiait le projet de tunnel sous le Mont-Cenis, on fit des expériences, en 1854, sur le perforateur Bartlett, qu'une machine à vapeur faisait mouvoir. MM. Sommeiller, Grandis et Grattoni perfectionnèrent l'appareil Bartlett, lui donnèrent comme moteur l'air comprimé et en tirèrent le parti que l'on sait pour le percement du Mont-Cenis.

Il a été donné plusieurs descriptions de l'appareil Sommeiller; elles diffèrent entre elles à cause des perfectionnements successifs que le mécanisme a reçus : la plus complète et la plus claire se trouve, suivant nous, dans le *Bulletin de la Société de l'Industrie minérale* de 1873. Elle a été rédigée par M. l'ingénieur Pernolet, et c'est de cette notice que nous avons extrait les figures 1 et 2 de la planche 4.

Un châssis ou cadre en fer ($abcd$) de 2^m68 de longueur et de 0^m18 de largeur porte deux mécanismes distincts : l'un BXMNL, posé à demeure sur le châssis, et l'autre placé au-dessous du précédent, entre les deux longs côtés ab, cd du cadre, est mobile parallèlement à la direction de ces côtés du cadre ; ce dernier mécanisme qui constitue l'appareil percusseur, est commandé par le premier.

Occupons-nous d'abord de l'appareil percusseur.

Sa pièce essentielle est un piston ($Ee'eS$); la première partie E est vissée sur la seconde e', et elles serrent entre elles des cuirs emboutis g, g', formant la garniture du piston et destinés à interrompre la communication de l'air de l'avant à l'arrière du cylindre ; avec la seconde partie e' est venue à la fonte la troisième partie (e), beaucoup plus longue que les deux autres, mais d'un diamètre un peu moindre ; ainsi, tandis que le diamètre de (Ee') est de 0^m08, c'est-à-dire précisément égal au diamètre du cylindre, celui de la partie (e) n'est que de 0^m065, et il reste entre la pièce (e) et les parois du cylindre un vide annulaire de 0^m0075. Le piston (e) traverse le fond du cylindre dans une boîte en bronze garnie d'un cuir embouti (h) et se termine par un bourrelet S, dans lequel on introduit et où l'on maintient par une clavette la tige carrée f qui est en fer, et qui se termine aussi par une douille ; c'est dans cette douille que l'on fixe par une clavette le fleuret, qu'il faut remplacer fréquemment. Le fond arrière du cylindre est fermé par un bouchon en bronze taraudé, prolongé par une tige $i\,i'$ faisant corps avec lui.

L'air comprimé est amené dans le cylindre percusseur A par un tuyau en cuivre C, indiqué sur le plan, et formé de deux bouts pénétrant l'un dans l'autre ; de la sorte, ce tuyau peut s'allonger à volonté et suivre le mouvement de progression de l'appareil percusseur. Il amène donc l'air comprimé au-dessus du tiroir F ; la figure suppose le piston au moment où commence sa course en avant ; l'air comprimé s'introduit derrière lui par la lumière l, mais il pénètre aussi en avant par la lumière k qui est toujours ouverte. En avant la pression ne s'exerce que sur une petite surface annulaire, en arrière elle s'exerce sur toute la section du cylindre ; le piston est donc poussé de la droite vers la gauche ; mais il viendrait frapper violemment contre le fond du cylindre, si on n'avait eu soin de faire déboucher la lumière k un peu en deçà du fond ; par suite de cette disposition, un peu d'air se trouve emprisonné dans l'espace annulaire, et s'y comprime assez pour annuler la force vive du piston. La course en avant est donc achevée; à ce moment le tiroir avance de $k'k$ et le recouvrement ferme la lumière l, tandis que la lumière l', précédemment fermée, est mise en communication par l'intérieur du tiroir avec le conduit d'émission m; à ce moment, la face de droite du piston est en rapport avec l'air extérieur, tandis que la partie annulaire est toujours en communication avec l'air comprimé; la pression de gauche l'emporte sur celle de droite et le piston revient en arrière pour reprendre sa position initiale; dès qu'il a dépassé la lumière l', l'air confiné entre E et le fond se comprime et amortit la force vive de la masse, de manière à rendre un choc impossible.

A chaque oscillation double du piston percusseur, le fleuret, emmanché au bout de la tige f, est donc lancé avec force contre le rocher qu'il frappe et pulvérise, jusqu'à ce qu'il se soit creusé un trou jusqu'à l'extrémité de la course possible du piston. A ce moment le fleuret ne travaille plus et il faut communiquer au mécanisme percusseur un certain mouvement de progression.

Il est indispensable, en outre, que le fleuret tourne d'une certaine quantité autour de son axe à chaque coup qu'il frappe.

Il y a donc trois mouvements à demander à l'appareil distributeur :

1° Mouvement de rotation de la tige f et du fleuret qu'elle porte ;
2° Mouvement du tiroir ;
3° Mouvement de progression de tout le système percusseur.

1° *Mouvement de rotation du fleuret*. — Le système distributeur reçoit son impulsion d'une machine à air comprimé à double effet B, qui, par l'intermédiaire d'une bielle et d'une manivelle, actionne un arbre de couche horizontal, portant d'un côté un volant, de l'autre une roue dentée qui commande une seconde roue dentée, placée dans un plan transversal au châssis. Dans l'axe de cette dernière roue dentée est une tige carrée LL', qui prend un mouvement de rotation uniforme et continu, d'autant plus rapide que l'on active davantage le mouvement de la machine B ; à son extrémité L elle est portée par le palier P, et ce palier est, ainsi que la roue à rochet R (vue de face), compris entre les deux joues du manchon R'; la roue à rochet R est calée sur ce manchon, mais lui est traversé à frottement doux par la tige porte-outil f, de sorte qu'il ne participe pas au mouvement de va-et-vient de cette tige, mais qu'il peut néanmoins lui imprimer un mouvement de rotation. La tige L est terminée par un excentrique dont le collier porte un doigt N qui, à chaque tour de l'excentrique, fait avancer d'un cran la roue à rochet; celle-ci communique donc un petit mouvement de rotation à la tige porte-outil et par suite au fleuret. Un cliquet n, relié au doigt N par une lanière en caoutchouc, s'oppose à tout mouvement de recul de la roue à rochet.

2° *Mouvement du tiroir*. — Le tiroir F est monté sur une tige p que termine un piston q en cuir embouti; comme le tiroir est toujours plein d'air comprimé, le piston q est toujours sollicité à se mouvoir et à entraîner le tiroir de gauche à droite mais ce mouvement est contrarié par une tige qui se trouve sans cesse maintenue en contact avec la came M, calée sur la tige LL'; cette came présente un ressaut brusque qui correspond à l'oscillation kk' du tiroir. Si le mouvement de la machine régulatrice B s'accélère, il en est de même de la rotation de la came et des battements du tiroir, et le nombre des coups de fleuret sur la roche augmente dans la même proportion.

3° *Progression de l'appareil percusseur*. — L'appareil percusseur est placé dans l'axe du cadre, et les côtés *ab*, *cd* de celui-ci sont filetés à l'intérieur comme s'ils faisaient partie de l'écrou de la vis Q ; cette vis Q, placée derrière le cylindre percusseur, est traversée à frottement doux par la tige ii' qui prolonge ce cylindre; elle peut donc tourner indépendamment de la tige ii' et du cylindre; mais, en tournant elle avance dans son écrou fixe, c'est-à-dire dans le cadre, et elle pousse le cylindre, qui reçoit ainsi un mouvement lent de progression.

Après la vis Q, on voit un manchon Q', traversé aussi à frottement doux par la tige ii' et non relié à la vis; sur ce manchon polygonal il y a une roue à rochet O' et un autre manchon q', lequel est susceptible de prendre sur le manchon polygonal Q' un mouvement de translation ; le manchon q' porte des dents saillantes faites pour pénétrer dans des cavités ménagées sur la face arrière de la vis Q ; lorsque la pénétration a lieu, la rotation de la roue à rochet O' se transmet au manchon polygonal Q', qui la communique au manchon q' et par suite à la vis Q, solidaire de ce dernier. La vis, se mettant à tourner, avance dans son écrou fixe et pousse devant elle tout l'appareil percusseur ; mais, ce mouvement de progression ne tarde pas à dégager les dents du manchon q', la rotation de la roue à rochet n'est plus communiquée à la vis et celle-ci s'arrête. Mais voici ce qui se passe alors : les longs côtés *ab*, *cd* du cadre portent des espèces de crémaillères, sur lesquelles repose une fourche projetée en (*s*) et montée sur la tige T, que prolonge un petit piston U, engagé dans un cylindre traversant la paroi du tiroir : l'air comprimé de celui-ci pousse donc sans cesse la tige T et tend à appuyer la fourche sur les dents de la crémaillère. Mais il arrive un moment où le fleuret a de nouveau creusé son trou d'une certaine profondeur, le piston percusseur parcourt sa course entière, et le bourrelet S vient alors soulever et dégager la fourche *s*; celle-ci, poussée en avant, entraîne la tige T et, avec elle, les ailes vv' en fer forgé (voir le plan) qui passent de chaque côté du cylindre, et qui relient la tige T et le manchon q'. Le manchon q' marche donc en avant et les dents qu'il porte viennent s'engager une seconde fois dans les cavités de la vis Q ; celle-ci recommence à tourner et par suite à pousser en avant le cylindre percusseur.

On voit que la progression de celui-ci est intermittente ; mais la course de la vis Q est limitée à 0^m80 et, quand le trou de mine est arrivé à cette profondeur, il faut s'arrêter ou remplacer le fleuret par un autre plus long.

Pour retirer rapidement le fleuret du trou, et le remplacer par un fleuret non émoussé ou par un fleuret plus long, voici comment on opère :

On arrête la machine B, on dégage le doigt O de la roue à rochet O', on soulève la fourche s, qui se trouve poussée en avant et qui tire avec elle le manchon q; celui-ci devient solidaire de la vis Q. On prend la roue X, mobile le long de la tige carrée LL', et on la pousse vers la gauche pour l'engrener avec la roue intermédiaire X', qui, elle, commande la roue Y calée sur le manchon Q'; celui-ci tourne donc et avec lui la vis Q, qui tournant en sens contraire de celui qui résulte de l'impulsion de la roue à rochet, revient sur ses pas dans son écrou fixe, et comme elle ne peut se mouvoir le long de la tige ii', elle entraîne dans son mouvement de recul tout l'appareil percuteur.

Le poids d'un perforateur complet, sans le fleuret, est de 215 kilogrammes, et son prix de 2,000 francs ; le poids de la masse percutante (piston, porte-outil et fleuret) est de 20 kilogrammes.

Le volume d'air nécessaire par coup de fleuret est de $1^l,555$, à la pression effective de 4,5 atmosphères, et il y a une perte d'un quart.

Il ne faut pas oublier de signaler un appendice indispensable de l'appareil : c'est un tuyau de petite section, sorte de lance à eau légèrement flexible, dans laquelle arrive de l'eau comprimée ; le jet est dirigé constamment dans le trou de mine, au-dessus du fleuret ; cette eau a pour fonction d'enlever les détritus au fur et à mesure qu'ils se forment et d'empêcher l'échauffement du fleuret, qui ne tarderait point à se détremper.

La lance d'injection est représentée en D sur la coupe transversale ; elle est soutenue par des fourches métalliques fixées au châssis.

Nous reviendrons ultérieurement sur la quantité de travail que l'on peut obtenir du perforateur Sommeiller.

Affût en usage au Mont-Cenis. — La figure 3 de la planche 3, représente l'affût en usage au Mont-Cenis vers 1863.

C'est un chariot en fer dont les bâtis sont très lourds, afin de résister aux chocs et aux vibrations perpétuelles ainsi qu'au mouvement de recul qui pourrait résulter de la réaction du rocher sur les fleurets. Dans ce chariot on distingue deux parties : l'affût proprement dit, qui porte un certain nombre de perforateurs, et le tender.

On voit en A une machine à air comprimé dont la bielle fait mouvoir deux roues dentées, la roue inférieure est calée sur un essieu du chariot ; elle transmet à cet essieu son mouvement de rotation qui se transforme en une translation du chariot.

On voit en B une machine à air comprimé faisant mouvoir une pompe qui puise l'eau dans des puisards ménagés de distance en distance et la refoule dans un réservoir C, qui lui-même communique avec la conduite d'air comprimé.

L'eau est chassée de ce réservoir C, placé au sommet du tender, dans un petit réservoir R' que porte l'affût ; de ce réservoir elle passe dans dix tuyaux en caoutchouc terminés chacun par un ajutage conique, d'où s'élance un jet qui vient frapper dans le trou de mine au-dessus du fleuret.

En R on voit le réservoir, ou clarinette à air comprimé, d'où partent dix tubes flexibles indépendants, alimentant chacun un perforateur.

Un perforateur repose sur deux barres horizontales O,O soutenues elles-mêmes par des barres verticales à crémaillère D,E ; il y a des agrafes métalliques G,H, qui permettent de fixer la machine sur les deux barres ; cependant l'agrafe H permet un certain déplacement angulaire de l'appareil dans un plan horizontal ; le déplacement dans un plan vertical s'obtient en mettant les barres O à des crans différents de la crémaillère, et si les deux barres d'un même perforateur ne se trouvent pas au même niveau, le fleuret prend une direction inclinée ; sur un affût on installe une dizaine d'appareils qui peuvent prendre les uns par rapport aux autres une direction quelconque, du moins dans une certaine mesure.

C'est vraiment un spectacle merveilleux que cette machine de fer qui, à plusieurs kilomètres dans la montagne, au fond d'une galerie étroite où règne une atmosphère chaude et toute chargée de vapeurs, semblable à un monstre de la fable, frappe de ses dards infatigables et pulvérise les rochers les plus durs.

Les affûts que nous venons de décrire ont été perfectionnés dans ces derniers temps : aux supports verticaux à crémaillère on a substitué des vis verticales, et les barres O reposent sur des écrous mobiles le long de ces vis. De la sorte, on obtient d'une manière simple et progressive tel déplacement et telle inclinaison que l'on veut.

Fleurets du Mont-Cenis. — On connaît le fleuret ordinaire dont nous avons donné la description : c'est une barre de fer ronde ou polygonale terminée par un biseau aciéré, plus ou moins tranchant. La largeur de ce biseau est plus grande que le diamètre de la barre, ce qui est nécessaire pour que la barre descende librement dans le trou. Ce biseau aciéré s'appelle le diamant du fleuret et son excédent de largeur constitue les ailes.

Au Mont-Cenis, on commença par recourir à un fleuret dont le diamant avait des ailes très larges, afin de permettre facilement l'expulsion des détritus ; mais, il y avait à ce fleuret ordinaire deux inconvénients : 1° son tranchant présentait trop peu d'étendue eu égard à la force impulsive de la machine ; 2° les ailes s'usaient très rapidement et on était forcé de changer fréquemment d'outil.

On eut l'idée d'abord de substituer, au diamant ordinaire à un seul tranchant, un diamant à deux tranchants rectangulaires ; mais, avec celui-ci, l'expulsion des détritus se faisait mal ; elle ne réussit pas mieux lorsqu'on adopta deux tranchants rapprochés faisant entre eux un angle aigu. On arrive au contraire à d'excel-

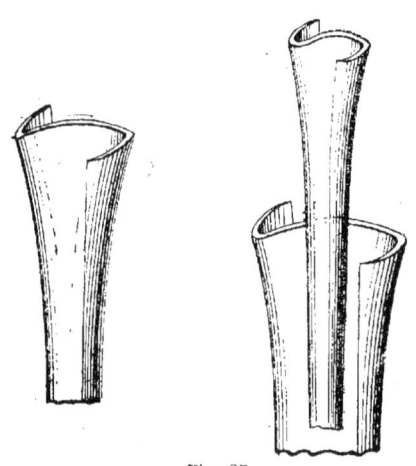

Fig. 27.

lents résultats avec le diamant en forme de Z que représente la figure 27 ; il présente une grande surface, et ses ailes, recourbées en sens inverse de la rotation, ne s'usent que très peu, ce qui constitue une énorme économie de temps et d'argent.

Les trous creusés avec ce fleuret ont un diamètre d'environ quatre centimètres.

Lorsqu'on voulait obtenir un trou plus large, on avait recours au fleuret à double diamant ; le diamant étroit commençait le trou, qui se trouvait élargi par le diamant large.

Il va sans dire que ces diamants sont aciérés ; cependant, avec les roches dures, il faut éviter une trempe exagérée qui exposerait le diamant à se briser.

Lorsque le fleuret est émoussé, on le passe à la forge, on en refait le tranchant au marteau et à la lime et on le trempe.

La forme de diamant inaugurée au Mont-Cenis a toujours donné d'excellents résultats, et on la retrouve dans la plupart des perforateurs mécaniques.

Les fleurets doivent être très résistants et parfaitement centrés ; pour réaliser cette condition, il faut les faire passer sur le tour.

L'assemblage du fleuret et de la tige du piston moteur doit être simple et inébranlable.

En principe, il y a pour chaque roche une forme de diamant qui convient mieux que les autres et qui donne un meilleur travail ; le diamant en Z étant reconnu comme le meilleur, il conviendra cependant de rechercher par l'expérience quelle est dans chaque cas la proportion la plus favorable à adopter pour les ailes.

Perforateur François et Dubois. — Le perforateur François et Dubois ressemble beaucoup à l'appareil Sommeiller, et en est un perfectionnement. Il a rendu de grands services pour l'exécution des tunnels.

La partie la plus originale du mécanisme, c'est la distribution que représente la figure 1 de la planche 5. Dans le cylindre C se meut le piston p, qui se prolonge en avant par la grosse tige cylindrique (q), traversant dans une boîte à étoupes le fond du cylindre ; c'est à l'extrémité de cette tige que s'emmanche le fleuret solidement maintenu par des clavettes. La tige q porte en dehors du cylindre un bourrelet annulaire s qui, à chaque oscillation du piston, vient soulever le ressort r et imprimer au levier coudé rfr' un mouvement oscillatoire autour du point f. La branche r' de ce levier vient alors appuyer sur l'extrémité du bouchon à ressort B ; celui-ci est momentanément repoussé et met en communication avec l'air extérieur la cavité U placée en avant du tiroir.

Le tiroir T est identique au tiroir simple de la machine à vapeur : il se meut dans une chambre où arrive l'air comprimé, et est guidé par une tige que terminent deux pistons m et n. Le diamètre du piston (n) est supérieur au diamètre du piston (m), et il est traversé suivant son axe par un conduit étroit qui met en communication la cavité U et la chambre du tiroir où arrive l'air comprimé.

Les lumières a, b servent à mettre en communication les deux faces du piston soit avec la chambre du tiroir, c'est-à-dire avec l'air comprimé, soit avec la cavité intérieure du tiroir et le conduit (c), c'est-à-dire avec l'air extérieur.

La figure représente le tiroir dans sa position initiale, la machine est au repos : on ouvre le robinet d'amenée de l'air comprimé, qui s'introduit alors dans la chambre du tiroir; il agit sur les deux pistons m et n, mais l'effort exercé sur ce dernier l'emporte à cause de la plus grande surface et le tiroir est déplacé vers la gauche. Le recouvrement ne ferme plus l'orifice b, par où l'air comprimé pénètre dans le cylindre et vient agir sur le piston qu'il lance brusquement en avant avec la tige q et le fleuret.

Mais, pendant ce temps-là, l'air comprimé de la chambre du tiroir a traversé le conduit étroit ll et a rempli la cavité U : la pression sur les deux faces du piston (n) s'équilibre, tandis qu'elle reste bien plus considérable sur la face interne du piston (m) que sur sa face externe : il en résulte une impulsion dirigée de gauche à droite, et le tiroir revient dans le même sens. La partie postérieure du piston p n'est plus soumise à l'action de l'air comprimé et même elle communique avec l'air extérieur, tandis que la partie antérieure qui, tout à l'heure, était en rapport avec l'air extérieur, reçoit de l'air comprimé. Le piston p revient donc en arrière ainsi que la tige q et le bourrelet s; mais quand celui-ci rencontre le ressort, il le soulève, et le levier rfr', tournant autour du point f, vient presser le bouchon B et mettre la cavité U en communication avec l'atmosphère.

A ce moment, l'action de l'air comprimé est prédominante sur la face interne du petit piston (n), les phases successives du mouvement que nous venons de décrire se produisent à nouveau dans le même ordre et recommencent indéfiniment.

On pourrait objecter au système que l'air comprimé n'agit sur le piston moteur que pendant un temps très court; mais ce temps suffit bien pour lancer avec force le piston, la tige qui le prolonge et le fleuret, et la longueur du parcours est de peu d'importance au point de vue de l'effet produit. Il est même avantageux que ce parcours puisse être réduit autant qu'on le veut, afin de multiplier les coups du fleuret sur la roche.

La rotation du fleuret est produite par une roue à rochet comme dans l'appareil Sommeiller, mais la tige carrée désignée par L dans ce dernier appareil reçoit un mouvement oscillatoire au moyen d'un balancier transversal qu'elle porte et dont les extrémités sont actionnées par les tiges de deux petits pistons mus par l'air comprimé. Ces deux pistons sont placés dans des cylindres verticaux, placés de chaque côté du cylindre moteur horizontal, et les prises d'air comprimé qui les alimentent sont ménagées en x et z sur le parcours des lumières a, b. Comme ces lumières communiquent alternativement avec l'air comprimé et avec l'atmosphère, il en est de même des deux petits cylindres verticaux, et l'un de leurs pistons monte pendant que l'autre descend; il en résulte pour la tige L un mouvement oscillatoire qui, à l'autre extrémité, par l'intermédiaire de deux cliquets, se transforme en une rotation continue de la roue à rochet et par suite du fleuret.

Reste à produire le mouvement de progression de tout l'appareil : ce mouvement n'est pas automatique : l'ouvrier agit sur une manivelle qui, par deux roues coniques à angle droit, communique son mouvement de rotation à une vis fixe placée sous le châssis de l'appareil : cette vis traverse deux écrous, mobiles dans le sens de la longueur du châssis, et à ces écrous sont fixées les oreilles par lesquelles le perforateur repose sur le châssis. Il en résulte que les écrous s'avancent à la volonté de l'ouvrier et, avec eux, le perforateur et le fleuret.

L'ouvrier règle donc la course du fleuret suivant la dureté de la roche, et c'est un avantage qu'on n'obtiendrait pas avec un mécanisme automatique.

Cette description sommaire du perforateur Dubois et François suffit à faire comprendre combien cet appareil est simple, rustique et facile à manœuvrer. Il n'est pas sujet à dérangement et c'est une qualité importante dans des travaux de la nature de ceux qui nous occupent.

Le diamètre du piston n'est que de $0^m,07$ et celui de la tige qui le prolonge de $0^m,05$; la pression de l'air comprimé est de 2,5 atmosphères et le fleuret bat de 100 à 150 coups à la minute; dans le même temps il exécute 20 tours complets.

Le poids de l'appareil complet sans le fleuret est de 220 kilogrammes, et celui de la masse percutante est de 32 kilogrammes.

Le volume d'air dépensé par minute est de 245 litres, en comptant une perte d'un quart.

Le prix d'un perforateur complet, sans le fleuret, est de 1,500 francs. Ces perforateurs sont construits à Seraing par la Société Cockerill.

Perforateur Leschot et la Roche-Tolay. Emploi du diamant noir. — Le principe du perforateur Leschot est l'application du diamant noir à la taille et au polissage des pierres dures.

Le diamant noir se trouve au Brésil, près de Bahia; opaque et fortement coloré en noir, en vert ou en brun, il n'a pas de valeur en orfèvrerie, mais il possède néanmoins la structure cristalline et la dureté du diamant transparent.

M. Bigot Dumaine, qui s'occupait depuis longtemps de polir les pierres précieuses, eut l'idée, vers 1850, de recourir à des burins formés d'un diamant noir enchâssé dans une gaine en métal; en montant sur un tour des pièces en granit, en porphyre ou en silex et leur présentant le burin au diamant noir, on enlève rapidement toutes les aspérités de la pierre, préalablement dégrossie à la pointerolle.

On obtient de la sorte des surfaces d'une grande netteté, et on réalise en outre un grand avantage, car, si le burin coûte cher, il ne s'use que d'une manière insensible.

M. Leschot eut l'idée d'appliquer le diamant noir à la perforation des roches, et c'est avec une bague ou cylindre qui porte six à huit diamants noirs qu'il creuse des trous de mine.

Il est évident qu'un outil de ce genre ne permet pas d'opérer par percussion, mais qu'il faut exercer une action continue; cette action continue s'obtient par un mouvement de rotation plus ou moins accéléré de la bague, mouvement combiné avec une pression plus ou moins forte.

A l'origine, on avait cherché à obtenir une pression et un mouvement de progression constants; mais ces conditions ne peuvent évidemment s'appliquer qu'à une roche parfaitement homogène, et il est bien rare d'en rencontrer.

M. de la Roche-Tolay, ingénieur des ponts et chaussées, eut l'idée d'obtenir la pression continue au moyen de l'eau comprimée agissant sur un piston dont la tige est prolongée par le fleuret qui reçoit un mouvement de rotation indépendant du piston. Ce mouvement de rotation est d'autant plus vif que l'on veut avancer plus rapidement, et, à mesure que la profondeur du trou de mine augmente, l'eau comprimée, agissant comme un ressort à tension constante, appuie la bague en diamants sur la roche toujours avec la même énergie.

L'appareil qui communique au fleuret son mouvement de rotation est le moteur à eau comprimée de M. Perret, moteur dont nous avons donné une description sommaire dans notre Traité des machines.

Le perforateur de M. de la Roche-Tolay fonctionnait avec succès dans la grande galerie à l'Exposition universelle de 1867.

La description en a été donnée dans les notices réunies par le ministère des travaux publics : voici cette description, que nous avons complétée en y joignant les figures 2, 3, 4 de la planche 5 qui représentent le perforateur en plan, coupe et élévation;

« Les appareils de perforation mécanique exposés par la Compagnie des chemins de fer du Midi sont spécialement destinés au forage des trous de mine pour la construction des galeries d'avancement de souterrains creusés dans le rocher.

Ces appareils se composent :

1° D'une machine à forer à rotation continue à pression directe, munie de son moteur;

2° D'un chariot destiné à porter plusieurs de ces machines dans le cas d'une percée souterraine.

Machine à forer. — La machine à forer se compose d'un arbre hexagonal en acier fondu $a\,b$ de 1^m450 de longueur, percé d'un bout à l'autre d'un trou de 0^m016 de diamètre.

Cet arbre reçoit à l'une de ses extrémités des outils de différentes formes, suivant la nature de la roche à percer.

On peut, par exemple, employer soit la bague Leschot b, garnie de diamants noirs disposés en couronne, soit un foret formé d'un cylindre en fer sur l'une des bases duquel sont sertis un certain nombre de morceaux de matières dures, soit enfin des mèches ou fraises en acier de diverses formes pour les pierres tendres et les métaux.

L'autre extrémité de l'arbre porte un piston en bronze c de 0^m110 de diamètre sur lequel vient s'exercer la pression nécessaire à la propulsion du foret. Cette pression est obtenue au moyen d'une chute d'eau ou d'une pompe foulante avec accumulateur et réservoir d'air.

Dans la machine à forer dont il s'agit, la pression peut varier de 0 à

12 atmosphères, ce qui donne sur le foret une charge maximum de 1124 kilogrammes environ.

Il suffit en pratique, pour les roches les plus dures, d'une pression de 700 kilogrammes.

L'eau qui sert à donner la pression au piston propulseur est amenée par un petit tuyau en caoutchouc d, à l'extrémité duquel est monté un robinet à deux eaux e, qui permet de faire varier la pression à volonté, d'après le théorème de Daniel Bernoulli.

Pour retirer le tube perforateur, lorsqu'un trou est percé, on interrompt, au moyen du robinet à deux eaux, l'introduction de l'eau dans le cylindre propulseur, et l'on dirige le jet sur la face antérieure du piston, en permettant en même temps la vidange du cylindre; de cette façon, le retour du tube se fait avec la plus grande facilité.

L'arbre perforateur est monté à l'intérieur d'un bâti en bronze ff parfaitement alésé sur 1^m140 de longueur, dans lequel peut se mouvoir le piston propulseur. On peut ainsi percer des trous de 0^m30 à 1 mètre de profondeur et d'un diamètre de 0^m035 à 0^m060.

L'eau comprimée, qui agit en arrière du piston, le traverse par un orifice étroit et contourné et arrive à l'intérieur de l'arbre hexagonal, qu'elle parcourt dans toute sa longueur et d'où elle s'échappe en passant entre les diamants noirs pour entraîner au dehors du trou les poussières résultant de la désagrégation du rocher.

L'arbre portant le foret traverse une douille en fer g, prise entre deux coussinets disposés à l'avant du bâti. La douille est munie d'un petit pignon conique h, auquel un arbre incliné i donne le mouvement par l'intermédiaire d'une roue en bronze k, calée sur l'arbre du moteur. Telle est, en quelques mots, la description de la machine à forer.

Moteur. — Le moteur se compose d'un cylindre horizontal en bronze m boulonné sur le bâti du perforateur.

Ce cylindre porte à sa partie supérieure une tubulure coudée l, à laquelle vient s'adapter un tuyau en caoutchouc destiné à amener l'eau motrice.

Dans ce cylindre est disposé un tube en bronze n, auquel nous donnons le nom de régulateur, alésé et tourné avec le plus grand soin, et percé de lumières pratiquées à ses extrémités.

Il reçoit un mouvement de va-et-vient qui lui est donné par un excentrique p, venu d'une seule pièce avec l'arbre moteur.

Deux boîtes q, garnies de segments en bronze, poussés par des ressorts en acier, maintiennent le régulateur rigoureusement dans l'axe du cylindre intérieur qui lui sert d'enveloppe. Ces segments ont pour effet d'empêcher le passage de l'eau autour du régulateur pendant le mouvement de translation longitudinale de celui-ci.

Dans l'intérieur du régulateur se meut un piston r de 0^m055 de diamètre, garni de cuirs emboutis, sur les deux faces duquel l'eau motrice vient alternativement exercer sa pression; le mouvement de va-et-vient a une course de 0^m120; une bielle le transforme en mouvement de rotation continu en agissant sur un arbre coudé.

L'eau, après avoir exercé sa pression sur le piston, s'échappe par deux tuyaux disposés à l'arrière et de chaque côté du cylindre moteur.

Deux volants (s), montés sur les extrémités de l'arbre coudé, régularisent le mouvement.

Chariot ou affût portant les machines à forer. — Les travaux d'excavation d'un souterrain peuvent nécessiter l'emploi de plusieurs machines à forer, lesquelles doivent au besoin fonctionner simultanément.

Pour remplir ce but, un chariot ou affût a été étudié. Ce chariot se compose de deux flasques en tôle et cornières maintenues d'écartement par des entretoises fixées haut et bas auxdites flasques.

Ce bâti est muni de deux paires de roues qui reposent sur des rails. Chaque flasque porte à l'avant deux vis verticales autour desquelles se meuvent quatre écrous. Ces écrous supportent deux à deux des traverses en fer, qui peuvent monter et descendre le long des vis en conservant un parallélisme rigoureux.

Ce mouvement est obtenu par une douille en fonte en deux pièces, qui enveloppe les traverses. Cette douille porte une roue conique à chacune de ses extrémités, laquelle engrène avec une roue d'égal diamètre faisant corps avec les écrous.

On conçoit, d'après cette disposition, qu'il suffit d'imprimer à la douille un mouvement de rotation, au moyen d'un levier à rochet, pour amener la traverse à la hauteur convenable.

Deux cadres en fonte reposent chacun sur une des traverses. Ces cadres portent à l'arrière deux barres fixées aux montants du chariot par une chape et un boulon, et au cadre lui-même par une douille et deux écrous.

Les deux traverses sont indépendantes l'une de l'autre, et l'on peut, par conséquent, monter et descendre chaque cadre isolément; de plus, le cadre peut prendre autour de la traverse une inclinaison qui varie de 0° à 40° environ.

Chaque cadre peut recevoir quatre machines à forer. Ces machines se fixent sur les cadres par quatre crampons à vis; elles peuvent ainsi, dans le plan de chaque cadre, prendre la direction reconnue convenable pour les trous de mine.

Des tuyaux en caoutchouc amènent l'eau au moteur. D'autres tuyaux servent à l'évacuation du liquide à la sortie du cylindre moteur. Huit robinets-clapets, munis chacun d'un volant, sont fixés sur l'un des bras du bâti. Ils servent à régler l'introduction de l'eau dans les cylindres des moteurs.

Un réservoir d'air, placé à l'arrière du bâti et au milieu d'un tuyau transversal en fonte, est destiné à amortir les chocs qui pourraient se produire dans les conduits, par la variation de vitesse de l'eau motrice.

Ce tuyau transversal est relié à la conduite principale qui amène l'eau sous pression à l'arrière du bâti, par un tuyau en caoutchouc.

Ce tuyau en caoutchouc permet au chariot d'avancer ou de reculer de quelques mètres, sans qu'il soit nécessaire d'allonger ou de raccourcir a conduite principale.

Enfin, le chariot est muni de quatre vis de calage, qui ont pour but de le maintenir en place, malgré les efforts qui s'exercent sur chacune des machines à forer.

Les deux vis de l'extrémité font en même temps disparaître le porte-à-faux du bâti.

L'objet de l'exposition est la mise en expérimentation de la machine à forer, sur des blocs choisis parmi les plus durs, dans divers souterrains en cours d'exécution et sur divers autres blocs minéraux, provenant des carrières les plus résistantes.

Les expériences faites avant l'emploi de la machine, avec application de la bague annulaire, système Leschot, ont semblé établir qu'une dépense de 75 litres d'eau à huit atmosphères produit cent tours de foret qui réalisent les résultats suivants :

Micaschistes anciens, souterrain de Port-Vendres, quand on trouve peu de quartz, 0^m030 ;

Les mêmes, quand il se trouve de fortes veines de quartz, de 0^m010 à 0^m015 ;

Quartz pur provenant du déblai du souterrain du Mont-Cenis, 0^m014 ;

Dans un calcaire dolomitique très dur, susceptible de poli, provenant du souterrain de Cantegals sur la ligne de Montpellier à Rodez, 0^m020 ;

Avec la pression de huit atmosphères, on peut conduire la machine à 250 tours par minute.

Dans ces conditions, on obtient donc les résultats suivants :

Micaschistes anciens, souterrain de Port-Vendres, quand on trouve peu de quartz, 0^m075 ;

Les mêmes, quand il se trouve de fortes veines de quartz compacte, de 0^m025 à 0^m031 ;

Quartz pur provenant des déblais du souterrain du Mont-Cenis, parfaitement régulier, 0^m035 ;

Dans le calcaire dolomitique très dur du souterrain de Cantegals, 0^m050.

Il résulte de l'ensemble des calculs et des expériences que nous avons faits et qui sont consignés dans divers rapports à la Compagnie, qu'au moyen de notre système de machine à forer et en employant les bagues Leschot, qui paraissent donner les meilleurs résultats dans le plus grand nombre de roches, on peut, sans tenir compte des frais d'installation, évaluer à 1 fr. 50 le prix d'un mètre courant de trou de mine qui, avec les moyens ordinaires, revient à 6 francs.

Il en résulte également qu'avec l'emploi du chariot, un avancement de 10 mètres par mois en petite galerie, peut être porté facilement à 40 mètres.

Enfin, ces deux avantages peuvent être obtenus avec une diminution sur la dépense générale.

Il n'est pas permis, en l'absence d'une expérience complète, d'être affirmatif et précis sur ce dernier point ; néanmoins, on peut dire qu'il résulte de l'ensemble des renseignements qu'il a été possible de recueillir aujourd'hui, que l'application de notre méthode semble devoir donner, dans le cas où l'eau doit être élevée artificiellement, une économie de 15 p. 100 sur le prix de la galerie d'avancement.

Si l'on avait l'eau élevée naturellement, cette économie serait au moins de 40 p. 100. »

Autres perforateurs. — Nous avons donné une idée des systèmes les plus connus de perforateurs ; il en existe plusieurs autres présentant également des avantages et des inconvénients. Nous ne pouvons les décrire tous ; nous signalerons seulement les appareils Ferroux, Brandt et Beaumont.

1° *Perforateur Ferroux*. — Jusqu'en 1875, on s'est servi, au tunnel du Saint-Gothard, de la machine Ferroux, qui est automatique et se meut par l'air comprimé ; l'ouvrier n'a à intervenir que pour mettre la machine en marche au moment où elle commence un trou et pour l'arrêter au moment où elle le termine ; il doit, en outre, de temps en temps, diriger sur le trou un jet d'eau comprimé qui en opère le curage. Cette machine effectue les mêmes mouvements que les perforatrices à percussion précédentes ; le mécanisme en est peut-être un peu plus simple, mais est loin cependant de la perfection. Il a été fait au Saint-Gothard bien des essais sur le métal dont il fallait se servir pour le fleuret, car il arrivait parfois qu'on cassait un grand nombre de ces outils dans un seul trou ; aucun métal n'a mieux réussi que le fer ordinaire, et il a fallu le conserver malgré les ruptures fréquentes auxquelles il donne lieu.

2° *Perforateur Brandt*. — Cette machine est celle qui a donné, au Saint-Gothard, les meilleurs résultats. — En voici la description sommaire, empruntée à une notice publiée en 1880 dans la *Revue générale des chemins de fer*, par M. Deharme, ingénieur des chemins de fer du Midi :

« La machine Brandt, au moyen d'une pression hydraulique de cent à cent vingt atmosphères, perce les roches les plus dures à la façon des perforatrices à diamant, mais en employant des outils en acier.

« L'outil perforateur a la forme d'une tarière annulaire qui, énergiquement pressée contre la roche, est en même temps animée d'un mouvement de rotation. Le premier de ces deux effets, la compression de l'outil contre la roche, résulte de l'action de l'eau comprimée dans un cylindre qui constitue la culasse du porte-outil. A l'intérieur de ce cylindre, se trouve un piston plongeur qui bute contre la colonne servant de support à l'appareil. C'est l'inverse de ce qui a lieu d'ordinaire dans des appareils analogues, où le cylindre est fixe et le piston mobile.

« Le mouvement de rotation est donné à l'outil de la manière suivante :

« Une roue dentée, calée sur le cylindre formant culasse du porte-outil, est actionnée par une vis sans fin transversale, qui est mise en mouvement par deux petites machines hydromotrices placées de part et d'autre.

« Le nombre des révolutions de l'outil perforateur varie de cinq à douze par minute, selon la nature de la roche.

« L'ensemble de l'appareil était porté, à l'origine, par une colonne formée de deux parties cylindriques, s'emboîtant l'une dans l'autre comme les deux parties d'un étui, à l'intérieur duquel on fait arriver de l'eau comprimée et qui tend à s'ouvrir sous la pression de cette eau.

« Les tuyaux qui forment la conduite d'eau comprimée sont assemblés au moyen de manchons à vis, de manière à comprimer un anneau en cuivre interposé dans lequel s'enfoncent les abouts tranchants des tuyaux.

« Vingt mètres environ en arrière du front d'attaque, la conduite d'eau se termine par une valve d'où part un tronçon spécial qui doit être démonté avant chaque explosion. Cette portion de conduite de vingt mètres est formée de vingt tuyaux distincts qui se démontent très facilement au moyen d'un assemblage spécial.

« Tel est, très en résumé, l'outil inventé, en 1876, par M. Brandt, ingénieur, chef du bureau technique central du chemin de fer du Saint-Gothard, et qui a été expérimenté dès le début dans les gneiss du grand souterrain.

« L'outil avait un diamètre de 60 millimètres, qui, plus tard, a été porté à 80 millimètres. La pression était de soixante atmosphères. On pouvait pousser, sans difficulté, la profondeur des trous jusqu'à $1^m,500$. L'effet des mines, eu égard au diamètre et à la profondeur des trous, était considérable. La galerie d'avancement ayant 7 mètres carrés, il suffisait souvent de cinq à six trous de 1 mètre de profondeur et d'une charge totale de 10 à 12 kilogrammes de dynamite pour obtenir un avancement de 1 mètre. Malgré la dureté de la roche, on n'avait à changer l'outil que quatre à cinq fois par trou de 1 mètre de longueur. D'ailleurs, la manœuvre du perforateur était simple et demandait peu de temps.

« Dans ces premiers essais, le prix de revient du mètre courant de percement n'était pas plus élevé que celui du travail à la main; quant au temps, on pouvait déjà prévoir qu'il ne serait plus que le tiers ou le quart de celui qu'exigeait le travail manuel.

« Les résultats parurent si importants que la perforatrice Brandt fut adoptée pour le percement du tunnel du Sonnstein (longueur 1,430 mètres) sur le chemin de fer du Salzkammergüt, dans la vallée d'Enns (tronçon du chemin du prince Rodolphe), à ouvrir dans des terrains calcaires et dolomitiques d'une grande dureté.

« L'application qui a été faite de cette perforatrice au tunnel du Pfaffensprung, en face de Wasen, sur la ligne d'accès nord du grand tunnel du Saint-Gothard, diffère de celle du Sonnstein en ce que la colonne porteuse de l'outil, au lieu d'être verticale, est horizontale et maintenue sur un affût roulant, auquel sont adaptées deux perforatrices; puis, en ce que la perforatrice se place complètement en avant de la colonne à laquelle elle est reliée au moyen d'une articulation universelle. Ce perfectionnement est dû à M. Moser, ingénieur-directeur de l'entreprise de Fluelen à Gœschenen, dont nous avons eu déjà l'occasion de citer le nom.

« Cette innovation est d'une importance considérable, car elle permet, au moyen d'une installation unique de la colonne, de perforer tous les trous de l'avancement, tandis qu'auparavant chaque trou nécessitait une nouvelle installation.

« Avant les machines Brandt, d'autres machines à air comprimé ont été employées dans le Pfaffensprung. Les machines perforatrices du système Frœlich étaient très simples et travaillaient assez bien ; elles fonctionnent encore actuellement dans les tunnels en spirale de la rampe méridionale ; mais elles n'étaient pas de force à réduire la roche extrêmement dure et résistante qu'on rencontre dans le tunnel du Pfaffensprung ; l'avancement réalisé (80 centimètres environ en vingt-quatre heures) était trop faible.

« Toutes les perfo-
« ratrices à percus-
« sion, nous a dit
« M. Moser, se main-
« tiennent difficile-
« ment dans la roche
« dure ; car si les for-
« tes commotions par-
« viennent finalement
« à vaincre la résis-
« tance, elles détério-
« rent aussi prompte-
« ment les machines
« elles-mêmes. A cet
« égard, le système
« Brandt présente des
« avantages essentiels
« en ce que, dans la
« lente rotation des
« burins (cinq à six
« tours par minute),
« avec une pression, il
« est vrai, énorme qui
« atteint cent vingt
» atmosphères, il ne se produit aucune percussion proprement dite. En

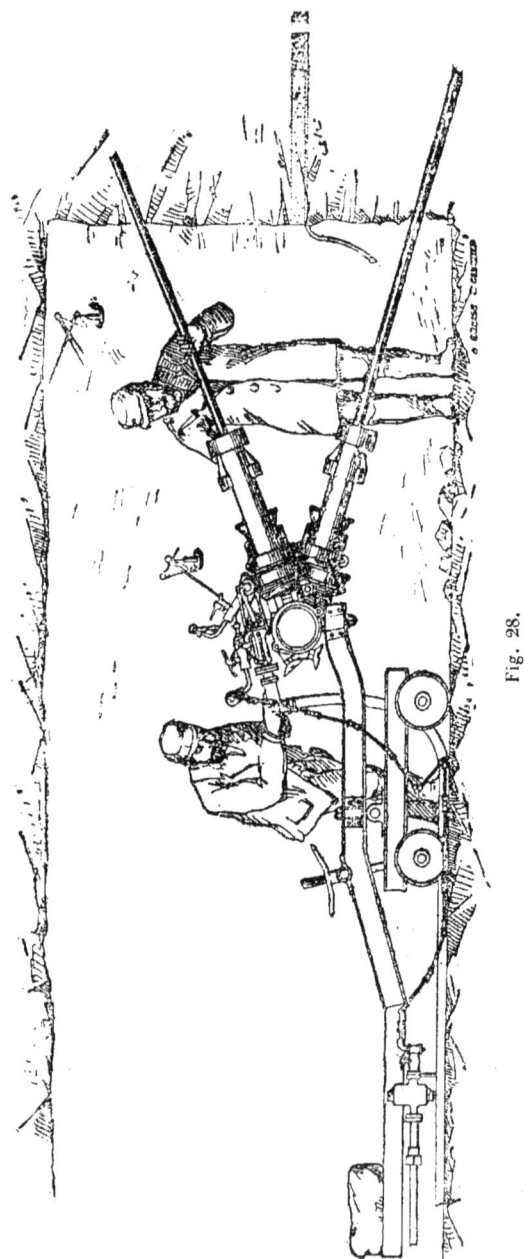

Fig. 28.

« outre, la machine Brandt permet le forage de trous à très grand dia-
« mètre, qui, suivant la théorie de la nouvelle technique minière, doi-
« vent présenter de grands avantages et réaliser de notables économies
« sur les trous de mine à petit diamètre.

« Ce n'est que cette circonstance qui peut expliquer pourquoi, dans le
« Pfaffensprung, la surface d'environ 6^m50 de l'avancement peut être
« abattue moyennant 5 à 8 coups de mine, tandis qu'avec les machines à
« percussion de calibre inférieur, il fallait 35 et parfois même 40 coups.

« Avec les perforatrices Brandt, on obtient, en moyenne, un progrès
« de 2^m00 par 24 heures dans le granit sus-mentionné, combinaison de
« quartz et de gneiss remarquablement dure et compacte ; dans quelques
« parties, on a même atteint un maximum de 4^m00.

« Dans la mine de houille, nommée Rheinpreussen, près Hambourg,
« sur le Rhin, le progrès moyen des mois passés a été de 90 mètres par
« mois, avec une seule machine, travaillant sous une pression naturelle
« de 25 atmosphères. Les frais par mètre ne dépassaient pas ceux du tra-
« vail à la main, tandis que l'avancement était quadruple.

« Les avantages de la machine Brandt sont d'une importance telle que
« cette perforatrice a certainement un bel avenir en perspective. »

« Cette machine présente cependant un inconvénient pour le percement
des souterrains très longs, celui d'imposer une conduite d'eau spéciale,
en sus de la conduite d'air nécessitée par l'aérage des chantiers, et qui
sert généralement à l'alimentation des perforatrices à percussion.

« Quoiqu'il en soit, la perforatrice Brandt réalise un progrès marqué et
paraît susceptible d'applications importantes. »

3° *Perforateur Beaumont.* — La machine du colonel Beaumont est celle
qui a servi à percer les galeries d'essai du tunnel sous la Manche, entre
la France et l'Angleterre. En voici la description telle qu'elle a été pré-
sentée à l'Académie des sciences :

« Au lieu de forer par percussion des trous de mine de faible dimension, comme au Mont-Cenis et au Gothard, la machine de M. le colonel
Beaumont doit creuser d'un seul coup, sans le secours d'explosifs, une
galerie de 2^m14 de diamètre parfaitement cylindrique, en travaillant à la
façon d'une gigantesque tarière.

« La nature de la roche dans laquelle le tunnel sous-marin doit se maintenir se prête, par son homogénéité et sa dureté relativement modérée,
à un travail de cette nature. Déjà, du côté de l'Angleterre, plus de 2 kilomètres de longueur ont été percés dans le banc de craie correspondant,
avec une machine Beaumont. Celle construite en France présente divers
perfectionnements qui assurent que le fonctionnement, déjà satisfaisant
en Angleterre, se trouvera encore notablement amélioré.

« L'outil de la machine Beaumont consiste en une sorte de T dont la
croix porte une série de couteaux ou grattoirs destinés à attaquer la roche.
La longueur de la croix correspond, par conséquent, au diamètre de la
galerie à creuser. La disposition et le mode d'attache de ces couteaux
rappellent beaucoup ceux des crochets de tours ou de machines à raboter.

« La tige du T, consistant en un long arbre en acier très puissant, reçoit son mouvement de rotation, grâce à une série d'engrenages très solidement construits, ralentissant successivement le mouvement pris à l'origine sur l'arbre-manivelle d'une machine à deux cylindres conjugués, actionnée elle-même par de l'air comprimé. En même temps que se produit le mouvement de rotation, un système hydraulique, analogue à celui des ascenseurs que l'usage, dans les habitations de Paris, a déjà rendu familier, produit un mouvement de translation qui peut avoir lieu en avant, en arrière, ou être suspendu par un simple jeu de valve.

« Pour permettre, grâce à cet appareil hydraulique, le mouvement de la machine, celle-ci se compose de deux parties se déplaçant l'une par rapport à l'autre, par glissement. La partie inférieure consiste en un segment de chaudière en forte tôle, d'un rayon presque égal à celui de la galerie à creuser. Elle constitue une sorte de berceau portant des glissières sur lesquelles se meut la partie supérieure, puissant bâti en fonte qui porte tout le mécanisme.

« Le berceau est relié au piston de l'ascenseur, et le bâti au corps cylindrique, de sorte que, lorsque l'on introduit l'eau par une petite pompe dans le corps cylindrique, le piston étant relié au berceau qui, lui-même, repose sur le sol de la galerie, c'est le corps cylindrique et le bâti de la machine faisant corps avec lui qui, sous l'effort de la pression, s'avance sur les glissières, en appuyant contre le front de taille de la galerie les outils découpeurs ; ceux-ci, dans un mouvement lent de rotation de 1 tour 1/2 à 3 tours par minute, accomplissent leur œuvre.

« Les débris de la roche tombent sur le sol de la galerie, d'où ils sont relevés par de vastes cuillers formées par deux évidements réservés dans la branche du T qui constitue le porte-outil. Ces cuillers, dans leur mouvement de rotation, se vident dans une chaîne à godets qui, en passant dans le corps cylindrique formant berceau et prenant son mouvement par un engrenage conique sur l'arbre de la manivelle, vient rejeter les déblais en arrière de la machine, à une hauteur qui permet leur chargement direct dans des wagonnets disposés à cet effet.

« Lorsque l'outil, sous l'action de la pression hydraulique, a parcouru une longueur de 1^m37, on arrête quelques instants pour soulever tout l'appareil de 0^m02 ou 0^m03 avec une combinaison de crics appropriés ; le berceau cesse alors de reposer sur le sol de la galerie, et, en faisant agir la pression de l'eau sur l'autre face du piston, le berceau, relié à la tige du piston, est entraîné à son tour, par rapport au bâti immobilisé sur les crics, et il vient reprendre, sous l'action de la pompe, sa place originaire. Les crics sont alors soulagés, et l'appareil est prêt pour un nouvel avancement. Toute cette manœuvre, fort simple, n'exige que quelques courts instants.

« La machine Beaumont sera alimentée, au chantier de Sangatte, avec de l'air comprimé par les appareils de M. le professeur Colladon, correspondant de l'Institut, à une pression de 2 atmosphères effectifs.

« La distribution d'air est calculée pour donner à l'arbre manivelle une vitesse normale de 100 tours par minute, et à l'outil lui-même celle de 1 tour et demi à la minute.

« Le mouvement hydraulique est calculé pour produire un avancement de 0^{m}012 par tour, soit 0^{m}018 par minute, en rapport avec la dureté de la craie grise où les galeries doivent être percées.

« Dans ces conditions de marche, l'avancement de la galerie serait de 1^{m}08 par heure; mais en raison des manœuvres pour remettre la machine en fonctionnement, lorsque l'extrême déplacement d'une partie par rapport à l'autre (soit 1^{m}37) a été atteint, on ne peut compter, au maximum, que sur une avance de 1 mètre par heure, ce qui est déjà un très bon résultat. La machine qui travaille du côté anglais, quoique d'un type moins puissant, atteint des avancements de 15 mètres en vingt-quatre heures, soit environ 0^{m}60 à l'heure.

« La forme parfaitement circulaire des galeries, la netteté de leurs parois frappent vivement les personnes qui les visitent. Il y a dans l'emploi de la machine Beaumont un progrès considérable pour l'art du mineur, lorsqu'il s'agit de pousser des travaux souterrains dans des roches de dureté moyenne et de composition assez régulière, comme la base de la craie de Rouen. La rapidité d'avancement, la suppression de l'emploi de la poudre ou d'autres agents explosifs, la sécurité plus grande qui en résulte pour les ouvriers mineurs, tant par un meilleur aérage que par l'absence d'ébranlements qui, en se propageant à travers les bancs de rocher, créent toujours le danger de communication avec les couches aquifères voisines; tout cela constitue des traits caractéristiques d'une grande importance au point de vue de l'exécution d'un travail aussi spécial que celui de la construction du chemin de fer sous-marin. »

Comparaison des outils à rotation aux outils à percussion. — Pour les roches tendres, l'avantage appartient, sans conteste, aux outils à rotation, tels que les tarières; ils sont à la fois expéditifs et économiques à tous égards.

Pour les roches dures, la question ne paraît pas encore absolument tranchée et les outils à percussion sont plus nombreux que les autres. Et cependant ils sont, en principe, absolument vicieux et donnent lieu, en fait, à des accidents fréquents et à une dépense d'entretien énorme ; leur rendement mécanique est généralement faible, car le choc absorbe une grande partie de la force vive, d'autant plus qu'en général la masse de l'outil est relativement faible. Il faut donc substituer à la percussion une action continue de frottement et de grattage sous pression considérable; le succès obtenu par la machine Brandt a démontré les avantages de cette substitution même pour les roches dures ; la machine du colonel Beaumont a fait la même démonstration pour les roches de dureté moyenne.

En résumé, nous pouvons donc affirmer que la machine à percussion a vécu et doit être remplacée partout par la machine à rotation.

Forage chimique, système Courbebaisse. — M. Courbebaisse, ingénieur en chef des ponts et chaussées, frappé de l'inconvénient des petites mines et du résultat insignifiant qu'elles donnent, se proposa d'employer les grandes mines et de creuser les poches de ces mines en dissolvant la roche au lieu de la pulvériser à coup de fleuret.

Son procédé s'applique seulement aux roches calcaires; ce sont, du reste, celles que l'on rencontre le plus souvent : il consiste à les attaquer par l'acide chlorhydrique ; nous avons vu, en chimie, que l'acide chlorhydrique décomposait le carbonate de chaux ; de l'acide carbonique se dégage, et du chlorure de calcium reste en dissolution dans l'eau de l'acide (le chlorure de calcium est un corps des plus solubles). Voici la réaction :

$$CaO,CO^2 + HCl = CaCl + HO + CO^2.$$

On commence par forer un trou de mine de petit diamètre par les procédés ordinaires ; puis on introduit dans ce trou un tuyau en plomb ou en gutta-percha, qui descend jusqu'au fond et y amène l'acide contenu dans un baquet (*fig.* 29). La réaction se produit avec effervescence, et un courant de liquide, de gaz et de mousse remonte par un tube ayant le diamètre du trou de mine et enveloppant le petit tube conducteur d'acide. On recueille ces déjections dans un autre baquet, on les laisse reposer et on les emploie de nouveau, parce qu'elles contiennent encore beaucoup d'acide.

M. Courbebaisse est arrivé, par ce moyen, à faire des extractions de rochers à 0 fr. 60 le mètre cube.

Nous finirons cette question des mines en faisant remarquer combien le travail du fleuret est défectueux : il faut, avec lui, réduire la roche en fine poussière, c'est-à-dire dépenser une grande quantité de travail. On doit donc chercher à substituer, autant que possible, le travail du ciseau, qui enlève la pierre par éclats, à celui du fleuret ; on y arrivera en donnant aux trous de mines non pas une forme cylindrique, mais la forme de fentes terminées par une poche. On arrive par ce procédé à obtenir le bloc que l'on veut en dirigeant les rainures dans tel ou tel sens, et l'on peut exploiter à la mine les matériaux de construction tels que le marbre, que l'on exploite encore au coin et à la scie.

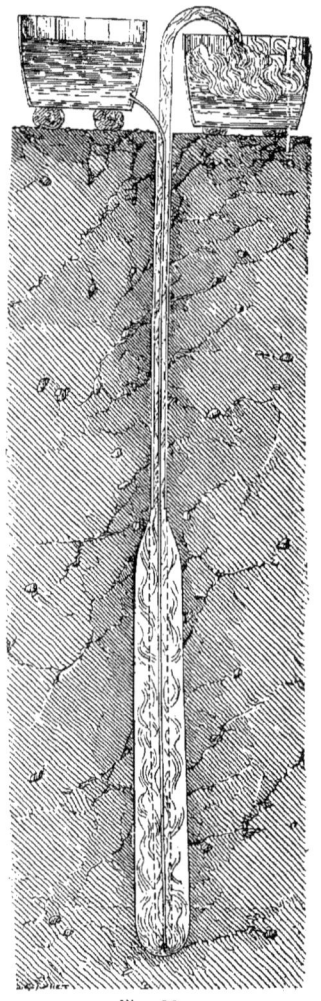

Fig. 29.

B. — CHOIX DE LA SUBSTANCE EXPLOSIVE (1).

Jusqu'à ces dernières années, on n'employait, pour faire sauter les rochers, que la poudre de mine ordinaire; mais les progrès de la chimie ont mis au jour un certain nombre de matières explosives qui sont pour la plupart trop brisantes, c'est-à-dire à explosion trop brusque, pour être utilisées dans les armes à feu, mais qui, par cela même, n'en sont que plus précieuses dans le travail des mines. En effet, avec les armes à feu, il ne faut pas d'explosion instantanée, car l'impulsion n'aurait pas le temps de se communiquer à la bourre et à la charge, et l'arme éclaterait; mais, dans les mines, on cherche précisément à faire éclater l'arme, et la poudre est d'autant meilleure que son explosion se rapproche davantage de l'instantanéité.

Définition d'une substance explosive. — « Qu'est-ce qu'une substance explosive? Remarquons d'abord, dit M. Roux, que tout corps susceptible de produire une explosion n'est pas un corps explosif. Le gaz d'éclairage, les essences minérales, peuvent faire explosion au contact de l'air; mais il leur faut la présence de l'atmosphère. Un corps explosif, au contraire, doit se suffire à lui-même. Destiné à être employé dans l'âme d'un canon ou au fond d'un trou de mine, il faut qu'il trouve en lui-même tous les éléments nécessaires à l'explosion, c'est-à-dire à sa transformation en gaz complète ou partielle. Ce corps, solide ou liquide, ne présentant dans cet état qu'un faible volume, se transforme à un moment donné, par ses propres éléments, en un volume de gaz incomparablement plus grand, qui, par leur pression sur les parois de l'enceinte où ils sont renfermés, exercent les effets de projection ou de rupture que l'on recherche. »

Les explosifs composés de gaz simples ne sont guère que des exceptions, et le peu que nous en connaissons, tels que le chlorure et l'iodure d'azote, ne sont point des substances pratiques. Les explosifs usuels, aussi bien les anciens, formés de matières minérales, que les composés chimiques nouveaux, doivent leur propriété à cette circonstance qu'au moment de la déflagration il se forme des combinaisons chimiques nouvelles qui, développant une haute température, donnent aux gaz engendrés une énorme tension.

Dans la poudre, ces combinaisons sont dues à la présence d'un corps oxydant, le nitrate de potasse, qui, au moment de la déflagration, transforme le carbone du mélange en acide carbonique et oxyde de carbone. Dans les nouveaux explosifs chimiques, dans le pyroxyle comme dans la nitroglycérine, c'est encore par l'oxydation du carbone contenu dans la substance qui a servi de base à la préparation que sont engendrés les gaz explosifs.

---

(1) Nous avons pris pour guide dans cette étude sommaire la remarquable conférence sur la dynamite et les substances explosives faite en 1878, au Congrès du Génie civil, par M. Roux ingénieur en chef des poudres et salpêtres.

Ainsi deux éléments sont indispensables pour former une substance explosive : un corps comburant, l'oxygène, introduit dans le mélange sous forme d'acide azotique, d'azotate et quelquefois de chlorate, et un corps combustible, le carbone, qui peut être introduit sous les mille formes qu'il revêt dans la nature.

Force d'un explosif. — « La force explosive d'une substance, c'est-à-dire la pression exercée sur l'unité de surface de la capacité dans laquelle elle détone, a pour mesure le produit de la quantité de chaleur dégagée par le volume des gaz, ces gaz étant réduits à la température zéro et à une pression uniforme. »

La force explosive des trois espèces de poudre ordinaire résulte du tableau suivant :

DÉSIGNATION DE LA POUDRE	DOSAGE POUR 100 PARTIES			CALORIES DÉGAGÉES PAR KILOGRAMME	VOLUME DES GAZ PRODUITS	FORCE EXPLOSIVE
	SALPÊTRE	SOUFRE	CHARBON			
Chasse fine....	78	10	12	807,3	234	1889
Poudre de chasse du commerce..	72	13	15	694,2	281	1950
Poudre de mine..	62	20	18	570,2	307	1750

On voit que, malgré la composition très différente, les trois poudres ont même force explosive.

Rapidité de la réaction. — La force explosive n'est pas seule à considérer ; la rapidité de la réaction exerce aussi une grande influence. « On comprend que, les effets de rupture étant la conséquence d'un véritable choc, l'instantanéité de l'action ait une grande influence sur le résultat. »

Une poudre à 80 de salpêtre et 20 de charbon a une force explosive supérieure à celle de la poudre de chasse, qui contient un troisième élément, le soufre, et cependant cette poudre binaire est mauvaise parce que l'inflammation s'y propage avec une grande lenteur, n'ayant pas le soufre pour véhicule. La propagation est d'autant plus rapide que le mélange des molécules élémentaires est plus intime.

Les nouveaux explosifs ne constituent pas des mélanges purement physiques, plus ou moins parfaitement réalisés, mais des mélanges chimiques, c'est-à-dire des combinaisons intimes.

La propagation de l'explosion est donc instantanée et, comme à l'origine on n'apercevait pas toujours la force extérieure agissante, on a cru à des explosions spontanées, qui ont fait, à tort, considérer les nouvelles substances comme beaucoup plus dangereuses que les anciennes, alors que l'expérience a prouvé depuis la vérité de l'assertion contraire.

Classification des explosifs. — « Les diverses combinaisons que l'on peut faire avec les éléments des substances explosives sont, en quelque sorte, indéfinies ; mais, dit M. Roux, le plus souvent les différences sont insignifiantes. Prenons l'ancienne poudre noire et substituons successivement à chacun de ses éléments, salpêtre, charbon et soufre, tous les composés susceptibles de jouer un rôle analogue. Remplaçons d'abord le nitrate de potasse par les nitrates de soude, de baryte, d'ammoniaque; puis par le chlorate de potasse; au charbon, substituons la sciure de bois, le tan, la suie, la résine, l'amidon, tous les corps contenant du carbone; quant au soufre, peu susceptible d'être remplacé, nous pouvons le prendre ou le supprimer; nous aurons ainsi la série des diverses poudres minérales ou mécaniques pouvant, dans certaines conditions, se substituer à l'ancienne poudre. Les explosifs chimiques, en élaguant ceux qui n'ont eu jusqu'ici qu'un intérêt de curiosité, se réduisent à trois : le pyroxyle, qui se présente sous deux formes, le fulmicoton et le bois nitrifié ou poudre Schultz; la nitroglycérine; l'acide picrique, qui a donné naissance à la série des picrates dont les seuls usités sont les picrates de potasse, de plomb et d'ammoniaque. En mélangeant l'un de ces explosifs chimiques avec l'un quelconque des explosifs minéraux de la série précédente, on peut créer un nombre presque indéfini d'explosifs, ayant chacun un caractère particulier et pouvant présenter une certaine valeur. Il s'agit cependant de choisir. Mais il faut observer d'abord que la valeur, c'est-à-dire la force de chacun de ces mélanges, ne sera pas exactement la force des deux matières composantes. Il va se passer ici un phénomène analogue à celui que nous avons indiqué, quand nous avons fait ressortir le rôle du soufre dans la composition de la poudre. L'introduction d'un explosif chimique dans un mélange minéral d'une inflammation lente et, par suite, d'une puissance médiocre, a pour effet d'augmenter considérablement sa puissance. La décomposition de ce mélange subit l'entraînement de l'explosif plus rapide qui lui est associé, et sa puissance peut ainsi être doublée, triplée et quelquefois davantage. »

Épreuves de force. — Pour connaître la force d'un explosif, le plus sûr critérium est l'emploi. — Cependant, on a entrepris des expériences de comparaison en faisant détoner les substances au milieu d'une masse de plomb chargée d'un poids très lourd et en mesurant le volume de la chambre produite par la détonation d'un poids donné de chaque substance.

La force de la poudre de guerre étant prise pour unité, on est arrivé aux valeurs suivantes des forces explosives :

Poudre noire	1
Picrate de potasse	5
Fulmicoton	7,5
Nitroglycérine	10

Il est à remarquer que le mélange d'un explosif rapide et d'un explosif lent ne donne pas une force égale au total des deux forces respectives; ce total est généralement plus élevé, parce que l'explosif rapide détermine dans l'explosif lent une propagation plus vive de l'inflammation.

Prix de revient de fabrication. — Les prix de revient à l'usine sont un des éléments de comparaison ; malheureusement, les prix de revient sont tellement majorés en France par les impôts qu'on ne peut guère y apprécier les avantages des explosifs.

Les picrates sont relativement chers et ne peuvent pour ce motif entrer dans la consommation courante.

Voici les limites du prix de revient à l'usine pour les autres explosifs :

« Pour la poudre, depuis le mélange le plus simple, comme celui du nitrate de soude et d'un charbon commun, jusqu'à la poudre la plus riche en salpêtre : de 50 centimes jusqu'à 1 franc le kilogramme ; pour le coton-poudre, de 4 à 5 francs ; pour la nitroglycérine, de 3 à 4 francs. Cette considération fait exclure le fulmicoton et il ne reste réellement en présence que la poudre et la nitroglycérine. »

C'est de ces deux substances que nous allons faire une étude plus complète.

Poudre ordinaire. — Les Chinois connaissaient depuis fort longtemps des mélanges de soufre et de salpêtre qu'ils faisaient entrer dans la composition des artifices, mais les proportions mises en œuvre donnaient des produits brûlant avec rapidité mais sans explosion. Il en est de même du mélange indiqué dès le huitième siècle par Marcus Græcus, et reproduit par Albert le Grand. Roger Bacon paraît avoir connu un véritable mélange détonant (treizième siècle), et, dans un manuscrit arabe du quatorzième siècle, on trouve la description d'une poudre à tirer et même d'un canon. Le moine Barthold Schwartz, qui vivait dans la seconde moitié du treizième siècle, n'a donc pas le mérite de l'invention de la poudre. C'est pendant la guerre de Cent ans, à Crécy, dit-on, qu'apparut l'artillerie sur les champs de bataille ; mais l'emploi de la poudre à l'extraction des roches ne s'est guère développé que depuis un siècle.

Voici la composition de la poudre ordinaire de mine, fabriquée en France par les manufactures de l'État :

Salpêtre	62
Soufre	20
Charbon	18
	100

Elle ne renferme pas assez de salpêtre et trop de charbon pour pouvoir être employée dans les armes à feu, et c'est là une disposition nécessaire pour ménager le rendement de l'impôt.

L'administration avait mis en vente, dans ces dernières années, une poudre de mine forte, contenant 72 de salpêtre, 13 de soufre et 15 de charbon, et une poudre de mine lente contenant 44 de salpêtre, 26 de soufre et 30 de charbon. Celle-ci développe en plus de temps une moindre quantité de gaz qui se trouve portée à une moins haute température ; son emploi ne saurait donc être avantageux, car la poudre de mine ordinaire est déjà trop lente. Aussi le public n'a pas accueilli les nouveaux produits et s'en est tenu à l'ancienne composition.

La poudre s'enflamme assez difficilement par simple choc; au contraire, elle s'enflamme bien par une élévation subite de température à 300°.

Poudres diverses. — On a préconisé depuis quelques années diverses poudres de composition différente, qui ne semblent pas avoir reçu un accueil favorable; nous nous contenterons de citer :

Le lithofracteur dynamital de Lannoy et Cie, composé de salpêtre grossier, de soufre, et de sciure de bois ou de son que l'on traite préalablement par l'acide azotique (comme on fait pour préparer le coton-poudre). Ce produit, brûlant difficilement à l'air, fait explosion en vase clos : il paraît qu'aux mines de la Vieille-Montagne on en a été satisfait;

Le pyronome de Detret, renfermant 52 d'azotate de soude, 20 de soufre et 28 de tan épuisé. Cinq parties d'azotate de soude renferment autant d'acide azotique que six parties d'azotate de potasse, et de plus l'azotate de soude, ou salpêtre du Chili, coûte moins cher. Il y a donc grand avantage à l'employer; malheureusement, il est hygrométrique et donne une poudre qui absorbe l'humidité ;

La poudre de mine de Schwartz, aussi efficace et plus économique que la poudre ordinaire, renfermant 56 d'azotate de potasse, 18 d'azotate de soude, 10 de soufre, 15 de charbon et 1 d'humidité;

La poudre de mine de Neumeyer, plus forte et plus économique que la poudre ordinaire, composée de charbon, de salpêtre, de prussiate de potasse et d'un peu de cyanure de potassium;

La poudre blanche d'Augendre, composée d'un mélange à sec de 2 parties de chlorate de potasse, 1 partie de prussiate jaune de potasse et 1 partie de sucre de canne. Elle s'allume plus facilement que la poudre ordinaire, détone avec violence sous le choc d'un marteau, quelquefois même par un simple frottement. Cette poudre se conserve et se fabrique avec la plus grande facilité, mais les éléments qui la composent coûtent cher et elle a le grave inconvénient d'altérer les armes, à cause du chlorate qu'elle renferme. On l'a essayée au siège de Paris, puis on y a renoncé.

Coton-poudre, ou pyroxyle. — Tous les corps ligneux, l'amidon, le papier, le coton, traités par l'acide azotique concentré, se transforment en une substance explosive. Le coton particulièrement, traité par un mélange d'acide azotique et d'acide sulfurique monohydraté, devient la pyroxyline ou coton-poudre, substance dont la découverte fut accueillie avec une grande faveur. On se sert de coton cardé et nettoyé, que l'on débarrasse de ses impuretés en le lavant d'abord dans une solution faible de soude caustique, puis dans un acide étendu et, enfin, dans l'eau distillée. L'acide sulfurique, qu'on ajoute à l'acide azotique, n'intervient pas dans la réaction ; il réduit la dépense d'acide azotique et absorbe l'eau qui se forme.

La réaction a lieu à froid ; si l'on opérait à chaud, on obtiendrait la variété de coton-poudre soluble dans l'alcool et l'éther et servant à la préparation du collodion. Quelques minutes suffisent à la réaction.

Le pyroxyle se décompose peu à peu à mesure qu'on élève la température, et, si on le conserve quelque temps, il subit une décomposition spontanée ; chauffé progressivement jusqu'à 100°, il détone, et même il détone à plus basse température si on le chauffe brusquement. Il absorbe facilement l'humidité de l'air.

On voit donc qu'il présente des inconvénients sérieux comme poudre de guerre ; comme poudre de mine, ces inconvénients seraient bien atténués si on pouvait préparer la substance sur place.

Les avantages du coton-poudre sont de brûler sans résidu et avec une force explosive considérable, bien supérieure à celle de la poudre ordinaire.

Mais, comme nous l'avons dit, il est toujours très instable parce qu'il renferme des sous-produits eux-mêmes fort instables, tels que les acides azoteux et hypoazotique; on n'est pas toujours certain d'enlever les sous-produits dans la masse entière par des lavages répétés avec lessives alcalines.

Le chimiste Abel a préparé du coton-poudre comprimé, *gun-cotton* des Anglais; il le réduit d'abord en pâte, puis le soumet à la presse hydraulique pour en faire des cartouches au centre desquelles on place une capsule fulminante : ces cartouches donnent une explosion violente ; on s'en est servi, en 1869, pour déraser des roches à l'île de Bréhat et à Portrieux ; mais il ne paraît point qu'elles puissent faire concurrence à la dynamite, d'autant plus que l'usine où on les préparait en Angleterre a sauté en 1871, en causant la mort d'un grand nombre d'ouvriers.

L'officier prussien Schultze a cherché à fabriquer une poudre économique en substituant le bois au coton ; mais, il faut faire subir aux bois des préparations qui détruisent l'économie apparente du procédé.

Nitroglycérine. Dynamite. — La nitroglycérine, découverte en 1847 par Sobrero, n'entra dans la pratique industrielle qu'en 1864. C'est au Suédois Nobel qu'on en doit la fabrication en grand ; mais elle se signala par de terribles accidents, et on dut en réglementer le transport et l'usage. Néanmoins, elle donnait de si bons résultats pour les déblais des roches qu'elle ne tarda pas à se propager.

Pour la préparer on verse goutte à goutte de la glycérine concentrée dans un mélange de 1 volume d'acide azotique et de 2 volumes d'acide sulfurique ; lorsqu'on a mis un poids de glycérine égal au $\frac{1}{6}$ du poids des acides, on laisse la réaction se produire pendant quelques minutes, puis on jette le mélange dans l'eau froide et la nitroglycérine se précipite sous la forme d'une substance blanche et huileuse.

Cette huile conserve toujours un aspect laiteux à cause de l'eau qu'elle renferme ; elle renferme aussi des acides dont on la débarrasse en la lavant avec un carbonate alcalin. Elle est inodore et sa densité est de 1,60 ; elle bout à 185°, subit une déflagration violente à 217° et une détonation violente à 257°. Quelques gouttes de nitroglycérine, placées sur une enclume ou sur une pierre dure, détonent avec énergie sous le choc d'un marteau ; le même phénomène se produit sous l'action des étincelles de la bobine de Ruhmkorff, ou lorsqu'on fait éclater un pétard au milieu d'elle.

Au contact d'un corps enflammé, la nitroglycérine s'enflamme elle-même et brûle avec une flamme bleu verdâtre.

La nitroglycérine, qui renferme plus d'oxygène qu'il ne lui en faut pour brûler ses propres éléments, possède une force explosive considérable ; elle n'est pas plus avantageuse qu'une poudre lente pour débiter les roches tendres, mais, s'il s'agit de roches dures, elle est précieuse, enlève en une seule fois des blocs énormes et réduit considérablement le nombre et la dimension des trous de mine par son action instantanée ; la nitroglycérine est précieuse aussi pour les roches fissurées sur lesquelles les poudres lentes sont impuissantes.

La conservation et le transport de la nitroglycérine donnent lieu à de trop graves accidents, pour que l'on consente maintenant à l'employer pure ; ce n'est plus que sous forme de dynamite qu'on y a recours.

Lorsqu'on mélange la nitroglycérine avec une substance poreuse, qui l'absorbe et la retient même sous une certaine pression, on a ce qu'on appelle une dynamite.

La substance absorbante peut être de la cendre de charbon, du tripoli, du sable siliceux, etc... Ainsi, la dynamite rouge comprend 67 p. 100 de nitroglycérine et 33 p. 100 de tripoli ; la dynamite blanche de Paulille renferme 75 p. 100 de nitroglycérine et 25 p. 100 de sable siliceux ; c'est à peu près là la composition normale.

La puissance d'une dynamite est égale à celle du poids de nitroglycérine qu'elle contient.

Soumise à l'action de la chaleur, la dynamite ne produit pas d'explosion ; ainsi, une cartouche placée sur une tôle rouge s'enflamme et brûle lentement ; on peut même la tenir à la main pendant qu'elle brûle ; une boîte en bois blanc, pleine de dynamite, placée dans un feu ardent, brûle sans explosion. Une étoupille Bickford n'enflamme pas toujours la dynamite, mais lorsqu'elle l'enflamme, la dynamite continue à brûler sans explosion. Sous ce rapport, la dynamite est donc moins dangereuse que la poudre ordinaire.

Soumise à l'action de la chaleur, dans un vase à parois résistantes, tel qu'une cartouche en métal, la dynamite subit une violente explosion.

L'action de la lumière sur la dynamite est nulle ; cependant, la chaleur solaire vive peut amener un commencement de décomposition qui se propage, et la substance est alors susceptible de s'enflammer.

Le choc de fer sur fer détermine toujours l'explosion, celui de fer sur pierre quelquefois et celui de fer sur bois jamais. Il est nécessaire que l'intensité du choc soit assez considérable : le choc direct d'un projectile fait toujours éclater la dynamite.

L'étincelle de la bouteille de Leyde n'a pas d'action sur la dynamite ; une série d'étincelles d'induction détermine dans la masse une petite explosion locale qui ne se propage pas.

Dans la dynamite, la nitroglycérine possède une stabilité chimique relativement grande. Elle est insoluble et l'eau ne la décompose pas ; mais l'eau prend peu à peu la place de la nitroglycérine qu'elle expulse et il peut en résulter quelque danger, puisque la nitroglycérine liquide fait explosion sous le choc.

Il n'y a donc pas de crainte à concevoir dans le transport de la dynamite, pourvu qu'elle soit placée dans des caisses de bois léger, et qu'on évite un excès d'humidité.

Les cartouches de dynamite se transportent en paquets de 2 à 3 kilogrammes ; on les range dans des boîtes en sapin et on remplit les interstices avec de la sciure de bois ; l'enveloppe des cartouches est un papier fort et mieux une toile goudronnée ou du caoutchouc.

Comme corps absorbant de la nitroglycérine on a songé d'abord à prendre un autre explosif, la poudre, par exemple, et on réalisait ainsi une dynamite à *base active ;* mais cette préparation ne réalisa pas les avantages qu'on en espérait, parce que la poudre n'absorbe pas une quantité suffisante de nitroglycérine.

En somme, c'est la dynamite à base inerte obtenue avec les sables siliceux qui a donné les meilleurs résultats. « Connus en Allemagne, sous le nom de *kieselguhr* (farine siliceuse), ils ont pris en France celui de *randanite*, du nom du pays de Randan, où ils ont été observés pour la première fois. Ces sables, appartenant à la famille des tripolis, résultent de dépôts lacustres de formation récente. — Examinés au microscope, on reconnaît qu'ils se composent d'une agglomération de carapaces siliceuses. Ce sable brut, d'abord soumis à la calcination, de manière à détruire toute trace de matière organique, est ensuite trituré et bluté. » Il absorbe trois fois son poids de nitroglycérine et donne la dynamite la plus répandue dans tous les pays, la dynamite n° 1, à 75 p. 100 de nitroglycérine. — Densité, 1,6.

Les autres absorbants n'ont pas bien réussi. « On doit cependant faire une exception pour la dynamite à la cellulose, dans laquelle l'absorbant est la matière cellulaire du bois complètement purifiée. Elle contient aussi 75 p. 100 de nitroglycérine ; elle est inférieure à la dynamite n° 1 comme moins dense et moins plastique, mais elle est sensiblement supérieure comme force et ne redoute nullement l'action de l'eau. Cette dernière propriété la rend très précieuse pour les usages sous-marins ; on peut en employer les cartouches à toute profondeur d'eau et dans un courant, sans avoir besoin de boîtes étanches. » — C'est la dynamite n° 4.

La nitroglycérine étant insoluble dans l'eau, la dynamite n° 1 peut également être employée sous l'eau, mais on est moins certain du succès, et il peut y avoir quelques accidents à craindre.

Formule chimique de la détonation. — La glycérine a pour formule $C^6H^8O^6$ ou $C^6H^2(2HO)^3$. Dans la nitroglycérine, 3 équivalents d'eau sont remplacés par 3 équivalents d'acide nitrique, et la formule de cette substance explosive est :

$$C^6H^2(HO, Az O^5)^3.$$

Cette substance, après explosion, s'est transformée en un mélange de gaz :

$$6Co^2 + 5HO + 3Az + O.$$

Il y a un équivalent d'oxygène, qui peut être utilisé pour augmenter la réaction, à condition qu'on lui offre un combustible. C'est cette possibilité qui a conduit à l'invention des dynamites à base active.

La plus répandue est la dynamite n° 3, formée de poudre ordinaire et de 20 à 25 p. 100 de nitroglycérine. On rencontre aussi des dynamites n° 2 qui sont des mélanges de la dynamite n° 3 avec les dynamites n° 1 et n° 0.

L'encartouchage des dynamites. — La dynamite, enflammée à l'air, brûle sans faire explosion ; cependant, il vaut mieux ne pas s'exposer à la faire enflammer ; car il peut arriver que le récipient qui la contient oppose quelque résistance. Il faut aussi la soustraire à l'action de l'eau.

C'est pourquoi il importe de ne la laisser mettre en circulation que sous forme de cartouches de peu de volume ; on ne court pas le risque, de cette façon, de voir la nitroglycérine exsuder et détoner sous un choc imprévu. Les cartouches étant rangées dans de la sciure et placées dans un emballage étanche, il n'y a vraiment pas d'accident à craindre pour le transport et la conservation de la dynamite. « On peut soumettre une caisse de dynamite à toutes les épreuves les plus difficiles, la laisser tomber d'une hauteur assez grande pour qu'elle se brise, l'écraser par la chute de poids considérables, la placer entre les tampons de wagons de chemins de fer ; jamais on n'obtiendra d'explosion. »

Il est bon de rappeler, parmi les avantages de la dynamite, que son explosion n'engendre pas de gaz malsains, tandis que la poudre de mine donne des quantités d'oxyde de carbone telles que les mineurs en sont incommodés, quelquefois même asphyxiés.

Dynamite gelée ; accidents. — La dynamite offre le grave inconvénient de geler à 5 ou 6 degrés au-dessus de zéro. Elle ne détone plus alors avec les amorces ordinaires, et il en faut qui renferment plus d'un gramme de fulminate. Elle n'est pas beaucoup plus sensible au choc, mais elle fait parfois explosion si on l'attaque avec un outil de fer ; enfin, comme on la dégèle pour s'en servir, l'opération, que les ouvriers ont tendance à effectuer à feu nu, présente alors des chances d'accidents graves et imprévus. Ainsi, on a vu des cartouches de dynamite, placées sur un poêle pour y dégeler, donner lieu à des explosions violentes et coûter la vie à plusieurs personnes, alors que cette opération avait précédemment maintes fois réussi.

On doit donc interdire formellement de placer la dynamite dans le voisinage des fourneaux et foyers quelconques et de se servir avec elle de bourroirs métalliques.

Sous cette réserve, on peut affirmer que la dynamite est moins dangereuse que la poudre et qu'elle a donné lieu à moins de catastrophes. Il suffit d'un peu de poudre répandue et d'une étincelle qui la touche pour qu'un chargement tout entier saute en l'air ; la dynamite ne présente pas un pareil danger.

L'exsudation de la nitroglycérine est donc seule à redouter et encore peut-on la conjurer par des précautions simples. — M. Nobel a même trouvé le moyen de la supprimer en fabriquant une dynamite qui n'est plus un simple mélange, mais une combinaison fixe, c'est la *dynamite gomme*, qui a pour base une sorte de collodion; cette substance est, paraît-il, aussi stable qu'on peut le désirer. L'usage n'en est pas encore répandu.

Avantages de la dynamite. — En résumé, les inconvénients et les dangers de la dynamite sont bien moindres que ceux de la poudre; l'expérience l'a montré. Restent donc ses avantages que M. Roux résume ainsi :

« Pour se rendre compte des avantages que présente la dynamite, il faut la comparer à la poudre, qui est en réalité sa seule rivale. Ces avantages sont de deux sortes : 1° possibilité d'entreprendre certains travaux pour lesquels la poudre est impuissante; 2° économie de temps, d'hommes et d'argent. Ces résultats sont dus à la puissance du nouvel explosif et à la nature insoluble de la nitroglycérine. Ainsi, pour l'attaque des matériaux très durs, pour le percement des galeries dans le quartz et dans le granit, pour les entreprises dans les roches aquifères et pour les travaux sous-marins, les avantages que présente l'emploi de la dynamite sont incontestables. Ils sont moins évidents dans les cas où l'usage de la poudre est possible, car les dépenses faites avec les deux matières sont égales, et quelquefois supérieures avec la dynamite. Ils n'en sont pas moins réels, si l'on tient compte de l'économie de main-d'œuvre et de temps. Cette économie résulte du fait de n'avoir à forer, pour un même abatage, qu'un moindre nombre de trous et d'avoir à donner à ces trous un moindre diamètre. Cette considération acquiert une grande importance pour des entreprises de longue durée employant un personnel considérable. La plus grande rapidité des travaux permet de gagner 30, 40, jusqu'à 50 p. 100 sur le temps qu'on eût mis avec la poudre. »

Prix de la dynamite. — La dynamite n° 1 se vend, en France, 7 fr. 50, et la dynamite n° 3, 5 francs le kilog.

Le droit perçu par l'État sur cette somme est de 2 francs par kilogramme, et la dynamite étrangère paye à l'entrée 2 fr. 50 (Loi du 8 mars 1875).

Les précautions imposées portent en réalité au moins à 3 francs par kilogramme les charges qui pèsent sur la dynamite.

Aussi ne se rend-on pas, en France, un compte exact des avantages de cette substance; c'est pourquoi nous terminerons cette étude par les paroles suivantes de M. Roux :

« Quatorze fabriques de dynamite, fonctionnant, en 1878, dans les diverses parties du monde, suivant les procédés de M. Nobel, livrent à elles seules annuellement à la consommation 5 millions de kilogrammes de cette matière. L'usage de ces nouveaux explosifs a fait entreprendre des travaux qui eussent été autrefois considérés comme impraticables, a modifié profondément les méthodes d'exploitation, réalisé des économies considérables de temps, d'hommes et d'argent. Les industries des mines et des travaux publics leur doivent les progrès les plus importants. Mais tous les pays n'ont pas été également favorisés. Tandis que le Nouveau-Monde, tandis que quelques contrées de l'ancien continent jouissent d'une législation libérale qui a permis à cette industrie de prendre tout son développement, d'autres pays, parmi lesquels j'ai le regret de compter la France, l'ont entravée par une réglementation excessive et nuisible. Je dis nuisible, car ces rigueurs ne correspondent à aucun intérêt. Loin de là, l'observation montre que c'est dans les pays soumis aux réglementations les plus excessives qu'il arrive le plus d'accidents. Cette assertion paraît paradoxale; elle n'est qu'exacte. Les abus de la législation ont pour effet, d'une part, d'entretenir l'ignorance, cause première de tous les malheurs; d'autre part, de pousser le public à se débarrasser d'entraves qu'il juge inutiles parce qu'elles sont exagérées. Rien n'est plus funeste, à tous égards, que la conservation et la circulation occulte de ces matières, et c'est cependant la seule ressource dans certaines conditions. J'aurais voulu, pour vous convaincre, parcourir les enquêtes faites en divers pays, et notamment en Angleterre et vous seriez arrivés avec moi à cette conviction que les lois et règlements ne prévalent pas contre la nécessité, et qu'en cette matière, comme en beaucoup d'autres, la véritable et seule garantie est une sage liberté.

« Pour compléter rapidement votre outillage, pour creuser à bref délai des ports et des canaux, pour construire de nouvelles lignes de chemin de fer, il faut des explosifs puissants. Pour donner de l'aliment à ces nouvelles lignes et à ces nouveaux canaux, pour ne pas les exposer à périr d'inanition, il faut féconder et multiplier les travaux de la terre, défoncer les landes, cultiver les terrains en friche, reboiser les pays montagneux; il faut mettre en exploitation les mines concédées et restées oisives depuis si longtemps. Il faut pour cela des explosifs puissants et à bas prix. La poudre et la dynamite sont pour tous ces travaux des auxiliaires utiles, indispensables; favorisez-en l'emploi par tous les moyens ».

C. — CONFECTION ET EXPLOSION DE LA MINE

Nous avons à décrire la manière dont on charge et dont on fait partir : 1° les mines à poudre ordinaire, et 2° les mines à dynamite.

Nous avons expliqué déjà comment s'effectuaient la charge et l'explosion des mines ordinaires et nous n'aurons que peu de chose à ajouter sur ce sujet.

1° Mines à poudre ordinaire. — Lorsque le trou de mine est arrivé à la profondeur convenable, eu égard à la forme et à la nature de la masse que l'on veut faire sauter, on le nettoie en retirant tous les détritus délayés qui sont au fond, au moyen de la curette, petite tige de fer recourbée à son extrémité en forme de cuiller, et on l'essuie avec du papier gris, de la mousse sèche ou des étoupes. Si le trou est percé dans une roche aquifère, il est nécessaire de le graisser, c'est-à-dire de l'enduire avec de l'argile grasse bien battue et bien malléable que l'ouvrier lisse avec soin sur tout le pourtour, jusqu'à ce que les suintements ne paraissent plus. Mais ce procédé est insuffisant quand le trou de mine donne lieu à de trop fortes infiltrations, et il faut alors l'abandonner ou enfermer la poudre dans des sacs de toile goudronnée, pour la préserver de l'humidité, et y mettre le feu d'une manière particulière. Dans les autres cas, on se contente de mettre la charge de poudre dans une cartouche cylindrique faite en gros papier, que l'on chasse au fond du trou avec un morceau de bois.

On peut même supprimer les cartouches pour les trous de mine ayant une assez forte inclinaison du haut en bas, et y verser simplement la poudre, avec précaution, au moyen d'un petit cylindre de fer-blanc. Cet usage doit être proscrit dans les ateliers où l'on exploite des roches vives, siliceuses, donnant facilement des étincelles. La qualité de la poudre à mine a, du reste, une certaine influence; ainsi la poudre à grains sphériques est bien préférable à celle à grains inégaux et irréguliers, parce qu'elle arrive tout au fond, sans s'arrêter sur les parois et sans les salir, comme fait l'autre, qui est toujours un peu pulvérulente. Les mineurs prétendent aussi qu'elle s'enflamme plus rapidement et donne moins de fumée.

Après avoir tassé la poudre avec le bourroir en bois, on met en place l'épinglette, qui est une baguette de cuivre jaune, se terminant en pointe d'un côté et par un anneau de l'autre, destinée à conserver l'emplacement de la mèche qui doit communiquer le feu à la mine. Lorsque l'épinglette a pénétré jusqu'au milieu de la cartouche ou de la masse de poudre, on fait glisser dans le trou une pelote de terre grasse qui vient s'appliquer sur la poudre, qu'elle isole complètement, tout en maintenant l'épinglette contre la paroi du trou de mine. On bourre alors, avec des débris d'argile sèche ou de roches très tendres, ne pouvant donner d'étincelles par le frottement ou les chocs, en ajustant sur l'épinglette la rainure que présente le bourroir à sa partie inférieure, qui est renflée à la largeur du trou, et frappant dessus avec la massette.

Manière de mettre le feu. — C'est en mettant le feu aux mines que les accidents arrivent le plus ordinairement; cette opération exige de grandes précautions et ne doit être confiée qu'à des ouvriers sérieux. La mine étant bien bourrée et avec d'autant plus de force qu'on s'éloigne davantage de la poudre, on recouvre le bourrage d'une pelote de terre glaise pour bien le fixer, afin qu'il ne tombe rien dans le trou laissé par l'épinglette, qu'on retire doucement en passant le manche d'une massette dans l'anneau et en frappant contre ce manche. On place ensuite la mèche, qui consistait autrefois en une série de petits tubes en papier ou en paille garnis de poudre à l'intérieur et se prolongeant au dehors du trou par un bout de mèche soufrée. Aujourd'hui, on se sert uniquement de la mèche Bikford qui se compose d'une âme remplie de pulvérin fixé autour d'un fil et recouverte de chanvre, qu'on entoure avec une corde en hélice; ces mèches sont plongées dans du goudron de gaz ou du coaltar; elles coûtent 70 francs les mille mètres; le chanvre est recouvert de gutta-percha, lorsque les mèches doivent être protégées contre l'humidité, et le prix s'élève alors à 150 francs les mille mètres.

Lorsqu'on enflamme les mines, les ouvriers doivent ne pas trop s'éloigner, afin d'éviter une perte de temps qui deviendrait considérable, et afin de remarquer les mines qui ne partent pas ; il faut donc qu'un abri leur soit ménagé dans le voisinage ; il importe, dans tous les cas, de laisser écouler quelques minutes après le départ de la dernière mine pour être sûr qu'aucun accident particulier n'a retardé le départ de celles qui ont manqué.

La plupart des accidents tiennent à ce que l'on revient trop tôt sur les mines.

Ligne de moindre résistance ; charges de poudre. — Il y a toujours du travail perdu dans celui qui correspond à la combustion de la poudre ; une partie de la force vive est absorbée par les projections, les vibrations, les pertes de chaleur, et cette perte doit être réduite au minimum.

C'est à quoi arrive le mineur intelligent qui acquiert par la pratique une grande habileté dans l'art de disposer ses trous de mine, eu égard à la force de la charge. Ainsi, soit à détacher le bloc A ; la ligne de moindre résistance est évidemment dirigée suivant np ; il faudra placer la mine mn normalement à np et à distance telle que la charge soit aussi bien utilisée que possible ; si la distance est trop courte, il y aura projection ; si elle est trop forte, la disjonction n'aura pas lieu et la dépense sera perdue. Il convient donc, dans chaque cas, d'évaluer la longueur de la ligne de moindre résistance, c'est-à-dire la plus courte distance qui existe entre la mine et la surface libre du rocher.

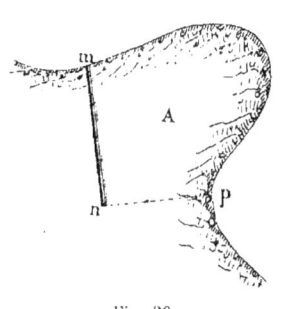

Fig. 30.

Lorsque l'on perce une mine dans une masse qui n'est détachée que sur une face, telle qu'une assise horizontale indéfinie, dans laquelle les trous de mine sont verticaux, le résultat de l'explosion s'appelle un *entonnoir*. Quelques auteurs admettent pour l'entonnoir un cône à axe vertical, dont le sommet est au point d'explosion et dont le rayon de base sur la surface horizontale libre est précisément égal à la profondeur du trou de mine ; d'autres auteurs considèrent que l'entonnoir est un paraboloïde de révolution ayant pour foyer le centre de gravité de la charge et pour base un cercle de rayon égal à la plus courte distance entre le point d'explosion et la surface.

En désignant par h cette plus courte distance ou ligne de moindre résistance, exprimée en mètres, l'*Aide-Mémoire* des officiers du génie donne, pour la mesure en kilogrammes du poids de poudre à employer dans un fourneau, la formule :

$$C = D h^3,$$

dans laquelle D est le poids en kilogrammes d'un litre du rocher à faire sauter.

Cette règle n'est évidemment pas applicable lorsqu'il s'agit de blocs isolés sur plusieurs faces, ainsi qu'ils se présentent d'ordinaire dans l'exploitation des carrières et des tranchées. Dans chaque cas, l'expérience directe peut seule servir de guide, et l'on trouvera plus loin quelques renseignements à ce sujet.

2° **Mines à dynamite**. — On produit l'explosion de la dynamite au moyen d'une capsule fortement chargée. La figure 31 représente en grandeur naturelle la capsule simple A, et la capsule triple B que l'on emploie de préférence pendant l'hiver ou dans le cas où l'on veut être assuré contre les ratés. Les capsules simples coûtent 3 fr. 50 le cent et les capsules triples 7 fr. 70.

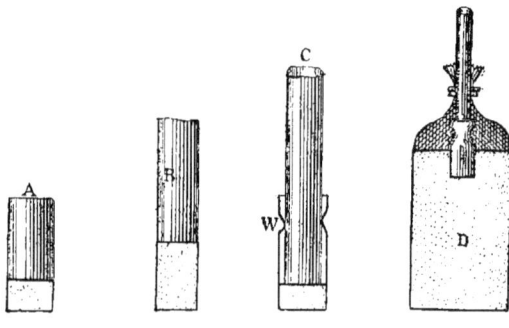

Fig. 31.

On prend une certaine longueur de mèche de mineur, — mèche Bikford, — on coupe l'un des bouts très nettement et on l'enfonce dans la capsule jusqu'à ce qu'il touche le fulminate; on serre avec une pince au-dessus et un peu loin du fulminate, de manière à bien assujettir la capsule à la mèche. La figure C représente la mèche liée à la capsule; W est la partie serrée par la pince.

La pince la plus commode à employer est une petite pince dite de treillageur, dont on a émoussé les tranchants. Il est bien entendu que s'il faut presser suffisamment pour que la capsule ne puisse plus se séparer de la mèche, il ne faut pas aller au delà et s'exposer à interrompre la circulation de la flamme dans la mèche.

Cette opération faite, on ouvre une cartouche de dynamite à l'un des bouts et l'on y enfonce la capsule de manière qu'une partie du tube en cuivre soit encore visible. On rapproche alors le papier qui a été écarté et on le lie fortement à la mèche avec un fil. La figure D représente une cartouche ainsi préparée et que l'on appelle cartouche-amorce. La liaison de la mèche et de la cartouche doit être assez solide pour que, pendant le chargement, la capsule ne puisse pas quitter sa position. Il est également important que la capsule seule plonge dans la dynamite et non la mèche, car si celle-ci enflammait d'abord la matière, la capsule pourrait éclater dans le vide et on aurait un raté.

Pour charger un trou de mine, on fait tomber au fond du trou ou on y amène, au moyen d'un bourroir en bois, une première cartouche et on l'écrase avec ce bourroir, de manière à bien garnir de matière le fond et les parois du trou de mine; on fait ensuite la même opération avec une seconde, une troisième cartouche et ainsi de suite suivant l'importance de la mine, de manière à ne pas laisser de vide. Enfin on amène avec précaution la cartouche-amorce qui doit simplement reposer, sans être bourrée, sur la charge précédente. On fait alors couler du sable ou de la terre de manière à bien assujettir la cartouche-amorce dans sa position jusqu'à 20 centimètres environ au-dessus de la charge; puis on complète le bourrage par les matériaux plus résistants que l'on a sous la main. Du sable humide tassé légèrement avec le bourroir en bois forme un excellent bourrage. Il ne reste alors qu'à mettre le feu à la mèche.

Il est important par les temps froids de conserver la dynamite à l'état mou. Il suffit pour cela de la tenir dans une caisse à double paroi, garnie de fumier frais. On la dégèle facilement en la laissant pendant quelque temps dans un endroit chauffé à 18 ou 20 degrés, où l'on étale les cartouches sur des planches.

On peut encore les dégeler dans un bain-marie porté à 50 degrés, mais l'opération offre toujours du danger, car quelques gouttes de nitroglycérine peuvent se séparer au contact de l'eau et produire une explosion terrible et imprévue. L'usage de l'eau tiède est donc à proscrire, et il faut se borner à l'emploi du fumier chaud ou à l'exposition sur une planche dans une pièce chauffée.

Si la charge est gelée dans le trou de mine, on la fait partir en plaçant au-dessus et bien au contact une cartouche molle amorce. Quant à la cartouche-amorce, il est indispensable qu'elle soit bien dégelée. Les mineurs ont généralement l'habitude de tenir dans leurs poches quelques cartouches qui se maintiennent ainsi parfaitement molles et dont ils se servent pour l'amorçage. Cela ne présente aucun inconvénient.

Si le trou de mine est dans l'eau, on peut employer, sans précaution spéciale, la dynamite 0. Il en est de même de la dynamite n° 1, si elle ne doit pas séjourner longtemps. Pour les dynamites n°^{s} 2 et 3, il faut placer les cartouches dans une enveloppe imperméable. Comme il faut, dans tous les cas, empêcher absolument l'eau de pénétrer jusqu'à la capsule, on se sert, comme l'indique la figure 3f, d'une seconde enveloppe ou d'une boîte en zinc, et l'on garnit avec une matière grasse, comme de la ouate mélangée avec de la cire ou de la poix que l'on presse en W autour de la mèche.

Fig. 62.

Quand on a à craindre le froid ou l'humidité, il faut employer des amorces fortes, amorces triples.

Quelque considérable que soit la charge, il faut toujours employer pour amorce une cartouche relativement petite, pour assurer plus facilement la capsule et la mèche.

On peut faire partir plusieurs coups de mine à la fois, en les reliant par des boudins de dynamite de 20 à 25 millimètres. On se sert pour cela de tuyaux en zinc ou en caoutchouc. Pour assurer le succès de l'opération, il faut placer à l'extrémité de chaque conduit une capsule forte.

Dans le cas d'un raté, on ne doit pas chercher à retirer la charge; l'opération serait dangereuse. On force un trou de mine dans le voisinage, et généralement l'explosion de la nouvelle charge fait partir la précédente. Ou bien, on enlève le bourrage jusqu'à la moitié de la profondeur du trou, de manière à être assuré de s'arrêter à une certaine distance de la charge; on introduit une forte cartouche amorcée, et l'explosion de celle-ci fait partir la charge du fond.

Si on avait bourré à l'eau, ou, s'il n'y avait pas de bourrage, il suffirait de descendre dans le trou une nouvelle cartouche amorcée.

La dynamite détonant aussi bien en plein air que dans un espace fermé, on peut toujours s'assurer par quelques essais préliminaires, en confectionnant de très petites cartouches-amorces, que les capsules et autres matières que l'on emploie sont de bonne qualité et que l'on opère bien. Il faut que la détonation obtenue en plein air, avec la seule résistance du papier de la cartouche, soit parfaitement franche. S'il y a le moindre doute, il faut se servir d'une amorce plus forte.

Ce n'est également qu'au moyen d'essais préliminaires faits en petit, mais étudiés avec soin, que l'on peut déterminer exactement quelle est l'espèce de dynamite la plus convenable pour le travail que l'on a entrepris. Il est certain que la dynamite n° 3 peut, le plus souvent, et avec économie, être substituée à la dynamite n° 1; mais, tandis que l'on obtient presque toujours de bons effets avec la dynamite n° 1, il est au contraire assez difficile de réussir avec la dynamite n° 3, si l'on n'a pas une certaine expérience de l'emploi de cette matière. Si enfin on ne réussit avec aucune espèce de dynamite, c'est que l'on ne sait pas s'en servir. On devra dans ce cas avoir recours à un homme de l'art.

Charges de dynamite. — Il n'y a pas de règles absolues pour le chargement, pas plus pour la dynamite que pour la poudre; tout dépend de la qualité des roches et de la nature du travail que l'on a entrepris.

Cependant on peut se diriger d'après les principes suivants :

Dans les circonstances ordinaires, la disposition de l'attaque est la même que pour la poudre; on prend seulement des lignes de moindre résistance plus grandes de un tiers environ. La profondeur des trous est aussi la même; mais on diminue le diamètre, de manière à allonger les charges.

Voici le rapport adopté entre les profondeurs des trous et le diamètre du fleuret.

Profondeur des trous 1 à 2^m00, fleuret 0^m025
— — 2 3 50, — 0 04 à 0^m05,
— — 3 4 50, — 0 05 0 065.

Quand la roche est très compacte, on donne à la charge une longueur qui va jusqu'à un quart de la profondeur du trou; dans les cas les plus favorables, quand les surfaces sont bien dégagées, on réduit cette longueur à 1/6 et même à 1/8.

On peut se servir, pour calculer les charges, de la formule

$$P = \frac{2}{3} cm^3,$$

dans laquelle P est le poids de la charge en kilogrammes, m la ligne de moindre résistance en mètres, c un coefficient qui varie suivant la nature du terrain et l'espèce de dynamite. Il est donc indispensable de le déterminer par quelques expériences préliminaires.

En faisant usage de dynamite n° 3, on a trouvé les valeurs suivantes qui peuvent servir de point de départ pour de nouveaux essais.

Pour une vieille maçonnerie très ferme. . . . . $c = 1.00$
Pour le grès dur. . . . . $c = 0.70$
Pour le grès tendre. . . . . $c = 0.45$
Enfin pour les roches moins résistantes. . . . . $c = 0.36$

Avec des faces bien dégagées la charge peut être réduite à

$$P = \frac{1}{2} cm^3.$$

La profondeur des trous de mine peut être une fois et demie ou deux fois la longueur de la ligne de moindre résistance. Dans aucun cas, le fond du trou de mine ne doit être au-dessous du pied de la face.

Pour les travaux à couvert, de petite section, il suffit d'employer des trous de mine de 18 à 22 millimètres. Pour des sections importantes (tunnels, etc.), il vaut mieux des trous de 25 à 30 millimètres. Quand on marche régulièrement, avec des perforateurs mécaniques, il faut employer des cartouches du même diamètre et les commander à l'usine.

Pour les grands abatages, on emploie exclusivement la dynamite n° 3.

Dans les terres grasses, l'argile, la marne, etc., on opère de la manière suivante : on fait un trou de 3 à 4 centimètres de diamètre et de $2^m,50$ à $3^m,50$ de profondeur ; on laisse tomber au fond une cartouche de dynamite qui, en détonant, forme une chambre sphérique ; on agrandit cette chambre au moyen d'autres cartouches jusqu'à ce qu'elle puisse contenir 2 kilogrammes, 5 kilogrammes ou 10 kilogrammes de dynamite, suivant le cas, et on remplit avec du n° 3.

Cette manière d'opérer peut remplacer le procédé qui consiste à faire les chambres au moyen de l'acide chlorhydrique, quand la nature de la roche ne présente pas trop de résistance.

Pour ménager les matériaux, il faut faire usage de charges très allongées. Pour la houille, par exemple, on emploie une cartouche dont le diamètre est seulement de moitié de celui du trou de mine. On peut ainsi fendre et ébranler les blocs sans les pulvériser.

Pour les charges en galeries, on ne doit pas s'écarter des règles précédentes. La dynamite n° 3 doit être employée de préférence. La fermeture des galeries au moyen de maçonneries est insuffisante, il faut remplir tout l'espace vide avec du sable mouillé, tassé à la pelle et maintenu de distance en distance par de fortes estacades.

L'amorçage d'une grande charge en dynamite n° 3 doit toujours se faire au moyen d'une cartouche de dynamite n° 1 munie d'une capsule forte.

Charges de rupture. — Lorsqu'on cherche à briser un corps avec la dynamite, il faut d'abord établir entre la dynamite et ce corps le contact le plus intime et multiplier autant que possible les points de contact.

On augmentera toujours les effets en plaçant du côté opposé un obstacle résistant comme des blocs de pierre ou des pièces de bois arcboutées.

Si l'on veut briser une pièce de bois ou un arbre en les entourant simplement avec les cartouches, il faudra, avec la dynamite n° 1,

100 grammes pour une pièce de $\frac{0^m10}{0^m10}$ ou un arbre de 0^m10 de diamètre.

250 — — $\frac{0^m20}{0^m20}$ — 0^m20 —

1,000 — — $\frac{0^m30}{0^m30}$ — 0^m30 —

3,000 — — $\frac{0^m40}{0^m40}$ — 0^m40 —

On économisera une grande partie de la charge en perçant la pièce avec une tarière jusqu'à mi-épaisseur, et chargeant le trou à moitié de sa longueur. On peut, au lieu d'un seul trou, en faire plusieurs convergents vers un même point, de manière que toutes les charges détonent simultanément par la même amorce.

On peut se contenter alors de :

100 grammes pour un pied de $\frac{0^m20}{0^m20}$,

250 — — $\frac{0^m30}{0^m30}$,

700 — — $\frac{0^m40}{0^m40}$.

Pour briser une pièce de fer rectangulaire, on place la charge sur le grand côté de la section droite, de manière à en occuper toute la longueur. Cette charge croît avec les épaisseurs de la manière suivante :

	Pour 1 mèt. courant du grand côté.	Épaisseur.
Dynamite n° 1	0^k150	0^m005
	0 600	0 010
	2 400	0 020
	15 000	0 030
	60 000	0 100

Pour démolir un mur, le meilleur moyen est d'encastrer la charge dans le pied du mur jusqu'à mi-épaisseur et de bourrer fortement avec des pierres.

Pour un mur de 0^m,50, il faudra placer, de mètre en mètre, environ 0^k,50. En employant l'électricité de manière à faire partir les charges simultanément sur toute la longueur du mur, on obtiendra un effet beaucoup plus considérable.

Brisement des glaces. — Pour briser les glaces, il suffit, en général, de placer au-dessus une charge de dynamite. Avec 3^k,40 contenus dans une boîte en bois, sur une nappe de glace de 45 à 50 centimètres d'épaisseur, on a obtenu sur toute la profondeur un trou de 2^m,70 de long sur 0^m,60 de large.

On obtient encore de bons effets en faisant arriver les cartouches munies de leur mèche au-dessous des glaces au moyen d'un flotteur. Des cartouches de 40 à 50 grammes suffisent dans ce cas pour briser une glace de 0^m,25 à 0^m,30 d'épaisseur.

Pour empêcher les charges de geler, on les entoure avec soin de poix ou d'un corps peu conducteur, comme de la sciure de bois.

Sautage des bois et souches. — On peut, pour abattre des bois, employer la dynamite, et l'on suit, dans ce cas, les règles que nous avons tracées précédemment; mais il n'y a d'avantage à opérer ainsi que dans le cas où l'on est pressé par le temps. Dans les circonstances ordinaires, le travail de la scie est plus économique.

Pour des pilots placés dans une rivière, il y a tout avantage à les faire sauter. Si ces pilots sont émergents, on creuse un trou dans le sens de leur axe et on les détruit à la hauteur désirée.

Si, au contraire, les pilots sont au fond de la rivière, on descend les charges à la profondeur voulue au moyen d'une tige en bois, en ayant soin de maintenir les charges contre l'obstacle à détruire, au moyen d'un cercle embrassant le pilot.

Pour régler les charges, on suivra les formules que nous avons données pour la rupture des bois.

Pour les souches, on pratique un trou avec un foret dans le creux même de la racine, là où elle offre le plus de résistance, que l'on prolonge jusqu'au collet. Si le pied manque, il faut faire le forage dans la direction de la racine la plus forte. Si le pied est pourri, le forage se fait par le côté. L'important, dans tous les cas, est qu'il y ait au fond du trou une résistance égale aux résistances latérales ; sans cela, l'effet se produit dans la direction la plus faible et la charge est perdue.

Il est très difficile pour une opération de ce genre de donner des règles absolues. Voici seulement quelques indications :

Donner au trou une profondeur des 3/5 du diamètre de la racine. Pour une profondeur de 0^m,80, faire un trou de 3 centimètres de diamètres, au delà, de 4 centimètres.

Charge pour un tronc de 0^{m}40 de diamètre. . . . . 50^{gr}00
— — 0 80 — 120 00

Employer la dynamite n° 1 et donner un bourrage assez résistant.

Mise à feu électrique. — La mèche Bickford, malgré ses avantages, exige pour la mise à feu la présence de l'ouvrier et c'est là une chance d'accident ; elle ne permet point de faire partir plusieurs mines d'une manière mathématiquement simultanée.

Au contraire, l'emploi de l'électricité pour le tirage des mines permet de faire partir une ou plusieurs mines exactement au moment voulu et en se plaçant à telle distance qu'on le désire. Cette méthode est encore employée avec avantage quand les mines sont dans des positions difficiles, dans le fonçage des puits, par exemple, ou sous une grande charge d'eau.

Plusieurs coups de mine voisins partant simultanément produisent beaucoup plus d'effet que les mêmes coups partant l'un après l'autre.

Supposons, par exemple, que l'on attaque un mur ou escarpement vertical. Les trous de mine seront en général placés entre eux à une distance de 1 et 1/4 ou 1 et 1/2 de la longueur de la ligne de moindre résistance ; avec l'inflammation simultanée, cette distance pourra être 2.

L'outillage nécessaire pour la mise à feu électrique se compose : 1° de l'exploseur ; 2° des fils conducteurs ; 3° des fusées ou amorces.

1° *Exploseurs*. — Les exploseurs que l'on peut employer sont extrêmement variés ; l'exploseur Breguet est celui qui a été généralement adopté en France pour tous les services courants. Il est en effet d'une très grande commodité ; très transportable et toujours prêt à servir sans demander aucune préparation. C'est un appareil magnéto-électrique.

Le modèle le plus faible qui ne pèse que 7,50 kilogrammes peut faire partir 3 ou 4 amorces et coûte 100 francs. Avec des modèles plus forts coûtant 200 et 300 francs, on peut avoir 8, 10 et jusqu'à 15 départs simultanés.

L'usage de l'exploseur Breguet présente toute sécurité ; un verrou étant poussé empêche l'appareil de fonctionner, et par conséquent s'oppose à tout départ prématuré.

Pour se servir de l'appareil, on introduit les extrémités des deux fils conducteurs dans les deux bornes et l'on serre avec les vis pour bien assujettir les fils. — Il n'y a aucune distinction à faire entre les deux fils. — On retire ensuite le verrou et il suffit d'un coup de poing sur le tampon ainsi dégagé pour produire l'explosion.

Il faut avoir soin que les bouts des fils conducteurs que l'on introduit sous les vis soient bien nettoyés, de manière à assurer un contact parfait entre le métal du conducteur et le métal de la borne. Si le fil était encore recouvert de coton ou de gutta-percha, il faudrait racler avec une lame de manière à mettre le métal complètement à nu.

2° *Conducteurs*. — Les fils conducteurs se composent généralement d'un fil métallique en cuivre ou laiton formé d'un ou plusieurs torons revêtus d'une matière isolante, ordinairement la gutta-percha, et enfermés dans une gaine en coton ou jute goudronné.

La grosseur du fil est proportionnée à la distance où l'on opère.

On doit distinguer le conducteur principal, qui n'a point à souffrir de l'explosion et peut resservir indéfiniment, et les conducteurs auxiliaires qui relient la fusée au conducteur principal. Ces fils auxiliaires sont perdus par l'explosion.

Dans les circonstances ordinaires, on emploiera pour conducteurs auxiliaires deux fils recouverts de gutta-percha coûtant 5 centimes le mètre courant et pour conducteur principal un câble à deux conducteurs formés de 7 torons de fils de cuivre à 7/10 de millimètre recouverts de gutta-percha et de phormium goudronné, coûtant 90 centimes le mètre.

La réunion des fils auxiliaires aux conducteurs principaux doit se faire avec beaucoup de soin en mettant à nu le métal des deux parts et en assurant un contact intime.

Il en est de même pour la réunion des fils auxiliaires aux attaches de la fusée électrique.

Ces divers fils, tels qu'on les trouve dans le commerce, sont suffisamment isolés pour protéger le courant, même en temps de pluie, contre le contact de la terre humide et pour servir même dans l'eau dans les circonstances ordinaires.

Si donc on dénude ces fils dans quelques parties pour assurer le contact des métaux, il faudra rétablir dans ces parties la protection, surtout si elles doivent être mouillées, en les entourant de nouveau de substances isolantes, comme de poix, cire ou goudron.

3° *Fusées électriques*. — La fusée électrique se compose essentiellement d'une capsule à dynamite — ordinairement une capsule forte — et d'une amorce enflammée par un courant électrique et mettant le feu au fulminate de la capsule. Dans le cas où l'on emploie un exploseur à basse tension, cette amorce est remplacée par un fil mince de platine qui rougit sous l'action du courant et enflamme la capsule ; mais l'exploseur Breguet, exploseur magnéto-électrique, étant un appareil à haute tension, l'inflammation est produite par une étincelle qui se dégage dans une petite amorce remplie d'une matière explosive. Ces petites amorces sont connues sous le nom d'amorces d'Abel.

Ainsi la fusée électrique accompagnant l'exploseur Breguet se compose de la capsule à dynamite dans laquelle, en outre de la charge ordinaire, est logée une amorce d'Abel, fixée au moyen de gutta-percha. De l'amorce d'Abel et de la fusée sortent les deux fils que l'on réunit aux conducteurs auxiliaires avec les précautions que nous avons indiquées.

Disposition des mines. — Ainsi, au lieu de la capsule à dynamite munie de sa mèche, on placera dans la cartouche-amorce, avec les mêmes soins, la fusée électrique. Celle-ci sera munie de deux fils auxiliaires, assez longs pour que la charge étant faite et le bourrage placé, ces deux fils sortent du trou de mine et puissent être facilement réunis au conducteur principal.

Mais si l'on a plusieurs mines à faire partir en même temps, toutes les charges devront être placées dans le circuit et pour cela les fils auxiliaires sortant de chaque trou de mine seront réunis à des fils de raccordement mettant en communication chaque charge avec les deux charges les plus voisines. Pour les deux trous de mine extrêmes seulement, l'un des deux conducteurs auxiliaires se rattachera au conducteur principal.

Ainsi dans la figure ci-contre, représentant trois trous de mine, l'un des fils auxiliaires de C^1 et l'un de ceux de C^3 sont réunis à un fil secondaire qui rejoint le conducteur principal; les autres fils de C^1 et de C^3 sont joints aux fils de raccordement du trou voisin C^2. Quant aux fils auxiliaires de C^2, ils sont réunis à des fils de raccordement. Il va sans dire que tous les fils doivent être isolés du sol et supportés par des piquets ; pour les grandes distances, ces piquets se transforment en poteaux télégraphiques avec isolateurs en porcelaine.

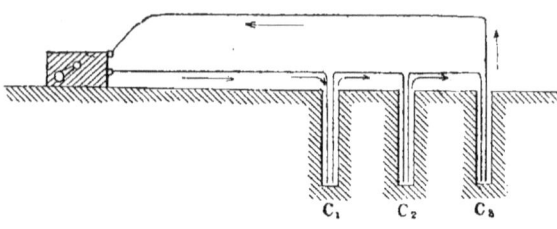

Fig. 33.

D. — RÉSULTATS D'EXPÉRIENCE ; EXEMPLES DE GRANDES MINES

Résultats d'expérience. — Il est impossible, avons-nous dit, de fixer *à priori* le nombre de trous de mines et les charges de poudre et de dynamite qu'exigera le sautage d'une masse donnée. Toutefois, nous espérons que l'on trouvera dans les renseignements ci-après le moyen de procéder dans tous les cas à une évaluation suffisamment exacte.

D'après M. Callon, inspecteur général des mines, le percement d'une galerie de 3 mètres carrés et demi de section conduit aux résultats suivants, en comptant la journée moyenne des ouvriers à 4 francs, et le kilogramme de poudre à 2 fr. 50.

NATURE DES ROCHES	NOMBRE de journées par mètre courant.	POIDS de poudre par mètre courant.	PRIX DE REVIENT		AVANCEMENT mensuel.
			par mètre courant.	par mètre cube.	
Roches récalcitrantes, extrême dureté..............	50	kil. 12	fr. 236	fr. 67	mèt. 2
Granite dur et quartzeux......	20 à 30	8 à 10	120 à 145	34 à 41	3.33 à 5
Terrain houiller très dur, grès et poudingue.............	15 à 20	4 à 8	70 à 100	20 à 28	5 à 7
Granite ordinaire...........	10 à 15	3 à 4	47 à 70	13 à 20	7 à 10
Terrain houiller ordinaire, schiste argileux ou calcaire dur micacé.	7 à 10	1.5 à 3	31 à 47	9 à 13	10 à 15
Roches tendres, sables agglutinés, argiles durcies, gypse, roches décomposées.............	4 à 6	1 à 1.5	18 à 28	5 à 8	15 à 25
Roches ébouleuses, chantier à la houille..............	2 à 4	0 à 0.3	8 à 17	1.33 à 2.80	25 à 50

Dans la plupart des cas, on se trouvera dans des conditions un peu plus difficiles que celles que présentent les roches tendres, et il ne faudra guère compter que sur un avancement mensuel de 15 mètres.

Connaissant le prix de revient au mètre cube d'une galerie à petite section, on sait que le prix de l'abatage en grand sera bien moindre ; on l'obtient d'une manière approximative en multipliant le prix du mètre cube de petite section par certains coefficients ou modules que l'expérience a indiqués. Voici les modules que donne M. Callon.

Lorsqu'on passe de la section de trois mètres carrés et demi à une section de

10 à 20 mètres carrés, le module est de . . . . $\frac{1}{2}$ à $\frac{3}{4}$;

Très grande section de 36 mèt. carrés $\begin{cases} \text{pour l'abatage en grand à l'étage supérieur. } \frac{1}{2} \text{ à } \frac{3}{4} \\ \text{pour l'enlèvement du stross ou revanché. . . } \frac{1}{3} \end{cases}$

Pour un ouvrage à gradins à ciel ouvert . . . . $\frac{1}{4}$

Pour un ouvrage en cheminée montante 1 1/2
Pour un fonçage de puits, suivant qu'on est plus ou moins gêné par les eaux. . . . 1 1/2 à 2

L'exécution des cheminées montantes et le fonçage des puits sont bien plus coûteux que l'exécution d'une galerie horizontale ; on le comprend sans peine. Dans un terrain ordinaire, quand on n'est pas gêné par les eaux, le prix du mètre cube de déblai augmente de moitié lorqu'on passe d'une galerie à un puits.

Les prix précédents, qui ne comprennent ni le boisage ni le muraillement, seront utiles pour dresser les avant-projets de tunnel et établir le détail estimatif des dépenses.

L'avancement d'un puits n'est que les deux tiers de l'avancement d'une galerie, de petite section.

Lorsqu'on aura reconnu par des sondages la nature géologique des terrains à traverser, on pourra se rendre un compte approximatif de la dépense à faire pour l'exécution d'un travail donné.

Lorsqu'il s'agira d'une tranchée à ciel ouvert, les chiffres du tableau précédent devront donc être réduits au quart.

Percement des trous de mine. — En petits trous de mine de 0^m025 de diamètre, deux hommes percent par jour :

6^m à 6^m50 dans le grès ;
2^m à 3^m dans le calcaire dur ;
1^m75 à 2^m25 dans le granit.

Le temps nécessaire pour forer un trou de mine de 0^m04, en galerie, a été de 7 h. 1/2 dans une grauwacke schisteuse quartzifère très compacte, de 1 h. 50 dans un grès tendre à gros grains.

Les renseignements exacts sur le prix de revient du travail avec perforateurs mécaniques font un peu défaut, car souvent on néglige d'y comprendre les frais d'entretien et d'amortissement des outils, et l'établissement des appareils moteurs exige, suivant les cas, des dépenses très variables. Du reste, nous ne pensons pas que les perforateurs aient été jusqu'à ce jour employés couramment à ciel ouvert, à proximité de leur moteur ; ils ont presque toujours fonctionné au fond des mines et des tunnels ; il est désirable de voir leur action s'étendre au delà de cette zone limitée.

Dans des grès siliceux l'appareil à tarière, manœuvré à la main, du système Lisbeth, a donné une dépense totale de 7 fr. 85 par mètre cube alors qu'avec l'ancienne méthode on dépensait 11 fr. 88. Même en ajoutant l'amortissement, l'appareil est donc économique.

Partout où on a eu recours aux perforateurs, on a constaté dans le prix de revient une économie considérable, ne tombant jamais au-dessous de 25 p. 100. Mais, si l'on ajoute les frais d'installation et d'amortissement, l'économie disparaît en général et la dépense se trouve même parfois un peu supérieure, parce que l'établissement des moteurs hydrauliques et autres et le transport de la force à distance sont très coûteux ; avec un moteur ordinaire juxtaposé à l'outil dans une tranchée, la dépense serait bien réduite ; dans tous les cas, le procédé se traduit par une grande économie d'ouvriers et de temps. C'est là un avantage capital dont l'influence ira sans cesse croissante.

Au Mont-Cenis, on employait le perforateur Sommeiller qui coûte 2,000 fr. par élément ; dans une section de 8 mètres carrés, schistes et quartzites, il a fallu percer 8^{m}45 de longueur de trou par mètre cube excavé et chaque mètre exigeait 75 minutes ; il a été consommé 3^{k}50 de poudre par 3 mètres cubes et le prix de revient s'est élevé à 38 francs.

Pour forer 1 mètre de longueur de trou, le perforateur Dubois et François, qui coûte 1,500 francs, exige environ une heure dans le grès houiller.

Consommation de poudre, comparaison de la poudre et de la dynamite. — A l'étranger, on emploie concurremment la poudre et la dynamite ; lorsque les trous forés sont profonds, on fait d'abord partir au fond de chacun une cartouche de dynamite qui agrandit la chambre et permet d'y loger une grosse charge de poudre ; celle-ci, en charge condensée et profonde, donne un effet considérable.

Voici quelques résultats comparatifs entre l'emploi de la poudre de mine et celui de la dynamite, obtenus en Allemagne pendant ces dernières années :

1° Construction d'une galerie dans les schistes durs.

Hauteur, 2^{m}00. — Largeur, 1^{m}50.

La dépense par mètre a été :
avec la poudre :

```
    8k00 poudre à 1 fr. 25. . . . . . . . . . . . . . . . .  10 fr.  »  }
    Main-d'œuvre, 27 journées à 2 fr. . . . . . . . . . . .  54   »  }  64 fr.  »
```

avec la dynamite :

    5ᵏ00 dynamite à 4 fr. 20............... 21 fr. » ⎱ 55 fr. »
    Main-d'œuvre, 17 journées à 2 fr......... 34 » ⎰

2° Construction d'une galerie de même dimension dans le quartz, avec la poudre :

    6ᵏ00 poudre à 1 fr. 25............... 7 fr. 50 ⎱ 67 fr. 50
    Main-d'œuvre, 30 journées à 2 fr......... 60 » ⎰

avec la dynamite :

    3ᵏ00 dynamite à 4 fr. 20............... 12 fr. 60 ⎱ 46 fr. 60
    Main-d'œuvre, 17 journées à 2 fr......... 34 » ⎰

3° Tranchée dans la syénite, d'une dureté moyenne, avec la poudre, par mètre cube :

    0ᵏ44 poudre à 1 fr. 60............... 0 fr. 70 ⎫
    Forage, 22 heures................. 4 45 ⎬ 5 fr. 25
    Mèches, 2ᵐ60.................... 0 10 ⎭

avec la dynamite :

    0ᵏ18 dynamite à 5 fr. 25............... 0 fr. 95 ⎫
    Forage 11ʰ75................... 2 35 ⎬ 3 fr. 43
    Mèches 1ᵐ50. — 2 capsules............. 0 13 ⎭

4° Tranchée dans le granit (syénite dure), avec la poudre, par mètre cube :

    0ᵏ67 poudre à 1 fr. 60............... 1 fr. 07 ⎫
    Forage 55 heures................. 12 39 ⎬ 13 fr. 61
    Mèches 3ᵐ50.................... 0 15 ⎭

avec la dynamite :

    0ᵏ25 dynamite à 5 fr. 25............... 1 fr. 31 ⎫
    Forage 28 heures................. 6 30 ⎬ 7 fr. 80
    Mèches 2ᵐ00. — 3 capsules............. 0 19 ⎭

5° Dans le feldspath, par mètre cube :
avec la poudre :

    1ᵏ50 poudre à 1 fr. 60............... 2 fr. 40 ⎫
    Forage 122 heures................. 29 92 ⎬ 32 fr. 70
    Mèches 8ᵐ75.................... 0 38 ⎭

avec la dynamite :

    0ᵏ44 dynamite à 5 fr. 25............... 2 fr. 31 ⎫
    Forage 57 heures................. 15 66 ⎬ 18 fr. 24
    Mèches, 5ᵐ00. — 7 capsules............ 0 37 ⎭

Ces chiffres font ressortir pour l'emploi de la dynamite, par rapport à la poudre, une économie de :

    Pour galeries dans les schistes durs............... 13 0/0,
         —   dans le quartz................ 31 0/0,
    Pour les tranchées dans la syénite de dureté moyenne....... 35 0/0,
         —   —   très dure........... 43 0/0,
         —   dans le granit................ 44 0/0.

On constate que la main-d'œuvre est diminuée de 40 à 50 p. 100, ce qui représente pour le temps employé une diminution d'environ moitié.

Pour appliquer ces prix à des travaux entrepris en France, toutes les valeurs devraient être modifiées; la poudre de mine portée à 2 fr. 25 et 2 fr. 60; la dynamite à 6 fr. et 7 fr. 50. La main-d'œuvre devrait être notablement augmentée; mais en fin de compte, les prix relatifs des ouvrages ne seraient pas sensiblement modifié.

L'avantage en faveur de la dynamite serait même plus accusé, car les ouvriers sont payés beaucoup plus cher.

Considérons l'exemple n° 4, tranchée dans le granite : en France le prix s'établirait comme il suit :

AVEC LA POUDRE	F. C.	AVEC LA DYNAMITE	F. C.
$0^k 67$ de poudre à 2 fr. 50.	1 67	$0^k 25$ de dynamite à 7 fr. 50.	1 90
Forage, 55 heures à 40 c.	22 20	Forage, 28 heures à 40 c.	11 20
Mèches, $3^m 50$.	» 15	Mèches et capsules.	0 19
	24 02		13 29

Ce seul exemple suffit à mettre en relief l'intérêt qui s'attache à la propagation des explosifs puissants.

L'usage de ces explosifs doit être combiné avec celui des perforatrices, dont il importe d'établir des modèles simples mus par la vapeur et destinés à fonctionner en plein air; un modèle de ce genre peut comprendre une chaudière tubulaire verticale pour la production de la vapeur et un cylindre avec piston sur la tige duquel serait fixé directement le fleuret destiné à creuser les trous de mine.

Exemples de grandes mines. — L'emploi des petites mines a suffi tant qu'on n'a pas eu de grands déblais de rochers à faire; mais depuis quelques années on a, pour ainsi dire, fait sauter des montagnes entières, et s'il avait fallu employer la vieille méthode, le mètre cube de déblai serait revenu à 4 fr. ou 5 fr., parce que la force d'expansion de la poudre est, pour la plus grosse part, employée à projeter et à émietter la roche. Une autre considération est que les blocs du déblai sont employés à la construction des ouvrages d'art, et qu'il importe de les obtenir aussi beaux que possible.

On est venu forcément à faire des mines plus puissantes, et à en enflammer plusieurs simultanément, ces mines étant disposées en ligne de manière à détacher un bloc choisi d'avance.

On comprendra bien l'avantage des grosses mines si l'on réfléchit que la résistance à la séparation d'un bloc de la masse du rocher croît proportionnellement à la surface de contact, c'est-à-dire au carré des dimensions, tandis que la résistance à la projection croît proportionnellement au volume, c'est-à-dire au cube des dimensions; cette dernière résistance croît donc beaucoup plus vite que la première.

Pour construire le brise-lames d'Holyhead, le gouvernement anglais acheta sur la côte 33 hectares de terrain, afin d'y établir des carrières dont les matériaux étaient transportés par chemins de fer. Ces carrières étaient établies sur le flanc d'une montagne de 216 mètres de hauteur, qui se compose de schistes quartzeux très durs dont la densité est 2,75. L'exploitation se faisait sur un front de 500 à 600 mètres, suivant deux étages. La tranche supérieure était attaquée par des puits verticaux de 1^{m}20 de côté, la tranche inférieure par des galeries horizontales de 1^{m}05 de hauteur sur 0^{m}90 de largeur. On employait des mines très puissantes, dont on enflammait la poudre par l'étincelle électrique. Dans une des plus fortes opérations, 7,255 kilog. de poudre, distribués en quatre chambres, ont disloqué à la fois un massif de 17,600 mètres cubes, pesant 48,400 tonnes. On compte qu'en moyenne 1 kilog. de poudre fournit 6,720 kilog. de pierres.

Ce mode d'exploitation donnait lieu à beaucoup d'éclats dangereux, et on a dû renoncer, pour charger les pierres, aux grues fixes formées de mâts à haubans, parce que ces grues ont été bientôt mises hors de service. On a eu recours à des appareils pouvant voyager sur les chemins de fer d'exploitation, et on les éloignait suffisamment lorsqu'on faisait jouer les mines.

Pour déblayer certaines parties sous l'eau, pour enlever des écueils, on a employé quelquefois la mine sous-marine; on a recours aujourd'hui au procédé américain appliqué pour la première fois aux bancs des attérages de New-York. On dépose la charge sur le rocher en profitant de la masse d'eau qui se trouve au-dessus et qui remplace le bourrage ordinaire, et l'on met le feu soit par l'électricité, soit par les fusées Bickford. On obtient des effets remarquables si la profondeur d'eau est assez considérable. La profondeur minimum paraît être celle qu'on trouvait à Alger sur la roche Sans-Nom, 5 à 6 mètres. Au moyen du scaphandre, on place la charge dans un endroit favorable, par exemple dans une anfractuosité de rocher. D'abord la charge était mise dans des caisses en zinc ou en tôle; on a reconnu aujourd'hui qu'il était préférable de se servir de ces grandes bonbonnes en grès qui servent à transporter les acides et qui ne sont plus ensuite d'aucune utilité. La charge la meilleure semble être 50 kilog.; avec plus de poudre, on n'a que de grandes dislocations incomplètes; s'il y en a moins, rien ne se produit. C'est la charge de 50 kilog. qui a été employée à Cherbourg entre les bajoyers d'une écluse. On s'est servi de courants électriques à Alger et à Fécamp, de fusées Bickford à Cherbourg et à Brest; dans ce dernier cas, on emploie toujours deux fusées, de peur que l'une ne vienne à manquer. Dans l'Océan, on met la charge à basse mer et on tire à haute mer.

Il a fallu, pour un mètre cube de matière, 3^k 1/4 de poudre pour le calcaire de Fécamp, et 12 à 13 kilog. pour le gneiss de Brest.

Grâce à l'emploi des grandes mines, on est arrivé à faire l'exploitation de masses énormes de rochers moyennant le prix de 50 à 60 centimes par mètre cube.

En pareille matière, il ne faut pas oublier que, si les charges de poudre ou de dynamite, placées à la surface même de l'écueil ou dans une anfractuosité de rocher, déterminent la dislocation de la masse, elles produiraient un effet bien supérieur si on pouvait les loger dans un trou de

TERRASSEMENTS ET DRAGAGES

mine; ou, ce qui revient au même, on pourrait obtenir le même effet avec une charge bien moindre et par conséquent moins coûteuse.

Toutes les fois donc qu'il sera possible, à peu de frais, de créer des trous ou des chambres de mine, on ne devra pas hésiter à le faire, et on assurera de la sorte le succès de l'opération, comme nous le verrons plus loin.

Enlèvement de rochers sous l'eau. — C'est à l'aide de mines gigantesques que les Américains ont fait disparaître des roches sous-marines causant une grande gêne à la navigation.

A Boston, on dérasa à 7 mètres en contrebas de la mer moyenne deux rochers dont l'un était à 5^{m}60 et l'autre à 4^{m}90 en contrebas de ce niveau. Les mines superficielles ne donnèrent quelque résultat que lorsque la surface présentait une anfractuosité où la poudre pût être introduite. On résolut alors de percer des trous de mine de 0^{m}09 de diamètre avec une longue barre à mine, manœuvrée d'un bateau, et actionnée à l'aide d'une grue. Les trous étaient descendus à 0^{m}30 au-dessous du plan de dérasement définitif; l'expérience montra que l'explosion laissait ainsi subsister des saillies dont l'enlèvement ultérieur était coûteux et qu'on aurait dû descendre à 0^{m}70 ou 1 mètre. L'expérience montra en outre qu'il était avantageux d'enflammer d'abord au fond des trous de petites charges sans bourrage qui provoquent des fissures et préparent l'effet des fortes charges bien bourrées. C'est une circonstance que nous avons déjà relevée précédemment.

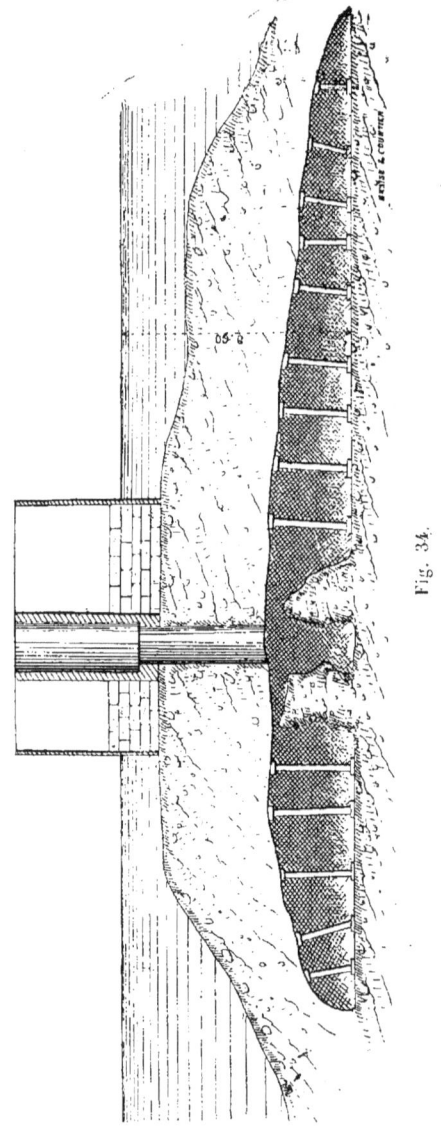

Fig. 34.

Pour le dérasement des roches dénommées *Blossom-rock*, à San-

Francisco, et *Hell-gate*, à New-York, on a eu recours au procédé que représente la figure 34 :

Au sommet de la roche on immerge un caisson avec puits central rendu étanche, on épuise à l'intérieur et on creuse un puits vertical ; parvenus à une certaine profondeur, les mineurs creusent des chambres dans diverses directions en laissant subsister une calotte d'une épaisseur de quelques mètres avec des piédroits que l'on remplace à la fin de l'opération par des pièces de bois. On calcule le volume de l'excavation de telle sorte qu'après l'explosion les débris de la calotte se logent dans le creux au-dessous du niveau à obtenir ; il est, en effet, généralement moins coûteux d'excaver à sec et d'extraire les déblais par le puits que de venir draguer ensuite dans de grandes profondeurs un volume égal de débris rocheux. L'excavation terminée, on loge tout au pourtour des barils de poudre reliés les uns aux autres par des fils conducteurs, on laisse rentrer l'eau pour former bourrage et l'on détermine au moyen de l'électricité l'explosion simultanée de toutes les charges.

M. l'ingénieur Gariel a donné la description suivante des procédés employés pour le sautage du promontoire d'Hallet, en rade de New-York :

« L'excavation pratiquée dès l'origine dans la roche fut poussée jusqu'à 10 mètres de profondeur au-dessous du niveau des basses mers moyennes (2 mètres plus bas que le niveau du dérasement poursuivi). On ouvrit alors des galeries rayonnantes qui furent prolongées jusqu'à ce que leurs extrémités se trouvassent verticalement au-dessous des points où la mer atteignait une profondeur de 8 mètres.

« Treize autres galeries rayonnantes de moindre importance furent intercalées entre les précédentes. Enfin ces galeries divergentes furent réunies par des galeries circulaires ou plutôt elliptiques, disposées concentriquement.

« Les travaux d'avancement des galeries s'obtenaient surtout en creusant des trous de mine à l'aide de perforatrices diverses et provoquant des explosions nombreuses, mais peu importantes, de peur d'ébranler la masse totale. Le développement des galeries ainsi creusées atteignait 2,885 mètres, comprenant entre elles cent soixante-douze piliers. L'épaisseur de la roche ménagée au-dessus du plafond et des galeries variait de 1^m80 à 11 mètres. Il avait fallu établir des chantiers spéciaux d'attaque, des moyens d'enlèvement des déblais, un service d'épuisement.

« La quantité d'eau à extraire du puits n'excéda jamais 2 mètres cubes par minute environ.

« Pour préparer l'explosion qui devait désagréger une masse de rochers supérieure à 50,000 mètres cubes, on pratiqua dans les piliers et dans le plafond environ 4,000 trous de mine ayant de 0^m050 à 0^m075 de diamètre, et une profondeur moyenne de 2^m75. Lorsque toutes ces opérations furent terminées, ces trous furent chargés avec des poudres diverses et de la dynamite, environ dans le rapport de 2 de poudre pour 1 de dynamite. Après avoir pensé à grouper ces mines et à les faire partir successivement, le général Newton se décida à provoquer leur explosion simultanée par une série d'étincelles électriques ; 23 piles, comprenant ensemble 960 éléments, devaient envoyer en même temps un courant électrique dans 23 groupes de 160 fusées. Un appareil spécial assurait la fermeture de ces circuits absolument au même instant. Le poids total de la dynamite employée était d'environ 13 tonnes, et les poudres diverses servant à la fabrication des cartouches (Rendrock, Vulcan) avaient un poids de 10 tonnes, ce qui faisait 23 tonnes en tout. La longueur des fils réunissant les divers trous de mines dépassait 30,000 mètres, et celle des fils qui étaient chargés de faire communiquer les galeries avec les piles situées dans une casemate d'un fort voisin atteignait 40 kilomètres.

« Après divers retards occasionnés par des difficultés imprévues dans les dernières dispositions, les mines furent chargées et l'explosion fut décidée pour le 24 septembre 1876 ; les galeries furent alors inondées à l'aide d'un siphon de 0^m30 de diamètre, et l'opération du remplissage fut terminée le 23 septembre ; le reste de la journée fut employé, ainsi que la matinée du lendemain, à vérifier et assurer les communications électriques.

« Malgré les assurances du général Newton, beaucoup d'habitants n'étaient pas tranquilles et craignaient la secousse que cette explosion devait communiquer au sol ; aussi les maisons des environs furent désertées. On estime à 150,000 le nombre des personnes, qui, d'autre part, assistèrent de plus ou moins loin à l'opération et qui, il faut le dire, furent déçues dans leur attente.

« Des précautions de police avaient été prises particulièrement pour empêcher les navires d'approcher de Hallet's Point, et les environs de ce lieu avaient été également interdits du côté de la terre. A $2^h 51^m$, un coup de canon annonça l'explosion, qui eut lieu presque aussitôt après. L'effet extérieur fut peu considérable, la surface de l'eau au-dessus des mines fut couverte d'écume ; à la limite de la partie où se produisait l'explosion l'eau fut soulevée à 1^m environ et quelques instants après sur certains points des colonnes d'eau de 6 à 7 mètres apparurent ; un brouillard leur succéda et tout fut terminé. Aucun éclat de roche, aucune pierre ne fut projetée en l'air, et pourtant la masse entière du rocher s'effondrait laissant le passage libre immédiatement avec une amélioration déjà sensible.

« Des sondages avaient été effectués avant l'opération et 16,000 coups de sonde avaient permis de déterminer exactement le relief du sol sous-marin aux environs de Halett's Point. Les mesures effectuées après l'explosion montrèrent que, à 60 mètres du rivage, la profondeur était déjà de 4 mètres ; elle était de 5 mètres à 100 mètres de distance et de 6^m60 au delà. Les pilotes trouvèrent que la navigation était déjà plus facile et que les courants avaient diminué d'intensité.

« Nous avons dit que l'explosion ne produisit pas de choc sensible et à peine une intumescence un peu notable de l'eau ; la secousse fut cependant ressentie à de grandes distances, à Springfield (Massachussets) et à Westport (Connecticut), à 70 kilomètres de Halett's Point. Des dispositions avaient été prises par le général Abbot pour étudier d'une manière précise jusqu'à une certaine distance la transmission de la secousse. En diverses stations, des bains de mercure avaient été disposés, formant autant d'horizons artificiels sur lesquels on visait à l'aide d'une lunette l'image du réticule d'un collimateur, ce qui permettait de percevoir les plus petits mouvements de la surface du liquide. Ces stations étaient reliées télégraphiquement à Halet's Point et le courant qui déterminait la mise en action des piles excitatrices produisait un signal convenu à chacune d'elles : les observateurs munis de chronomètres pouvaient donc évaluer la durée de la transmission et celle de la vibration; le général Abbot prépare, dit-on, un travail dans lequel il donnera les résultats de ces observations; disons seulement que la durée des vibrations varie pour les diverses stations entre 20 et 70 secondes.

« Le dérasement des roches de Halett's Point ne s'est pas terminé le 24 septembre. Il restait à enlever les débris de l'explosion, dont le volume était évalué à 2,300 mètres cubes environ. On s'apprêtait à y procéder avec la drague à mâchoires de Morris et Cummings, cet autre engin dont le succès, naissant en 1870, n'a fait que s'affirmer depuis lors. »

Plus tard, le général Newton a entrepris le dérasement de *Flood-Rock*, qui exigera 90,000 kilogrammes de poudre, c'est-à-dire le triple de ce qui a été consommé dans l'opération précédente. Le puits central, protégé par un bâtardeau, descend à 10^m36 au-dessous du lit du fleuve et à 18^m30 au-dessous des hautes mers; du puits part une galerie principale sur laquelle prennent naissance dix tunnels parallèles. Le déblai se fait à la poudre. Les fleurets qui percent les trous de mine sont mus par la vapeur; il y a dix fleurets pouvant donner, par jour, chacun 25 trous de 1^m22 de profondeur et de 0^m05 de diamètre.

Grandes mines du port de Marseille. — Les digues et quais de Marseille ont été construits avec des blocs extraits des îles du Frioul. C'était il y a plus de vingt ans, et la pratique de l'électricité n'était pas encore courante; on ne pouvait donc obtenir des inflammations simultanées. Les entrepreneurs, MM. Latour et Gassend, eurent recours à l'électricité et perfectionnèrent également le dispositif des fourneaux; auparavant, les fourneaux des grandes mines consistaient en un puits vertical avec deux branches horizontales, un T renversé ; cette disposition, bonne lorsqu'il s'agit de faire sauter un mamelon isolé, est désavantageuse pour une exploitation de carrière; on plaça le T, couché horizontalement, et on entra en galerie sur le flanc même de l'escarpement en pratiquant les branchements à droite et à gauche de la galerie principale, qui remplace ici le puits vertical.

On détermina par des expériences la proportion à adopter entre le poids de la poudre et la masse à soulever, afin d'obtenir une dislocation suffisante sans pulvérisation et sans projections dangereuses. Après de nombreux tâtonnements, on trouva que dans les roches compactes, il fallait *un kilogramme de poudre pour quatre mètres cubes de rocher*.

A la fin d'avril 1857, on se proposa d'ébranler d'un seul coup une masse de 225 mètres de développement, 25 de large et 23 de hauteur; on eut recours à quatre grandes mines simultanées.

Chacune d'elles était composée d'une galerie principale, en ligne droite, ayant une longueur de 20 mètres, et de deux galeries latérales en retour d'équerre de 10 à 12 mètres de longueur. Les galeries avaient dans œuvre une largeur et une hauteur de 1^m50, y compris le plein cintre.

Les galeries principales avaient été creusées à la partie inférieure de l'escarpement, on leur donna une pente de 0^m03, qui permit de gagner encore 1^m50 de profondeur, profondeur encore augmentée par le creusement d'un puisard de 2^m50 à l'extrémité de chacune des branches latérales. Ces puisards avaient surtout pour objet de procurer un obstacle de plus à l'action qui pouvait se produire dans le sens des galeries latérales.

A côté du plafond des puisards, et à peu près sur le même plan, on avait creusé dans le roc vif des poches destinées à recevoir la poudre ; lorsque le parement présentait

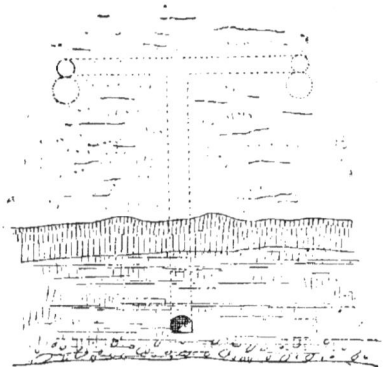

Fig. 34.

des fissures, on avait soin d'appliquer un fort enduit de ciment sur la paroi.

Le chargement de la mine est l'opération qui exige le plus de soin ; il faut, avant tout, éviter le débourrement, c'est-à-dire l'action qui pourrait se produire dans le sens des galeries ; l'action opposée des deux branches latérales s'équilibre, et la force expansive agit sur la masse à disloquer.

La poudre étant versée dans la poche, on remplit les puisards avec une bonne maçonnerie de moellons et plâtre. Dans la crainte de voir l'explosion soulever cette maçonnerie de remplissage, on avait blindé énergiquement avec des pièces de bois l'orifice d'intersection du puisard et de la galerie transversale. Celle-ci avait été bourrée dans toute sa longueur avec de la terre fortement tassée ; un mur de 1 mètre d'épaisseur avait été construit au fond de la galerie principale qu'on avait également rempli de terre tassée.

Chaque poche contenait en moyenne 3500 kilog. de poudre.

Les fils conducteurs étaient soigneusement renfermés dans des tubes de gutta-percha, noyés soit dans la maçonnerie soit dans la terre.

L'inflammation des huit fourneaux fut instantanée ; on n'entendit qu'une détonation et l'on vit aussitôt se détacher de la montagne une cascade de blocs de toutes formes et de toutes dimensions. La masse obtenue, mesurée d'après les profils, s'élevait à environ 100,000 mètres cubes.

Il n'y eut aucune projection et les craintes ressenties à l'avance par le public ne se trouvèrent point justifiées.

Expériences au port de Marseille. — Des expériences ont été faites au port de Marseille sur l'emploi de la dynamite pour le morcellement de gros blocs immergés de 20 mèt.¹. On plaça sur la face d'un bloc 11 kilogrammes de dynamite ; le bloc fut partagé en deux autres blocs fendillés, et ceux-ci exigèrent chacun un trou de mine avec une charge de 800 grammes de dynamite, qui produisit la division en petits morceaux faciles à enlever.

On reconnut que, pour produire le même effet, la dynamite conduisait à une économie de 30 p. 100 par rapport à la poudre ordinaire.

On reconnut, en outre, qu'une charge de dynamite cinq fois plus faible produisait d'un seul coup le morcellement complet d'un bloc, lorsque cette charge était logée dans un trou de mine au lieu d'être simplement posée sur une face.

Ainsi, bien que le bourrage et l'exécution d'une chambre ne soient pas indispensables avec la dynamite, il y a cependant grand avantage à effectuer ces deux opérations, même lorsqu'elles offrent quelques difficultés.

Enlèvement des épaves. — La dynamite rend encore de grands services pour l'enlèvement des épaves telles que des navires coulés dans une passe navigable.

Voici la description succincte des opérations pratiquées pour la destruction d'un navire sombré au mouillage de Mohac (Hongrie) :

Le navire avait 22 mètres de long et 6 de large. La profondeur de l'eau était de 5 mètres et le courant avait 1ᵐ50 de vitesse par seconde. Pour assurer la position des charges et amener les conduits à feu à la surface, on commença par enfoncer des pieux de 5 mètres le plus près possible des endroits où l'on devait placer les charges. Celles-ci étaient renfermées dans des boîtes en zinc. Il y avait 16 charges, 11 à l'intérieur et 5 à l'extérieur, contenant chacune 6 kilogrammes de dynamite. Les pétards furent préparés avec des cordeaux à combustion rapide, qui furent réunis en un seul à la sortie de l'eau. L'explosion de toutes les charges fut simultanée. Le vaisseau fut complètement détruit et les sondages indiquèrent une profondeur de plus de 6 mètres d'eau. On avait consommé 100 kilogrammes de dynamite.

A Saint-Nazaire on a fait sauter, en 1876, un navire en fer de 1,000 tonneaux, échoué dans une passe. Les cartouches de dynamite étaient enfermées dans des boîtes cylindriques en zinc, renfermant 10 kilogrammes de substance explosive, avec une cartouche centrale de 100 grammes amorcée. Les joints étaient lutés au minium, puis hermétiquement fermés avec des caoutchoucs en feuilles superposées et collées sur elles-mêmes au moyen de caoutchouc liquide. La détonation était produite par un courant électrique portant au rouge deux fils de platine enveloppés de coton-poudre et plongés dans une capsule au fulminate. Deux boîtes ont été coulées, chacune au pied d'un des deux mâts du navire ; les mâts furent rompus, les parties saillantes du navire disparurent et l'épave n'apporta plus aucun obstacle à la navigation. La coque était simplement écartelée. L'expérience démontre que la charge de dynamite était un peu faible et qu'il eût été préférable de chercher à loger les cartouches sous le pont.

Destruction des pilotis sous l'eau. — Pour détruire, à l'aide de la dynamite, les pilotis d'un pont en bois établi sur le canal du Danube, on a scié à 0^{m}20, au-dessus du niveau de l'eau, les 46 pilots dont on voulait se débarrasser, puis on les a percés dans leur longueur au moyen de mèches jusqu'à 3^{m}80 de profondeur, soit à 2 mètres au-dessous du fond du canal. Cette opération a demandé trois heures de deux hommes pour chaque pieu. Dans chacun des trous on a introduit un étui en fer blanc, recouvert de gutta-percha de 0^{m}38 de longueur et de 0^{m}045 de diamètre, contenant 50 grammes de dynamite, puis on a mis le feu à l'aide de l'électricité. La plus grande partie des pilotis a été arrachée immédiatement et est venue à la surface de l'eau; les autres ont pu y être amenés par une légère traction. Ils étaient tous coupés à l'endroit où avait été placée la charge.

On appliqua le procédé avec un égal succès pour arracher deux énormes troncs d'arbre enfoncés dans le lit du Danube.

CHAPITRE II

PROCÉDÉS DE TRANSPORT

Dans les terrassements, les transports s'effectuent au moyen de véhicules à roues, savoir :

Véhicules à une roue, *brouettes*.
— à deux roues, *camions* et *tombereaux*.
— à quatre roues, *wagons* roulant sur voie ferrée.

Les chariots à quatre roues ne sont guère usités, du moins en France ; ils se prêtent mal à la circulation en dehors des routes et ne résisteraient pas aux chocs qu'ils recevraient sur les chantiers.

On a eu parfois recours aux transports par bateaux, mais c'est là un procédé exceptionnel que nous aurons lieu d'examiner en traitant des dragages.

Enfin, lorsque les transports sont à effectuer verticalement, certains appareils, tels que les *bouriquets* à contrepoids, peuvent rendre des services.

Parmi les moyens de transport, nous ne citons pas les paniers ou couffins et les hottes, malheureusement encore en usage dans quelques pays, où l'on voit des hommes et des femmes s'exténuer à porter la terre sur leur dos ou sur leurs épaules à des distances considérables. Ce procédé barbare est à proscrire absolument.

En résumé, c'est sur les véhicules à roues que doit surtout se porter notre attention, et nous commencerons par rappeler les résultats généraux des expériences de Morin et de Dupuit sur la résistance au roulement des véhicules.

Résistance au roulement des véhicules. — La résistance à la traction d'un véhicule se compose de trois éléments :

1° La composante de la *pesanteur* ; cette composante, positive ou négative, suivant qu'il s'agit d'une pente ou d'une rampe, est égale, pour chaque tonne transportée, à un nombre de kilogrammes représenté par la valeur de l'inclinaison exprimée en millimètres par mètre.

Exemple : Sur une rampe de 0,03, l'effort à exercer sera de 30 kilogrammes par tonne transportée ou de 30 grammes par kilogramme de charge.

2° Le *frottement de roulement* qui se manifeste à la jante de la roue; d'après les lois de Coulomb, ce frottement est, toutes choses égales d'ailleurs, proportionnel à la charge et en raison inverse du rayon de la roue.

3° Le *frottement de glissement* qui se produit au contact de l'essieu et du moyeu dans les véhicules à essieu fixe comme les voitures ordinaires et au contact de la fusée et de la boîte à graisse dans les véhicules à essieu mobile comme les wagons. Appelons r le rayon de la partie de l'essieu qui glisse dans le moyeu ou dans la boîte à graisse, et f le coefficient qui répond à ce frottement de glissement; admettons que le poids de la roue est très faible relativement à celui du véhicule et que la charge totale P transmise au sol est sensiblement égale à celle que l'essieu transmet à la roue; la valeur du frottement de glissement à l'essieu sera fP et si on suppose cette force transportée à la circonférence de la roue dont R est est le rayon, elle sera équilibrée par une force égale à $f\text{P}\dfrac{r}{\text{R}}$ et appliquée tangentiellement à la roue.

Si le coefficient de frottement f est égal à 0,1 et $\dfrac{r}{\text{R}} = 0{,}05$, ce qui est à peu près le cas des voitures ordinaires, le frottement à l'essieu déterminera un tirage égal à $\dfrac{1}{200}$P, soit 5 kilogrammes par tonne; c'est le sixième du tirage qui se produit sur un empierrement en bon état et le tiers de celui que l'on observe sur un bon pavage.

Avec un graissage continu et soigné, on peut réduire f à 0,02 et, comme dans les wagons de chemins de fer le rapport $\dfrac{r}{\text{R}}$ est de $\dfrac{1}{12}$, le frottement à l'essieu détermine un tirage de $\dfrac{1}{600}$P, soit 1^{k}66 par tonne, ou plus de la moitié du tirage total, qui n'est que de 3 kilogrammes à 3 kilogr. 1/2 par tonne.

Ces chiffres nous enseignent que le graissage à l'essieu doit être d'autant plus soigné que le véhicule roule sur une voie plus parfaite.

L'importance du graissage est méconnue sur bien des chantiers et cette opération mérite cependant toute l'attention d'un bon constructeur; il doit se rappeler que les coefficients du frottement de glissement sont très variables suivant les circonstances, exemple :

			Coefficient
Chêne sur chêne,	fibres parallèles,	sans enduit.	0,48
—	—	frottées de savon sec.	0,16
	fibres perpend.,	sans enduit.	0,34
Fer sur chêne	→	—	0,49
Fer sur fer	—	—	0,20

Le chêne, l'orme, la fonte, le fer, l'acier, le bronze, glissant l'un sur l'autre ou sur eux-mêmes, et lubrifiés à la manière ordinaire avec enduit de suif, saindoux, huile, cambouis mou, ont un coefficient de frottement de 0,07 à 0,08, qui s'élève vite à 0,15 lorsque les surfaces frottantes deviennent seulement légèrement onctueuses au toucher.

Le frottement des tourillons sur coussinets peut même descendre à 0,054 lorsque le graissage est parfait et continu, ce qui arrive avec une boîte à graisse bien combinée et bien alimentée.

Le graissage des véhicules et de tous les mécanismes doit donc être l'objet de tous les soins d'un chef de chantier.

Mais, revenons au tirage des véhicules. L'ensemble des deux frottements, frottement de roulement à la jante et frottement de glissement à l'essieu, constitue la résistance à la traction du véhicule, résistance dont voici les lois expérimentales :

1° La résistance est proportionnelle à la charge.

2° Suivant Morin, elle est inversement proportionnelle au diamètre des roues. Cette seconde loi a été niée par Dupuit, qui a trouvé que la résistance variait en raison inverse de la racine carrée du diamètre; cette dernière proportion doit être beaucoup plus près de la vérité que la première; elle est d'accord avec l'expérience journalière des praticiens; tout le monde connaît ces camions à roues basses, si commodes pour la manutention des marchandises, et tout le monde sait que la résistance ne diminue pas de moitié lorsqu'on double le diamètre des roues. Nous conseillons donc d'adopter la loi de Dupuit.

3° La largeur de jante n'a pas d'influence sur le tirage lorsque l'on circule sur une voie ferme; au contraire lorsque la circulation se fait sur des terrains compressibles, terres, sables, graviers, matériaux mobiles, la résistance diminue avec la largeur de jante, et cela se conçoit, car il y a alors un autre phénomène que le roulement simple, la roue s'enfonce dans le sol et doit vaincre des résistances particulières.

4° Pour des vitesses faibles ou modérées, la résistance varie peu avec la vitesse.

5° Au pas, la résistance est à peu près la même pour les voitures suspendues ou non suspendues.

6° L'inclinaison du tirage correspondant au maximum d'effet utile doit, en général, croître avec la résistance du sol.

7° Enfin, le tirage varie dans des limites très étendues suivant la nature de la surface de roulement.

Les lois du tirage nous enseignent que, sur une route en bon état, la résistance est la même, pour une charge donnée, quel que soit le nombre des essieux; à ce point de vue, il est donc indifférent de se servir de voitures à deux roues ou de voitures à quatre roues; mais, en réalité, celles-ci sont plus avantageuses malgré la diminution du diamètre des roues d'où résulte une légère augmentation de résistance, elles ont un poids mort beaucoup moindre, se prêtent mieux à tous les chargements et sont beaucoup moins dangereuses.

Mais les voitures à deux roues sont les seules en usage dans les terrassements, car les voitures à quatre roues seraient soumises par les inégalités du sol à des efforts de dislocation qui en entraîneraient rapidement la ruine.

Voici les coefficients de tirage indiqués par Morin pour les voitures à deux roues :

Accotement en terre, en bon état, sec.	$\frac{1}{40}$
Terre ferme recouverte d'une couche de sable fin de 0m10 à 0m15.	$\frac{1}{12}$
Route en empierrement, très sèche et très unie.	$\frac{1}{66}$ à $\frac{1}{82}$
— un peu humide et poussiéreuse	$\frac{1}{47}$ à $\frac{1}{58}$
— avec détritus et boue épaisse.	$\frac{1}{25}$ à $\frac{1}{31}$
— très mauvaise, ornières profondes de 0m10, boue épaisse.	$\frac{1}{17}$ à $\frac{1}{21}$
Route en pavé de grès de Fontainebleau, bon état, sec.	$\frac{1}{80}$ à $\frac{1}{100}$
— — mouillé et boueux.	$\frac{1}{61}$ à $\frac{1}{76}$
Tabliers de pont en madriers.	$\frac{1}{71}$

On admet généralement que l'effort à exercer pour une tonne de charge est de

30 kilog. sur un bon empierrement uni,
20 kil. sur un bon pavage.

L'effort régulier de traction que l'on peut demander à un cheval de roulage est évidemment très variable ; dans les cas ordinaires, on peut compter sur un effort continu de 55 kilogrammes avec une vitesse de un mètre à la seconde et 9 heures de travail effectif ; le produit est de 1,980,000 kilogrammètres par jour. Dans les meilleures conditions il ne faut pas compter davantage.

Dans certains cas exceptionnels, les chevaux peuvent momentanément exercer des efforts bien supérieurs à la moyenne. En montant une côte un bon cheval de roulage peut donner, pendant quelques minutes, un effort de 190 kilogrammes ; il arrive même à produire des coups de collier instantanés s'élevant à 400 kilogrammes.

L'effort de traction d'un attelage n'est pas proportionnel au nombre des chevaux ; il croît moins vite que ce nombre. Théoriquement, il y aurait donc avantage à n'atteler qu'un cheval à la fois ; mais, comme le poids mort du véhicule croît moins vite que le nombre des chevaux, il y a en fin de compte avantage à atteler plusieurs chevaux jusqu'à une certaine limite ; quelques expériences semblent indiquer que l'attelage de trois chevaux est le plus avantageux pour le roulage et l'attelage de deux chevaux pour les terrassements.

BROUETTES

Divers genres de brouettes. — Dans les terrassements, on rencontre surtout deux genres de brouettes :

La brouette *française*, figure 36 ; elle cube de $\frac{1}{20}$ à $\frac{1}{30}$ de mètre cube pèse vide 22 à 25 kilogrammes, et coûte environ 15 francs ;

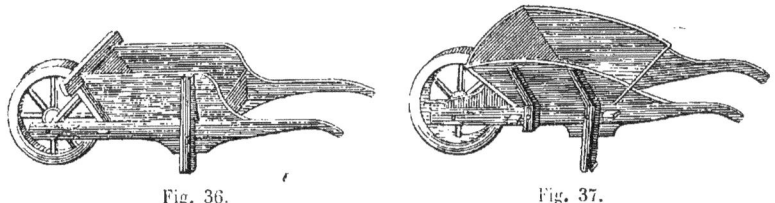

Fig. 36.   Fig. 37.

La brouette *anglaise*, figure 37 ; elle cube $\frac{1}{15}$ à $\frac{1}{20}$ de mètre cube, pèse vide environ 15 kilogrammes, et coûte 16 à 17 francs.

Celle-ci est généralement préférée, parce que sa caisse large et évasée rend le déchargement plus facile. Les deux brancards de la brouette française sont presque parallèles ; ceux de la brouette anglaise convergent vers l'extrémité de la roue, et cette disposition diminue notablement le balancement des bras de l'ouvrier en marche.

La longueur totale des deux brouettes est d'environ 1ᵐ65 et le diamètre de leur roue 0ᵐ50 ; cependant ce diamètre est souvent un peu plus faible dans la brouette française.

Celle-ci a les manches plus longs ; dans la brouette anglaise, la fraction de la charge portée par les bras de l'ouvrier est plus considérable.

Quoi qu'il en soit, le modèle anglais présente tant d'avantages par la facilité de déchargement en tous sens qu'il doit être préféré au vieux modèle français avec ses parois presque verticales exigeant pour le déchargement un renversement presque complet, d'où une fatigue et une perte de temps sensibles.

La carcasse des brouettes, c'est-à-dire les brancards, les pieds, les taquets, est en bois dur de première qualité, l'orme par exemple ; la caisse est en sapin pour alléger le poids mort ; elle est, du reste, très facile à réparer avec des planches ordinaires. La roue doit être solide et il faut que l'essieu tourne dans des coussinets ou œils en fer encastrés dans les brancards ; le frottement de l'essieu dans le coussinet est singulièrement facilité lorsque l'on a soin de verser quelques gouttes d'huile de temps en temps entre l'essieu et le coussinet. On rencontre parfois des roues en fonte ou en fer ; on construit même des brouettes tout en fer qui ne sont à leur place que dans des usines et non sur des chantiers, à moins que ce ne soit pour le transport des sables, plâtres, chaux et ciments en poudre; ces brouettes en fer, avec caisse fermée vers les brancards, coûtent 60 fr. pour une contenance de 100 litres.

Les brouettes destinées au transport des matières fluentes, comme la vase, sont fermées du côté des brancards et constituent une caisse, ouverte seulement à la partie supérieure. La brouette anglaise est, du reste, munie d'une planchette transversale aux brancards, afin de maintenir les terres contenues dans la caisse et d'augmenter le cube utile.

Les brouettes destinées au transport des cailloux et pierrailles sont également à caisse fermée, mais avec fond à barreaux, de manière à laisser échapper les terres et détritus.

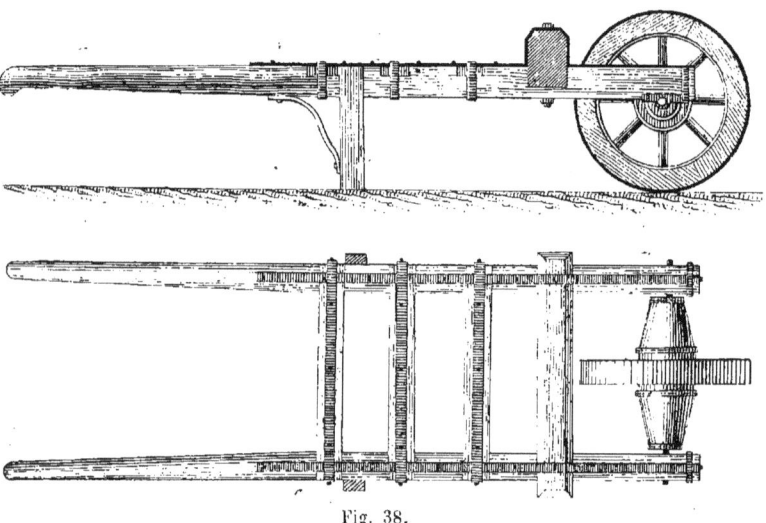

Fig. 38.

Enfin celles qui servent au transport des moellons et pierres de taille sont plates et à claire-voie; elles sont plus robustes et plus lourdes que les brouettes ordinaires; elles sont, du reste, destinées à circuler à plat sur un bon sol et reçoivent facilement une charge de 150 kilogrammes.

En admettant pour le poids du mètre cube de terre le chiffre de 1,500 kilogrammes, la brouette française porte une charge utile de 50 à 60 kilogrammes et pèse en tout 70 à 80 kilogrammes; la brouette anglaise porte une charge utile de 75 kilogrammes et pèse en tout environ 100 kilogrammes.

Théorie mécanique de la brouette. — D'après les expériences de Morin, la résistance au roulement d'une charrette sur un tablier de madriers est d'environ $\frac{1}{75}$; cette résistance est inversement proportionnelle au diamètre des roues, elle sera donc environ trois fois plus grande pour la brouette, soit égale à $\frac{1}{25}$ ou à 0,04.

Dans la brouette ordinaire, le centre de gravité de la charge totale est à peu près trois fois plus éloigné des bras du rouleur qu'il ne l'est de l'axe de la roue; celle-ci porte donc les trois quarts de la charge, soit environ 75 kilogrammes dans la brouette à terrassements.

L'effort de poussée à exercer par le rouleur est donc de 3 kilogrammes.

Le coefficient du tirage pourrait être notablement réduit pour une brouette bien graissée roulant sur un chemin dallé; la résistance comprend en effet la résistance due au frottement de glissement à l'essieu et la résistance due au frottement de roulement à la jante.

En appelant :

f le coefficient du frottement de glissement du tourillon dans son coussinet, coefficient qui tombe facilement à 0,1 avec un graissage ordinaire,

r le rayon de l'essieu, qui est de 0^{m}01 dans les brouettes ordinaires,

P la charge totale sur la roue,

R le rayon de la roue, soit 0^{m}25,

A le coefficient du frottement de roulement, qui est 0,0008 pour une roue en fer roulant sur une aire unie,

La résistance totale du véhicule est égale à

$$f\frac{\text{P}.r}{\text{R}} + \frac{\text{AP}}{\text{R}} = \text{P}(0,004 + 0,0032) = \text{P}.0,0072.$$

C'est à ce chiffre qu'on peut arriver avec les brouettes perfectionnées, telles que celles qui circulent dans les gares de chemins de fer; cependant, comme ces brouettes, notamment quand il s'agit de tricycles, ont des roues de 0^{m}20 de diamètre seulement, le tirage s'élève à environ 2 p. 100 de la charge.

En terrain horizontal, un homme poussant une brouette parcourt 30 kilomètres en une journée de dix heures, soit une vitesse v de 0^{m}80 à la seconde; à chaque pas, cet homme élève son poids P d'environ 0^{m}03, et nous admettrons qu'il fait un pas à la seconde; en réalité, il en fait plus d'un, car le pas moyen ne dépasse guère 0^{m}70. Le travail mécanique développé comprend deux termes : 1° la demi-force vive nécessaire pour imprimer au poids P la vitesse v, et 2° le travail nécessaire pour élever le poids P de 0^{m}03, ce qui donne au total en kilogrammètres :

$$\text{P}\left(\frac{v^2}{2g} + 0,03\right) = \text{P}.0,063.$$

Mais au poids du corps il faut encore ajouter la tension transmise aux bras du rouleur par les brancards de la brouette. Soit p cette tension, qui est d'environ 20 kilogrammes à charge et 5 kilogrammes à vide; le travail mécanique dû à la translation du rouleur sera de :

$$0,063(\text{P} + p) \text{ kilogrammètres par seconde};$$

mais ce rouleur a, en outre, à vaincre la résistance au roulement de la brouette, qui est égale à 0,04 de la charge p' portée par la roue, d'où un nouveau travail égal à

$$0.04 p'.v \quad \text{ou à} \quad 0,032 p'.$$

Avec la brouette pleine, p' est à peu près égal à 75 kilogrammes; il tombe à 20 kilogrammes pour la brouette vide.

Ainsi à charge, le travail total, exprimé en kilogrammètres à la seconde, à fournir par le rouleur est

(1) $\quad\quad\quad 0,063(\mathrm{P}+p) + 0,032p.$

En admettant pour valeur moyenne de P 65 kilogrammes, la formule donne un travail de $7^{\text{km}},65$ à charge, et de 5,05 à vide, soit en moyenne 6,4, et pour dix heures de travail 230,000 kilogrammètres à la journée. L'effet utile n'est que de $2^{k}5$ à la seconde ou 90,000 kilogrammètres à la journée. Le rendement mécanique du moteur n'atteint donc pas 40 p. 100.

La formule (1) nous montre que toute portion de la charge de la brouette reportée sur les bras entraîne un travail mécanique double de celui qu'elle donnerait si elle était reportée sur la roue; elle impose en outre un effort musculaire qui n'apparaît pas dans le calcul. Cette considération conduit naturellement à la recherche d'une brouette dont le centre de gravité de la caisse serait à l'aplomb de l'axe de la roue; il n'est pas difficile de construire et en réalité on a construit des brouettes de ce genre, dans lesquelles la roue est logée sous la caisse et en son milieu, le fond de la caisse ayant la forme d'un accent circonflexe, afin de ne point trop surélever la charge. En pratique, les brouettes de ce genre offrent un inconvénient qui les rend inacceptables : c'est qu'elles versent à chaque instant.

En effet, considérons en élévation et en plan la brouette en question. Le centre de gravité est en α, à $0^{\text{m}}80$ au-dessus du sol; pour que l'équilibre soit stable, il faut que la verticale du centre de gravité tombe toujours dans le trapèze $mnpq$, c'est-à-dire entre les points m et n, puisqu'il est à l'aplomb de mn. Toutes les fois que le centre de gravité, situé verticalement sur le milieu de la jante, éprouvera transversalement au chemin parcouru une oscillation horizontale égale à la demi-largeur de jante, la brouette commencera à verser; or, il suffit pour cela que l'un

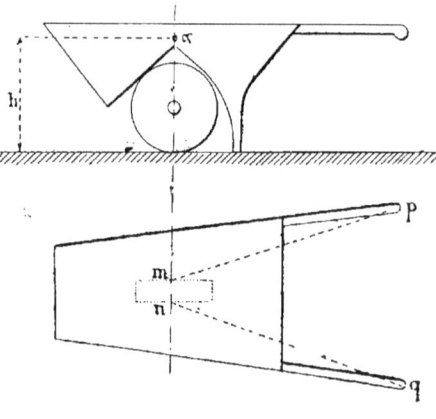

Fig. 39.

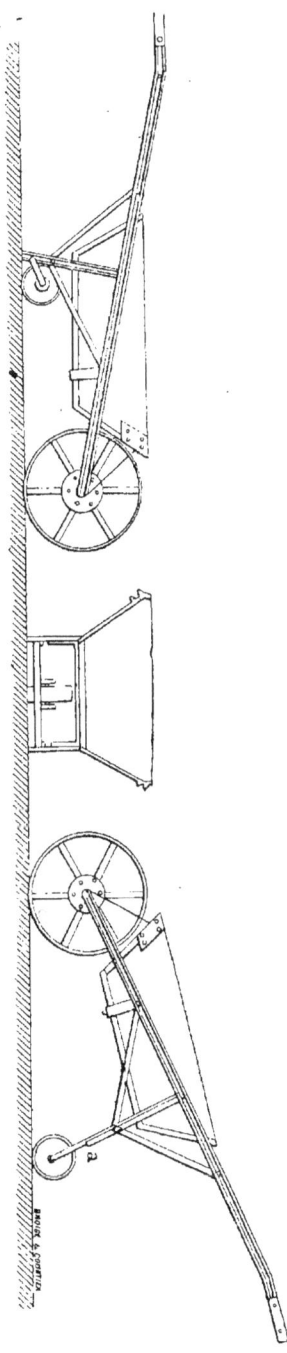

Fig. 40.

des points m ou n soit soulevé d'une quantité δ satisfaisant à la proportion

$$\frac{\delta}{\left(\frac{mn}{2}\right)} = \frac{mn}{h};$$

n est égale à 0^m80 par hypothèse, et la largeur de jante mn est d'environ 0^m05; il suffira donc que δ dépasse un millimètre et demi pour que le renversement se produise.

Il est vrai que le bras de l'homme suffirait, en général, à corriger ces petites oscillations à l'aide d'un balancement instantané; mais l'appareil n'en sera pas moins vicieux, et les ouvriers ne tarderont pas à refuser de s'en servir.

Ainsi, avec les brouettes à une roue, le centre de gravité ne peut être placé à l'aplomb de la roue.

Si l'on voulait réaliser cette disposition, on devrait donner deux roues à la brouette : c'est en effet la solution qu'on adopte pour les grandes brouettes employées pour des magasins ou des gares; le plancher à claire-voie de la brouette forme un ressaut au-dessus de la roue, et le centre de gravité de la charge se rapproche d'elle sans en atteindre l'axe. Mais la brouette à deux roues ne peut convenir sur un chantier de terrassements à sol inégal; elle serait, du reste, peu commode pour le déchargement des terres.

L'idée, qui a conduit à la construction de la brouette à centre de gravité sur la roue, est également celle qui a donné naissance à la brouette système Hébert, représentée par la figure 40. Elle comporte l'adjonction d'une petite roue articulée entre les deux pieds de la brouette ordinaire. Cette roulette est montée sur un axe horizontal fixé aux deux pieds de la brouette, et le tout peut se replier vers la grande roue, de manière à se loger sous le coffre. En fonctionnement, il suffit que l'ouvrier lève les brancards pour que la roue de décharge vienne prendre sa position de travail sans aucun moyen mécanique et soulage instantanément les bras de l'homme, qui n'a plus qu'à diriger et à pousser son véhicule. Cette amélioration permet de donner aux brouettes une capacité de 80 litres. Dans l'appareil que représente la figure 40, le coffre seul est en bois et les brancards, pieds et armatures sont en fer en U léger et résistant, assemblé par des boulons, sans un seul rivet, de sorte qu'on peut remplacer instantanément toute pièce avariée.

Une brouette de ce genre a l'avantage de supprimer la tension des bras; cependant, si l'on se reporte à la formule (1), on voit que l'adjonction de la roulette a pour effet de substituer au coefficient 0,063 dont p est affecté le coefficient 0,032; le gain n'est pas considérable en tant que travail mécanique.

Quoi qu'il en soit, le système paraît assez compliqué et peu pratique sur un grand chantier de terrassements; il ne s'est point propagé.

Transport en pente. — Le transport en pente est évidemment avantageux tant que la pente reste inférieure à la limite pour laquelle le rouleur doit exercer un effort, afin de retenir la brouette et d'en modérer la descente.

Nous avons vu que la résistance au roulement de la brouette était les 4/100 du poids porté par la roue; quand la pente atteindra 4 centimètres par mètre, la résistance au roulement sera équilibrée par la pesanteur, et la brouette descendra d'elle-même, l'effort de l'ouvrier se bornant à la tension des bras.

Si la pente de 0,04 est dépassée, l'ouvrier doit retenir, et cela est plus fatigant que de pousser; il faut donc rester un peu en deçà de cette pente, car il est même avantageux que le rouleur ait à exercer un léger effort de poussée.

Transport en rampe. — Le transport en pente est assez rare, car le but des terrassements est, en général, de creuser des excavations dans le sol, et l'on a par suite presque toujours à remonter les terres plutôt qu'à les descendre. C'est donc le transport en rampe qui constitue les cas les plus fréquents.

Lorsqu'un homme gravit un plan incliné, son pas se raccourcit à mesure que l'inclinaison augmente; il n'a plus à chaque pas à élever son corps que d'une hauteur décroissante. Ainsi, sur des pentes de $\frac{1}{10}, \frac{1}{8}, \frac{1}{4}$, la longueur du pas, que nous prendrons comme la valeur de la vitesse v à la seconde, devient 0^{m}66, 0^{m}60, 0^{m}53, et l'élévation h du corps à chaque pas est de 0^{m}018, 0^{m}015, 0^{m}005.

Désignant comme précédemment par P le poids du corps, p le poids transmis au bras, et p' le poids transmis à la roue de la brouette, désignant par α la pente que nous supposerons égale au sinus de l'inclinaison, nous trouvons que le travail mécanique à produire par le rouleur, à la seconde, est :

$$\left(P+p\right)\left(\frac{v^2}{2g}+h\right) + 0,04\, p'v + \left(P+p+p'\right)\alpha v;$$

remplaçant les lettres par leurs valeurs, nous trouvons :

Pente $\frac{1}{10}$ . . . . 3, 6 +   2 + 11,66 ou 17,2 kilogrammètres à la seconde.

Pente $\frac{1}{8}$ . . . .   3 + 1, 8 + 13, 2 ou 18 ;   —

Pente $\frac{1}{4}$ . . . . 1,71 + 1,59 + 22,75 ou 26   —

Le rouleur perd à peu près le tiers de son temps au chargement et au déchargement; pendant le second tiers, il descend avec sa brouette vide, et pendant l'autre tiers il monte sa brouette pleine; pour une journée de travail de 10 heures, la pente de $\frac{1}{8}$ lui impose déjà pour le temps seul de la montée un travail mécanique de 216,000 kilogrammètres, peu différent du travail total qu'il fournit dans le transport horizontal. C'est une part suffisante, et le travail de 18 kilogrammètres à la seconde ne peut guère être dépassé d'une manière continue; celui de 26 kilogrammètres serait excessif.

Nous n'insisterons, du reste, pas sur les calculs précédents qui reposent sur des bases peu connues et sur des moyennes sans précision; ils indiquent que c'est la pente de $\frac{1}{8}$ qui est la plus favorable à la production du travail sans surmener l'ouvrier; il est inutile de réduire cette pente, car on augmenterait la longueur du parcours, et l'augmentation de vitesse dans la marche serait une compensation insuffisante; l'effort mécanique dont l'ouvrier est capable ne serait plus utilisé.

En France, ce n'est pas, en général, la rampe $\frac{1}{8}$ ou 0^m125 par mètre que l'on adopte; dans la plupart des traités de construction, on indique, comme fait expérimental, que la rampe de $\frac{1}{12}$ est la plus avantageuse pour notre système de brouette.

Relais. — On appelle *relais* de brouette une distance telle que, pendant qu'elle est parcourue aller et retour par le rouleur avec sa brouette, le chargeur remplisse exactement la brouette vide laissée près de lui.

De la sorte, il n'y a de temps perdu par personne et tous les ouvriers travaillent d'une manière continue.

En réalité, il n'en est pas ainsi; il y a toujours une pause du rouleur au commencement et à la fin du relai, et une pause du chargeur lors du changement de brouettes.

Ces *pertes de temps* sont non seulement *inévitables*, mais *nécessaires*; la continuité mathématique du même travail engendre pour l'homme une fatigue rapidement croissante, et, lorsque son action est interrompue périodiquement, il produit finalement un meilleur travail.

Voici comment se calcule d'ordinaire la longueur des relais :

Un atelier de terrassiers se compose de piocheurs, qui ameublissent la terre; de pelleurs ou chargeurs, qui la jettent dans les brouettes; et de rouleurs, qui poussent les brouettes jusqu'au lieu de remblai. Il faut évidemment un certain rapport entre le nombre d'ouvriers de chacune de ces trois catégories, de telle sorte qu'il n'y ait pas un moment perdu, que le piocheur ne fasse pas attendre le chargeur, ni celui-ci le rouleur; que ce dernier, à son tour, revienne assez à temps pour occuper le chargeur. Nous avons déjà vu le rapport entre le nombre des piocheurs et celui des chargeurs; reste à trouver combien, dans chaque cas, il faut de rouleurs.

Un chargeur met un certain temps t à remplir une brouette de capacité donnée; le rouleur doit faire 30,000 mètres dans sa journée de 10 heures; on sait donc ce qu'il peut faire de chemin dans le temps t, et comme il faut qu'il aille et qu'il revienne, la moitié de ce chemin représente la longueur de ce qu'on appelle le relais.

L'expérience montre, par exemple, que pour remplir une brouette chargée de $\frac{1}{29}$ de mètre cube, il faut le même temps que pour parcourir avec cette brouette 69^{m}50; le relais sera, dans ce cas, de 34^{m}75.

En général, on compte les brouettes pour $\frac{1}{30}$ de mètre cube, et on fixe le relais à 30 mètres, pour tenir compte des pertes de temps inévitables.

La distance à parcourir est souvent supérieure à 30 mètres; alors on a plusieurs rouleurs, qui sont chargés chacun d'un relais de 30 mètres, et qui se passent les brouettes de l'un à l'autre. On a voulu éviter, par ce moyen, des entrecroisements nombreux et une confusion certaine. Le transport se paye à tant par relais; on voit qu'on aurait tort de vouloir payer les relais plus ou moins cher, suivant leur nombre.

Pendant que le rouleur marche, le chargeur doit avoir une brouette devant lui; le nombre des brouettes nécessaires sur un atelier est donc représenté par la somme des chargeurs et des rouleurs.

Relais en rampe. — En rampe, il faut évidemment diminuer la longueur du relais, parce que le rouleur a à vaincre, outre le frottement de roulement, l'effet de la pesanteur.

L'expérience a montré que la rampe inclinée au $\frac{1}{12}$ était la plus avantageuse, et que sur cette rampe le rouleur parcourt 20 mètres dans le temps qu'il mettrait à parcourir 30 mètres à plat.

Le relais en rampe sera donc de 20 mètres et, comme la pente est $\frac{1}{12}$, la brouette s'élèvera par relais de 1™60. Si on a une tranchée de hauteur verticale h, le nombre de relais sera $\frac{h}{1,60}$ et l'on établira sur le flanc du talus une série de sentiers en zigzags, inclinés à $\frac{1}{12}$, ayant 20 mètres de longueur et réunis l'un à l'autre par de petits paliers sur lesquels les ouvriers échangent leurs brouettes.

On calcule le nombre de relais à établir entre un déblai et un remblai dont on connaît les centres de gravité de la manière suivante :

1° Si les centres de gravité sont à la même hauteur, et que d soit leur distance, $\frac{d}{30}$ est le nombre de relais ;

2° Si les centres de gravité sont à une différence de niveau h et à une distance horizontale d, $\frac{h}{1,60}$ sera le nombre des relais en rampe, et comme ces relais ont 20 mètres de longueur, ils correspondront à une distance parcourue égale à $20 \times \frac{h}{1,60}$ et il restera une distance horizontale à parcourir mesurée par $\left(d - 20\frac{h}{1,60}\right)$, laquelle distance, divisée par 30, donnera la seconde partie du nombre des relais.

Le nombre des brouettes à employer sur le chantier est égal au nombre des relais plus un ; il va sans dire qu'il faut, en outre, quelques brouettes de rechange.

Prix du transport à la brouette. — Soit p la journée d'un ouvrier et d la distance de transport. Un ouvrier charge 15 mètres cubes en 10 heures, soit 1 mètre cube en 40 minutes, et une brouette en $\frac{40}{30}$ de minute. Un rouleur fait 30,000 mètres en 10 heures, soit 50 mètres à la minute, soit $\frac{2,000}{30}$ de mètre en $\frac{40}{30}$ de minute.

La moitié de $\frac{2,000}{30}$, c'est-à-dire $\frac{1,000}{30}$ est donc la longueur du relais. (On voit que l'on trouve ainsi 33 mètres pour le relais, tandis qu'en pratique on prend 30 mètres.) Si d est la distance à parcourir, il y aura un nombre de relais et par suite un nombre de rouleurs égal à

$$\frac{d}{\left(\frac{1000}{30}\right)} = \frac{30\,d}{1000},$$

et comme p est le prix d'un rouleur, la somme dépensée sera de $\frac{30.pd}{1000}$ et les rouleurs auront transporté 15 mètres cubes ; le prix de revient d'un mètre est donc $\frac{2pd}{1000}$.

Dans certains pays on peut encore trouver des manœuvres à 2ʳ,50 par jour, et le prix du transport à la brouette est alors

$$0^r,005\ d$$

ou un demi-centime par mètre, cinquante centimes par hectomètre.

En général cependant la dépense sera plus forte et sera plus voisine de 7 millimes que de 5.

Une brouette est hors de service lorsqu'elle a transporté 2,000 mètres cubes.

La formule précédente n'est appliquée que pour les transports horizontaux ou les transports sur rampes ne dépassant pas 0,006.

Quand il y a lieu de monter les terres, il faut calculer une distance fictive en suivant la marche indiquée plus haut pour le calcul des relais en rampe. On donne une masse de terre à transporter à une distance d en montant d'une hauteur h; nous avons vu que, parmi les relais, il y en a un nombre $\dfrac{h}{1,6}$ dont la longueur est réduite de 30 à 20 mètres; chacun de ces relais doit compter dans la formule du transport pour une longueur fictive de 30 mètres, la distance réelle d doit donc être augmentée d'autant de fois 10 mètres qu'il y a de relais en rampe; d'où une distance fictive

$$d' = d + 10\ \frac{h}{1,6} = d + 6,25\,.\,h.$$

L'usage de la brouette est à restreindre. — En résumé, la brouette est un outil précieux, qui a rendu de grands services et qui sera longtemps encore utilisée sur tous les chantiers. Toutefois, il faut reconnaître qu'il demande trop à la force musculaire de l'homme et qu'il convient de le remplacer par les petites voies ferrées portatives toutes les fois que le cube de terre à manier permet d'amortir la dépense première; beaucoup d'entrepreneurs ont déjà adopté ce système, qui se généralisera de plus en plus. On a vite amorti un matériel de voie et de wagonnets, et, lorsqu'il n'y a plus à faire entrer en ligne de compte que la dépense d'entretien et de déplacement, le système devient, même pour de petites distances, supérieur à celui de la brouette. Il a le grand avantage, en outre, d'exiger moins de bras et de rendre le travail plus rapide.

Toutes les fois que dans une opération continue il est possible de substituer, en tout ou en partie, un mécanisme simple à la force musculaire de l'homme, on peut être certain à l'avance qu'il y a avantage économique à le faire. La dépense finale serait-elle la même, que l'opération serait encore bonne à tous égards.

CAMIONS ET TOMBEREAUX

Il y a deux genres de véhicules à deux roues en usage sur les chantiers de terrassements : les camions tirés par des hommes et les tombereaux tirés par des chevaux.

Camions. — Le camion est une petite charrette à caisse montée sur deux roues, munie d'une flèche avec une traverse, et tirée par deux hommes dont chacun saisit un bras de la traverse.

Cet appareil, abandonné aujourd'hui, a rendu autrefois de grands services et est encore susceptible d'en rendre, notamment pour le travail des cantonniers des routes.

Perronet employa aux travaux des abords du pont de Neuilly des camions à section ogivale de 0^m25 de capacité, se déchargeant facilement par un mouvement de bascule autour de l'essieu qui les traverse un peu au-dessous de leur centre de gravité.

Le camion ordinaire est à caisse rectangulaire, d'une contenance d'environ 200 litres. Lorsque le terrain à parcourir n'est pas uni et ferme, il faut trois hommes pour la traction ; l'un d'eux pousse le camion par derrière. Ce sont, en général, les mêmes hommes qui font le chargement et le transport.

On s'est parfois servi de camions dont le cube atteignait 0^m50 ; c'est une faute, car pour la traction de pareilles charges, la force musculaire de l'homme est plus coûteuse en tous pays que la force musculaire des animaux.

Considérons un camion de 200 litres de capacité ; il pèsera vide 150 kilogrammes et plein 450 kilogrammes ; le centre de gravité à charge doit se trouver à l'aplomb de l'essieu, afin que les hommes n'aient à exercer qu'un effort de traction et ne s'imposent pas une fatigue inutile ; le centre de gravité à vide peut se trouver un peu en avant de l'essieu pour que la flèche tende plutôt à baisser qu'à se relever.

Dans des chantiers de terrassements, le roulement des camions pleins se fait sur chemins en planche, et le retour à vide s'effectue sur le sol. Avec des roues de 1 mètre de diamètre, le coefficient de frottement est de :

0,025 sur les planches,
0, 07 sur le sol à peu près ferme et sec,
0, 12 sur un sol argileux détrempé.

Il en résulte, pour traîner le camion plein, un effort de $11^k,25$ sur les planches, et de $10^k,5$ sur le sol ordinaire. Ces efforts sont trop faibles pour deux hommes, et il y aurait avantage à augmenter la capacité du camion et à la porter à 0^m30 ; c'est ce qu'il conviendrait de faire si l'on voulait employer le camion sur une grande échelle. On devrait alors constituer un matériel spécial.

Mais revenons au camion de 0^{m}20, et supposons que les rouleurs soient distincts des chargeurs; un homme peut charger 15 mètres cubes en 10

Fig. 41.

heures. On peut mettre deux hommes à la charge d'un camion; ils chargeront donc 15 camions à l'heure, soit 1 camion en 4 minutes. Les rouleurs font 1 mètre à la seconde, 60 mètres à la minute; mais il y a au chargement et au déchargement une perte d'une minute, de sorte qu'en réalité ils peuvent parcourir seulement 180 mètres en 4 minutes, c'est-à-dire pendant que l'on charge le camion qui les attend.

On doit donc admettre comme valeur du relais, 90 mètres. Il y aurait avantage à ne pas opérer par relais et à faire parcourir la distance entière aux rouleurs, sauf à avoir plusieurs camions en route, les camions pleins suivant un chemin en planches et les camions vides roulant sur le sol.

La distance d sera parcourue en $\frac{d}{60}$ minutes; le temps employé par deux hommes à un voyage aller et retour, avec une perte d'une minute, sera donc $\left(\frac{2d}{60} + 1\right)$; en dix heures de travail ils feront $\frac{600 \times 60}{2d + 60}$ voyages et transporteront, avec camions de $\frac{1}{5}$ de mètre cube, $\frac{120 \times 60}{2d + 60}$ mètres cubes pour une dépense totale $2p$; d'où pour un mètre cube une dépense $\frac{p}{3\,600}(2d + 60)$.

Pour le transport à 100 mètres cela donne 0^f,18, le prix de la journée d'homme étant 2^f,50, tandis qu'avec la brouette on arrive à 0^f,50. Le camion est donc économique; en réalité, l'avantage n'est pas aussi grand que nous venons de le dire, car le matériel est plus coûteux d'achat (120 fr. pour un camion de 0^{m}30) et d'entretien et les chemins sont plus difficiles à établir; de ce fait, chaque mètre cube doit être majoré d'au moins 0^f,20, ce qui fait que ce n'est guère qu'à partir de 75 ou 80 mètres qu'il est avantageux de substituer le camion à la brouette. Avec des ca-

160 PROCÉDÉS ET MATÉRIAUX DE CONSTRUCTION

mions de 0^m30 de capacité, tels que nous les conseillons, la limite d'emploi serait un peu plus basse. Le matériel de camions a le fâcheux inconvénient que, l'usage n'en étant pas répandu en dehors des chantiers, on ne peut s'en défaire après l'exécution des travaux.

Mais, en résumé, il n'est pas douteux que, dans les cas où le camion

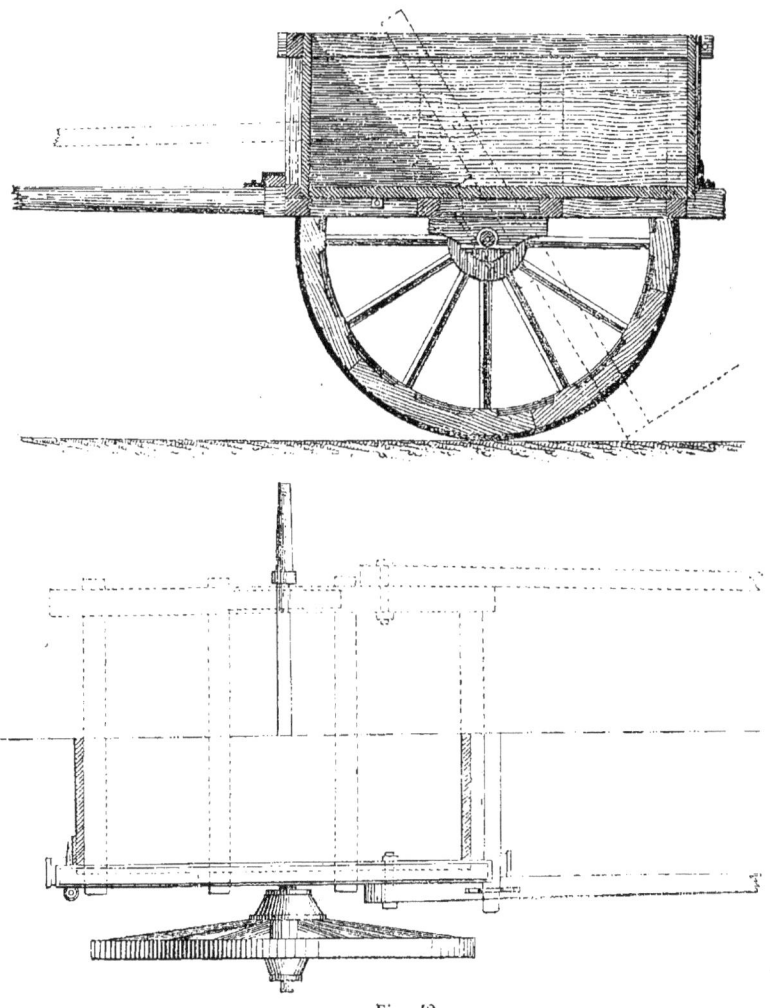

Fig. 42.

serait économique, il serait bien plus avantageux encore de recourir à des wagonnets et à des chemins de fer portatifs. Une fois la dépense première amortie, la voie ferrée l'emporterait à tous égards.

Tombereaux. — Tout le monde connaît le tombereau, formé d'une caisse montée sur deux roues; les brancards sont brisés et articulés en avant de la caisse, de telle sorte qu'en retirant une traverse, la caisse seule peut basculer en arrière et se vider sans qu'il soit nécessaire de dételer le cheval. Le centre de gravité à vide doit être sur l'essieu et même un peu en avant pour faciliter la mise en place de la caisse vide, et le centre de gravité à charge doit être également sur l'essieu, plutôt un peu en arrière pour faciliter le basculement. Il va sans dire que l'ossature d'un tombereau doit être très solide pour résister à tous les chocs; quant à la caisse, elle peut être en bois blanc, car il faut réduire à la fois le prix de revient et le poids mort.

La capacité des tombereaux dépend évidemment de l'état des chemins, de la force et du nombre des moteurs.

Pour les tombereaux à un cheval elle varie de 0^{m}50 à 0^{m}80 et de 1 mètre à 1^{m}80 pour les tombereaux à deux chevaux.

Le poids mort d'un tombereau de 1^{m}80 est de 750 kilog. et le prix de 800 fr. Le poids mort d'un tombereau très simple de 0^{m}50 de capacité peut tomber à 250 kilog. et le prix à 300 fr.; mais le tombereau de terrassements à un cheval pèse d'ordinaire environ 400 kilog. et coûte 500 fr.

La charge totale d'un tombereau à 1 cheval peut s'élever à 1,100 kilog.; le tirage sur une bonne terre ferme ne serait que de $\frac{1}{40}$, mais si le sol est boueux et détrempé il monte vite à $\frac{1}{30}$ et même à $\frac{1}{25}$; ce qui donne déjà 35 kilog.; si de plus il y a une rampe de 0^{m}022, le tirage s'augmente de 22 kilog., ce qui donne un total de 57 kilog., égal au travail continu de traction que l'on peut demander à un bon cheval. Comme le retour se fait à vide et constitue un repos relatif, on peut forcer un peu la rampe; on peut même atteindre 0,05 de rampe à condition que ce ne soit pas continu. Le cheval est, en outre, susceptible de donner des coups de collier aux passages difficiles.

En général on s'arrange, dans les grands terrassements, de manière à effectuer les transports soit à niveau soit même avec une légère pente, chose avantageuse à tous égards, car la capacité du tombereau est augmentée d'autant. Aussi ne tient-on pas compte des déclivités dans le calcul des formules de transport; cependant, il ne faut pas oublier que si dans un travail il fallait effectuer les transports en rampe d'une manière continue, on devrait augmenter la distance réelle et adopter une distance fictive ou réduire dans une certaine mesure le cube utilisé du véhicule.

Quand il s'agit d'effectuer quelques transports isolés, c'est le charretier lui-même, aidé d'un homme, qui charge son tombereau; mais il est clair que ce procédé est inapplicable sur un chantier de terrassements, car les charretiers ne sont pas des terrassiers et travaillent mal en cette dernière qualité, et de plus il importe d'utiliser sans aucune perte le temps des ouvriers et des chevaux.

Le charretier devra donc marcher constamment avec son tombereau et trouver un véhicule plein prêt à partir au moment où il rentre à la fouille avec son véhicule vide.

Un ouvrier, qui charge 15 mètres cubes en 10 heures dans un véhicule bas, ne charge plus que 12 mètres cubes dans un véhicule élevé comme le tombereau.

Le cheval attelé au tombereau parcourt environ 3 kilomètres à l'heure à charge et environ 4 kilomètres à vide ; on compte d'ordinaire comme vitesse moyenne 3,600 mètres à l'heure ou 1 mètre à la seconde ; c'est un chiffre trop élevé et il convient de s'en tenir à 3,300 mètres à l'heure, ou 55 mètres à la minute.

On doit se rappeler également qu'on ne peut mettre plus de quatre chargeurs autour d'un tombereau ; un homme charge un tombereau de 1 mètre en 50 minutes et un tombereau de 0^m50 en 25 minutes ; il faudra donc à quatre hommes 12,5 minutes et 6,25 minutes pour chacun des deux tombereaux.

D'une manière générale, appelons :

t le temps nécessaire en minutes à un ouvrier pour charger 1 mètre cube de terre ;
c la capacité du tombereau ;
L le parcours journalier du véhicule ;
d la distance de transport ;
δ la distance correspondant au temps perdu au départ et à l'arrivée ;
V le cube de terre à enlever par jour.

Le nombre des chargeurs n sera désigné par le rapport $\dfrac{V}{12}$ puisque chaque ouvrier charge 12 mètres cubes par journée de 10 heures ou de 600 minutes.

Il faudrait à un seul chargeur un temps tc pour charger un tombereau, et comme il y a n chargeurs, on trouvera un tombereau chargé toutes les $\dfrac{t \cdot c}{n}$ minutes ;

Un tombereau met 600 minutes à parcourir L et $\dfrac{600}{L}$ à parcourir 1 mètre ;

Il lui faudra pour chaque voyage, équivalent à une distance $(2d + \delta)$, un nombre de minutes $\dfrac{600}{L}(2d + \delta)$;

Il y aura donc en route à la fois un nombre de tombereaux égal à :

$$\dfrac{\dfrac{600}{L}(2d+\delta)}{\dfrac{tc}{n}} \qquad \text{ou} \qquad \dfrac{600 \cdot n \cdot (2d+\delta)}{L \cdot t \cdot c}.$$

La formule en usage dans les devis des ponts et chaussées pour prix de transport au tombereau s'établit comme il suit :

Si D est la distance à parcourir, d la distance correspondante au temps perdu, les conditions seront les mêmes que si le véhicule avait parcouru à chaque voyage une distance $2D+d$; le nombre des voyages à la journée sera de $\left(\dfrac{33000}{2D+d}\right)$, et si l'on appelle C le cube du chargement et P le prix de location du tombereau, de l'attelage et du conducteur, le prix de revient d'un mètre cube sera :

$$\frac{P(2D+d)}{33000 \times C}.$$

Ayant les prix courants d'un pays, il sera facile de voir à quelle distance il sera avantageux de remplacer la brouette par le tombereau; il suffira d'égaler les formules $\dfrac{2pD}{1000}$ et $\dfrac{P(2D+d)}{C \times 33000}$, dans lesquelles tout est connu, sauf D. On aura une équation qui donnera la valeur de D, pour laquelle il est indifférent de se servir de brouettes ou de tombereaux.

Cependant, il convient de remarquer à ce sujet que la charge d'un mètre cube en brouette est moins coûteuse que la charge en tombereau, et qu'on devrait tenir compte de cette différence dans le calcul de la limite. On néglige d'ordinaire cette différence peu importante, qui, en comptant à 3 francs la journée d'un chargeur est égale à 5 centimes par mètre cube.

On n'est guère d'accord sur la valeur à donner à la constante d, distance représentant le temps perdu par le changement de véhicule au départ et par le déchargement à l'arrivée; cela dépend, en effet, des difficultés locales; on compte souvent 2 minutes perdues au déchargement; c'est presque toujours bien insuffisant; de même on peut faire le changement de véhicule en deux ou trois minutes. Il est prudent de compter sur une perte totale de 6 minutes. Dans ces conditions, en comptant

$$P = 9\text{ fr.} \qquad C = 0,5 \qquad d = 6 \times 55 = 330^{\text{m}}$$

on trouve pour le transport de 1 mètre cube à la distance D :

$$0^f,0011\,D + 0^f,18.$$

Ce n'est pas, en général, cette formule que l'on adopte, parce qu'on suppose que le cheval n'est pas dételé au retour de chaque voyage et qu'il attend pour repartir que son tombereau soit à nouveau rempli. Avec des tombereaux à un cheval de petite capacité, on n'a pas, en effet, intérêt à changer de véhicule à chaque voyage. S'il y a quatre chargeurs, le remplissage se fait en 6 1/4 minutes; ajoutez environ 4 autres minutes de perte tant au départ qu'à l'arrivée pour la mise en place du véhicule et le déchargement, vous arrivez à 10 minutes de perte, ce qui représente une distance de 550 mètres, et la formule donne :

$$0^f,0011\,D + 0^f,30,$$

qui est la formule usuelle du tombereau.

Voici les formules employées pour les prix de transport au tombereau par quelques compagnies :

Chemins de fer de l'État. . . . . 0^f0010 D + 0^f40
—   de l'Ouest. . . . . 0 0010 D + 0 30
—   du Nord. . . . . 0 0012 D + 0 35

Pour les transports à longue distance, qui s'effectuent nécessairement par de meilleurs chemins, la vitesse est plus considérable et l'on doit compter un parcours de 3,600 mètres à l'heure ; mais le chargement est aussi plus considérable, et s'il s'élève à 0^{m}80, on obtient pour le prix de transport :

$$0,001\ D + 0^f,42.$$

On établirait de même, dans les divers cas, la formule du transport avec le tombereau à deux chevaux. Lorsque l'on paye 9 francs pour un tombereau à un cheval, conducteur compris, le prix doit être d'environ 15 francs pour un tombereau à deux chevaux.

Pour les transports sur routes ordinaires, les formules précédentes donnent des prix qui croissent trop vite avec la distance, parce que la vitesse moyenne augmente et s'élève à 4,000 mètres. Il convient alors d'adopter une formule telle que :

$$0^f,60 + 0,00075\ D,$$

soit 0^f,60 pour le premier hectomètre et 0^f,075 par chaque hectomètre suivant.

WAGONS ET WAGONNETS

Nous arrivons enfin au véritable instrument de transport : le wagon roulant sur voie de fer. C'est un procédé qui se développe de plus en plus et qui fera disparaître tous les autres dans les travaux de quelque importance.

Malheureusement il y a tant de variétés dans les applications qu'il est presque impossible de traduire les faits en formules générales, et nous ne rencontrerons pas dans ce sujet la précision que comporte l'étude des autres moyens de transport.

Deux systèmes sont en présence : la voie étroite, dite voie portative, sur laquelle roulent des wagonnets, et la voie ordinaire avec wagons. Le premier convient surtout aux transports disséminés s'effectuant à petite distance ; le deuxième sera toujours le plus rapide et le plus économique pour le transport des grosses masses à grande distance.

VOIE PORTATIVE AVEC WAGONNETS

Dans ces dernières années, plusieurs usines ont établi des types plus ou moins similaires de voie portative avec wagonnets de forme appropriée à chaque nature de transport. Un des premiers en date est le type que son inventeur, M. Corbin, appelait porteur universel. Voici la description que nous en avons donnée en 1872 :

Le porteur universel se compose de deux parties : la voie et le véhicule.

La voie ne peut mieux se comparer qu'à une série d'échelles que l'on placerait sur le sol les unes à la suite des autres : m,m sont les montants, n,n les échelons. Sur la face supérieure, les montants sont, pour la moitié de leur largeur, recouverts d'un fer plat, fixé au moyen de vis à tête noyée; et c'est sur ce fer que reposent les roues du véhicule.

Deux échelles voisines s'assemblent à mi-bois au moyen d'une cheville horizontale autour de laquelle elles peuvent tourner afin de pouvoir s'appliquer facilement sur un sol à pentes inégales.

Il existe des parties courbes afin d'obtenir les changements de direction.

Le véhicule élémentaire se compose d'un châssis en bois MNPQ, supporté par une seule paire de roues RR, placée à une extrémité du châssis

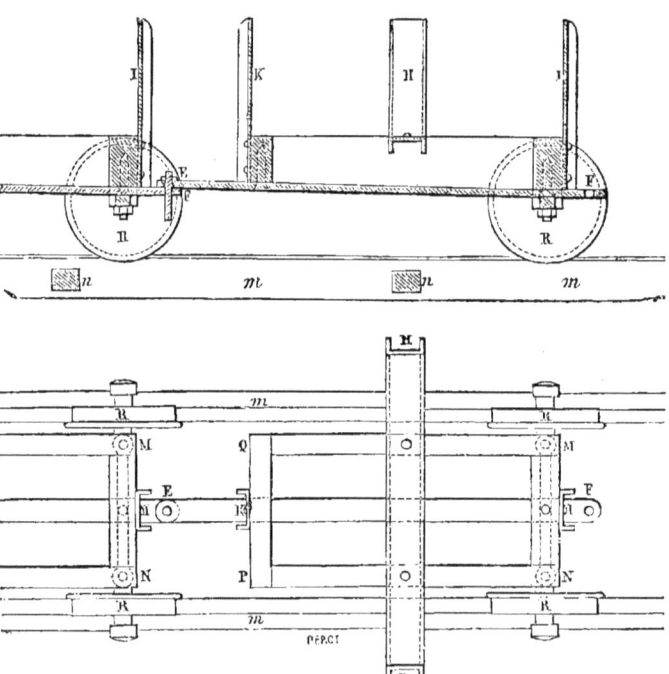

Fig. 45.

les roues sont en fonte, à mentonnet, à essieu fixe avec boîtes à graisse très simples. L'unique paire de roues est placée à un bout du châssis ; sous ce châssis passe une barre d'attelage EF en fer plat qui à chaque bout porte un œil; l'extrémité E d'un véhicule repose sur l'extrémité F du véhicule précédent, et ces deux extrémités sont réunies par un goujon vertical, autour duquel les barres d'attelage peuvent tourner. Il va sans dire que le wagon de tête est fixé par son extrémité antérieure au moyen d'un goujon vertical, à un essieu directeur porté sur deux roues semblables aux précédentes : ce wagon de tête est donc seul porté sur quatre roues.

Ce système articulé peut passer dans toutes les courbes et sur des pentes irrégulières ; il représente le principal mérite de l'invention.

Sur le châssis on fixe transversalement une pièce horizontale recourbée verticalement à ses extrémités H et L ; on voit deux autres montants verticaux en K et en I. C'est entre ces quatre branches verticales que l'on place soit les caisses, soit les corbeilles, destinées à recevoir les objets à transporter.

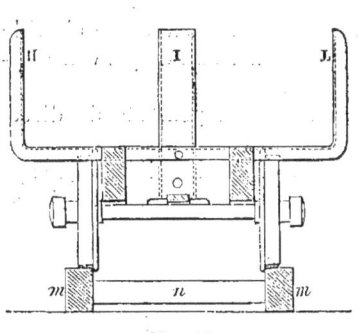

Fig. 46.

Le porteur universel est donc facile à établir partout, soit en plein champ, soit sur les accotements des chemins. Ses principaux avantages sont : 1° économie des frais de transport et de main-d'œuvre au départ et à l'arrivée ; 2° facilité de passer partout où un homme peut circuler avec une brouette ; 3° possibilité de traîner une charge variable en augmentant ou diminuant le nombre des véhicules.

Le moteur peut être soit un homme, soit un cheval ; la traction par cheval a l'inconvénient de se faire obliquement, bien que les traits de l'attelage aient une grande longueur relativement à la largeur de la voie ; la traction par l'homme est plus régulière, et le renversement des véhicules est moins à craindre.

Le porteur universel que nous avons vu fonctionner servait à amener à une sucrerie les betteraves arrachées dans les champs : les betteraves sont jetées dans les corbeilles, que l'on enlève à l'arrivée.

On sait qu'à l'automne, sur un terrain humide et argileux, les transports de l'agriculture sont coûteux et difficiles ; avec le porteur universel, la besogne est de beaucoup simplifiée, les supports de la voie ayant une certaine largeur, et les véhicules étant du reste d'un faible poids, la charge transmise au sol est assez faible pour qu'on n'ait point d'enfoncement à craindre.

On pourrait sans doute appliquer ce système aux terrassements et remplacer avec avantage la brouette, le camion, peut-être même le tombereau par le porteur universel. Sur les grands chantiers de construction, le transport des briques, des moellons, du mortier, du béton, pourrait devenir en bien des cas plus facile et plus économique en employant le système que nous venons de décrire.

La voie que nous avons examinée est trop étroite ; elle n'a que 0^{m}25 : le centre de gravité des véhicules chargés se trouve trop élevé, et il arrive assez souvent qu'un train tout entier se renverse. Une voie de 0^{m}40 nous paraît devoir être dans de meilleures conditions.

Les échelles qui forment la voie ont 5 à 6 mètres de longueur sur un terrain peu accidenté, et 3 à 4 mètres lorsque les changements de pente sont fréquents; elles pèsent 3^{k}5 par mètre courant. Chaque véhicule peut recevoir une charge de 50 à 100 kilogrammes. Le prix de la voie est de 2^{f}50 le mètre courant, et le prix des véhicules est d'environ 300 francs les 1000 kilogrammes.

L'importance du chargement total d'un train peut varier de 500 à 10,000 kilogrammes.

En terrain horizontal, un manœuvre suffit pour traîner un poids d'une tonne à une tonne et demie.

Depuis l'époque où nous avons rédigé cette courte notice, les avantages que promettait la voie portative ont été réalisés; c'est le porteur Decauville, partout en usage aujourd'hui, que nous prendrons comme type et que nous allons décrire.

Porteur Decauville. — La voie se compose de travées de 5 mètres, comprenant deux rails Vignole à large patin, rivés sur des traverses en acier. La voie de 0^{m}40 de large est réservée aux usages agricoles; celle de 0^{m}50 et mieux de 0^{m}60 est la plus convenable pour les terrassements; elle comporte un rail de 7 kilogrammes par mètre courant. Le poids d'une travée de 5 mètres est de 90 kilogrammes pour la largueur de 0^{m}60 et deux hommes la portent facilement.

La figure 47 représente en vraie grandeur le rail de 7 kilogrammes; à l'origine, ce rail était rivé sur des traverses en fer plat, qui se faussaient quelquefois; aujourd'hui, on a re-

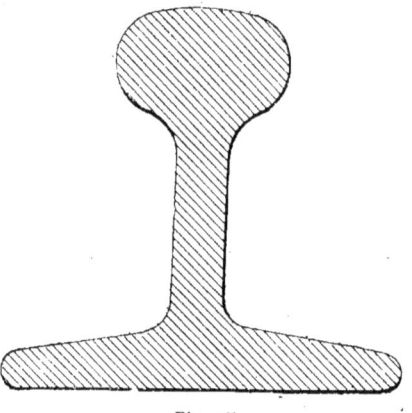

Fig. 47.

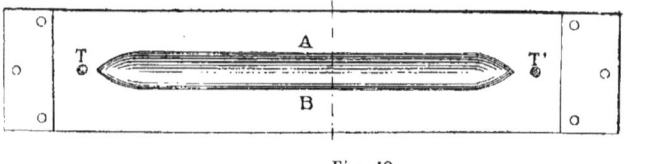

Fig. 48.

cours à la traverse en acier emboutie que représente la figure 48 et qui allie la légèreté à la solidité. On remarque sur la traverse deux trous TT' destinés à recevoir des boulons ou des tire-fond pour fixer des planches sous les traverses en fer; on augmente ainsi la surface d'appui sur le sol si cela devient nécessaire; en général, l'assiette fournie par le patin du rail et par les traverses est suffisante et on établit la voie dans une fouille de 0^{m}05 de profondeur. Lorsque la traction s'effectue par locomotive, une couche de ballast de 0^{m}10 à 0^{m}15 est nécessaire.

La jonction des voies se fait sans chevillette ni boulon, en posant simplement les travées au bout l'une de l'autre; un des bouts, appelé bout mâle, est armé d'éclisses rivées sur un seul côté du rail; en poussant ce bout mâle sous le champignon du rail déjà en place, portant le bout femelle, on obtient une solidité telle que la voie peut être soulevée en entier sans que la jonction se détruise. Le montage est donc des plus rapides.

Les éclisses du bout mâle sont percées d'un trou correspondant avec un autre trou percé dans le rail du bout femelle, de façon que l'on puisse

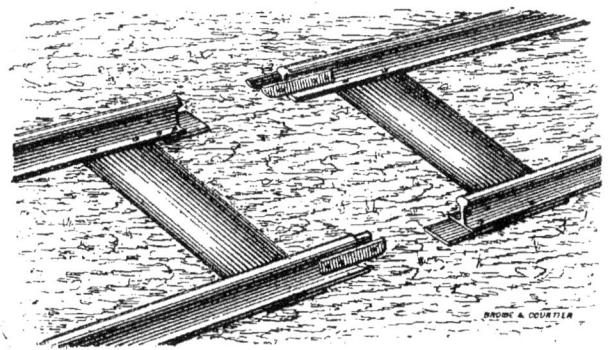

Fig. 49.

boulonner les voies lorsqu'elles doivent rester complètement fixes; lorsque la traction doit s'effectuer par locomotives, il faut une éclisse double bien boulonnée; c'est le système représenté par la figure 49, dans lequel chaque travée se termine d'un côté par un bout mâle, de l'autre par un bout femelle; ce système donne une jonction très solide.

Un jeu de courbes à droite et de courbes à gauche, de 1^{m}25 et de 2^{m}50 de longueur, de changements de voie à droite et de changements à gauche,

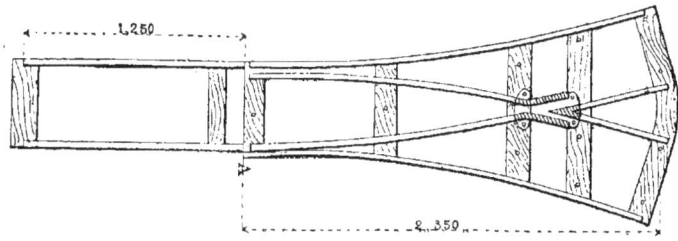

Fig. 50.

permet de rendre le tracé aussi flexible qu'on le veut, et de brancher sur une voie deux ou plusieurs autres voies.

Lorsque la voie doit être fréquemment déplacée, l'aiguillage se fait très simplement, comme le montre la figure 50; un bout de voie de 1ᵐ25 de long termine la voie principale; il est libre à son extrémité A, de sorte que l'on peut soit avec la main, soit avec le pied, placer les rails de ce bout de voie dans le prolongement de l'une ou de l'autre des deux voies qui lui font suite; sans doute, avec ce système, si les ouvriers ne sont pas soigneux, on s'expose à des déraillements assez fréquents; heureusement, ces accidents ne sont pas graves, et en un instant les ouvriers présents remettent le wagonnet sur rails.

Lorsque la voie ne doit pas être déplacée fréquemment et est destinée à d'assez lourdes charges, comme dans les travaux de terrassement, nous pensons qu'il vaut mieux recourir à une véritable aiguille d'un modèle analogue à celui des chemins de fer, tel que l'indique la figure 51; et lors-

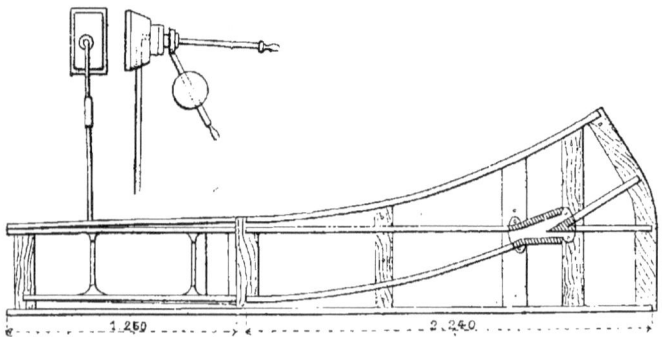

Fig. 51.

que la voie est destinée à recevoir des locomotives, l'aiguille est munie d'un levier de manœuvre. Il serait même utile, à notre avis, d'adopter, dans les chantiers importants, un indicateur de direction en connexion avec l'aiguille afin que le mécanicien pût reconnaître à distance dans quel sens l'aiguille est faite.

L'usine Decauville fabrique des plaques tournantes, mais cet appareil n'est guère en usage dans les travaux de terrassement.

Le véhicule à employer pour les terrassements est une caisse à bascule, équilibrée sur deux axes, et qui renverse d'une seule fois son contenu. Cette caisse est en tôle de 5 millimètres; mais on fait aussi des caisses ayant les bouts en tôle, le fond et les côtés en planches boulonnées sur armature en fer; ces caisses sont moins sensibles au choc des moellons, et il est surtout facile de les réparer et de les remplacer. On fait également des caisses avec fond à claire-voie susceptibles de rendre des services, par exemple pour le transport des cailloux destinés à la fabrication du béton; le lavage de ces cailloux se fait dans la caisse même. La caisse, représentée par la figure 52, est munie, à chaque bout du bâti, d'un crochet d'attelage et d'une sorte de tampon sur plan circulaire formé d'une bande d'acier, parce qu'elle est destinée à circuler en trains; ce système facilite la circulation en courbe et présente une élasticité suffisante au tamponnement. Les caisses isolées, à traction d'hommes, n'offrent pas cette disposition et sont montées simplement sur bâti rectangulaire.

Pour la voie de 0^m40, la capacité de la caisse est de 250 ou 300 litres, c'est-à-dire cinq à six fois au moins la capacité d'une brouette, et cependant un seul ouvrier pousse une caisse avec moins de fatigue et plus de vitesse qu'il ne ferait avec une brouette. A la voie de 0^m50 ou 0^m60 convient le wagon d'un demi-mètre cube, d'une longueur de caisse de 1^m20 et d'une hauteur totale de 1^m15. Les roues sont en fonte, de 0^m30 de diamètre avec coussinets en bronze et boîtes à huile assurant

 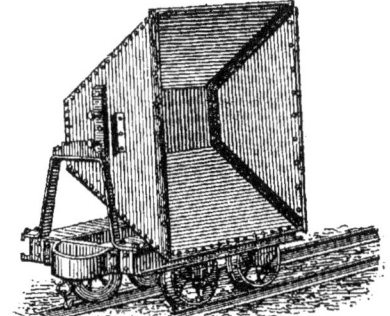

Fig. 52.

un graissage parfait et continu. Le poids du véhicule est de 310 kilogrammes.

Tel est le type du wagonnet dont les chantiers de Panama possèdent déjà plus de deux mille exemplaires.

Théorie mécanique du porteur. — La résistance à la traction d'un wagon ordinaire de chemin de fer, à petite vitesse, ne dépasse pas 3 kilogrammes par tonne. Le frottement de roulement n'entre dans ce chiffre que pour 1 kilogramme et demi ; ce frottement est en raison inverse du diamètre des roues ; le diamètre des roues de wagonnet est le tiers du diamètre des roues de wagon, d'où, pour la valeur du frottement de roulement dans le wagonnet, le chiffre de 4 kilogrammes ; à quoi s'ajoute le frottement à l'essieu, qui ne diffère guère dans les deux cas, car le rapport du diamètre de la fusée au diamètre de la roue est sensiblement le même. On peut, en conséquence, évaluer la résistance totale d'un wagonnet à 6 kilogrammes par tonne en palier. C'est le chiffre que nous prendrons comme base.

Sur voie inclinée, nous savons que la traction augmente de 1 kilogramme par tonne pour chaque millimètre de rampe.

La voie portative n'est jamais posée absolument horizontale, elle suit les inégalités du terrain, et il faut bien compter qu'elle présentera par endroits des déclivités de 5 millimètres par mètre, ce qui portera la résistance à 11 kilogrammes par tonne.

Le wagonnet pèse 310 kilogrammes; il renferme $0^m 50$ de terre, qui pèse 750 kilogrammes; cela fait un poids total de 1,060 kilogrammes et une résistance à la traction comprise entre 11 et 12 kilogrammes.

Un ouvrier robuste peut exercer, à la vitesse de 1 mètre à la seconde, une poussée continue de 12 kilogrammes; il sera donc en état de pousser le wagonnet dont il s'agit sur rampe de 5 millimètres.

Mais, en réalité, on a atteint la limite de ce que l'on peut demander à l'homme, et si l'on n'est pas certain d'avoir une voie presque horizontale, il vaut mieux adopter une voie de $0^m 40$ avec wagonnets de $0^m 30$; la charge totale ne dépassera guère 700 kilogrammes et un homme poussera facilement le véhicule plein à la vitesse de 1 mètre à la seconde.

Le chargement en wagonnet est aussi facile qu'en brouette; un ouvrier chargera donc 15 mètres cubes en 10 heures ou 1 mètre cube en 40 minutes, ou un wagonnet en 12 minutes. Pendant ce temps, le rouleur, qui perdra deux minutes aux extrémités de sa course, aura parcouru 600 mètres, soit 300 mètres aller et retour. Telle sera la longueur du relai; si la distance de transport était plus grande, il faudrait établir une voie d'évitement tous les 300 mètres; si la distance de transport était moindre, il faudrait mettre plus d'un ouvrier au chargement et avoir plusieurs wagonnets en stationnement.

Ainsi, un seul ouvrier pourra transporter 15 mètres cubes à 300 mètres, c'est-à-dire dix fois plus qu'il ne ferait avec la brouette.

A une distance de 60 mètres, en comptant toujours deux minutes perdues par voyage, le rouleur fera quinze voyages à l'heure; il transportera 45 mètres cubes par jour et, s'il est payé 3 francs, le prix de revient du transport de 1 mètre sera de 1 centime 1 tiers; il s'élèverait à 36 centimes avec la brouette.

On voit qu'il y a une marge énorme pour l'amortissement et l'entretien du matériel, et que, si l'on peut l'utiliser d'une manière à peu près continue, on ne tardera pas à réaliser une économie considérable.

Le petit wagonnet avec voie de $0^m 40$ doit donc remplacer la brouette dans tous les travaux de terrassement à faible distance.

Pour les distances plus fortes, qui exigeraient le tombereau, il convient de recourir à la voie de $0^m 50$ ou $0^m 60$ avec wagonnets de $0^m 50$ à traction de chevaux.

Un de ces wagonnets exige, avons-nous dit, un effort de traction d'environ 12 kilogrammes sur rampes de $0^m 005$; il est probable que l'on pourra toujours s'arranger dans les travaux de terrassement pour établir des voies n'ayant pas une rampe supérieure; toutefois, dans les cas exceptionnels, il sera facile de modifier les calculs suivants:

Un bon cheval peut exercer un effort continu de 55 kilogrammes à la vitesse de 3,600 mètres à l'heure, 60 mètres à la minute; comme le train de wagonnets reviendra à vide, on peut donner à un cheval 5 wagonnets, renfermant $2^m 50$; le cheval marche à côté de la petite voie en tirant avec une chaîne de $4^m 50$ de long. Nous ne pensons pas qu'il soit commode de recourir à des attelages de deux chevaux. Bornons-nous donc à considérer des trains de 5 wagonnets tirés par un cheval; le temps perdu, tant à l'arrivée qu'au départ, peut facilement ne pas dépasser 5 minutes, soit 10 minutes par voyage, temps correspondant à un parcours de 600 mètres.

On fera un voyage à la distance d en $\frac{2d}{60}$ minutes; dans une journée de 10 heures, il y aura :

$$\frac{600}{\frac{2d}{60}+10} \text{ ou } \frac{18.000}{d+300} \text{ voyages,}$$

et le cube transporté sera de $\frac{18.000}{d+300}$ 2,5 mètres cubes; a dépense correspondante doit être évaluée à 9 francs par chaque cheval et son conducteur, plus 3 francs pour un homme destiné à entretenir la voie et à aider au déchargement; dépense totale, 12 francs.

Prix de revient du mètre cube :

(1) $\qquad \frac{12(d+300)}{18.000 \times 2,5}$ ou $(0,00027\,d + 0,200)$.

La formule du transport au tombereau donne au minimum :

$$0^f,001\,d + 0,30.$$

Ainsi, le transport en wagonnet sera toujours très économique; à une distance de 200 mètres, on fera pour 0 fr. 25 au wagonnet le transport qui coûterait 0 fr. 50 au tombereau.

Mais il convient de faire entrer en compte l'intérêt et l'amortissement de l'outillage :

La voie droite de $0^m 50$ en rails de 7 kilogrammes coûte 7 fr. 25 le mètre courant.

	F.	C.
Il faut ajouter pour courbes, croisements, aiguilles, une dépense de. . . .	748	»
Pour harnais et chaîne de traction.	135	»
Pour seize wagons de $0^m 50$, à 220 fr. l'un.	3,520	»
Outils de réparation.	52	»
Pièces de rechange.	309	»
Total.	4,764	»

ou 4,800 francs en nombre rond.

Les frais d'entretien et d'amortissement de la voie ne dépasseront certainement pas 15 p. 100 par an et ceux du matériel 20 p. 100; de plus, le transport à la distance d, valeur moyenne, donnera une longueur de chantier et par conséquent une longueur de voie égale à $2\,d$; d'où pour le chiffre de la dépense annuelle :

$$(0,15 \times 7,25 \times 2\,d + 0,20 \times 4.764) = (2,175\,d + 950) \text{ francs,}$$

et, si l'on admet 250 jours de travail, la dépense quotidienne du matériel ressort à

$$0,0087\,d + 3,8 \text{ francs;}$$

le cube transporté par jour est de $\dfrac{18,000}{d+300}\, 2,5$.

La dépense par mètre cube et par jour ressort à :

(2) $\qquad 0,000.000.2\, d^2 + 0,000.142\, d + 0,025$

et la dépense totale du transport de 1 m³ ressort de l'addition des formules 1 et 2, ce qui donne comme prix de revient du transport de 1 mètre à la distance d

$$0,000.000.2\, d^2 + 0,000.412\, d + 0,225$$

On peut négliger le premier terme pour les petites distances, en remplaçant 0,225 par 0 fr. 25.

A une distance de 200 mètres le prix de revient au wagonnet serait de 0 fr. 33 au lieu de 0 fr. 52 au tombereau; il est vrai que dans ce cas il ne faudrait pas appliquer au wagonnet la traction à chevaux, car elle donne lieu à une trop grosse perte de temps.

A une distance de 1,000 mètres, le prix serait de 0 fr. 837 au wagonnet et 1 fr. 40 au tombereau; soit encore 0 fr. 60 d'économie par mètre cube.

La dépense d'acquisition du matériel pour un kilomètre s'élevant à 12,000 francs pourrait être payée par l'économie réalisée sur l'exécution d'une seule tranchée de 20,000 m³.

Les avantages de la voie portative sont donc certainement considérables toutes les fois qu'il est possible de l'utiliser d'une manière continue, et il convient d'en préconiser l'emploi. Dès qu'un entrepreneur aura amorti un matériel de ce genre, ce matériel lui donnera un bénéfice considérable. Il est à remarquer, du reste, qu'un wagonnet de 500 litres équivaut à une douzaine de brouettes, et l'entretien comme l'amortissement de ces brouettes doit être au moins aussi dispendieux que celui du wagonnet. C'est un élément dont nous n'avons pas tenu compte dans les calculs.

VOIE ORDINAIRE AVEC WAGONS

Lorsque l'on eut à construire les premières lignes de chemins de fer on se trouva en présence de mouvements de terre considérables qui, avec les anciens procédés, eussent exigé un temps et une dépense inacceptables. Il était naturel que l'on fît servir à l'exécution même des terrassements le nouvel instrument de transport dont les deux éléments combinés, la voie ferrée et le wagon, donnent à la fois puissance et économie.

Voie. — On eut l'idée tout d'abord de constituer les voies provisoires avec les rails et les traverses de la voie définitive. Si ce système est acceptable et avantageux, après l'achèvement de la plate-forme, pour le transport du ballast et pour l'établissement de la voie définitive avec tous ses accessoires, on doit reconnaître, et l'expérience a démontré qu'il ne convient pas pour les terrassements.

En effet, le matériel définitif est beaucoup trop lourd pour être installé sur des terres remuées; de là des déformations perpétuelles et une dépense incessante d'entretien et de remaniements. Les rails neufs se faussaient et se brisaient et beaucoup devaient être remplacés lorsqu'il fallait les adapter à la voie définitive.

Il faut donc recourir à un matériel spécial de rails légers, d'une pose et d'un transport faciles. La voie de 1 mètre de large se prête à toutes les nécessités. Le seul rail à employer est le rail Vignole à large patin fixé sur des traverses par des crampons. Le poids du rail au mètre courant peut être limité à 12 kilogr. si la traction se fait par chevaux, et porté à 15 kilogr. pour la traction par locomotives.

La voie de 1^m50 ne serait justifiée que pour des entreprises tout à fait exceptionnelles.

Les rails doivent être comptés à 220 francs la tonne.

Il faut une traverse au moins par mètre; il est bon de découper les joints et de poser une traverse sous chaque joint. L'écartement des traverses de joint est moindre.

La pose de ces voies provisoires n'exige certainement pas les précautions en usage pour la pose des voies de chemin de fer; cependant le constructeur sérieux ne perdra pas de vue qu'il y a toujours avantage dans les grands chantiers à établir les voies avec soin et à leur donner une bonne résistance, parce qu'un simple déraillement est susceptible de paralyser pendant une ou deux heures un personnel considérable.

Les changements de voie s'obtiennent par des aiguilles : les branches m et n mobiles autour des points O et P sont manœuvrées simultanément par le levier Q. La figure 53 montre la voie A C ouverte; si les aiguilles avaient la position $m'n'$, c'est la voie droite A B qui serait libre. Dans les chantiers importants il sera bon d'adjoindre à l'aiguille un signal de direction afin que les mécaniciens puissent reconnaître eux-mêmes à distance dans quel sens la voie est faite.

C'est aux aiguilles que se produisent d'ordinaire les déraillements; il faut préposer les ouvriers les plus sérieux à la manœuvre de ces appareils. Il faut s'assurer avant chaque passage que les aiguilles sont bien à la position voulue, et que celle qui doit être en contact avec le rail voisin, adhère parfaitement à ce rail, car un entrebâillement même assez faible, dû à un caillou ou à une motte de terre, suffit à amener un

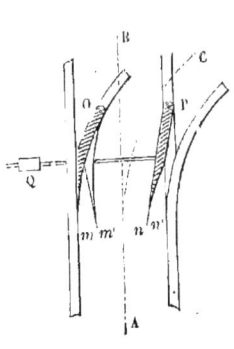

Fig. 53.

déraillement; l'aiguille ne doit point osciller pendant le passage des trains, il faut donc qu'elle soit établie sur une assiette solide et maintenue par un contrepoids assez lourd; il est même préférable d'ordonner que le levier sera maintenu à la main pendant le passage des trains.

Lorsque le changement de voie ne sert qu'au passage de wagons isolés, ainsi que cela arrive aux points extrêmes de chargement et de déchargement, on les établit sous un angle plus fort; il importe, en effet, d'en diminuer la longueur afin de pouvoir les déplacer facilement à mesure que le travail avance. Les changements de voie à l'origine du déblai et du remblai doivent au contraire présenter une certaine fixité pendant la durée du travail et doivent être établis avec soin.

Les traverses pour voies de terrassement peuvent être faites d'un bois quelconque, même d'un bois blanc non écorcé avec son aubier; on se sert de traverses demi-rondes dont la surface plate est posée sur le sol et la surface ronde légèrement entaillée pour recevoir le patin du rail. On ne doit pas chercher à économiser sur la largeur de la traverse; elle ne doit guère tomber au-dessous de 0^{m}20, afin que la pression soit convenablement répartie sur le sol. Les plus belles traverses sont réservées pour les joints.

Wagons. — « Un wagon se compose d'une caisse, d'un châssis et de deux paires de roues en fonte et fer. La caisse peut basculer sur deux consoles en fonte; il y en a qui basculent en avant, et d'autres par côté : en général, il faut que, sur un chantier, le plus grand nombre se vident en avant; mais il en faut quelques autres pour pouvoir élargir au besoin la plate-forme et régler les talus. Les deux systèmes doivent pouvoir se transformer facilement l'un en l'autre.

« Ils doivent être très solides et pouvoir se réparer à peu de frais; le fond est ordinairement en bois de peuplier, bois blanc qui coûte peu, ce qui est essentiel pour cette partie du véhicule qui s'use beaucoup.

« Chaque wagon est muni d'un frein à main; sa hauteur ne doit pas dépasser 2 mètres, pour qu'on puisse le charger de bas en haut. L'angle de versement ne doit pas être inférieur à 45°, pour que les terres humides se détachent facilement. La caisse doit s'évaser en plan du côté où elle se vide.

« La charge doit être à peu près égale sur les quatre roues; cependant elle est un peu plus forte à l'arrière, de 30 kilogrammes au plus, pour que la caisse ne tende pas à basculer en avant, en exerçant une traction sur son crochet d'attache.

« Les madriers du fond doivent être placés dans le sens où on effectue le versement; la porte qui ferme le wagon ne s'enlève pas comme dans les tombereaux : elle est fixée par des charnières, et se rabat de manière à prolonger le fond de la caisse et à projeter les remblais en avant, loin des roues.

« Le châssis est formé de deux longerons réunis vers leurs extrémités par deux traverses et une croix de Saint-André. Les longerons ont un fort équarrissage, car leurs extrémités servent de heurtoir; ils doivent se prolonger assez pour qu'un train étant formé, il y ait entre deux wagons, même lorsque les châssis se touchent, un espace d'au moins 0^{m}40 à 0^{m}50, où se placent les ouvriers.

« Les roues sont assez grandes pour que le roulement soit facile; elles sont ordinairement de 0^{m}60 à 0^{m}70 de diamètre. Généralement, elles sont en fonte fondue en coquille pour que leur jante soit très dure; elles sont montées et calées sur des essieux parallèles pénétrant dans des boîtes à graisse, fixées au châssis. L'écartement des essieux dépasse rarement

fig. 54.

1 mètre; les bandages sont coniques, et on conserve un jeu de la voie et un jeu des boîtes à graisse, de sorte que le passage dans les courbes est très facile. Les essieux sont en bon fer laminé et les fusées sont tournées. Les bons entrepreneurs apportent beaucoup de soin dans la construction et l'entretien de leurs wagons, et surtout des parties délicates, fusées, boîtes à graisse; le bon état de graissage est aussi fort à désirer, et ces conditions ont une influence considérable sur l'économie des travaux. La capacité des wagons a d'abord été de 1 mètre cube; elle a augmenté peu à peu jusqu'à 2 et 3 mètres cubes. Le wagon le plus usité est celui de 1^m3.

« L'achat d'un wagon, son entretien et tous les frais accessoires font monter son loyer, par jour de travail, à 1 fr. 50 pour 3 mètres cubes de capacité. »

Le prix d'un wagon neuf de 1^m3 de capacité est évidemment très variable.

Souvent le constructeur n'achète que les ferrures et établit sur place les châssis et les caisses. Voici quelques prix d'un constructeur de Paris, prix susceptibles d'une certaine réduction :

			PRIX	
Voie de mèt.	Cube de wagon. mèt.	Wagon ordinaire. fr.	Versant de 2 côtés. fr.	Versant de 4 côtés. fr.
1 00	1 50	350	540	625
1 00	2 00	425	680	780
1 50	3 00	725	980	1,100

Le poids du wagon de 1^m5 est de 550 à 600 kilogrammes.

Résistance au roulement. — L'entrepreneur ne doit négliger aucune des précautions susceptibles de diminuer la résistance au roulement. Il devra veiller notamment : 1° à l'entretien et à l'alimentation continue des boîtes à graisse; 2° à l'entretien et au nettoyage de la voie.

Dans les wagons de chemins de fer, le frottement à la fusée de l'essieu est de 1 kilogramme 1/2 à 2 kilogrammes sur une résistance totale de 3 kilogrammes; on peut arriver à réaliser dans les wagons de terrassement une condition analogue et à maintenir le frottement à l'essieu dans ces faibles limites, si l'on veut exercer une surveillance assidue.

Les boîtes à graisse sont d'ordinaire cachées par un morceau de forte toile fixé au longeron et tombant comme un rideau sur la boîte. De la sorte, les terres qui tombent pendant le chargement et même pendant le transport ne pénètrent pas dans les boîtes; si elles y pénétraient, elles feraient gripper la fusée de l'essieu, et détermineraient une usure rapide du métal.

D'un autre côté, la voie n'est pas toujours posée avec grand soin ; c'est une faute, au moins lorsqu'il s'agit de la partie de voie à peu près fixe qui sépare le déblai du remblai, car une voie inégale ou déversée augmente le tirage, détériore le matériel, et donne lieu à de fréquents accidents. Un ou plusieurs ouvriers spéciaux doivent être spécialement attachés à l'entretien. C'est seulement aux chantiers de chargement et de déchargement qu'il est impossible d'éviter les irrégularités de pose; mais là on s'arrange de manière à établir la voie sensiblement horizontale, afin d'éviter le tirage supplémentaire dû à la pesanteur.

Les voies de terrassement sont fréquemment recouvertes de morceaux de terre qui s'échappent des wagons, et il en résulte une aggravation considérable de la résistance. Il est indispensable de veiller au maintien de la netteté des rails, qui doivent être à cet effet fréquemment balayés, et, si l'on a recours à des locomotives, il sera bon de les munir à l'avant de chasse-pierres et de balais.

Avec toutes ces précautions, en somme peu coûteuses, nous sommes convaincu que l'on pourrait amener la résistance au chiffre de 5 kilogrammes par tonne sur voie de niveau.

Cependant, on a l'habitude de compter sur une résistance moyenne de 10 kilogrammes par tonne : c'est le taux adopté par les ingénieurs allemands.

Cette résistance augmente ou diminue de 1 kilogramme par chaque millimètre de rampe ou de pente.

De sorte qu'un wagon de 1^m50, pesant tout chargé environ 3 tonnes, donnera lieu à une traction d'environ 30 kilogrammes.

Un cheval, à qui l'on peut demander un effort continu de 55 à 60 kilogrammes, traînera donc deux de ces wagons soit à plat, soit sur une rampe de quelques millimètres. Sur une rampe de 0^m03 par mètre, il ne tirera qu'un wagon. Comme les wagons reviennent à vide, on compte d'ordinaire qu'un seul cheval traînera trois wagons pleins.

Sur les chantiers bien tenus, où les voies sont bien établies et les wagons bien conditionnés et bien graissés, la résistance au roulement reste toujours très notablement inférieure à 10 kilogrammes par tonne, et l'on peut même arriver à faire traîner par un cheval deux wagons de 3 mètres cubes, quelquefois même trois wagons lorsque la voie est horizontale ou possède une légère pente, circonstance qu'il faut toujours rechercher.

Il va sans dire que les calculs de résistance précédents s'appliquent seulement aux voies à rail saillant; ils ne conviendraient en aucune manière aux rails à ornière qui doivent être rejetés en matière de terrassements.

Chargement des wagons. — Il ne faut pas que la hauteur des wagons dépasse 2 mètres, elle devrait même se rapprocher de 1m60 lorsqu'ils doivent être chargés par un ouvrier placé au niveau de la voie et qui, dans ce cas, fournira au plus 12 mètres cubes par jour.

Mais, généralement, la voie qui reçoit les wagons à charger est établie dans une galerie ou cunette creusée dans l'axe du déblai, et le chargement se fait de haut en bas, souvent même au moyen de brouettes venant verser la terre dans les wagons en passant au-dessus d'eux sur un chemin de madriers, et le débit d'un chargeur atteint alors 15 mètres cubes par jour.

Déchargement des wagons. — Quand les wagons se déchargent de côté, l'ouvrier les fait basculer lorsqu'ils sont arrivés au point voulu; mais la plupart se déchargent en avant par le procédé ci-après:

Le train de wagons pleins arrive par la voie unique jusqu'à la bifurcation des deux ou trois voies d'avancement du remblai; les chevaux sont dételés et emmènent le train de wagons vides qui se trouvait dans la gare d'évitement. Puis les wagons pleins sont pris un à un et distribués sur les voies de décharge. A chaque voie est attaché un homme conduisant un cheval appelé le lanceur; le cheval s'attèle de côté, part au trot et communique sa vitesse au wagon; on a levé le crochet qui empêche le wagon de basculer, et le basculement n'est plus empêché que par la surcharge de 30 kilogrammes environ que l'on a soin de ménager du côté opposé à la paroi mobile. Le wagon ainsi lancé arrive près de l'extrémité du remblai; alors le conducteur force le cheval à se jeter de côté, la chaîne d'attelage se dégage du crochet fixé au wagon, et le wagon vient butter contre un heurtoir comme le représente la figure 9, planche 9; le choc fait basculer la caisse, la porte tombe en avant et prolonge le fond, et la terre s'écoule. Quelquefois le mode d'attache de la chaîne du cheval au wagon n'est pas aussi simple que nous l'avons dit, et l'on se sert du crochet anglais que représente la figure 55; le charretier tire une ficelle, et la pièce (*a*) qui empêche le

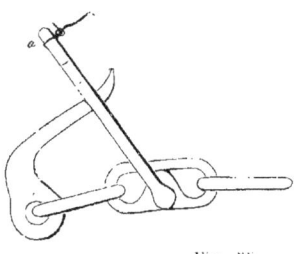

Fig. 55.

crochet de tomber ne retenant plus ce dernier, il tombe et la chaîne est dégagée.

Ce mode de déchargement ne réussit pas avec les terres glaiseuses, humides et adhérentes, et on est souvent obligé de recourir à la pioche pour faire tomber les terres.

Traction par locomotives. — Quel que soit le système en usage, le prix de revient du transport de 1 mètre de terre à la distance d est donné par une expression de la forme :

$$m + n \cdot d,$$

dans laquelle m et n sont des coefficients numériques.

Le coefficient m correspond à l'entretien et à l'amortissement du matériel, il est d'autant plus élevé que le système de transport est plus perfectionné; il est plus grand pour le wagon à traction de chevaux que pour le tombereau; plus grand pour le wagon à traction de locomotives que pour le wagon à traction de chevaux. En revanche, le coefficient n, qui mesure la dépense due à la traction seule, est d'autant plus faible que l'engin est plus parfait.

Pour ces motifs, il y a avantage à recourir à des engins de transport plus perfectionnés à mesure que la distance de transport augmente. Ainsi, lorsque cette distance atteint environ 1 kilomètre, il est bon de substituer la locomotive aux chevaux pour la traction des trains.

Il va sans dire que, lorsque l'on peut tout d'abord atteindre le niveau définitif de la ligne projetée et se créer à ce niveau une largeur suffisante pour y établir une voie, c'est là un cas exceptionnel de recourir à la voie définitive elle-même, ainsi qu'aux locomotives qui doivent la desservir et à des wagons aussi grands que possible, dont la capacité pourrait aller jusqu'à 5 mètres cubes.

Mais, nous le répétons, ce sont là des cas tout à fait exceptionnels et, si l'on établit une voie spéciale de terrassements, il faut lui donner aussi des machines spéciales d'un poids et d'une flexibilité en rapport avec la résistance et avec les courbes de cette voie. C'est une erreur de croire que l'on peut confier la traction à des locomotives de rebut, hors d'usage sur les chemins de fer; le service que l'on demande à ces machines est plus difficile que le service courant des chemins de fer et donne lieu à plus de chocs, à plus d'avaries. Il réclame donc des locomotives solides appropriées à leur tâche.

On a, dans ces dernières années, construit des locomotives pour les petites voies de $0^m,50$ ou $0^m,60$; ces engins ont pu donner de bons résultats pour le transport des voyageurs, pour le service de certaines usines ou exploitations agricoles. Mais ils ne nous paraissent pas convenir à l'exécution des grands terrassements et au transport de grosses masses à de longues distances.

Les locomotives de terrassements s'appliquent donc soit à la voie de 1 mètre, soit à la voie de $1^m,50$. Nous ne parlons pas des voies de largeur intermédiaire qui n'ont pas de raison d'être; la multiplicité des types est un défaut grave, car il peut y avoir grand intérêt à fondre ensemble plusieurs matériels à un moment donné.

On sait que la puissance d'une locomotive est sensiblement égale et en tous cas limitée à ce qu'on appelle l'*adhérence* : l'adhérence n'est autre que le frottement de glissement qui se produit au contact des roues motrices et des rails ; supposez une machine dont les roues motrices seraient calées, l'adhérence serait mesurée par la traction à exercer pour faire glisser cette machine sur les rails, en négligeant toutefois la part de traction absorbée par le roulement des autres roues ; si f est le coefficient du frottement de glissement et P la charge transmise aux rails par les roues motrices, l'adhérence de la locomotive est fP. Cette adhérence est précisément la limite de l'effort de traction que la machine est susceptible de développer; supposez qu'on attelle à la locomotive un nombre croissant de wagons; tant que le tirage nécessaire à la mise en roulement de ces wagons et du moteur lui-même est inférieur à l'adhérence fP des roues motrices, le mouvement de roulement se produit et la marche en avant commence lorsque, par suite du jeu des pistons et de la pression de la vapeur, la traction devient précisément égale à la résistance. Mais lorsque le nombre des wagons attelés augmente de telle sorte que le tirage nécessaire au mouvement de progression dépasse l'adhérence fP des roues motrices, cette adhérence est vaincue la première ; les roues motrices glissent sur le rail, c'est-à-dire qu'elle tournent sur place, la machine patine.

Ainsi, on a une limite bien simple de la force de traction d'une locomotive, c'est l'adhérence, et l'expérience montre que, précisément, la puissance maxima dont nos locomotives sont susceptibles, eu égard à la quantité et à la pression de la vapeur consommée, est à peu près équivalente à l'adhérence.

C'est donc la notion élémentaire de l'adhérence que nous pouvons prendre pour base des calculs de traction.

Le coefficient f est très variable suivant l'état des rails, c'est-à-dire suivant les circonstances atmosphériques ; par un beau temps sec, f s'élève jusqu'à $\frac{1}{5}$, par un temps de brouillard gras il peut tomber à $\frac{1}{13}$; en temps de forte pluie, il est de $\frac{1}{6}$ ou $\frac{1}{7}$. En résumé, on peut compter avec des voies de terrassement parfois couvertes d'un peu de terre grasse sur le coefficient $\frac{1}{8}$, sauf à sabler les rails lorsque l'humidité tend à les rendre trop glissants.

Les locomotives de terrassements sont à quatre et six roues; comme elles sont destinées à circuler *à une vitesse de 10 à 12 kilomètres à l'heure*, on doit utiliser tout leur poids en vue de l'adhérence et de la traction, c'est-à-dire que les deux ou les trois essieux sont couplés et que toutes les roues sont motrices.

L'effort maximum de traction dont une machine donnée est susceptible est donc égal à la fraction $\frac{1}{8}$ de son poids total.

On comprend que les locomotives à terrassements doivent être des machines-tenders, portant elles-mêmes leur provision d'eau et de combustible.

L'effort de la machine sert à la traîner elle-même et à remorquer son train. Nous avons donné plus haut la résistance au roulement des wagons,

10 kilog. par tonne sur voie sensiblement de niveau; la résistance propre de la machine doit être calculée à un taux plus élevé.

Si l'on prend comme base les expériences des compagnies de chemins de fer, la résistance d'une machine à quatre roues serait de 16 kilog. par tonne, et celle d'une machine à six roues de 22 kilog. par tonne.

Ces chiffres, comme celui de 10 kilog. par tonne pour la résistance des wagons, sont susceptibles d'une réduction de 5 kilog., si l'on arrive à obtenir une voie de terrassements dans des conditions d'entretien égales à celles qu'on réalise sur les chemins de fer proprement dits.

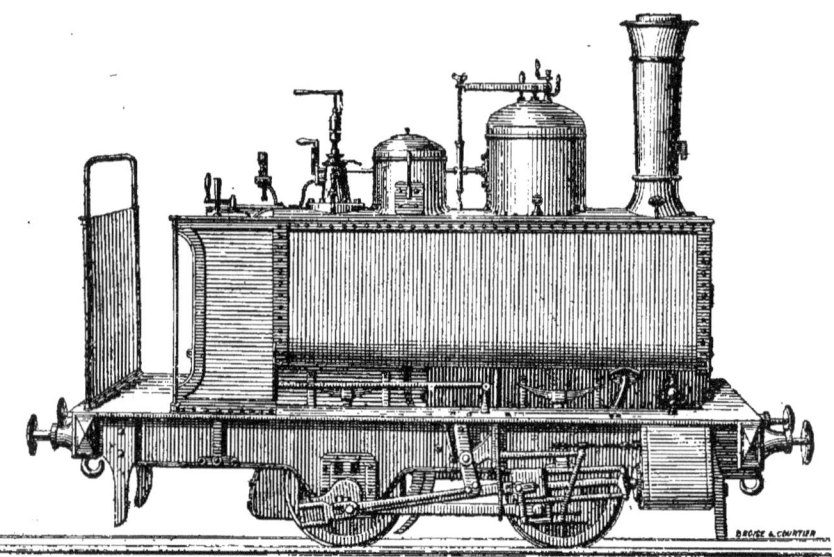

Fig. 36.

Une voie de terrassement ordinaire ne devrait pas être chargée de plus de 6 à 7 tonnes par essieu, ce qui donne un poids de 12 tonnes environ aux machines à quatre roues et de 20 tonnes aux machines à six roues.

Ces machines neuves coûtent à peu près 2 francs le kilogramme, soit 24,000 et 40,000 francs pour chacun des deux types. Pour plusieurs machines, on obtiendrait une réduction très sensible.

Les machines de 12 et de 20 tonnes sont susceptibles, avec le coefficient d'adhérence $\frac{1}{8}$, de produire un effort de traction de 1,500 et 2,500 kilog.; elles absorbent, pour se mouvoir elles-mêmes, 192 et 440 kilog.; reste pour la traction utile 1,300 kilog. et 2,050 kilog.

Un wagon de 1^{m}50 de capacité exige une traction de 30 kilog., et un wagon de 3 mètres une traction de 55 kilog.

Les deux machines de 12 et de 20 tonnes pourront donc remorquer à plat des trains de 43 et 68 wagons de 1^{m}5, de 23 et 37 wagons de 3 mètres cubes.

Avec des rampes croissantes, les charges diminuent rapidement, comme le montre le tableau ci-après :

RAMPES DE	NOMBRE DE WAGONS DE 1m5 traînés par une machine.		NOMBRE DE WAGONS DE 3 m. traînés par une machine.	
	de 12 tonnes.	de 20 tonnes.	de 12 tonnes.	de 20 tonnes.
0,000........	43	68	23	37
0,005........	28	43	15	24
0,010........	19	31	10	17
0,015........	15	23	8	13
0,020........	12	18	6	10
0,030........	8	12	4	6
0,040........	5	8	3	4
0,050........	3	6	2	3

On voit que l'effet utile de la locomotive diminue très vite avec la rampe, et le rendement mécanique du système ne tarde pas à devenir inacceptable. Dès que les rampes atteignent quelques centimètres par mètre, ce n'est plus à la locomotive qu'il faut recourir, mais à des machines fixes et à la traction par câbles.

Prix de revient du transport par wagons à traction de chevaux. — Il est très difficile de donner une formule générale pour le transport par voie ferrée, car le prix dépend des circonstances locales et surtout de la disposition des chantiers.

Il dépend aussi du *temps accordé pour l'exécution du travail*. Si l'on veut aller vite, il faut un matériel plus considérable, des voies de chargement et de déchargement plus nombreuses, des gares d'évitement, quelquefois même une double voie, et la dépense par mètre cube est augmentée d'autant. Les ouvriers sont gênés, les pertes de temps s'accroissent et c'est encore une cause d'augmentation de dépense.

Les calculs qui vont suivre s'appliquent donc à des conditions normales, et supposent notamment que les transports s'effectueront à peu près de niveau ou du moins que les rampes seront assez courtes et assez faibles pour être franchies à l'aide d'un coup de collier sans renfort d'attelage ou de machines.

Si les transports devaient s'effectuer en rampes, il serait facile de trouver dans chaque cas le rapport dans lequel la charge d'un train serait réduite, et le lecteur arriverait sans peine à approprier les formules au cas considéré.

Il va sans dire aussi que le matériel est censé devoir servir d'une manière continue et indéfinie, et que la dépense première ne doit pas être répartie sur un seul travail, car les engins les plus simples seraient alors les plus avantageux.

1° *Loyer du wagon.* — Un wagon ne dure que trois ans, et si l'on tient compte de la valeur de la ferraille lorsqu'il doit être complètement refondu, si l'on admet, en outre, 250 jours de travail par an, l'intérêt et l'amortissement doivent être comptés à 0 fr. 75 par journée de travail.

L'entretien et le graissage coûtent pareille somme de 0 fr. 75.

Le loyer revient donc à 1 fr. 50 ; c'est une moyenne qu'on peut admettre pour les wagons de 1^m50 à 3 mètres de capacité.

2° *Déchargement des wagons*. — Il faut 6 minutes pour lancer un wagon, le décharger et le ramener au garage ; on peut donc avec une voie décharger 10 wagons à l'heure et 100 à la journée. Avec deux ou trois voies, l'embarras et la gêne augmentent ; on ne peut pas décharger deux ou trois fois plus de wagons qu'avec une :

```
1 voie permet de décharger. . . . . . . . . . . . . . .  100 à 120 wagons
2 voies permettent. . . . . . . . . . . . . . . . . . .  180   210    —
3 voies. . . . . . . . . . . . . . . . . . . . . . . .  240   270    —
```

Ce qui donne, avec des wagons de 3 mètres cubes, un chiffre qui ne peut guère dépasser 700 mètres cubes. Admettons même 650 mètres cubes pour le débit, il faudra :

```
3 lanceurs (cheval et conducteur à 8 fr.) . . . . . . . . . .  24 fr.
9 ouvriers à 3 fr. (3 ouvriers par voie) . . . . . . . . . .   27 —
1 aiguilleur à 2 fr. . . . . . . . . . . . . . . . . . . . .    2 —
                                                               ——
                                                               53
```

Soit environ 0 fr. 08 par mètre cube.

S'il n'y a qu'une voie, il ne faudrait compter que 0 fr. 04 par mètre.

Avec les wagons de 1^m50, les prix au mètre cube seraient doublés ; mais ces petits wagons ne s'emploient guère pour des travaux très importants ; le lancement peut être fait par les ouvriers mêmes sur une voie unique et, en somme, on peut admettre par mètre cube le même prix de déchargement.

3° *Chargement des wagons*. — Dans les terrassements à la brouette nous avons vu qu'un homme chargeait 15 mètres cubes à la journée de 10 heures ; si cet homme est payé 3 francs, la charge d'un mètre cube coûtera 0 fr. 20. Pour les tranchées ouvertes au wagon, il faut à ce prix de 0 fr. 20 ajouter une plus-value comprise entre 0 fr. 05 pour un petit déblai, et 0 fr. 25 pour une tranchée importante.

Voici, par exemple, le détail de la plus-value, quand il s'agit d'une tranchée d'un débit de 600 mètres :

Frais d'ouverture de cunette.	0^f04	par mètre cube.
Chevaux pour distribuer les wagons, aiguilleur, surveillant, 24 fr. par jour, soit.	0 04	—
Transport à un relais de brouette du quart au moins des déblais ; un relais coûte 0^f16 par mètre cube, d'où une plus-value de.	0 04	
Les ouvriers, étant gênés, ne chargent plus que 10 mètres cubes au lieu de 15 ; ce qui augmente de.	0 10	—
Total de la plus-value.	0^f22	

Pour une grande tranchée, il faut donc compter au moins 0 fr. 40 pour la charge d'un mètre cube.

4° *Frais du parc de wagons.* — Soit V le débit journalier de la tranchée, ou le nombre de mètres cubes que l'on veut extraire et transporter chaque jour, au moyen de wagons ayant une capacité v; par jour, il faudra remplir $\dfrac{V}{v}$ wagons.

On met quatre hommes au chargement d'un wagon; ils chargent 40 mètres cubes en 10 heures, ou 4 mètres à l'heure, ou un wagon de capacité v pendant la fraction d'heure $\dfrac{v}{4}$, ou pendant un nombre de minutes $\dfrac{60\,v}{4}$.

Il faudra donc un train toutes les $\dfrac{60\,v}{4}$ minutes, ou, pendant une journée de 600 minutes, $\dfrac{40}{v}$ trains. Chaque train devra emporter un cube $\dfrac{V}{\left(\dfrac{40}{v}\right)} = \dfrac{Vv}{40}$ et sera composé, par conséquent, de $\dfrac{V}{40}$ wagons.

Ainsi $\dfrac{V}{40}$ wagons au chargement et autant au déchargement.

Les chevaux traînent les wagons à la vitesse de 1 mètre à la seconde, soit 60 mètres à la minute; si L est la distance moyenne de transport, le parcours sera 2 L, et, comme toutes les $\dfrac{60\,v}{4}$ minutes il doit arriver un train vide au déblai pour remplacer le train qui part, les trains devront se succéder à une distance égale à $60 \times \dfrac{60\,v}{4}$ minutes. Le nombre de trains en marche sera donc :

$$\dfrac{2L}{\dfrac{60\cdot 60\,v}{4}} \text{ ou } \dfrac{L}{450\,v},$$

et chacun d'eux comprendra $\dfrac{V}{40}$ wagons.

On doit compter, en outre, sur 20 p. 100 de wagons de rechange à cause des réparations, ce qui donne pour le nombre total des véhicules

$$1{,}2\,\dfrac{V}{40}\left[2 + \dfrac{L}{450\,v}\right].$$

La distance moyenne de transport d est la distance qui sépare le centre de gravité de la tranchée du centre de gravité du remblai; la plus grande longueur L d'un chantier ne diffère guère du double de la distance d.

Si l'on remplace dans l'expression précédente L par $2d$ et que l'on multiplie le résultat par 1 fr. 50, la dépense journalière du parc de wagons sera :

$$0^f,09 \text{ V}\left[1 + \frac{d}{450\,v}\right]$$

pour un débit de V mètres cubes.

5° *Frais de transport*. — On ne peut guère atteler à un train plus de trois chevaux avec un conducteur, le tout donnant une dépense de 24 francs.

Le train comprendra neuf wagons de la capacité de 1^m50 ou six wagons de 3 mètres cubes; ce qui donne, dans le premier cas, pour la valeur C du chargement 13^m50, et dans le second cas 18 mètres.

La longueur moyenne parcourue à chaque voyage est $2\,d$, et il y a un temps perdu correspondant à 600 mètres. Le convoi fera donc par jour un nombre de voyages égal à $\dfrac{36\,000}{2d + 600}$, et transportera C fois ce nombre de mètres cubes pour une dépense P.

D'où pour la valeur de la dépense par mètre cube

$$\frac{\text{P}\,(2d + 600)}{\text{C} \times 36.000}$$

6° *Frais de la voie*. — La dépense de la voie est la plus difficile à évaluer. Souvent on a un matériel d'occasion à peu de frais ou un matériel déjà amorti par d'autres opérations.

Les rails coûtent neufs 200 à 230 francs la tonne et se revendent 100 francs lorsqu'il faut les mettre au rebut.

Une voie en rails de 12 ou de 15 kilogrammes coûtera donc 5 fr. 28 ou 6 fr. 60 pour l'acquisition des rails par mètre courant.

Les traverses, si on peut les préparer dans le voisinage peuvent revenir à très bon marché, des traverses de 0,20 sur 0,12 et 2 mètres cubent 0^m048 et peuvent s'obtenir en certains pays à 2 francs et moins, mais il est plus prudent de les compter à 3 francs, il en faut une par mètre courant; ajoutant 1 fr. 50 environ pour la pose de la voie et les fournitures accessoires, on arrive à une dépense totale de 10 francs et de 11 fr. 50 par mètre courant en chiffre rond pour des voies avec des rails de 12 ou de 15 kilog.

On doit compter le déplacement, l'intérêt et l'amortissement de ce matériel à 25 p. 100 par an, ce qui donne une dépense de 2 fr. 50 ou de 3 francs par mètre courant et par an. Il faut en outre admettre un cantonnier par kilomètre de voie pour l'entretien, ce qui augmente la dépense de 1 franc par mètre courant et la porte à 3 fr. 50 et 4 francs.

On n'est pas loin de la vérité en admettant que, pour une longueur L de chantier, la longueur totale des voies est $L + \dfrac{L}{2}$ ou $3d$. D'où une dépense annuelle de $10,5 d$ et $12.d$ pour 250 jours de travail, qui donne une dépense quotidienne de 0 fr. $042 d$ et 0 fr. $048 d$.

Récapitulation des dépenses. — Ainsi par m³, pour un débit journalier V de 650 m³, la dépense s'établit comme suit :

Déchargement.. 0ʳ08
Plus-value pour chargement.................................... 020
Frais du parc de wagons, $0^f09 \left(1 + \dfrac{d}{450 \text{ v}}\right)$ { avec wagons de 1ᵐ50... $0^f,09 + 0,000135.d$
{ avec wagons de 3 mètres.. $0,09 + 0,000067.d$
Transport............ $\dfrac{P\ (2d + 600)}{C \times 36000}$ { avec wagons de 1ᵐ50... $0,03 + 0,0001.d$
{ avec wagons de 3 mètres. $0,022 + 0,00007.d$
Frais de la voie,..... $\dfrac{0^f042}{V} d$ et $\dfrac{0^f048}{V} d$ { avec rails de 12 kilog... $0,000065.d$
{ avec rails de 15 kilog... $0,000074.d$

Le prix de revient du transport de 1 m³ à la distance d sera donc :

1° Avec wagons de 1ᵐ5 et rails de 12 kilog.

$$0 \text{ fr. } 40 + 0,0003 d\ ;$$

2° Avec wagons de 3 mètres et rails de 15 kilog.

(1) $\qquad\qquad 0 \text{ fr. } 392 + 0,00021 d.$

Ces formules s'appliquent à un débit considérable et à de grandes tranchées.

Si l'on voulait modérer le débit et se contenter par exemple d'une voie au chargement comme au déchargement, la dépense de déchargement tomberait à 0 fr. 04, la plus-value pour chargement à 0 fr. 10, la longueur des voies ne serait que de $2,5 d$ au lieu de $3 d$, et la dépense journalière pour la voie avec rails de 15 kilog. tomberait à 0 fr. $04\ d$.

On pourrait n'avoir à la fois qu'un train en marche, soit 6 wagons donnant 18 m³, soit un matériel de 22 wagons coûtant 33 francs par jour; il y aurait par jour $\dfrac{36.000}{2d + 600}$ voyages, et le cube serait de $\left(\dfrac{36.000}{2d + 600} \times 18\right)$ mètres cubes sur lequel on devrait répartir la dépense de 33 francs du parc de wagons, ce qui donnerait $(0 \text{ fr. } 0305 + 0,000102 d)$ par mètre ; de même la dépense journalière de voie, répartie sur le cube transporté, donnerait par mètre cube : $(0,00000012\ d^2 + 0,00004\ d)$.

De sorte que la dépense s'établirait comme il suit :

Déchargement.. 0ʳ04
Plus-value pour chargement... 0 10
Dépense de voie................................ $0,000\,000\,12\ d^2 + 0,000\ 04.d$
Frais du parc de wagons........................... $0^f,0305 + 0,000\,102.d$
Dépense de transport............................ $0,022 + 0,000\ 07.d$

(2) $\qquad\qquad$ Total...... $0,20 + 0,000\,212\ d + 0,000\,000\,12\ d^2$

La comparaison des formules (1) et (2) dont la première s'applique aux grandes tranchées et à un gros débit journalier, tandis que la seconde vise les petites tranchées pour lesquelles il n'y a à la fois qu'un train de wagons pleins en marche, cette comparaison conduit aux résultats ci-après, en regard desquels nous avons mis les résultats de l'application des formules du transport au wagonnet et au tombereau :

DISTANCES MOYENNES	500	1,000	1,500	2,000
	F. C.	F. C.	F. C.	F. C.
Grandes tranchées et grand débit.	0,497	0,602	0,707	0,812
Petites tranchées, débit limité.	0,336	0,532	0,788	1,104
Transport au wagonnet, voie portative.	0, 49	0, 84	1, 28	1, 84
Transport au tombereau.	0, 80	1, 40	1, 80	2, 30

Ce tableau met en évidence l'avantage des engins perfectionnés de transport ; il montre que l'emploi du wagonnet et de la petite voie est avantageux tant que la distance moyenne n'atteint pas 900 mètres à 1000 mètres. Au delà c'est le wagon qui l'emporte ; il est à remarquer que la formule relative à un débit limité avec un seul train en marche devient inférieure vers 1250 mètres à la formule à grand débit, c'est qu'en effet, pour de pareilles distances, la voie est mal utilisée et la dépense y relative grève chaque mètre cube transporté d'une somme trop considérable.

Nos formules s'appliquent, on doit s'en souvenir, à des wagons de 3 mètres ; c'est la formule (0 fr. 40 + 0,0003d) qui conviendrait pour des wagons plus petits.

Formules de transport en usage dans les compagnies de chemin de fer. — Les formules de transport en usage dans les compagnies, formules qui comprennent le bénéfice des entrepreneurs, paraissent établies en vue des wagons de 1^m5.

Voici quelques-unes de ces formules :

Chemins de fer de l'État. . . . . $0^f55 + 0,0005\,d$
Compagnie de l'Ouest (rails et coussinets fournis par la Compagnie). . . . . $0\ 40 + 0,0004\,d$
— (rails et coussinets fournis par l'entrepreneur. . . . . $0\ 50 + 0,0004\,d$
Compagnie du Nord, transports sur rampes inférieures à 0,006 . . . . $0\ 57 + 0,0003\,d$
— — sur rampes supérieures à 0,006 . . . . $0\ 57 + 0,0006\,d$

Nous ignorons absolument dans quelles conditions ces formules sont établies ; cependant, on voit qu'elles ne diffèrent guère des nôtres si l'on tient compte du bénéfice de l'entrepreneur.

Prix de revient du transport par vagons à traction de locomotives. — Du moment que l'on se sert de locomotives, il faut recourir à des wagons d'au moins 3 m³ de capacité.

On n'applique ce procédé qu'à de grandes tranchées ou à un grand débit quotidien.

Nous supposerons qu'on se sert d'une machine de 20 tonnes coûtant 40,000 francs.

La vitesse d'une machine à terrassements, qui circule sur des voies nécessairement imparfaites, doit être limitée à 10 ou 12 kilomètres à l'heure, soit 3 mètres à la seconde; cependant il est clair que, pour les transports à très longue distance, la partie intermédiaire de voie peut recevoir une assiette plus solide et que la vitesse peut être portée à 20 ou 25 kilomètres, mais il convient dans les calculs de se baser sur la vitesse minima de 3 mètres à la seconde.

Le temps perdu au départ, à chaque extrémité du chantier, pour la composition, la décomposition et la manœuvre des trains, peut être limité facilement à dix minutes; en tout vingt minutes de perte par voyage.

Si l'on n'est point pressé par le temps, on peut se contenter de deux trains : l'un au chargement et l'autre en marche ou en déchargement; le nombre des chargeurs est tel qu'ils puissent remplir un train pendant le temps qu'il faut pour parcourir aller et retour la distance de transport et pour décharger l'autre train. Le nombre des chargeurs est donc réglé en conséquence, car on n'est évidemment pas tenu de mettre quatre hommes au chargement d'un wagon, on peut n'en mettre que deux et même donner à cette équipe plusieurs wagons à remplir.

Pour augmenter le débit on peut avoir deux trains au chargement et un en marche, et la locomotive fait deux voyages pendant le temps réservé au remplissage d'un train; ce dernier temps doit donc être égal à deux fois la durée du parcours aller et retour, plus deux fois la durée du déchargement, plus une fois la durée du poussement d'un train au chantier de déblai.

En tous cas le chargement doit être réglé de telle sorte que la locomotive soit utilisée sans arrêt.

Une locomotive de terrassements ne peut guère durer plus de sept ans, ce qui donne 15 p. 100 d'amortissement annuel; avec l'intérêt et l'entretien, on arrive à 20 p. 100; c'est un chiffre qui nous paraît suffisant; les rouleaux à vapeur pour l'entretien des routes font un service aussi dur et ne coûtent pas davantage. Toutefois, afin de tenir compte des chômages entre deux entreprises, et pour éviter tout mécompte, admettons pour les frais d'amortissement, d'intérêt et d'entretien, 25 p. 100 du prix d'achat; pour la locomotive de vingt tonnes, c'est 10,000 francs par an, ou 40 francs par jour de travail.

Une locomotive de terrassements peut se revendre la moitié ou les deux tiers du prix d'achat après un service de deux ou trois ans.

L'effort de traction d'une machine de 20 tonnes étant de 2,500 kilog. et sa vitesse de 3 mètres, le travail à la seconde est de 7,500 kgmèt.; la puissance est donc de 100 chevaux-vapeur, la consommation de combustible 300 kilog. à l'heure, et, comme les temps d'arrêt pour les parcours ordinaires absorbent la moitié de la journée, la dépense de combustible sera de 1,500 kilog.

Avec de petites locomotives, la consommation devrait être portée à 4 et même à 5 kilog. par cheval et par heure.

La dépense quotidienne de notre locomotive peut donc s'établir comme il suit :

	FR.	C.
Un mécanicien à 10 fr. par jour.	10	»
Un chauffeur ou aide à 4 fr	4	»
2 garde-freins ou graisseurs à 3 fr.	6	»
1 garde de nuit.	4	»
Alimentation d'eau.	1	50
Combustible, 1,500 kilog. à 40 fr. la tonne.	60	»
Graissage, torchons, étoupe.	3	»
Intérêt, amortissement et entretien de la machine.	40	»
Total.	128	50

ou 125 fr. en chiffre rond.

La voie doit être plus soigneusement établie et les accessoires sont plus coûteux lorsque la traction se fait par locomotives, et il faut compter une dépense annuelle de 5 francs par mètre courant. La distance moyenne de transport étant d, distance qui sépare les centres de gravité du déblai et du remblai, on aura à établir, comme nous l'avons expliqué plus haut, une longueur de voie d'environ $3d$ et la dépense annuelle sera de $15d$ pour 250 jours de travail ou 0 fr. $06d$ par jour.

Établissement du prix de transport. — Avec ces éléments, il est facile d'établir le prix de revient du transport sur une voie dont les rampes ne dépassent pas 5 à 6 millimètres par mètre.

La machine de 20 tonnes traîne alors 23 wagons ou 69 mètres cubes.

La vitesse étant de 3 mètres à la seconde, 180 mètres à la minute, et le temps perdu étant de 20 minutes à chaque voyage, ce temps correspond à un parcours de 3,600 mètres. La machine fait 104,000 mètres en 10 heures : le nombre de voyage quotidien sera donc de $\dfrac{104.000}{2d + 3.600}$ à la distance d et le cube transporté V, sur lequel la dépense est à répartir, s'élèvera à $\dfrac{104.000 \times 69}{2d + 3.600}$.

Il y aura 23 wagons en marche et 23 sur chaque chantier, plus 20 p. 100 en réserve, soit un parc de 85 wagons coûtant par jour
$$85 \times 1,50$$
ou 130 francs en nombre rond ; cette dépense divisée par le cube V donne par mètre : 0 fr. 07 $+ 0,000036d$.

Le transport proprement dit absorbe 125 francs par jour qui, répartis sur le volume V donnent par mètre cube : 0 fr. 063 $+ 0,000035d$.

On voit que la dépense du parc de wagons est sensiblement égale à celle de la traction.

Reste celle de la voie qui s'élève à $0^f,06d$ par jour et qui, répartie sur le cube V, conduit à la formule :

$$0,00003 + 0,000000017d^2.$$

RÉCAPITULATION

	F. C.
Frais de déchargement.	0 08
Plus-value pour chargement.	0 22
Frais du parc de wagons	0 07 $+ 0{,}000\,036\,d$
Frais de la voie.	» $\quad 0{,}000\,030\,d + 0{,}000\,000\,017\,d^2$
Frais de traction.	0 063 $+ 0{,}000\,035\,d$
Total (1)	0 44 $+ 0{,}000{,}101\,d + 0{,}000\,000\,017\,d^2$

Cette formule (1), qui devrait être majorée d'environ 15 p. 100 pour comprendre le bénéfice et les frais généraux d'un entrepreneur, *ne doit, comme toutes les formules empiriques, être appliquée que dans les limites en vue desquelles elle a été établie*.

Nous avons supposé qu'il n'y avait qu'un train en marche à la fois, que la voie n'avait pas de rampes supérieures à 0,005 ou 0,006, et que la longueur des voies était égale à trois fois la distance moyenne de transport.

Ces hypothèses sont très admissibles dans la pratique, car elles conduisent à un débit journalier de 1,242 mètres cubes, à la distance moyenne de 1,000 mètres, de 897 mètres cubes à 2,000 mètres, de 759 mètres cubes à 3,000 mètres, et de 631 mètres cubes à 4,000 mètres, et ces débits sont, comme on le voit, très considérables. S'il fallait les doubler, on devrait avoir une seconde machine en marche et ménager une gare d'évitement au milieu de la distance; les voies seraient mieux utilisées, mais il faudrait en augmenter la longueur, et le temps perdu s'accroîtrait aussi, de sorte que le prix de revient resterait à peu près le même.

Il est à remarquer, du reste, qu'avec deux mécaniciens et des équipes convenablement combinées, on peut obtenir jusqu'à 12 heures de travail et arriver à 15 heures en été, d'où une certaine marge pour forcer le débit.

La formule (1) doit attirer l'attention du lecteur; s'il cherchait à l'appliquer à des distances de plus de 4 ou 5 kilomètres, elle donnerait des prix de transport beaucoup trop élevés; c'est qu'en effet elle n'a pas été établie en vue d'aussi fortes distances. D'abord, la longueur des voies à établir dans ce cas ne serait plus que d'environ 2 d, et puis l'utilisation du matériel ne serait pas suffisante avec un seul train en marche; on n'arriverait à transporter chaque jour qu'un cube beaucoup trop limité, et il conviendrait de considérer plusieurs trains circulant simultanément. On arriverait facilement, avec les éléments qui précèdent, à établir la formule répondant à cette hypothèse.

La distance pour laquelle *la traction par chevaux doit céder la place à la traction par machines* avec wagons de 3 mètres cubes, s'obtient en posant que les deux formules du transport au tombereau et du transport à la machine sont équivalentes et en résolvant l'équation ainsi obtenue :

$$0^r{,}392 + 0{,}00021\,d = 0{,}44 + 0{,}000101\,d + 0{,}000000017\,d^2\,;$$

Cette équation du 2ᵉ degré a deux racines : la plus petite qui répond seule à la question est 440.

C'est donc à partir de 440 mètres qu'il faut substituer la locomotive aux chevaux.

Exemples de formules de transports à la machine. — Voici quelques formules en usage dans les compagnies de chemins de fer ; elles sont à peu près d'accord avec la nôtre, pourvu que cette dernière soit majorée de 15 p. 100 afin de tenir compte du bénéfice et des frais généraux de l'entrepreneur.

	F.	C.
Chemins de fer de l'Ouest (rails et coussinets fournis par la Compagnie).	0	$40 + 0{,}000\ 2\ d$
— (rails et coussinets fournis par l'entrepreneur).	0	$50 + 0{,}000\ 2\ d$
Chemins de fer du Nord (sur rampes inférieures à 0,006).	0	$72 + 0{,}000\ 15\ d$
— (sur rampes supérieures) —	0	$72 + 0{,}000\ 25\ d$

Prix de revient du transport à la machine sur une rampe donnée. — La formule à laquelle nous sommes arrivé s'applique à une voie à très faibles rampes ; c'est une condition qu'il faut toujours chercher à réaliser en matière de terrassements, et on peut souvent y arriver. Quelquefois même l'action de la pesanteur peut être utilisée pour tout ou partie du transport.

Cependant, il arrive qu'on doit établir les voies en rampe ; les éléments que nous avons donnés permettent alors d'obtenir la nouvelle formule du prix de revient. Prenons une rampe de 0,015, notre machine ne traîne plus que 13 wagons, soit 39 mètres cubes par train, et les éléments du prix de revient sont les suivants :

	F.	C.
Déchargement.	0	08
Plus-value au chargement.	0	22
Frais du parc de wagons	0	$07 + 0{,}000\ 036\ d$
Frais de la voie.	»	$+ 0{,}000\ 054\ d + 0{,}000\ 000\ 03\ d^2$
Frais de traction.	0	$1125 + 0{,}000\ 0625\ d$
Total.	0	$49 + 0{,}000\ 1525\ d + 0{,}000\ 000\ 03\ d^2$

qui donne pour les transports à 1,000 et 2,000 mètres : 0ʳ68 et 0ʳ92.

RÉCAPITULATION DES DIVERSES FORMULES DE TRANSPORT

Les *prix de revient* pour le transport de 1 mètre cube de terre à la distance d sont résumés au tableau suivant qui indique en même temps les distances limites à partir desquelles il y a avantage à passer d'un engin à un autre plus perfectionné :

MOYEN de transport.	FORMULE donnant en francs le prix de revient du transport d'un mètre cube de terre à la distance moyenne d.	LIMITES d'application des formules.
Brouette.	$0,006\,d$	12 mèt. (camion). 61 mèt. (tombereau). 40 mèt. (wagonnet).
Camion.	$0,05 + 0,0017\,d$	417 mèt. (tombereau). 135 mèt. (wagonnet).
Tombereau à un cheval.	$0,30 + 0,0011\,d$	125 mèt. (wagon à chevaux).
Wagonnet et voie ferrée portative (traction de chevaux).	$0,225 + 0,000\,412\,d + 0,000.000.2\,d^2$ (wagonnet de 0^m5, voie de 0^m60).	Le wagonnet est toujours supérieur au tombereau, pour les distances pratiques. — 695 m. (wagon de 1^m5).
Wagon et voie ferrée (traction de chevaux).	$0^f40 + 0,000.3\,d$ (wagon de 1^m5). $0,392 + 0,00021\,d$ (wagon de 3 mèt.).	440 mèt. (locomotive).
Wagon et voie ferrée (traction de locomotives), locomotive de 20 tonnes.	$0,44 + 0,000.101\,d + 0,000\,000\,017\,d^2$ (wagons de 3 mèt.).	

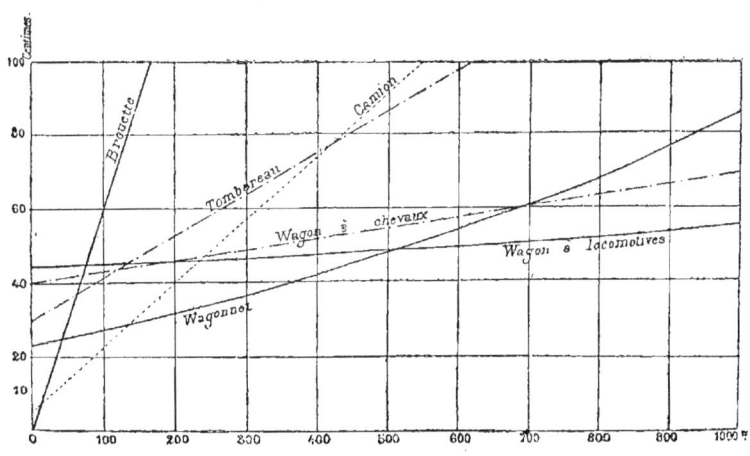

Fig. 57.

Il ne faut pas oublier que ces formules doivent être appliquées dans les limites pour lesquelles elles ont été établies. Elles supposent que le prix de la journée de manœuvre est de 3 francs, et que les voies ferrées sont construites avec rampes ne dépassant pas 0^m006 par mètre. Elles supposent en outre, ce qui doit attirer l'attention des entrepreneurs, que l'amortissement est seulement de 20 p. 100 par an; enfin elles ne comprennent pas le bénéfice et les frais généraux de l'entreprise, et doivent, de ce chef, être majorées de 15 p. 100.

Ces formules sont traduites par le diagramme ci-contre qui donne nettement les points de passage; sur l'axe horizontal on a porté les distances, et sur l'axe vertical les prix; les formules du 1er degré en d correspondent à des lignes droites, et les formules qui renferment d^2 sont représentées par des branches d'hyperbole.

REMARQUE IMPORTANTE SUR LES TRANSPORTS DE DÉBLAIS ROCHEUX

Les prix de revient que nous venons de calculer s'appliquent à des terres dont le foisonnement au déblai est insensible et dont la densité est voisine de 1,500 kilogrammes au mètre cube.

Elles ne sont donc pas applicables aux déblais rocheux.

S'il s'agit du transport de galets ou de cailloux semblables à ceux qu'on emploie pour l'entretien des routes, les formules conviennent encore pourvu qu'on les applique au mètre cube de ces matériaux cassés, car un mètre cube pèse environ 1500 kilogrammes. Toutefois, le chargement est plus difficile; il s'effectue avec une pelle à grilles, sorte de fourche à 6 ou 8 dents; un homme ne charge plus 15 mètres par jour, mais seulement la moitié, d'où une plus-value de 20 centimes par mètre pour le chargement.

Lorsque les déblais rocheux affectent la forme de moellons, les prix augmentent d'une manière notable; nous avons dit, en traitant de la fouille et de la charge, qu'un homme ne chargeait guère par jour que 4 mètres de roches lourdes en véhicule élevé et 6 mètres en véhicule bas. De plus, les roches lourdes donnent au déblai un foisonnement considérable; le mètre cube, à l'état compact, pèse de 1,800 à 2,000 kilogrammes, quelquefois même davantage. Dans chaque cas, il sera donc bon de procéder à des expériences pour se rendre compte du foisonnement et voir à quelle fraction de mètre cube correspond un poids de 1,500 kilogrammes de débris rocheux; c'est à cette fraction seulement que devront être appliqués les prix que nous avons établis pour le transport d'un mètre de terre.

Les ingénieurs allemands admettent que les prix relatifs au transport doivent être majorés de 50 p. 100 lorsqu'il s'agit de roches; eu égard aux densités respectives des matières à transporter, cette proportion nous paraît, en effet, satisfaisante et peut servir de base dans bien des cas. Toutefois, nous recommandons de recourir à des expériences préliminaires lorsqu'il s'agit d'entreprises considérables.

PROCÉDÉS EXCEPTIONNELS DE TRANSPORT

Nous terminerons ce chapitre par la description de quelques procédés de transport, qui ne sont employés que dans certains cas particuliers et qui, cependant, sont susceptibles de rendre de grands services. Tels sont :

1° Les plans inclinés ;
2° Les monte-charges et les bourriquets ;
3° Les procédés de transport par chaînes sans fin ;
4° Les câbles aériens.

1° Plans inclinés. — Les plans inclinés les plus intéressants sont les plans *automoteurs*, dans lesquels on utilise le travail produit par la descente des wagons pleins pour remonter des wagons vides.

La pesanteur elle-même est donc employée comme moteur, et c'est un moteur qui ne coûte rien.

La figure 1, planche 7 représente la disposition générale d'un plan incliné automoteur.

Soit un plan incliné ab qui se prolonge à son sommet et à sa base par des paliers ou par de faibles déclivités. Deux voies ferrées règnent sur toute la longueur du parcours. En A est un train chargé qui va descendre, en B un train de wagons vides qu'il faut élever.

Sur une poulie P placée sous la voie au sommet de la montée et inclinée en sens inverse de ab s'enroule un câble qui sort de terre sur des poulies de renvoi de sorte que chacun des deux brins se trouve dans l'axe d'une voie ferrée. Un bout s'attache au train A et l'autre au train B.

On pousse le train A jusqu'au plan incliné ; la pesanteur l'entraîne sur ce plan et, si la pente est supérieure à celle sur laquelle le train descendrait naturellement d'un mouvement uniforme, il y a un excès de force disponible ; le câble est dans ce cas en mesure d'exercer une certaine traction sur le train B. Le système doit être disposé de telle sorte que chaque wagon plein puisse faire monter un wagon vide ; la pente et les charges sont calculées en conséquence et il est toujours possible, en modifiant les charges dans une certaine mesure, de corriger les imperfections du calcul.

Il n'est pas indispensable de construire une double voie sur toute la longueur ; il suffit que la double voie existe en haut et en bas, pour faciliter le garage des trains, et dans la partie médiane où se croisent le train montant et le train descendant. Dans la moitié supérieure du plan incliné, pour empêcher le câble montant et le câble descendant de s'emmêler et de se gêner dans leur mouvement, on adopte une double voie, mais avec rail intérieur commun, d'où une notable économie (*fig.* 3, *pl.* 7).

Les câbles sont supportés de distance en distance par des rouleaux ou poulies de 0^m20 à 0^m40 de diamètre, placés au milieu de chaque voie ; sans cette précaution, les câbles s'useraient vite par le frottement sur les traverses et sur le sol.

A l'origine du mouvement, le train descendant doit traîner toute la longueur du câble; cette charge diminue peu à peu, de sorte que le mouvement tend à s'accélérer; pour faciliter le départ, on force un peu la pente à la partie supérieure; et pour faciliter l'arrêt, on raccorde par une courbe à la partie basse la pente et le palier.

Cette disposition conduit donc à adopter pour le profil en long du plan incliné une sorte de chaînette.

Il va sans dire que les wagons doivent être munis de freins, afin de parer à la rupture éventuelle des câbles et de modérer la vitesse lorsque la charge descendante est hors de proportion avec la charge montante. La poulie elle-même doit être munie d'un frein puissant, qui est absolument indispensable lorsque les wagons ne sont pas montés.

La grande poulie a un diamètre variant de 1^m80 à 4^m80 et un axe en fer de 0^m08 à 0^m15; elle est solidement ancrée dans une charpente ou dans une maçonnerie. Les rouleaux de support, qui ont 0^m20 à 0^m40

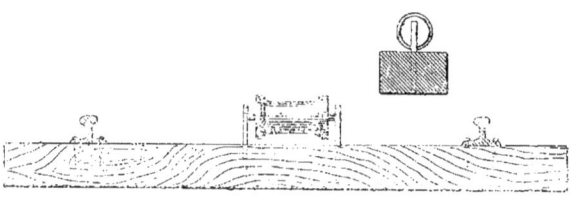

Fig. 58.

de diamètre, sont en fonte ou en bois et roulent sur des axes fixes en fer forgé d'environ 0^m02 de diamètre. Le diamètre des cordes varie de 35 à 60 millimètres, leurs poids de 1^k5 à 3^k5 par mètre et leur tension de 500 à 1,600 kilog.

Pour ne pas exagérer la résistance, il convient de ne pas donner aux plans inclinés une longueur excédant 1,200 à 1,500 mètres.

Le calcul d'un plan automoteur est facile à faire : il faut d'abord connaître la résistance au roulement d'un wagon vide ou plein, et il est toujours facile d'obtenir exactement la valeur de cette résistance à l'aide d'un peson ou dynamomètre à ressort. La force motrice est la composante, parallèle au plan incliné, de l'excès du poids d'un train plein sur le poids d'un train vide; elle doit vaincre : 1° la résistance au roulement du train plein; 2° celle du train vide; 3° la raideur de la corde qui s'enroule sur la poulie; 4° le frottement des tourillons de cette poulie dans leurs coussinets; 5° le frottement des tourillons des rouleaux de supports, frottement qui est proportionnel au poids du bout de corde reposant sur chaque rouleau. Tous ces éléments sont faciles à obtenir.

Dans les conditions ordinaires, la pente de 0^m02 est trop faible, le train plein ne peut entraîner le train vide. La pente de 0^m025 est un minimum et demande l'emploi d'un matériel léger. Avec un matériel résistant et assez lourd, comme il convient de l'employer, et, vu l'utilité de pouvoir remonter les ouvriers et les matériaux nécessaires aux travaux, les pentes de 0^m05 à 0^m07 par mètre sont plus avantageuses.

Les plans inclinés sont très utiles lorsque la masse des transports se fait dans le sens de la descente et qu'il n'y a qu'à remonter le matériel vide. Ils peuvent donc être installés avec avantage à la sortie des mines et carrières placées à flanc de coteau. Ils sont également susceptibles de donner un excellent service dans certains travaux de terrassement pour l'exécution de grandes tranchées (*fig. 4, pl. 7*).

Dans les montagnes où l'on dispose de chutes d'eau considérables, on peut charger avec de l'eau les trains descendant et par ce moyen élever des trains chargés de matériaux ou de voyageurs ; cette combinaison, indiquée par Stephenson, vient de recevoir une importante application aux chutes du Giessbach en Suisse.

Lorsque les trains pleins doivent être montés, on peut encore recourir à un plan incliné ; mais, sauf l'exception que nous venons de signaler, il n'est plus automoteur. La poulie supérieure est remplacée par un tambour sur lequel s'enroule le câble, et ce tambour doit être actionné par une machine à vapeur spéciale.

Ce système est applicable lorsqu'il s'agit d'établir une excavation dans le sol et d'employer à un niveau plus élevé le produit du déblai, ainsi que cela arrive notamment dans les travaux de fortification et dans les dérivations de rivière.

La machine fixe est, autant que possible, placée au sommet du plan incliné ; elle agit sur un tambour à bobine sur laquelle s'enroule le câble. On peut placer le tambour au-dessus de la voie et dans son axe, à une hauteur suffisante pour que les wagons passent sous le bâti, ou bien on dévie la voie à partir du sommet du plan incliné, ou bien encore on place le moteur fixe en dehors de la voie et on a recours à des poulies de renvoi pour donner au câble la direction voulue.

Un système d'embrayage à levier permet de mettre la bobine du câble en rapport avec le moteur ou de la soustraire à son action, suivant que l'élévation du train commence ou finit.

En haut comme en bas du plan incliné, on dispose des voies de garage.

Ce système est préférable à celui des locomotives lorsque les rampes à gravir dépassent par exemple 0,03 ; avec de telles rampes une locomotive emploie presque toute sa puissance à se remorquer elle-même et le rendement mécanique devient très faible, inconvénient qu'on évite avec un câble et une machine fixe.

Il y a presque toujours avantage, lorsque le plan n'est pas automoteur, à adopter une pente aussi forte que possible, afin de diminuer le poids mort et la dépense de premier établissement, ainsi que les résistances passives.

Lorsque l'utilité d'un plan automoteur est reconnue sur un chantier de terrassements, l'établissement de cet ouvrage doit précéder toute autre opération, afin que la plus grande partie du cube à enlever puisse participer aux avantages que présente ce mode de transport perfectionné.

L'économie exigée d'un établissement provisoire ne permet pas de lui donner une grande perfection ; c'est pourquoi le minimum de pente pour un plan automoteur de terrassement doit être fixé à $0^m 025$ dans les circonstances les plus favorables. Si la pente du terrain, à l'entrée de la tranchée, est au moins égale à cette limite, le plan automoteur peut être établi à la surface du sol; si la pente est plus faible, dans une entaille spéciale.

Lorsque le train de wagons pleins arrive au bas du plan, un ouvrier détache brusquement le crochet d'attelage et le train continue sa route en vertu de la vitesse acquise pour se rendre au déchargement; le train de wagons vides, qui arrive au sommet du plan, y trouve une contre-pente, qui facilite également son accès aux voies de déblai. La poulie supérieure doit se trouver, au delà du sommet, à une distance plus grande que la longueur d'un train.

Les figures 5 et 6, planche 7, représentent un type ancien de poulie pour plan incliné automoteur; cette poulie est placée au-dessus des voies et les wagons passent sous la charpente qui la supporte; elle est en bois et son diamètre est égal à la distance qui sépare les deux voies d'axe en axe; elle porte au-dessus de la gorge qui reçoit le câble un anneau entouré d'une lame de frein, dont un ouvrier tient sans cesse le levier, afin de modérer ou d'accélérer la descente à volonté.

On a parfois substitué à la poulie ordinaire à gorge lisse la poulie à mâchoires, qui a l'avantage d'empêcher tout glissement et de pincer le câble sur une grande longueur, mais l'installation est plus coûteuse.

Les câbles des plans inclinés doivent être bien choisis et continuellement surveillés; il est bon de rappeler qu'avec le coefficient de sécurité $\frac{1}{5}$, les câbles en chanvre ou en aloès peuvent être chargés de 60 kilogrammes par centimètre circulaire ou de 76 kilogrammes par centimètre carré, et que les câbles en fil de fer peuvent être chargés de 1,000 fois leur poids par mètre courant.

Pour calculer un plan incliné automoteur, il faut : 1° d'une part, évaluer la résistance au roulement d'un wagon plein et d'un wagon vide, la résistance due à la raideur du câble s'enroulant sur la poulie, ainsi qu'au frottement des tourillons de la poulie et des rouleaux de support; 2° d'autre part, évaluer la force motrice produite par l'excès du poids d'un wagon vide, force qui est égale au produit de cet excès mesuré en tonnes par la pente exprimée en millimètres par mètre. En égalant la résistance et la puissance, on aura une équation qui permettra de déterminer un des éléments, si les autres sont connus.

Soit n le nombre des wagons d'un train, p le poids d'un wagon vide, P le poids d'un chargement de wagon, α la pente en millièmes, R la résistance totale par tonne de train plein ou vide, la force motrice sera $nP\alpha$ et la résistance $Rn(2p+P)$, et le mouvement sera sur le point de se produire lorsque l'on aura :

$$Rn(2p+P) = nP\alpha.$$

Sur un plan automoteur à terrassements, d'installation nécessairement primitive, la résistance totale R par tonne mise en mouvement, peut s'élever à 15 kilogrammes; si l'on a des wagons de 1^m5 de capacité, pesant 600 kilogrammes à vide, p est égal à 600 et P à 2,250. L'équation précédente permet alors de calculer α, et l'on trouve $\alpha = 22,5$; dans ce cas, la pente minima du plan automoteur doit être de 0^m0225 par mètre.

Dans une installation définitive bien soignée, R pourrait tomber facilement à 10 kilogrammes et α à 15 millièmes.

Il va sans dire que le train plein doit toujours posséder un léger excès de poids en plus de ce qui est nécessaire pour déterminer l'équilibre dynamique, et cet excès doit être d'autant plus considérable qu'on veut obtenir plus de vitesse; à mesure que la vitesse augmente, la résistance augmente aussi et un mouvement uniforme plus ou moins rapide arrive toujours à s'établir. Mais il n'en est pas moins nécessaire de disposer d'un frein puissant pour tenir la vitesse en deçà de la limite de sécurité.

2° **Monte-charges et bourriquets à terrassements.** — Nous ferons, plus tard, une étude complète des monte-charges et des grues, qui rendent tant de services pour la construction des édifices. Nous ne signalerons ici que ceux qu'on a employés à des travaux de terrassement.

Bourriquet à contre-poids. — C'est une machine construite par M. Coignet, dont on a fait un emploi assez étendu au canal du Berry, au canal du Nivernais et aux fortifications de Paris pour le montage des déblais (*fig.* 59). Elle est basée sur ce principe que l'homme produit le maximum de travail mécanique, lorsqu'il utilise complètement son propre poids. L'appareil se compose d'un échafaudage vertical, que surmonte une grande poulie à gorge, sur laquelle s'enroule un cordage supportant à chaque bout un plateau; les plateaux sont guidés dans leurs mouvements par des œillères qui parcourent des tiges verticales en fer.

Voici la manœuvre : un ouvrier arrive avec sa brouette au bas de l'appareil et il la place sur le plateau de gauche (le plateau de droite

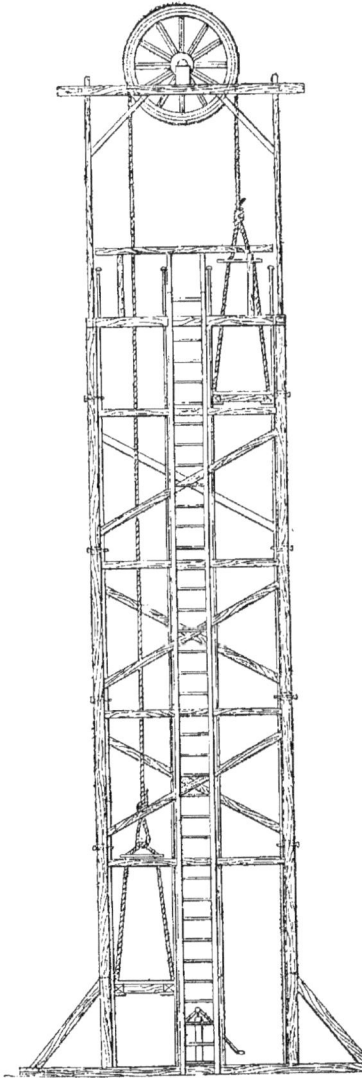

Fig. 59.

est en haut); puis il monte à l'échelle et se rend sur la plate-forme. Pendant

TERRASSEMENTS ET DRAGAGES

ce temps, l'ouvrier qui l'a précédé s'est placé dans le plateau de droite avec sa brouette vide, et par son poids, il a fait descendre ce plateau en remontant l'autre qui porte la brouette pleine, et ainsi de suite.

L'échafaudage vertical est formé d'étages, de 2 mètres de hauteur par exemple, dont on peut augmenter ou diminuer le nombre, suivant la profondeur du remblai.

Un pareil engin peut encore rendre quelques services dans des travau peu considérables ; mais aujourd'hui on aura plutôt recours à la vapeur qu'au poids de l'homme.

Si l'on doit employer la force musculaire des ouvriers, on installera un treuil à la place de la grande poulie et deux hommes pourront ainsi soulever des bennes beaucoup plus grandes que les brouettes.

Monte-charges du canal de l'Est. — M. l'ingénieur Picard a donné la description suivante de monte-charges très simples, dont on s'est servi au canal de l'Est.

« Ces appareils consistaient essentiellement en une potence verticale portant à sa partie supérieure deux poulies sur lesquelles passaient les deux brins d'une chaîne renvoyée ensuite dans le plan de la banquette de halage au moyen d'autres poulies. Les brins portaient alternativement l'un une brouette vide, l'autre une brouette chargée; un cheval attelé à la chaîne et tirant tantôt vers la Marne, tantôt vers le Rhin, lui communiquait un mouvement de va-et-vient qui élevait les brouettes chargées et faisait en même temps descendre les brouettes vides.

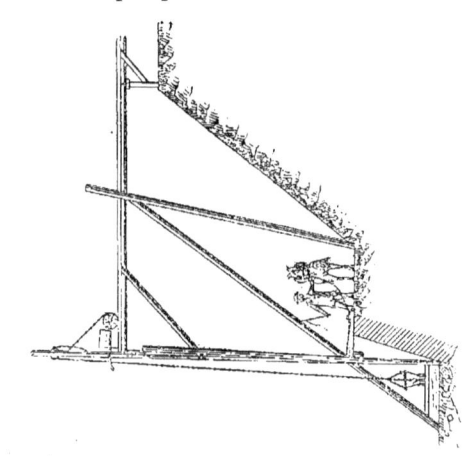

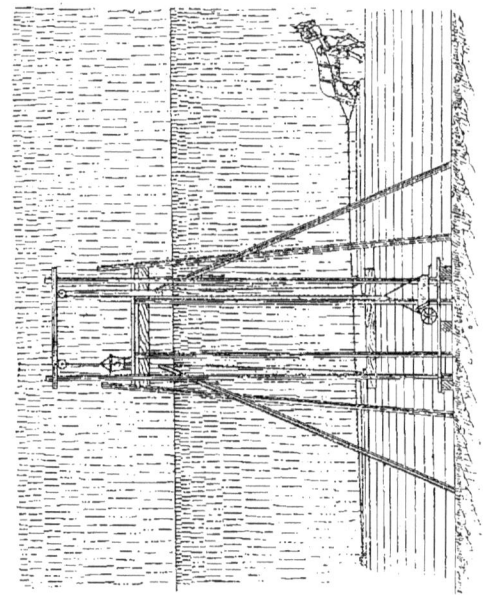

Fig. 60.

« Chacun de ces monte-charges pouvait élever à 9 mètres, en une journée de 9 heures, 600 brouettes contenant ensemble 20 mètres cubes ; leur manœuvre exigeait un collier et deux hommes, dont l'un pour l'accrochage et l'autre pour le décrochage des brouettes; la dépense a été par suite de 0 fr. 50 par mètre cube. »

Si le travail en valait la peine, il serait bien préférable d'établir un petit plan incliné et de recevoir les wagonnets sur des trucs spéciaux, possédant une plate-forme horizontale bien que roulant sur plan incliné. On arriverait ainsi à un débit relativement considérable avec deux chevaux attelés à un manège ; un appareil de changement de marche permettrait de produire les oscillations sur le plan incliné tout en adoptant pour l'attelage une rotation continue dans le même sens.

On peut imaginer d'autres monte-charges se rapprochant plus ou moins des précédents, mais il n'est pas nécessaire d'en donner une description détaillée; nous citerons la *balance à terrassements* de M. Peillon, employée aux fortifications de Lyon, les brouettes étaient attachées à un câble par un crochet engagé dans la roue et deux anneaux entrés dans les deux bras de la brouette; l'ascension s'obtenait en partie par un treuil, en partie par un balancier horizontal ; quatre ouvriers pouvaient monter une vingtaine de mètres cubes par jour, mais l'appareil était plus compliqué que celui du canal de l'Est.

Monte-charges de l'isthme de Suez. — Divers appareils intéressants, dont l'usage ne comporte pas une grande extension, ont été mis en œuvre à l'isthme de Suez en vue de remplacer les transports à dos d'homme dont le produit est fort limité.

1° Jusqu'à la profondeur de 2 ou 3 mètres, on avait recours à l'appareil dont la figure 61 donne une perspective suffisante : sur la rive est un

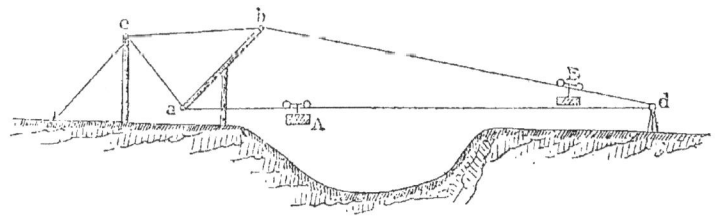

Fig. 61.

balancier ab posé au sommet d'un poteau vertical et dont les extrémités a et b sont reliées à un autre poteau vertical situé en arrière et maintenu lui-même par des haubans. De a et b partent deux câbles aboutissant sur l'autre rive à un poteau d sis à l'emplacement des cavaliers que doivent former les déblais; l'un de ces câbles, quelle que soit l'inclinaison du balancier, va en montant vers d et l'autre va en descendant; chacun porte un chariot à deux roues auquel est suspendue une benne ou une brouette ; des ouvriers chargent la benne A et vident la benne B; quand l'opération va être terminée, un ouvrier chargé de la manœuvre du balancier lui donnera l'inclinaison contraire, la benne A sera soulevée et descendra sur son câble comme sur un plan incliné pour se rendre en *d*, pendant que la benne vide B descendra également sur son câble pour revenir à la charge. La distance de transport peut atteindre ainsi 100 ou 150 mètres; les appareils sont très faciles à déplacer, mais ils ne conviennent évidemment que pour la couche supérieure d'une tranchée de grande largeur. Une équipe de 10 hommes transporte ainsi 80 m^3 par jour à 150 mètres.

2° Pour les profondeurs de 3 à 8 mètres on avait recours à une installation de brouettes représentée par la figure 62; l'ouvrier monte sa brouette pleine comme l'indique la figure, le câble attaché à sa brouette passe sur

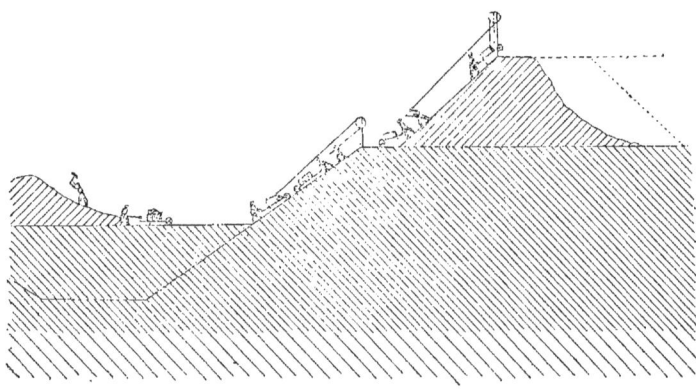

Fig. 62.

une poulie portée par un poteau au sommet de la montée et pendant ce temps un ouvrier s'attelle à l'autre brin du câble et descend en poussant sa brouette, cet ouvrier porte sur la poitrine une bricole à l'aide de laquelle il tire le câble en marchant presque perpendiculairement au plan incliné, il n'a pas d'effort à exercer, c'est par son poids seul qu'il agit. Ce système, usité en Angleterre, permet avec une équipe de dix hommes d'élever 70 mètres cubes par jour.

3° Enfin, pour les profondeurs supérieures à 8 mètres, l'ascension des déblais s'effectuait au moyen d'une toile sans fin dont la figure 63 fait comprendre le mécanisme. Suivant la ligne de plus grande pente du talus était posée une sorte de double poutre à treillis en bois, à l'intérieur de laquelle on fixait quatre cornières parallèles, deux en haut, deux en bas; ces cornières formaient comme deux chemins de fer parallèles au talus et situés l'un au-dessus de l'autre; sur chacun d'eux roulait un chariot sans fin composé de galets reliés par des tringles de fer, et l'ensemble donnait une sorte de chaîne sans fin analogue à celle que représente le chapelet des godets d'une drague; le roulement s'effectuait aux deux extrémités de la poutre sur des cornières courbées en demi-cercle; entre deux essieux consécutifs du train de galets on trouvait une forte toile fixée sur ses bords, mais non tendue, de sorte qu'elle formait poche et recevait un certain cube de déblai. Une chaîne sans fin reliait tous les

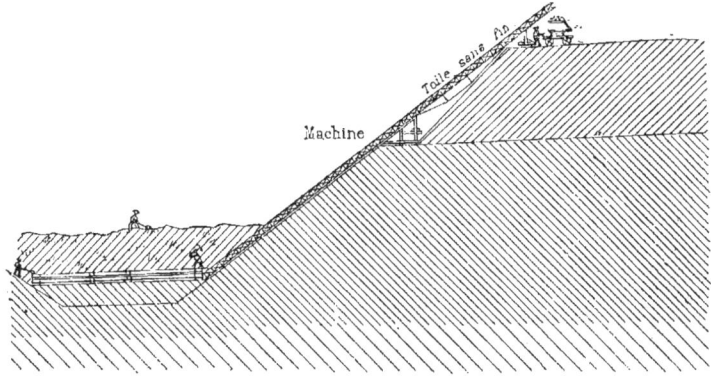

Fig. 63.

essieux du train et le mouvement lui était imprimé par deux poulies actionnées par une locomobile située sur la banquette de halage et susceptible de se déplacer sur une voie ferrée parallèlement au canal. La terre contenue dans chaque poche de toile se déversait au sommet dans des wagonnets destinés à l'emporter plus loin. Ce système, d'une construction simple et d'un déplacement relativement facile par suite de sa légèreté, serait en d'autres pays avantageusement remplacé par des plans inclinés qui conduiraient à un meilleur rendement mécanique. On espérait qu'il pourrait élever environ 600 mètres cubes par journée de 10 heures. Nous le retrouverons appliqué dans les grandes dragues du canal de Suez.

3° **Transports par chaînes sans fin, dites chaînes flottantes.** — Ce procédé, qui n'est encore en usage que pour le transport des charbons et des minerais, nous paraît susceptible de recevoir des applications dans les travaux de terrassement; nous pensons notamment qu'il eût avantageusement remplacé les engins précédents dans les travaux du canal de Suez.

Il consiste essentiellement dans les dispositions suivantes : deux voies ferrées sont établies côte à côte avec l'intervalle nécessaire pour le jeu des wagonnets; une chaîne sans fin, actionnée à une extrémité par une machine à vapeur, s'en va par l'axe d'une voie et revient par l'autre à son point de départ; à cette chaîne on accroche à une extrémité des wagonnets pleins dont l'espacement est à peu régulier, sans qu'on se fasse une loi d'une absolue régularité; ces wagonnets sont entraînés jusqu'au bout des voies, un ouvrier les décroche, les lance sur la voie de déchargement et accroche d'autres wagonnets vides qui retournent au déblai. La chaîne ne s'arrête jamais, la charge qu'elle tire est à peu près constante lorsque le chantier est bien ordonné, et ce mouvement indéfini donne un rendement considérable, car il évite toutes les pertes de temps; un wagonnet part dès qu'il est plein et revient dès qu'il est vide.

M. l'ingénieur Brüll a exposé au congrès du génie civil de 1878 les avantages de ce système, dont il a donné d'intéressants exemples et qui a pris naissance dans le district houiller de Burnley : les voies ont 0^m56 de large, avec une entrevoie de 0^m225; aux vieux rails cornières en fonte on a substitué des rails Vignole éclissés pesant 7 à 12 kilogrammes par mètre; les wagonnets ou berlines ont une capacité de 150 litres, ils sont en tôle ou en bois et fer, on les place à une distance de 10 à 30 mètres l'un de l'autre; quand l'espacement dépasse 30 mètres, la chaîne frotte sur les traverses et il convient de les garnir de fourrures en bois ou en vieille fonte; il est avantageux d'obtenir un espacement à peu près régulier d'une dizaine de mètres. La chaîne est une chaîne ordinaire à maillons en fer de 12 à 23 millimètres de diamètre; elle repose sur les wagonnets et passe dans une fourchette forgée pour la recevoir; on arrive même à réaliser l'accrochage automatique.

Pour achever la description, nous emprunterons à M. Brüll les lignes suivantes :

« La chaîne, portée sur toute la ligne des berlines pleines et sur toute la ligne des berlines vides, s'enroule aux deux extrémités de l'alignement sur deux poulies horizontales de 915 millimètres de diamètre. L'une est simplement une poulie de renvoi et la chaîne l'embrasse seulement sur un demi-tour. L'autre est la poulie motrice et la chaîne y fait deux tours et demi ou trois tours et demi. De plus, des barres verticales d'acier, d'assez forte section, garnissent le pourtour de cette poulie, de façon à produire une adhérence suffisante pour l'entraînement de la chaîne.

« Les poulies sont à un niveau un peu plus élevé que le dessus des berlines. Celles-ci passent dessous au départ et à l'arrivée. Pour que la chaîne se détache sûrement des fourchettes à l'arrivée et afin d'éviter que la chaîne à cet endroit ne soulève la berline, on y établit une armature en fer rond disposée de manière à retenir la berline sur le rail.

« Le moteur le plus ordinairement employé est une machine à vapeur à un ou deux cylindres verticaux de 320 millimètres de diamètre et 610 millimètres de course. Elle commande la poulie motrice par une transmission à engrenages lorsque celle-ci est en dehors de la mine.

« Au point de départ de la ligne, les berlines pleines sont engagées sous la chaîne par un ouvrier envoyeur. Elles passent librement sous la poulie, suivent une pente douce et viennent le plus souvent s'accrocher seules à la chaîne. Si la chaîne ne vient pas loger une de ses mailles entre les branches de la fourche, l'ouvrier va soulever la chaîne et la mettre en place. Quand le wagon a atteint un piquet marquant l'espacement normal, on en engage un autre.

« Les wagons vides sont livrés par la chaîne sur un parquet de taques de fonte et enlevés par un receveur.

« Au point d'arrivée, la manœuvre inverse se fait de même par deux ouvriers.

« Un fil de fer, tendu tout le long de la voie, permet de faire les signaux au mécanicien de tous les points du parcours ; quelquefois on emploie des signaux télégraphiques.

« La vitesse varie ordinairement entre 2 et 6 kilomètres à l'heure.

« A partir de l'orifice des puits ou des descenderies, les voies sont établies au jour et le plus souvent tracées en ligne droite vers le but à atteindre. Le sol est en général assez accidenté. S'il ne se présente pas d'obstacles trop difficiles, on se borne à rectifier par des terrassements insignifiants les inégalités du terrain et l'on pose les voies. S'il y a quelque route, chemin de fer ou canal à traverser, on fait passer le chemin par dessus ou par dessous, soit à l'aide de ponts ou d'estacades d'une grande légèreté, soit en s'enfonçant en galerie aux abords de l'obstacle et se relevant ensuite de l'autre côté. Les fortes inclinaisons que l'on admet et la faible section nécessaire au passage des berlines rendent ces travaux fort peu importants.

« Si le tracé suivant un seul plan vertical traverse, soit des terrains dont on ne peut disposer, soit des pentes trop abruptes, on le modifie suivant deux ou trois directions faisant entre elles un angle quelconque.

« Si, dans une ligne de ce genre, on veut prélever en chemin tout ou partie du charbon qui passe, on installe simplement en ce point, un peu au dessus de la ligne de la chaîne, une roulette en fonte, sur laquelle on pose la chaîne lorsqu'on veut retirer des wagonnets. La voie des chariots pleins est interrompue sur quelques mètres et on établit un plancher de plaques de fonte. Toutes les berlines pleines quittent la chaîne ainsi soulevée quelques mètres avant le galet et arrivent doucement sur les taques. Là, les unes sont poussées vers la suite de la voie qui doit être un peu en pente, et reprennent la chaîne pour continuer leur route, tandis que celles qu'on veut retirer sont tournées sur les plaques et remplacées par des berlines vides.

« Le même moyen est employé pour livrer du charbon à la chaîne sur un point quelconque de son parcours.

« Si le tracé comporte un changement de direction, on le produit, soit au moyen de courbes très douces, en relevant le rail intérieur pour combattre l'action latérale de la chaîne, soit au moyen d'un coude brusque qui peut alors présenter un angle quelconque, même un angle aigu.

« Dans ce cas on peut, ou bien terminer en ce point la chaîne et en établir une seconde qui reçoit son mouvement d'une seconde poulie calée sur le même arbre que la poulie de la première chaîne, ou bien infléchir les deux brins de la chaîne sur deux poulies de renvoi horizontales posées un peu au dessus du niveau supérieur des berlines.

« A ces angles on peut intercepter les deux voies et poser un plancher de fonte. Il faut alors deux hommes pour faire passer les wagons pleins et les wagons vides d'une section sur l'autre en les tournant sur le plancher.

« Mais on peut aussi se dispenser de couper les voies, relier les deux alignements par une courbe de 4 à 5 mètres de rayon. Il faut alors ménager sur chaque voie une légère pente dans le sens du mouvement, de sorte que les berlines, quittant la chaîne quelques mètres avant la poulie, parcourent la courbe et reprennent l'autre chaîne d'elles-mêmes. On se contente alors de poster à cette station un surveillant qui peut être occupé de quelque autre travail.

« Un embranchement est très facile à organiser ; il suffit de poser une poulie sur laquelle un des brins fait un tour ou deux. L'arbre vertical de cette poulie devient moteur à son tour, et, par une seconde poulie qu'on peut embrayer ou débrayer à volonté, commande la chaîne de l'embranchement. Par le moyen qui vient d'être décrit, on fait passer sur l'embranchement les berlines qu'on veut retenir et on laisse continuer aux autres la ligne principale, ou bien encore on reçoit sur celle-ci les charbons venant de l'embranchement. »

« C'est avec les chaînes flottantes qu'on conduit les terres extraites de la mine et qu'on peut même les déplacer au besoin en cas d'encombrement.

« On s'en sert aussi pour envoyer dans la mine les bois, matériaux et approvisionnements nécessaires.

« Tous ces transports fonctionnent sans accidents et même avec la plus grande aisance. Ils atteignent facilement un tonnage journalier de 500 à 600 tonnes. Il est frappant de voir ces petits chariots, égrenés en chapelet dans la campagne, circulant seuls, en apparence, par monts et par vaux, marchant doucement et d'une allure régulière, sans s'accélérer en descendant, sans se ralentir dans les montées, disparaissant sous le sol dès qu'il se présente un obstacle, pour émerger quelques mètres plus loin, en desservant dans toute la contrée les besoins les plus divers avec une égale facilité.

« La dépense de premier établissement est, moyennement, d'une vingtaine de mille francs par kilomètre, pour la voie, la chaîne, les poulies, les machines et les berlines, mais en dehors des galeries, des ponts et des tranchées et remblais.

« Les prix de revient des transports sont naturellement très bas : ils varient, suivant le tracé et le profil de la voie, de 4 à 16 centimes par tonne, transportée à 1 kilomètre. Quand le profil descend, dans son ensemble, de plus de 6 p. 100, le système devient automoteur, et si la pente moyenne est plus grande, on peut encore recueillir aisément le travail mécanique disponible, soit pour exécuter d'autres transports, soit même pour d'autres applications.

« On voit, d'après l'exposé qui précède, que ce qui caractérise surtout le système de la chaîne flottante, c'est, d'abord, la continuité du débit, puis la solidarité de toutes les berlines, et enfin le mode d'attache des berlines à la chaîne.

« La continuité permet de faire circuler un tonnage considérable avec de petites berlines, c'est-à-dire sur des rails de faible section, dans des galeries étroites et très basses, sur des viaducs légers et de grande portée, et sans transbordement du point d'abatage au lieu de livraison.

« Elle permet aussi d'obtenir ce grand tonnage avec une très faible vitesse, et par suite sur des voies peu entretenues et imparfaitement réglées, comme le sont forcément celles de beaucoup de mines à terrains peu solides. Cette faible vitesse évite les déraillements et autres accidents, ménage l'usure du matériel fixe et roulant.

« La solidarité permet l'emploi de très fortes pentes et produit l'économie du travail moteur sur les profils accidentés. Non seulement les berlines vides sont reliées aux pleines, mais les berlines qui descendent entraînent par la chaîne celles qui montent, de sorte qu'étant donnée l'altitude des deux extrémités de la ligne, le tracé peut subir entre elles toutes les dénivellations sans que la dépense de travail en soit plus grande qu'avec une inclinaison uniforme. Il peut même y avoir sur le parcours un point plus élevé que le point de départ et le point d'arrivée.

« Le mode d'attache est simple, rapide et sûr. Il supporte la chaîne sur tout son parcours et dispense de l'emploi des galets, qui donnent lieu en général à de grandes difficultés de graissage et d'entretien. Il est à peu près automatique et permet d'engager et d'enlever des berlines très aisément et sans arrêt en tout point du parcours. La seule sujétion qu'il impose, c'est de ne laisser dans le profil aucun point où la chaîne tende à se soulever de dessus la berline. »

Comme nous le disions en commençant, cet ingénieux système nous paraît susceptible de recevoir des applications heureuses dans certains travaux de terrassement ; nous croyons en particulier qu'il peut avantageusement remplacer les anciens plans inclinés automatiques.

Application aux mines d'Aïn-Sedma. — Il a été fait, aux mines de fer d'Aïn-Sedma (Algérie), une application très intéressante du chemin de fer à chaîne flottante, application dont la description et les calculs ont été donnés par M. Brüll, dans une notice spéciale.

La mine est à 700 mètres d'altitude et est reliée à la baie de Tamana par une voie ferrée dont la longueur totale n'est que de 6,930 mètres, figure 7, planche 7. La ligne comporte douze alignements droits, s'écartant aussi peu que possible du chemin direct.

Les déclivités ne dépassent pas $0^m 30$ par mètre.

Le point le plus délicat d'un tracé de ce genre est le raccordement des pentes et des rampes ; si le raccordement est trop brusque, dans les creux la chaîne abandonne les berlines qui s'accumulent à la partie basse et tout le système s'arrête, sur les sommets la chaîne frotte rudement sur les traverses et le frottement exagéré arrête aussi la marche du système.

Les raccordements se font par des chaînettes dans les creux et par des arcs de cercle sur les sommets.

Desservir la ligne de 7 kilomètres de long par une chaîne unique eût conduit à l'emploi d'une chaîne trop lourde ; aussi l'a-t-on divisée en six sections indépendantes représentant chacune une petite ligne.

On a pu se limiter à l'emploi d'une chaîne de 24 millimètres pesant 12 kilogrammes par mètre courant, avec tension maxima de 3,600 kilogrammes.

Les tensions augmentant proportionnellement à la charge par mètre de la voie des berlines pleines, on a eu recours à de petites berlines espacées de 25 mètres ; les berlines pèsent 155 kilogrammes et peuvent contenir 450 kilogrammes de minerai.

Il y avait avantage à adopter un type peu roulant, afin d'avoir moins de force vive à détruire par le frein ; aussi a-t-on choisi des roues de petit diamètre, 0^{m}20, dont les axes sont à 0^{m}60 de distance, et le graissage est assez grossier.

Dans ces conditions, l'expérience a montré que la résistance au roulement en marche normale était 0,025 du poids en mouvement pour les berlines pleines et 0,030 pour les berlines vides.

La voie est représentée, figure 7, planche 7; les traverses, ayant pour longueur la largeur 2 mètres de la plateforme, portent les deux voies ferrées, de 0^{m}35 d'ouverture, formées de rails Bessemer de 6 kilogrammes au mètre courant.

La fourche d'attelage, figure 8, qui permet aux berlines de s'accrocher d'elles-mêmes à la chaîne, est boulonnée à l'avant de chaque berline ; cette fourche est à quatre dents, elle permet à la chaîne de s'accrocher de sept manières différentes, puisqu'un maillon vertical peut se loger dans l'un ou l'autre des trois creux de la fourche et qu'un maillon à plat peut s'enfiler sur l'une quelconque des quatre dents.

Le chemin de fer exige un personnel de 40 hommes, il transporte 400 tonnes de minerai par journée de 10 heures de travail. Le graissage et les menues fournitures s'élèvent à 80 francs par jour. La dépense de premier établissement s'est élevée à 540,000 francs.

4° **Câbles aériens.** — Les transports par câbles aériens sont nécessaires lorsqu'il s'agit de descendre des matériaux d'une montagne escarpée ou lorsqu'il faut passer au-dessus de cours d'eau ou d'édifices. Les câbles aériens peuvent être automoteurs, comme les plans inclinés.

Nous donnerons, d'après M. l'ingénieur en chef Gariel, la description du câble aérien transporteur et automoteur servant à l'exploitation du ciment de la Porte de France à Grenoble :

« Le projet primitif, dit M. Gariel, comportait une gare de départ ou de chargement au sommet du rocher et une gare inférieure d'arrivée ou de déchargement au niveau des fours : ces deux gares furent reliées par deux câbles, d'un assez fort diamètre, qui devaient servir de support aux chariots ou caisses transportant le ciment. Ces câbles, aa ($fig.$ 3 à 8, $pl.$ 8), placés parallèlement, à peu de distance l'un de l'autre, sont amarrés dans le rocher à la partie supérieure après avoir passé sur une charpente courbe sur laquelle se répartit une partie de la tension. A la partie inférieure, ces câbles sont enroulés sur des treuils e, qui permettent de leur donner constamment la tension convenable malgré les variations de température. Chaque caisse est suspendue au-dessous d'une sorte de chariot h constitué par deux poulies à gorge garnies de cuir roulant sur les câbles. Primitivement les deux caisses étaient réunies par un câble de retenue d'un diamètre relativement assez faible, qui s'enroulait autour d'une poulie à gorge et à frein, placée à la gare de départ et dont la longueur était telle que l'une des caisses était à la gare de départ lorsque l'autre était à la gare d'arrivée. »

On conçoit, dans ces conditions, que la caisse pleine se trouvant à la partie supérieure devait descendre sur le plan incliné formé par l'un des câbles fixes en entraînant le câble de retenue et faisant remonter la caisse vide sur l'autre câble fixe. Mais il faut remarquer que le câble de retenue, dont le poids était considérable, 600 kilogrammes, agissait comme résistance pendant la moitié du chemin et comme moteur pendant l'autre moitié, s'opposant au départ et tendant à augmenter la vitesse à l'arrivée. D'autre part, sous l'influence de son poids, ce câble prenait une courbe accentuée et assez variable, donnant lieu à des changements notables de tension. On ne pouvait, dans ces conditions, utiliser la caisse vide pour monter l'eau et les divers matériaux et approvisionnements nécessités par les exigences de l'exploitation, et il fallait employer le frein presque constamment pour régulariser le mouvement. Aussi le câble de retenue et le frein s'usèrent-ils rapidement.

Pour remédier à ces inconvénients que l'on reconnut promptement, il suffisait d'équilibrer le câble de retenue, ce que l'on obtint facilement en reliant les caisses à la partie inférieure par un autre câble semblable passant sur une poulie inclinée placée à la station d'arrivée. Mais il fallait que l'on pût régler la tension de ce câble sans fin qui avait ainsi 1,200 mètres de longueur. Pour atteindre ce résultat, la poulie inférieure f fut montée sur un wagonnet à quatre roues suffisamment chargé et roulant sur une voie fixe très inclinée reposant sur une charpente spéciale.

On conçoit que, dans ces conditions, la poulie monte ou descend suivant les circonstances et que la tension du câble de retenue peut être considérée comme constante. Aussi, d'une part, équilibre constant des deux brins du câble de retenue; d'autre part, tension invariable. Tels étaient les avantages obtenus qui se traduisirent par un travail régulier du frein, par une douceur de marche parfaite, et enfin par une grande précision dans l'arrivée des caisses qui, auparavant, se promenaient sur le câble avant l'arrêt à la station inférieure par suite des mouvements du câble. La nécessité de cette installation est mise en évidence par le fonctionnement même du système actuel : malgré l'équilibre du câble, à chaque voyage le wagonnet qui supporte la poulie se déplace de 2 mètres environ, déplacement qui correspond à des variations de tension du câble de retenue; en outre, un déplacement à peu près aussi considérable se produit par suite des variations de température. Enfin, ces modifications permettent de remonter un poids utile qui est d'environ les 0,4 de la charge descendante.

Dans les cas où les charges à monter surpasseraient les charges descendantes, on pourrait appliquer le même système en actionnant la poulie fixe qui pourrait être alors à la station inférieure par une machine à vapeur ou un moteur quelconque.

Dans l'installation que nous venons de décrire, les câbles fixes en fil de fer dont la longueur est de 600 mètres et qui ont un diamètre de $0^m,045$ sont distants de 3 mètres, leur poids, ensemble, est d'environ 6,000 kilogrammes; le câble de retenue, également en fil de fer très souple, a une longueur de 1,200 mètres et un diamètre de 0^m018, son poids est d'environ 1,000 kilogrammes. Chaque caisse à fond mobile, a une capacité de 0^m900; le poids à la descente dans une caisse est de 1,000 kilogrammes.

Les poulies tant supérieure qu'inférieure, les leviers, boulons, chariots, ferrures des caisses, en un mot toute la partie métallique, sauf les câbles, pèse 8,500 kilogrammes.

La vitesse du mouvement est d'environ 6 mètres par seconde ; l'ascension de la caisse se fait en une minute et demie ; la sécurité est si grande que les employés et même les propriétaires de l'usine font souvent le trajet de l'une à l'autre station par ce moyen. Le voyage complet comprenant chargement et déchargement dure 5 minutes, un fil télégraphique reliant les deux stations permet d'éviter toute perte de temps et toute fausse manœuvre. Cette installation permet une exploitation de 120,000 à 160,000 kilogrammes par journée de 12 heures.

Sauf les maçonneries et les charpentes, le prix total de l'installation a été de 15,500 francs, ce qui met le prix moyen de la partie métallique à 1 franc le kilogramme.

Ce système fut appliqué dès 1874 et donna des résultats assez satisfaisants pour qu'en 1875 MM. Dumollard et Viallet en fissent établir un second entièrement semblable.

Bien que la disposition que nous venons de décrire ne présente rien de nouveau d'une manière absolue, elle paraît convenablement appliquée et les résultats satisfaisants qu'elle a donnés montrent que les procédés employés dans ce cas peuvent servir dans d'autres circonstances analogues. »

CHAPITRE III

EXÉCUTION DES DÉBLAIS ET DES REMBLAIS

L'exécution des déblais et des remblais présente parfois de grosses difficultés, elle soulève des questions fort délicates dont la solution a donné lieu à de remarquables travaux.

Il nous a paru impossible de traiter cette matière sans commencer par l'étude de la poussée des terres et des murs de soutènement, ce qui nous a conduit à donner au présent chapitre la division suivante :

1° Talus et poussée des terres ; murs de soutènement;
2° Description des grands chantiers de terrassement ;
3° Consolidation des talus ; moyens de prévenir les éboulements.

1° TALUS ET POUSSÉE DES TERRES; MURS DE SOUTÈNEMENT

Talus naturel des terres. — Le talus naturel d'une terre est le plan incliné qui limite un massif de cette terre, lorsque ce massif a été exposé pendant longtemps aux influences atmosphériques.

Nous laissons ici les roches de côté et sous le nom de terres nous rangeons toutes les matières plus ou moins friables dont l'argile pure et le sable pur et sec sont les limites extrêmes ; le caillou et le gravier cassés à grosseur uniforme se conduisent comme des terres et peuvent donner lieu aux mêmes calculs.

Nous ne considérerons actuellement que des massifs sensiblement homogènes, dont tous les points présentent les mêmes conditions physiques.

A l'exception des sables absolument secs, les terres non fraîchement remuées présentent toutes une certaine *cohésion*; pour séparer l'un de l'autre deux éléments voisins, il faut exercer un certain effort proportionnel à la surface de contact ; cet effort rapporté au mètre carré mesure la cohésion.

Cohésion des terres. — Les expériences sur la cohésion des terres sont peu nombreuses; d'après Navier, le coefficient de cohésion, ou valeur de la cohésion par mètre carré, est de :

136 kilogrammes pour les terres franches ;
568 kilogrammes pour les terres fortes.

Des expériences effectuées en Autriche ont donné :

520 kilogrammes pour une argile sèche;
930 kilogrammes pour une argile humide.

Valeur du talus naturel. Lorsque l'on tranche un massif de terre, on peut presque toujours lui donner tout d'abord un talus assez rapproché de la verticale ; il y a même des argiles compactes qui sont susceptibles de se maintenir pendant plusieurs années avec une tranche presque verticale sur plusieurs mètres de hauteur.

Mais ce sont là des circonstances absolument exceptionnelles; en général, lorsqu'une terre est tranchée suivant un talus voisin de la verticale, les intempéries, les alternatives de gel et de dégel, de sécheresse et d'humidité ne tardent pas à désagréger les parties voisines de la superficie, à leur faire perdre toute cohésion; la terre, devenue pulvérulente, ne peut se maintenir que par le frottement dont l'action est insuffisante; il y a donc un léger éboulement avec adoucissement du talus. Le même effet se reproduit et le talus s'affaisse jusqu'à ce qu'il ait atteint la limite pour laquelle le frottement des molécules terreuses sur la surface sous-jacente est assez fort pour équilibrer l'action de la pesanteur qui tend à les entraîner vers le bas.

A ce moment, le massif a atteint son *talus naturel*.

Quand un corps solide est posé sur un plan horizontal et pèse sur ce plan d'un poids P, si on le tire horizontalement, on éprouve une certaine résistance, qui est proportionnelle à P et qui s'exprime par fP. f est le coefficient de frottement, qui a une valeur constante pour deux substances données.

Lorsque l'on incline peu à peu le plan primitivement horizontal, le corps qu'il supporte est sollicité à descendre suivant la ligne de plus grande pente du plan incliné; en appelant α l'inclinaison du plan sur l'horizon, le poids du corps se décompose en deux forces, l'une $Q = P \sin \alpha$ parallèle à la ligne de plus grande pente et l'autre $N = P \cos \alpha$ perpendiculaire au plan incliné ; la force qui sollicite le corps a descendre est Q ou $N \tang \alpha$ et la force qui s'oppose au mouvement est le frottement fN. Tant que $\tang \alpha$ est inférieur à f, le frottement l'emporte, le corps ne descend pas; quand $\tang \alpha$ atteint la valeur f, il y a équilibre, et quand $\tang \alpha$ dépasse f, le corps descend d'un mouvement uniformément accéléré.

Ces considérations bien connues s'appliquent à un massif de terre à cohésion nulle ; tant que l'inclinaison du talus est supérieure au coefficient de frottement f, les molécules terreuses sont entraînées sur le talus et descendent jusqu'au pied; l'équilibre s'établit seulement au moment où l'inclinaison du talus est précisément égale à f.

Ce coefficient représente donc $tang\,\varphi$, c'est-à-dire la tangente trigonométrique de l'angle que forme avec l'horizon le talus naturel de la terre considérée.

L'expérience directe donne, dans les divers cas, la valeur de ce talus ; on l'a déterminé notamment par l'observation directe des talus que prend une masse de terre versée dans une caisse à parois de verre.

Voici les chiffres donnés par divers auteurs :

DÉSIGNATION DES TERRES	f ou $tang\,\varphi$	Angle φ	Expérimentateurs.
Terre ordinaire humectée.	0,73	36°	Morin.
Terres fortes les plus denses.	1,28	52°	—
Sable extra-fin et très sec.	0,29	16°	Audé.
Argile sèche ou un peu humide.	0,84	40°	Major Mastony (Autriche).
Bonne terre ordinaire de remblai.	0,93	43°	
Terre franche employée en remblai derrière les bajoyers des barrages de la Seine (ayant subi les influences d'une crue).	0,445	24°	De Lagrené.
	0,70	35°	
Gravier mélangé de sable (mêmes conditions).	0,577	30°	—
Terre sablonneuse.	0,726	36°	—
Sable sec.	0,65	33°	Gobin.
Terre sablonneuse.	0,90	42°	—
Eau et vases fluides.	0,00	0°	—

Les chiffres de M. de Lagrené ont été obtenus en plaçant un massif de terre dans une caisse sans fond ; on fit monter l'eau dans cette caisse très lentement, puis on laissa descendre de même, afin de simuler les circonstances d'une crue.

En résumé, on peut adopter pour un remblai en bonne terre ordinaire un talus naturel de 45°, qui tombe aux environs de 30° s'il s'agit d'une terre humectée ou d'un sable à peu près pur.

On sait que pour l'eau l'angle de frottement est de 0° ; il est prudent d'assimiler les vases fluides à un liquide dont la densité serait précisément celle de la vase, car ces matières donnent lieu à d'énormes poussées.

Influence de la cohésion sur le talus naturel. — Le talus naturel AT est celui que prend un massif de terre abandonné à lui-même et dépourvu de toute cohésion.

Mais, en fait, une terre quelconque, à moins d'être fraîchement remuée, possède toujours une certaine cohésion, et il est possible de conserver au-dessus du talus naturel un massif tel que ABT, dont l'inclinaison suivant AB est supérieure à φ et qui, bien que sollicité par son poids à descendre, demeure en équilibre, parce que l'action de la pesanteur est contrebalancée par celle du frottement et de la cohésion.

Considérons la situation d'équilibre, c'est-à-dire celle pour laquelle le talus AB est tel qu'un prisme, BAC, par exemple, est sur le point de s'ébouler.

On a l'habitude, dans les calculs relatifs à la poussée des terres, de considérer toujours une portion de talus ou de mur d'un mètre de longueur, de sorte que les volumes des maçonneries ou des masses de terre considérées sont mesurés par la surface même de la section transversale. Cette convention simple ne doit point être oubliée du lecteur.

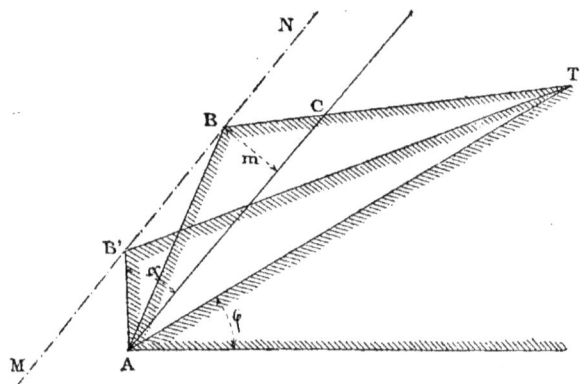

Fig. 64.

Appelons d la densité de la terre, le poids du prisme ABC qui est sur le point de s'ébouler est égal à : $d.\dfrac{\mathrm{AC} \times m}{2}$, et la composante de ce poids parallèle à la surface de glissement AC est

$$d.\mathrm{AC}.\frac{m}{2}.\cos\alpha\,;$$

c et f étant les coefficients de cohésion et de frottement; la force totale de cohésion qui s'oppose au glissement est $c \times \mathrm{AC}$, et la force totale de frottement est : $f.d.\mathrm{AC}.\dfrac{m}{2}\sin\alpha$. L'équation d'équilibre s'écrit :

$$d.\mathrm{AC}.\frac{m}{2}.\cos\alpha = c.\mathrm{AC} + f.d.\mathrm{AC}.\frac{m}{2}\sin\alpha,$$

ou bien :

$$d.\frac{m}{2}\cos\alpha = c + f.d.\frac{m}{2}\sin\alpha \quad (1).$$

Cette équation nous apprend que l'équilibre est indépendant de la longueur AC, c'est-à-dire de la position de la ligne BT; l'équilibre une fois établi pour la forme ABT subsistera, quelle que soit la position que l'on donne au point B sur la parallèle MN à AC, puisque tous les éléments de l'équation resteront les mêmes. Il va sans dire cependant que le point B ne peut passer à gauche de la verticale du point A.

En particulier, l'équilibre subsistera lorsque le point B viendra en B' sur la verticale du point A, et le profil du massif comprendra alors une partie verticale AB' et un talus B'T. D'où cette conclusion intéressante :

Un massif d'une terre possédant une certaine cohésion peut toujours être coupé verticalement sur une certaine hauteur, qui dépend de l'intensité de la cohésion.

Lorsque c est nulle, l'équation nous donne

$$\operatorname{cotang} \alpha = f \quad \text{ou} \quad \operatorname{tang} \varphi,$$

c'est-à-dire que la ligne AC se confond avec le talus naturel ; nous retombons sur cette notion première, qu'en l'absence de cohésion l'équilibre n'est possible qu'autant que le talus a pour inclinaison sur l'horizon la valeur même du frottement.

Remplaçons dans l'équation (1) m par sa valeur AB' $\sin \alpha$ ou $h \sin \alpha$; elle devient :

$$\frac{dh}{2} \sin \alpha \cos \alpha = c + fd \cdot \frac{h}{2} \sin^2 \alpha,$$

qui peut s'écrire :

$$\operatorname{tang}^2 \alpha \left[\frac{2c}{dh} + f \right] - \operatorname{tang} \alpha + \frac{2c}{dh} = 0.$$

C'est une équation du second degré, dont les racines ne peuvent être positives que si la relation :

$$1 - \frac{8c}{dh}\left(\frac{2c}{dh} + f\right) > 0.$$

Le minimum de h résultera donc de l'équation

$$1 = \frac{8c}{dh}\left(\frac{2c}{dh} + f\right),$$

ou :

$$d^2 h^2 - 8cfdh - 16.c^2 = 0,$$

équation du second degré, qui permet de déterminer h lorsque les coefficients d, f et c sont connus.

Considérons, par exemple, une terre forte, une argile compacte et homogène, pour laquelle

$$f = 1,25 \qquad d = 1,800 \text{ kilogrammes} \qquad c = 500 \text{ kilogrammes},$$

l'équation précédente va s'écrire :

$$81.h^2 - 225h - 100 = 0 ;$$

la racine positive, seule à considérer, est $3^m,15$.

Ainsi, une argile possédant la cohésion, la densité et le frottement sus-indiqués, peut être coupée verticalement sur une hauteur de $3^m,15$ *sans perdre l'équilibre.*

Cet exemple pratique montre bien l'énorme influence de la cohésion.

Il nous apprend qu'il est souvent possible de roidir considérablement les talus de déblai qu'on adopte d'ordinaire, et il existe en effet des coupures verticales effectuées dans des argiles compactes qui se maintiennent depuis de longues années.

Est-ce à dire que nous recommandons l'adoption générale des talus roides permis par la cohésion des terres? Non, certes, car il faut toujours compter avec le défaut d'homogénéité, avec les sources et les niveaux d'eau qui causent des éboulements imprévus.

Lors donc qu'il s'agit d'une œuvre définitive, dans laquelle l'éboulement d'un talus peut causer un grand dommage et de graves accidents, s'il s'agit d'un chemin de fer, par exemple, on doit adopter pour les talus de déblai la valeur indiquée par l'angle même du frottement, c'est-à-dire 1 de base pour 1 de hauteur dans les bons terrains, 3 de base pour 2 de hauteur dans les terrains humides, et jusqu'à 2 de base pour 1 de hauteur dans les sables fluents.

Mais, s'il s'agit d'une fouille provisoire ou d'une tranchée de chemin pour laquelle un éboulement ne saurait avoir de conséquences graves, on peut réaliser une grande économie en roidissant les talus, parfois même en coupant les terres verticalement : c'est la méthode que l'on adopte pour creuser par exemple des tranchées de drainage, et nous pensons qu'il ne faudrait pas craindre de l'adopter plus souvent dans la construction des chemins ordinaires, sous la réserve, bien entendu, que la profondeur de la tranchée est faible, et qu'un éboulement n'est pas susceptible d'amener des accidents de personnes.

Murs de soutènement et poussée des terres. — La théorie des murs de soutènement a été abordée par un grand nombre de mathématiciens, et a donné lieu dans ces derniers temps à de savants calculs.

Malheureusement, la diversité des conclusions formulées montre bien toute la difficulté de ces études qui, trop souvent, sont demeurées sans utilité pratique pour le constructeur.

Deux écoles sont aujourd'hui en présence : l'école ancienne qui admet avec Coulomb que la poussée exercée sur la face intérieure verticale d'un mur est perpendiculaire à cette face, et l'école moderne qui, avec Rankine, considère la poussée comme parallèle au talus qui limite à sa partie supérieure le massif soutenu.

M. l'inspecteur général de Lagrené a pris ce dernier principe comme base du mémoire qu'il a publié dans les *Annales des ponts et chaussées* de décembre 1881. De son côté, M. Gobin, ingénieur en chef des ponts et chaussées, dans un mémoire inséré aux *Annales des ponts et chaussées* d'août 1883, a développé la méthode de Coulomb en l'appliquant aux divers cas de la pratique.

C'est son travail très complet que nous prendrons comme guide, parce qu'il nous paraît plus simple, avantage important en pareille matière, et surtout parce qu'il nous paraît en meilleure concordance avec les résultats expérimentaux.

Un massif de terre soutenu par un mur exerce sur la face postérieure de ce mur une pression que la théorie de la poussée des terres a pour objet de déterminer en grandeur et en direction.

On ne tient, dans cette théorie, *aucun compte de la cohésion*, et on a encore plus raison de le faire que lorsqu'il s'agit de talus de déblai, car les massifs soutenus par les murs sont formés, en tout ou en partie, de terres rapportées, dont la cohésion a été détruite et qui la reprendront seulement à la longue sous la compression des assises qui les surmontent.

On doit donc considérer que la poussée exercée par un massif accolé à un mur est due à l'effort exercé par le prisme de terre compris entre la maçonnerie et le *talus naturel* partant du pied intérieur du mur; ce prisme tend à glisser sur le talus naturel et n'est arrêté que par la résistance du mur.

La densité des terres, toutes choses égales d'ailleurs, joue donc un rôle dans la question; cette densité est susceptible de quelques variations comme le rappelle le tableau ci-après :

	KILOG.
Un mètre cube de terre végétale pèse.	1,400 à 1,500
— sable fin et sec.	1,400
— de terre franche.	1,500
— de terre argileuse et de marne.	1,600
— de terre glaise.	1,900

On admet que les terres placées en remblai derrière le mur sont homogènes.

Dans ces conditions la *poussée exercée sur un plan vertical, par un massif de terre arasé horizontalement, est horizontale.*

En effet, considérons un massif de ce genre indéfini et dans ce massif en équilibre une section verticale A, la pression à droite de A est équilibrée par celle de gauche, elle lui est donc égale et directement opposée ; mais, si celle de droite est oblique, celle de gauche doit, par raison de symétrie, faire avec la verticale le même angle que celle de droite ; les deux pressions sont donc symétriques par rapport au plan A ; elles ne ne peuvent être directement opposées l'une à l'autre que si elles sont en même temps horizontales, condition nécessaire et suffisante.

Du reste, si les pressions qui s'exercent de chaque côté du plan A pouvaient être symétriquement obliques, leur résultante serait verticale et s'ajouterait à l'effet de la pesanteur ou s'en retrancherait, de sorte qu'un massif de terre posé sur un plan horizontal indéfini transmettrait à ce plan une action supérieure ou inférieure à son poids, conséquence absurde.

Si l'on enlève une des portions du massif, à droite ou à gauche de A, et qu'on la remplace par un plan vertical immobile, rien n'est changé dans la situation physique de la portion conservée, et la poussée qu'elle exerce sur le plan A demeure horizontale.

Ainsi, il est hors de doute qu'un massif arasé horizontalement exerce sur une paroi verticale une pression horizontale.

C'est de ce principe que nous partirons pour calculer la poussée dans les divers cas.

1er cas. — **Mur à parement intérieur vertical soutenant un terre-plein horizontal.**

— Soit AB le parement intérieur du mur et BC le talus naturel du massif adossé, talus faisant avec l'horizon l'angle φ; si l'on suppose que le mur glisse sur sa base horizontale (et c'est une hypothèse qui peut être réalisée expérimentalement), qu'arrive-t-il dans ce mouvement? Les molécules voisines de AB suivent cette surface par suite de l'adhérence qui existe entre elles et le mur; les molécules voisines de BC sont maintenues par le frottement, de sorte que, pour combler le vide, il se produit un affaissement superficiel vers le milieu de AC, et si le mouvement de recul continue, on voit une cassure se dessiner en F; un prisme ABF tend à se détacher de la masse comme si une faille géologique prenait naissance suivant BF qui fait avec BA l'angle α.

C'est ce prisme qu'on appelle le *prisme de plus grande poussée*; lorsque la section BF est voisine de la verticale BA, le prisme ABF qui tend à se détacher n'a qu'un faible poids et n'exerce sur le mur qu'une action minime; l'action est encore minime lorsque la section BF se rapproche du talus naturel BC, car le frottement équilibre presque la composante de la pesanteur parallèle au talus. Ainsi, l'action exercée par le prisme augmente à mesure que

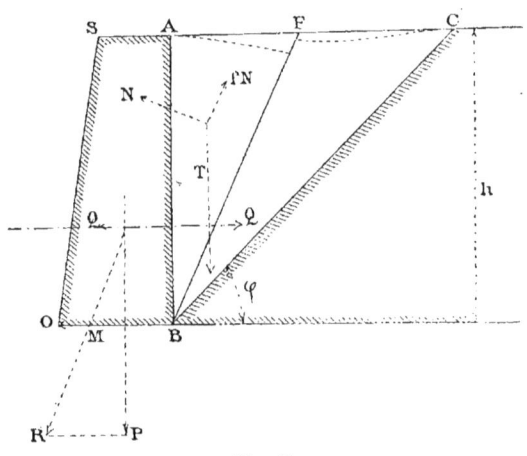

Fig. 65.

la section BF s'incline à partir de BA ou se relève à partir de BC; le maximum de la poussée correspond donc à une position intermédiaire telle que BF qu'il faut déterminer.

Au moment de l'équilibre, c'est-à-dire au moment où le mouvement est sur le point de se produire, le prisme ABF est soumis à l'action : 1° de son poids T; 2° de la réaction exercée sur lui par le mur, réaction égale et directement opposée à la poussée Q; 3° de la réaction normale N exercée par le massif de terre sur le plan BF; 4° du frottement fN parallèle à BF.

Le poids T, en appelant d la densité de la terre et h la hauteur du mur, est :

$$\frac{1}{2} dh^2 \tang \alpha.$$

Le prisme étant en équilibre, la somme algébrique des projections sur un axe quelconque de toutes les forces qui le sollicitent est nulle, et si l'on prend pour axe successivement la verticale et l'horizontale, on a les équations :

$$\begin{aligned} T &= N \sin \alpha + Nf \cos \alpha \\ Q &= N \cos \alpha - Nf \sin \alpha \end{aligned}$$

qui donne :

$$Q = T \frac{\cos \alpha - f \sin \alpha}{\sin \alpha + f \cos \alpha};$$

et, si l'on remplace f par $\tang \varphi$, on arrive à :

$$Q = T \frac{\cos (\alpha + \varphi)}{\sin (\alpha - \varphi)} = \frac{T}{\tang (\alpha - \varphi)} = \frac{1}{2} d h^2 \frac{\tang \alpha}{\tang (\alpha - \varphi)},$$

expression dont il faut chercher le maximum.

Désignons $\tang \alpha$ par x et $\tang \varphi$ par f, $\tang (\alpha - \varphi)$ sera égal à

$$\frac{x + f}{1 - fx},$$

et le maximum de Q correspondra au maximum de l'expression

$$\frac{x(1 - fx)}{x + f};$$

prenons la dérivée de cette expression et égalons-la à zéro, nous obtenons l'équation :

$$fx^2 + 2f^2 x - f = 0,$$

dont nous avons à considérer seulement la racine positive ; cette racine sera la valeur de x correspondant au maximum de Q ; sa valeur est

$$x = -f + \sqrt{f^2 + 1} = -\tang \varphi + \sqrt{1 + \tang^2 \varphi};$$

si l'on remplace $\tang \varphi$ par son expression en fonction de $\tang \frac{\varphi}{2}$, c'est-à-dire par :

$$\frac{2 \tang \frac{\varphi}{2}}{1 - \tang^2 \frac{\varphi}{2}},$$

on trouve finalement :

$$x = \frac{1 - \tang\frac{\varphi}{2}}{1 + \tang\frac{\varphi}{2}}$$

qui peut s'écrire :

$$x = \frac{1 - \tang 45° \tang\frac{\varphi}{2}}{1 + \tang 45° \tang\frac{\varphi}{2}}$$

$$= \tang\left(\frac{90° - \varphi}{2}\right),$$

car tang 45° est égal à l'unité.

La valeur de α qui donne la poussée maxima résulte donc de l'égalité

$$\tang \alpha = \tang \frac{90° - \varphi}{2},$$

ou

$$\alpha = \frac{90° - \varphi}{2}.$$

Ainsi, *le prisme de plus grande poussée est limité à la bissectrice* BF *de l'angle* ABC, *complément de l'angle du talus naturel.*

Appelons a le complément de φ, le maximum de Q correspondra à l'angle $\frac{a}{2}$, et $(\alpha + \varphi)$ sera alors égal à $\left(90° - \frac{a}{2}\right)$, tang $(\alpha + \varphi)$ deviendra cotang $\frac{a}{2}$ ou $\left(\frac{1}{\tang\frac{a}{2}}\right)$, et le maximum de Q sera :

(2)
$$Q = \frac{1}{2} dh^2 \tang^2 \frac{a}{2}.$$

Avec un liquide φ est nul, $\frac{a}{2} = 45°$, et $Q = \frac{1}{2} dh^2$; c'est la formule connue applicable à l'eau ou à une vase fluide.

Avec une terre, tang $\frac{a}{2}$ est toujours inférieur à l'unité et la poussée est par suite toujours inférieure au poids $\frac{1}{2} dh^2$ tang $\frac{a}{2}$ du prisme ABF.

La formule (2) montre que la poussée est proportionnelle : 1° à la densité des terres, les remblais les plus légers sont donc les meilleurs, toutes choses égales d'ailleurs ; 2° au carré de la hauteur.

Point d'application de la poussée. — Divisons la hauteur h en un grand nombre de parties égales; la poussée sur la partie 1 est mesurée par le prisme 1 à section triangulaire; la poussée sur la partie 2 s'obtient par différence et est mesurée par le prisme 2 à section trapèze; de même la poussée sur les éléments successifs de la paroi est mesurée par les trapèzes 3, 4, 5. La poussée principale est la résultante de toutes ces poussées élémentaires 1, 2, 3, 4; pour trouver cette résultante, on a à faire la même opération que pour chercher le centre de gravité du triangle ABF, donc la résultante se trouve au tiers de la hauteur à partir de la base.

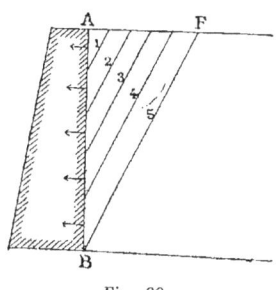

Fig. 66.

On arrive facilement à la même conclusion par le calcul. D'après la formule (2), la poussée pour un mur de hauteur z est Kz^2, et si la hauteur s'augmente d'une quantité infinitésimale dz, l'accroissement de la poussée est $2Kzdz$; c'est la poussée afférente à l'élément de hauteur dz, son moment par rapport au point A est $2Kz^2dz$. La poussée totale pour un mur de hauteur h est Kh^2 et son moment Kh^2X. Égalant la somme des moments des composantes au moment de la résultante on a :

$$Kh^2X = \int_0^h 2Kzdz = \frac{2}{3}Kh^3, \qquad \text{d'où} \quad X = \frac{2}{3}h.$$

Ainsi *le point d'application de la poussée est au tiers de la hauteur du mur à partir de sa base.*

Nous avons maintenant tous les éléments nécessaires pour calculer la résistance du mur ABO, figure 65.

La ruine de ce mur est possible de trois manières différentes sous l'influence de la poussée des terres qu'il soutient :

1° Il peut glisser horizontalement sur sa base OB; en pratique, cet effet est impossible, car le mur ne repose pas directement sur un sol glissant, il forme avec sa fondation encastrée dans la terre un massif unique de maçonnerie, et, pour déterminer le glissement, il faudrait cisailler tous les moellons encastrés les uns dans les autres suivant la section OB (on se garde bien en effet d'établir dans un mur de soutènement des joints horizontaux continus et on recherche avant tout un complet enchevêtrement), de sorte que, même en négligeant l'adhérence pourtant considérable des mortiers, le coefficient de frottement ou plutôt de cisaillement n'est jamais inférieur à 0,75. Le glissement ne serait donc possible que si la poussée Q atteignait la fraction 0,75 du poids du mur. On pourra toujours vérifier rapidement que cette circonstance ne se présente pas dans les constructions pratiques. Le glissement sur la base n'est donc pas à redouter.

2° La poussée Q se compose avec le poids P du mur appliqué en son centre de gravité, et donne la résultante totale R dont l'effet s'exerce sur la base OB du mur; M est son point d'application; si l'on remplace R en ce point M par ses deux composantes P et Q, la composante Q exercera suivant OB une traction vaincue par le frottement des maçonneries sur elles-mêmes, et la composante verticale P pressera la base OB. On sait que cette pression P ne se répartit pas uniformément sur OB, sauf le cas où elle tombe précisément au milieu de cette base ; le maximum de la pression élémentaire se produit sur l'arête O la plus voisine de M et on en détermine l'intensité par des formules que nous exposerons plus loin. Grâce à ces formules, on calcule donc la pression sur l'arête extérieure O et on s'assure que cette pression ne dépasse point le chiffre admis pour le genre de maçonnerie mis en œuvre, sans quoi on serait exposé à voir le mur périr par écrasement des maçonneries vers l'arête O. Cette recherche des pressions est très importante ; il est indispensable de l'effectuer lorsque l'on étudie les grands murs de soutènement, comme ceux des barrages de réservoirs, pour lesquels le parement extérieur n'est pas une ligne droite, mais une ligne courbe ou brisée à talus croissant de haut en bas ; nous avons donné, dans notre traité des canaux, une méthode mixte, à la fois graphique et algébrique, qui permet de déterminer le profil des murs de ce genre de telle sorte que, dans toute section horizontale, la pression maxima sur l'arête soit limitée à une valeur donnée. Mais dans les murs ordinaires, la considération du maximum de la pression n'a pas la même importance, pourvu que le profil soit calculé avec un certain coefficient de sécurité au renversement comme nous l'exposerons tout à l'heure. Néanmoins, nous engageons les constructeurs à se rendre toujours compte, lorsqu'il s'agit d'un travail un peu important, de l'intensité de la pression à la base du mur et de la valeur de la pression sur l'arête, afin de s'assurer que la chute *par écrasement* n'est pas à craindre, quoiqu'il en soit généralement ainsi lorsque l'on est assuré contre la possibilité de la chute *par renversement ;*

3° Enfin, le mur peut périr d'une dernière manière : *par renversement* autour de l'arête O. La force qui tend à produire le renversement est la poussée Q avec un bras de levier $\frac{1}{3}h$; les forces résistantes contraires sont : 1° le poids du mur avec un bras de levier l qui dépend de la position du centre de gravité de la section ; 2° la résistance des maçonneries à l'arrachement suivant OB ; si t est la résistance par mètre carré, elle s'élève pour un mètre courant du mur à $t \times$ OB et son bras de levier est $\frac{\overline{OB}}{2}$; 3° le frottement des terres contre la paroi verticale AB ; comme cette paroi est rugueuse et recouverte d'une couche de terre adhérente, on peut prendre comme coefficient de frottement le coefficient f du frottement de la terre sur elle-même ; le frottement total est donc fQ et son bras de levier est OB.

Le mur sera en équilibre lorsque le moment de la poussée sera égal à la somme des moments résistants, ce qui se traduit par l'équation :

(3)
$$Q.\frac{h}{3} = t.\frac{\overline{OB}^2}{2} + P.l + f.Q.\overline{OB} ;$$

mais il ne suffit pas dans la pratique que l'équilibre soit assuré, cet équilibre sera rompu à la moindre augmentation de la poussée ; que le remblai soit mouillé, la poussée augmente aussitôt et le mur va se renverser.

Il faut donc que le rapport des moments résistants au moment renversant soit supérieur à l'unité ; et c'est la valeur qu'on adopte pour ce rapport qui s'appelle le *coefficient de sécurité au renversement*.

Lorsqu'il s'agit de maçonneries bien faites et d'ouvrages soignés, on peut admettre un coefficient de sécurité égal à 1,5.

Mais dans les murs ordinaires, lorsque l'on n'est pas certain de la bonne qualité des maçonneries, ou lorsqu'on se sert de chaux grasse ou de pierres sèches, il est plus prudent de recourir au coefficient 2.

De l'étude qui précède et de la formule (3) découlent les circonstances ci-après :

Toutes choses égales d'ailleurs, il y a avantage pour la stabilité :

1° *A employer dans la maçonnerie les matériaux les plus denses* que l'on puisse se procurer ;

2° *A se servir de mortiers prenant rapidement une grande résistance à l'arrachement*, sauf à n'effectuer le remblai derrière le mur qu'après le temps nécessaire à la prise des mortiers ;

3° *A laisser au parement du mur en contact avec les terres une surface aussi rugueuse que possible*. A ce point de vue, il serait même bon de ménager dans ce parement des pierres saillantes, afin d'augmenter le frottement ;

4° A pilonner soigneusement les terres derrière le mur pour le même motif.

Il va sans dire qu'il faut dans le calcul admettre pour les terres l'état physique qui leur donne le talus naturel le plus rapproché de l'horizon ; en particulier, si les terres en arrière du mur sont exposées à être pénétrées par les eaux, par la crue d'une rivière par exemple, c'est le talus naturel correspondant à cette circonstance qu'il faut introduire dans le calcul et non celui qui se rapporte aux terres sèches.

Lorsqu'il s'agit de murs ordinaires, il convient de prendre des précautions pour évacuer les eaux pluviales qui, pénétrant dans le massif des terres, les amolliraient et les rendraient fluides. A ce point de vue, il est bon de choisir pour le remblai en arrière du mur des matériaux perméables, des graviers par exemple. Il faut, en outre, *ménager à l'eau des issues à travers le mur*, particulièrement à la base ; on établit à cet effet des fentes rectangulaires appelées *barbacanes*.

Enfin on peut se demander quel talus il convient d'adopter pour le parement extérieur du mur. La surface de la section étant constante, cette section, à mesure que le talus SO s'inclinera, partira de la forme rectangulaire pour aboutir à la forme triangulaire AOB ; pour le rectangle la verticale du centre de gravité tombe au milieu de OB, et pour le triangle elle tombe au tiers de OB à partir de B ; pour tous les trapèzes intermédiaires entre ces deux formes extrêmes, la verticale du centre de gravité coupe la base suivant une fraction qui varie d'une manière continue de la moitié au tiers de la base. Donc, le bras de levier du poids constant P par rapport à l'arête O augmente avec l'inclinaison du talus, il en est de même de la résistance à l'arrachement et de son moment, ainsi que du bras de levier du frottement sur AB. Ainsi, tous les termes du second membre de l'expression (3) augmentent, tandis que le premier terme reste constant. Il en résulte que le coefficient de stabilité augmente quand le talus du parement extérieur s'incline davantage, ou, ce qui revient au même, que l'on peut diminuer la section et par suite le volume de la maçonnerie en conservant le même coefficient de stabilité.

Ainsi, *il y a lieu d'adopter pour le parement extérieur du mur un fruit aussi accusé que possible.*

Toutefois ce fruit est limité dans la pratique pour deux raisons :

1° On ne peut faire un mur à section triangulaire, et il faut que la largeur AS au sommet ne tombe pas au-dessous de 0ᵐ60 ou 0ᵐ50 ;

2° Lorsque l'on construit un mur de soutènement, c'est qu'on doit ménager l'espace et qu'on a besoin de roidir le talus, on ne doit donc pas adopter un fruit exagéré.

En général on se borne à un fruit de $\frac{1}{10}$; si, cependant, on ne redoutait pas l'effet disgracieux de la construction, on pourrait, dans certains cas, aller jusqu'à $\frac{1}{5}$.

Application. — Cherchons les dimensions à donner à un mur de 10 mètres de hauteur, soutenant des terres dont le talus naturel est de 40°, ce mur ayant un fruit $\frac{1}{10}$, les terres pesant 1,600 kilogrammes et la maçonnerie 1,800 kilogrammes le mètre cube.

On a :

$$d = 1600 \quad h = 10 \quad \tang \frac{a}{2} = \tang 25° = 0,47$$

$$Q = \frac{1}{2} dh^2 \tang^2 \frac{a}{2} = 176.h^2 = 17600.$$

$t = 1$ kilogramme par centim. carré $= 10\,000$ kil.

$$OB = x + \frac{1}{2} \quad f = \tang \varphi = \tang 40° = 0,84$$

Adoptons le coefficient de sécurité 1,5, nous aurons à tirer x de l'équation :

(1) $\quad 1,5\,Q.\frac{h}{3} = t.\frac{\overline{OB}^2}{2} + Pl + fQ.\overline{OB}$

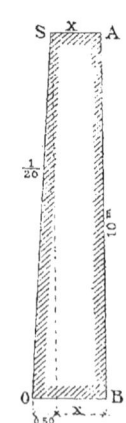

Fig. 67.

Le moment Pl du poids du mur par rapport à l'arête O est la somme des moments du rectangle ABST et du triangle OST, donc

$$P.l = 1800\left[10x\left(\frac{x+1}{2}\right) + \frac{1}{2}\cdot\frac{10}{2}\cdot\frac{2}{3}\cdot\frac{1}{2}\right]1800 = \left(5x^2 + 5x + \frac{5}{6}\right).$$

Remplaçant dans l'équation (1) les lettres par leur valeur numérique, on arrive facilement à l'équation du deuxième degré :

$$140.x^2 + 288x - 761 = 0;$$

la racine positive seule répond à la question; elle est égale à 1,52.

Le mur de 10 mètres de hauteur considéré aura donc 1^m52 de largeur au sommet et 2^m02 à la base. On voit que nous sommes loin de la proportion de $\frac{1}{3}$ de la hauteur indiquée dans les anciens aide-mémoire comme valeur à adopter pour la largeur moyenne.

Il y aurait avantage, si l'on était libre de disposer du talus, à se contenter d'une largeur de 0^m60 au sommet; l'inconnue à chercher deviendrait alors la valeur même du talus, et la largeur à la base serait égale à $0^m60 + 10x$. Nous engageons le lecteur à effectuer cet exercice.

Au cas où l'on ne voudrait pas tenir compte de la cohésion des maçonneries, il faudrait supprimer le premier terme du second membre de l'équation (1) et l'on aurait alors à résoudre :

$$90x^2 + 238x - 773 = 0,$$

qui donne $x = 1^m90$.

C'est une augmentation de 0^m38 sur la largeur moyenne, soit de 3^m80 sur le cube du mur par mètre courant, cube qui était d'abord de 17^m70.

2ᵉ *cas.* — **Mur avec fruit intérieur et terre-plein horizontal.** — Soit BA le talus intérieur du mur qui fait un angle θ avec la verticale, le prisme BAA′ ajoute son poids à celui du mur pour combattre la tendance au renversement; celle-ci est représentée par la poussée Q qu'exerce sur le plan vertical BA′ le massif de terre situé à droite de ce plan.

Ainsi la force mouvante Q n'a pas changé, elle a pour valeur

$$\frac{1}{2}dh^2\tan^2\frac{a}{2}$$

et est appliquée au tiers de la hauteur BA′.

Les forces résistantes sont :

1° La cohésion de la maçonnerie sur la base OB, qui a pour valeur

$$l \times OB$$

et pour bras de levier $\frac{OB}{2}$;

TERRASSEMENTS ET DRAGAGES

2° Le poids P du mur, appliqué au centre de gravité de la section de ce mur et ayant pour bras de levier l;

3° Le poids p du prisme de terre ABA'; ce poids égal à

$$d \cdot \frac{h^2}{2} \cdot \tang,$$

a pour bras de levier, par rapport au point O, la base OB moins $\frac{2}{3}$ de AA', soit

$$\mathrm{OB} - \frac{2}{3} h \tang \theta ;$$

4° Le frottement des terres sur le massif mixte A'BO qui tend à se renverser autour de l'arête O ; la valeur de ce frottement est

$$f \cdot Q$$

ou

$$Q \cdot \tang \varphi$$

et son bras de levier est OB.

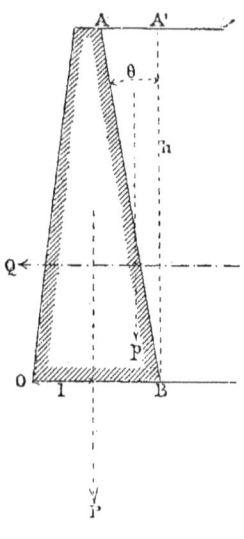

Fig. 68.

L'équation d'équilibre s'écrira donc :

$$Q \cdot \frac{h}{3} = t \cdot \frac{\overline{\mathrm{OB}}^2}{2} + \mathrm{P}l + p \left(\mathrm{OB} - \frac{2}{3} h \tang \theta \right) + f Q \cdot \mathrm{OB},$$

et, pour obtenir les dimensions à adopter dans la pratique, il n'y aura qu'à multiplier le premier membre de cette égalité par le coefficient de sécurité que l'on peut prendre égal à 1,5.

Le calcul est identique à celui que nous avons présenté pour le premier cas.

Remplacement du fruit intérieur par des redans. — La plupart des constructeurs substituent au fruit intérieur AB une paroi verticale avec redans horizontaux, telle que AMNB. Le calcul de la résistance ne change pas, car au poids du mur il faut ajouter les prismes de terre ayant pour section les rectangles AMNA", A"M'N'A', et le total des sections de ces prismes est précisément équivalent à la section du triangle ABA'.

L'adoption des redans ne change donc ni la résistance ni le cube du mur.

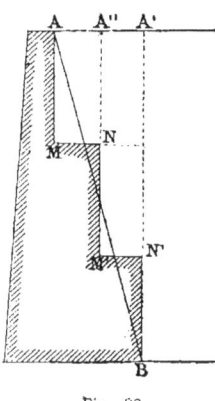

Fig. 69.

Comme cette disposition rend le travail du maçon plus facile, il n'y a pas d'inconvénient à l'adopter, pourvu toutefois qu'il ne s'agisse pas de murs de soutènement devant rester étanches. « Au lieu de terminer les parements du côté des terres par des retraites, il vaut mieux, dit M. Graëff, leur donner un fruit uniforme. Avec cette disposition, les terres font coin et se serrent à mesure qu'elles tassent ; avec les retraites, au contraire, il y a arrachement à chaque retraite, séparation des terres et de la maçonnerie, et il en résulte souvent des communications d'eau du bief d'amont au bief d'aval le long des maçonneries des bajoyers d'écluses. Depuis que nous connaissons par expérience le mauvais effet des retraites, nous les avons supprimées dans toutes nos constructions et nous n'avons eu qu'à nous en applaudir. »

3ᵉ cas. — **Mur avec terre-plein horizontal surchargé.** — Nous ne considérerons que le cas d'un mur avec parement intérieur vertical, car on passe facilement, comme nous venons de le voir, de ce cas à celui qui comporte un parement intérieur avec fruit.

M. l'ingénieur en chef Gobin a démontré par l'expérience que, dans le cas d'une surcharge uniforme, le prisme de plus grande poussée n'était pas modifié et correspondait toujours à peu près à la bisectrice de l'angle complémentaire du talus naturel. Ce résultat expérimental facilite singulièrement le calcul.

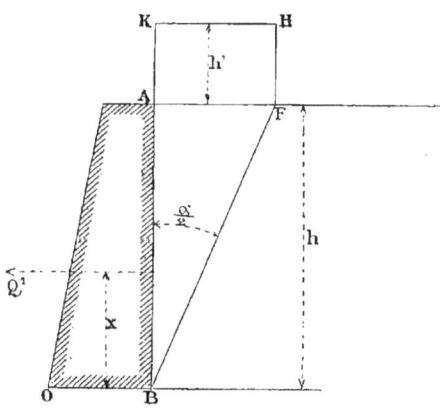

Fig. 70.

La charge uniforme p au mètre carré peut être représentée par une hauteur additionnelle h' de terre, telle que $p = h'd$, et le poids du prisme de plus grande poussée BAF s'augmente du poids du parallélipipède AKHF ; le poids total qui détermine la poussée Q devient :

$$\frac{dh^2}{2}\tang\frac{a}{2} + h'd \cdot h\tang\frac{a}{2} = dh \cdot \left(\frac{h}{2} + h'\right)\tang\frac{a}{2}.$$

Ce poids est donc augmenté dans le rapport de $\left(\frac{h}{2} + h'\right)$ à $\frac{h}{2}$, et il en est de même de la poussée qui devient :

$$Q' = Q \frac{\frac{h}{2} + h'}{\frac{h}{2}} = Q\left(1 + \frac{2h'}{h}\right).$$

La poussée totale Q' comprend donc deux éléments : l'un Q réparti sur BA, comme le sont les tranches d'un triangle sur sa médiane ; ce poids Q est appliqué au tiers de BA ; l'autre $Q \cdot \frac{2h'}{h}$ réparti uniformément sur BA et appliqué au milieu de cette ligne.

Soit x la hauteur du point d'application de Q' au-dessus de B, le théorème des moments nous donne :

$$Q\left(1 + \frac{2h'}{h}\right) x = Q\frac{h}{3} + Q\frac{2h'}{h} \cdot \frac{h}{2},$$

d'où

$$x = h\frac{\frac{h}{3} + h'}{h + 2h'}.$$

La valeur de x une fois obtenue, le calcul se poursuit comme dans le 1er cas.

4e cas. — Mur avec surplomb intérieur. — Toutes choses égales d'ailleurs, la stabilité augmente lorsque le mur présente vers les terres un parement en surplomb BA. En effet :

1° Le centre de gravité du mur est reporté vers B, et son bras de levier par rapport au point O est augmenté ;

2° BC étant le talus naturel des terres, le massif qui tend à descendre sur ce talus pour presser le mur a son volume, et par conséquent son poids,

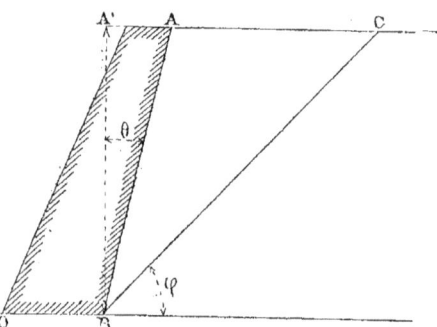

Fig. 71.

réduit dans le rapport de la section ABC à la section A'BC, c'est-à-dire dans le rapport

$$\frac{AC}{A'C} = \frac{h \cot \varphi - h \cdot \tan \theta}{h \cdot \cot \varphi} = 1 - \tan\theta \cdot \tan\varphi.$$

La poussée horizontale Q' transmise au mur et appliquée au tiers de la hauteur h, est proportionnelle au poids du massif qui presse le mur, donc :

$$Q' = Q(1 - \tan\theta \cdot \tan\varphi).$$

La poussée une fois déterminée, le calcul de la résistance s'achève comme précédemment.

Les murs à surplomb intérieur sont donc avantageux ; cependant il faut remarquer qu'ils entraînent un fruit extérieur assez considérable et qu'ils augmentent l'emprise des terrains, ce qui va généralement contre le but des murs de soutènement. Ils sont donc d'une application assez rare.

Il faut remarquer en outre que le surplomb doit être limité par la condition que la verticale du centre de gravité du mur doit toujours tomber à l'intérieur de la base OB ; il ne faut compter ni sur la cohésion des maçonneries ni sur la poussée des terres pour empêcher le renversement de la maçonnerie vers la terre.

« Le profil en surplomb, dit M. l'ingénieur en chef Gobin, présente des avantages considérables, et son emploi permet de faire de grandes économies de maçonneries.

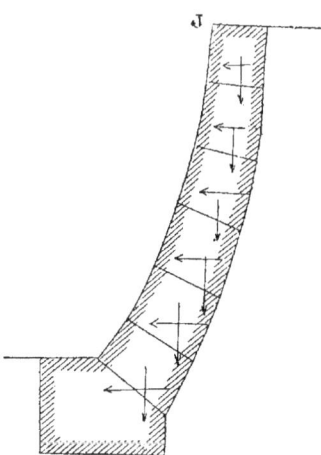

Fig. 72.

« Pour pouvoir adopter pratiquement un surplomb considérable, nous pensons qu'on pourrait adopter un profil extérieur courbe dont la tangente à l'origine J serait inclinée à $\frac{1}{5}$, par exemple, et dont le rayon de courbure irait en diminuant du sommet au pied. Le parement intérieur serait formé, dans la hauteur de chaque assise, par un plan en surplomb dont l'inclinaison irait en augmentant à mesure qu'on descendrait vers la base du mur, et dont la position serait facile à déterminer par la condition d'avoir sur chaque joint une pression qui ne dépasserait pas un maximum donné ; ces joints seraient faits à peu près normaux à la résultante du poids de la maçonnerie supérieure et de la poussée des terres. Cette poussée sur le parement intérieur de chaque assise est horizontale et il est facile, d'après ce qui a été dit, de calculer son intensité et son point d'application. Cette force étant connue ainsi que le poids des assises, la construction graphique ne présente aucune difficulté. On pourrait également se donner le profil du parement intérieur polygonal et déterminer le parement extérieur par des considérations analogues.

« Nous n'hésitons pas à déclarer que, si nous avions de grands murs de soutènement à construire, nous les projetterions d'après ces principes, à la condition toutefois que le remblai derrière le mur soit fait avec des matériaux non susceptibles de tasser et, par suite, d'entraîner la rupture des murs par affaissement avant que le massif se soit assis et ait développé contre le mur toute sa poussée ; le gravier piloné satisferait bien à cette condition. »

Nous partageons l'avis de M. Gobin au sujet du système qu'il propose et qui a reçu quelques applications en Angleterre; nous ferons remarquer toutefois que les parements courbes entraînent toujours un supplément de dépense notable, tandis que l'économie de quelques mètres cubes de maçonnerie de remplissage peut n'être pas considérable.

Lorsque le surplomb intérieur des murs va en augmentant jusqu'à ce que le fruit se confonde avec le talus naturel des terres, la poussée va en diminuant jusqu'à s'annuler. Un mur posé sur le talus naturel ne subirait donc aucune poussée.

C'est le cas d'un perré; toutefois, comme le perré protège le talus contre les dégradations superficielles, comme il est capable en outre de résister à une certaine poussée, il convient de forcer un peu le talus des massifs que l'on recouvre de perrés.

5ᵉ cas. — **Massif de terre compris entre deux murs en maçonnerie.** — On rencontre parfois des digues ou des chaussées formées d'un massif de terre compris entre deux murs; cette disposition existe également dans les ponts avec murs en retour. Il est facile de calculer la poussée dans ce cas; supposons que le mur de gauche soit sur le point de se renverser et soit Bn la ligne qui limite le prisme de plus grande poussée, c'est-à-dire la bissectrice de l'angle complémentaire de φ. Si la digue ne s'élevait pas au-dessus de l'horizontale mn, le mur serait dans la même situation que s'il était isolé et se calculerait de même; mais si la digue s'élève au-dessus de mn, il faut considérer que le prisme de plus grande poussée est surchargé d'une hauteur de terre mA et appliquer les formules relatives à cette disposition.

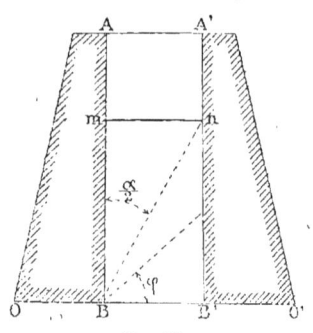

Fig. 73.

On voit que la poussée peut être considérable, même lorsque le massif contenu entre les deux murs n'a que quelques mètres de largeur; cette poussée peut même devenir fort dangereuse si le remblai compris entre les murs est exposé à devenir fluide.

M. Gobin cite un exemple à l'appui de cette observation : « Dans un viaduc métallique, l'un des deux murs en prolongement de la culée, évidée et remplie de gravier, s'est fendu de haut en bas au passage du train formé pour l'épreuve du pont. »

Ainsi il convient de remblayer dans ce cas avec des matériaux à faible poussée, tels que des moellons posés à la main, et il faut ménager aux eaux un écoulement facile.

Il serait avantageux de relier les deux murs opposés par des tirants en fer qui assureraient complètement la stabilité.

6ᵉ cas. **Mur soutenant des terres limitées à un talus.** — On a parfois à construire, surtout dans les travaux de fortifications, des murs soutenant des massifs limités non à une horizontale, mais à un talus AC faisant avec l'horizon l'angle ω.

D'après Rankine, la poussée qui passerait toujours au tiers de la hauteur BA, serait parallèle à AC, de sorte qu'elle se rapprocherait du point O à mesure que AC se rapprocherait de la verticale; le moment de la poussée irait donc en diminuant et la stabilité serait d'autant mieux assurée que AC serait plus raide et le massif poussant plus volumineux, conclusion inadmissible.

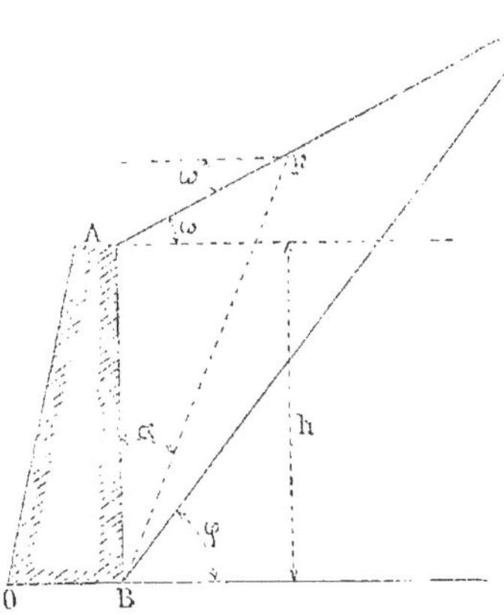

On doit donc considérer que la poussée reste horizontale et appliquée au tiers de la hauteur BA.

Mais la valeur en est changée; le prisme de plus grande poussée est déterminé par un angle α qu'il faut trouver; en appelant T le poids du prisme ABF, il engendre, comme nous l'avons vu dans le premier cas, une poussée

$$Q = T . \operatorname{cotang.} (\alpha + \varphi);$$

Fig. 74.

d'autre part,

$$T = d . \text{ surface ABF} = d . \frac{h}{2} . AF \cos \omega,$$

et dans le triangle ABF on a la relation :

$$\frac{AF}{h} = \frac{\sin \alpha}{\sin (90° - \alpha - \omega)} = \frac{\sin \alpha}{\cos (\alpha + \omega)},$$

donc

$$Q = \frac{dh^2}{2} . \frac{\cos \omega . \sin \alpha}{\cos (\alpha + \omega)} . \frac{1}{\operatorname{tang} (\alpha + \varphi)}$$

$$= \frac{dh^2}{2} . \cos \omega . \sin \alpha . \sec. (\alpha + \omega) . \operatorname{cotang} (\alpha + \varphi).$$

C'est de cette dernière expression qu'il faut chercher le maximum; la chose est facile dans chaque cas si l'on se sert des tables donnant la valeur des lignes trigonométriques. *Exemple :*

soit $\varphi = 40°$ $\omega = 20°$;

donnons à α des valeurs successives croissant à partir de 20° par exemple et mettons en regard les valeurs de Q, en négligeant le coefficient constant $\frac{dh^2}{2} \cos \omega$, nous trouvons :

Pour α égal à 20°, Q proportionnel à 0,255
— 25° 0,277
— 30° 0,284
— 35° 0,267
— 40° 0,218

On pourrait chercher graphiquement ce maximum à l'aide d'une circonférence divisée de 5° en 5°; on mesurerait directement au compas, pour chaque valeur de α, les quantités $\sin \alpha$, $\cos(\alpha + \omega)$ et $\tang(\alpha + \omega)$, et l'on construirait au compas une quatrième proportionnelle à ces trois quantités mesurées par des lignes. Cette quatrième proportionnelle est proportionnelle à Q. Il serait donc facile de construire la courbe ayant pour abscisses les valeurs de α et pour ordonnées les valeurs de Q, et cette courbe indiquerait immédiatement le maximum de Q et l'angle α correspondant.

Dans l'exemple que nous avons choisi, on voit que le maximum se produit pour un angle très voisin de 30°; le prisme de plus grande poussée correspond encore très sensiblement à la bissectrice de l'angle complémentaire de φ, comme s'il s'agissait d'un mur supportant un terre-plein horizontal.

Donc : $$Q = \frac{dh^2}{2} \cdot \cos \omega \cdot 0{,}284 = \frac{dh^2}{2} 0{,}267.$$

Avec des terres de densité 1600, $Q = 213\,h^2$, tandis que le terre-plein horizontal nous a donné $Q = 176.h^2$; ces deux résultats mettent en évidence l'influence considérable qu'exerce sur la poussée le talus supérieur du massif.

Détermination de la pression maxima dans une section donnée d'un mur. — Nous avons assuré la stabilité des murs de soutènement en les rendant plus que capables de résister aux efforts qui tendent à les renverser autour de l'arête extérieure de leur base. Dans la pratique cette condition suffit, lorsqu'il s'agit de murs ordinaires d'une hauteur limitée, et lorsqu'on l'applique, on n'a généralement pas à craindre de voir la pression atteindre en un point donné de la base une valeur dangereuse.

Néanmoins, il est utile toujours, et il est indispensable lorsqu'il s'agit de murs élevés ou d'une forme exceptionnelle, de calculer la valeur maxima de la pression sur la base du mur; et même, lorsque l'on est en présence de murs à talus formés de lignes courbes ou de lignes brisées, il convient de rechercher la valeur maxima de la pression dans toutes les sections où le profil du mur éprouve une modification importante.

Problème. — *Étant donné un massif homogène à section horizontale rectangulaire* abcd, *sachant que la base de ce massif est pressée par une force verticale* N *dont le point d'application* h *est situé sur l'axe de la base, quelle* *est la pression élémentaire en un point quelconque de la base et particulièrement en quel point se produit la pression élémentaire maxima?*

Dans le premier chapitre de son cours de mécanique appliquée, M. Bresse résout complètement la question par la considération des centres de percussion. Nous ne pouvons reproduire ici cette méthode si élégante et si intéressante.

Il arrive à ce résultat, que l'on trouve à la page 62 de son traité :

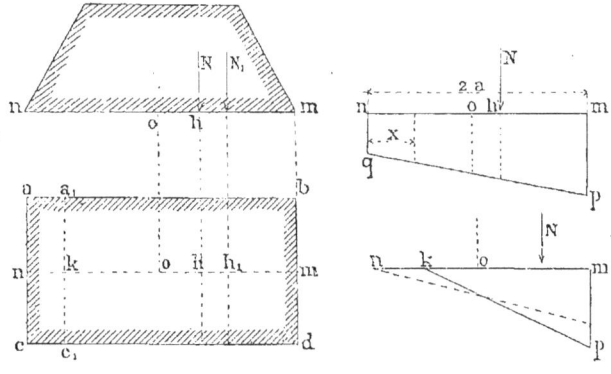

Fig. 75.

1° Lorsque le point d'application h de la pression verticale N est tel que sa distance oh au centre du rectangle soit inférieure au tiers du demi-axe (om), si l'on désigne le rapport $\dfrac{oh}{om}$ par la lettre n, et qu'on appelle S la surface du rectangle $(abcd)$, la pression maxima s'exercera, sur l'arête (bd) du rectangle, et cette pression par unité de surface s'obtiendra au moyen de la formule

$$(1) \qquad p = \frac{N}{S}(1 + 3n).$$

2° Lorsque au contraire le rapport $\dfrac{oh}{om}$ est supérieure à $\dfrac{1}{3}$ la pression maxima s'exerce encore sur l'arête (bd) du rectangle, mais elle est donnée par la formule

$$(2) \qquad p = \frac{N}{S}\frac{4}{3(1-n)}.$$

Dans le premier cas, la surface $(abcd)$ tout entière est pressée; lorsque le rapport n atteint la valeur $\dfrac{1}{3}$, toute la surface de base est encore pressée, mais la pression est nulle sur l'arête extrême (ac); dans le second cas, lorsque n est plus grand qu'un tiers, si l'on prend (mk), égal à trois fois (mh), la pression sera nulle en dehors de l'arête $a_1 c_1$ et elle ira en croissant depuis cette arête jusqu'à l'arête bd.

Mais on peut donner une démonstration simple des formules précédentes :

Appelons $2a$ la longueur du rectangle, p et P les pressions en n et m (*fig.* 75),

x la distance qui sépare n d'un point quelconque de l'axe mn,

c la distance qui sépare le point d'application h du milieu de l'axe.

Sous l'influence de la force N, la base mn se déplace plus ou moins; on admet qu'elle ne se déforme pas et qu'elle reste plane; on admet, en outre, ce qui est conforme aux lois de l'élasticité, qu'en chaque point la force élémentaire est mesurée par le déplacement.

Ainsi, en m, la pression est mesurée par la verticale mp.

Grâce à ces hypothèses, que l'expérience justifie dans une certaine mesure, on peut calculer la déformation en posant la condition que toutes les forces élémentaires aient une résultante égale et directement opposée à N.

Il faut pour cela deux conditions :

1° La somme des forces élémentaires, telles que mp, somme représentée par l'aire du trapèze $mnpq$, doit être égale à N, ce qui donne une première relation

(1) $$N = (P + p)a.$$

2° La somme des moments des forces élémentaires par rapport au point h doit être algébriquement nulle.

Or la somme des moments des forces situées à gauche de h est égale au moment de l'aire du trapèze nhq, et la somme des moments des forces situées à droite de h est égale au moment de l'aire du trapèze mhp;

La verticale en h a pour valeur

$$p + (P - p)\frac{a+c}{2a};$$

la hauteur du trapèze de gauche est $(a + c)$ et celle du trapèze de droite est $(a - c)$; égalant le moment du trapèze de gauche au moment du trapèze de droite, il vient :

(2) $$p \cdot \frac{a+c}{2} \cdot 2 \cdot \frac{a+c}{3} + \left[p + (P-p)\frac{a+c}{2a}\right]\frac{a+c}{2} \cdot \frac{a+c}{3}$$
$$= P\frac{a-c}{2} \cdot 2 \cdot \frac{a-c}{3} + \left[p + (P-p)\frac{a+c}{2a}\right]\frac{a-c}{3} \cdot \frac{a-c}{2}.$$

Des équations (1) et (2) on tire les valeurs suivantes de p et de P en fonction de N :

(3) $$P = N\frac{a+3c}{2a^2} \quad \text{et} \quad p = N\frac{a-3c}{2a^2}.$$

Ainsi la plus grande pression s'exerce sur l'arête du rectangle la plus rapprochée de la pression N;

Et si l'on remarque que nos calculs s'appliquent à une tranche rectangulaire d'un mètre de largeur, ce qui fait que l'aire S de cette tranche est mesurée par $2a$, si l'on pose en outre $\dfrac{c}{a} = n$, la valeur de P peut s'écrire comme plus haut sous la forme simple

$$P = \frac{N}{S}(1 + 3n).$$

Voyons maintenant comment varient les pressions élémentaires quand la force N se déplace; c peut varier de 0 à a.

Pour $c = 0$, on trouve $p = P = \dfrac{N}{S}$ et la pression est uniformément répartie sur toute la surface de base;

À mesure que c augmente, P augmente aussi et p diminue.

Lorsque c atteint $\dfrac{1}{3}a$, p est nul, et au delà, p deviendrait négatif; mais, dans les maçonneries, on ne tient pas compte de la résistance à l'extension et on la suppose nulle, de sorte que, pour $c > \dfrac{1}{3}a$, il y a une zone du rectangle qui n'est pas pressée, et cette zone est facile à déterminer, car il suffit de prendre $mk = 3 \cdot mh$; au point k la pression est nulle ainsi que sur la surface située à gauche, et elle va en croissant depuis ce point jusqu'en m, où elle atteint son maximum.

Pour $c = \dfrac{1}{3}a$,

$$P = 2\frac{N}{S},$$

la pression est double de la valeur qu'elle prendrait si elle était uniformément répartie.

Pour

$$c > \frac{1}{3}a,$$

on a : $mk = 3(a - c)$, et l'aire du triangle kmp, qui représente la somme des pressions élémentaires, doit être égale à N, d'où la relation

$$N = \frac{P}{2} 3(a - c) \quad \text{ou} \quad P = \frac{2}{3}\frac{N}{a - c}.$$

Posant $\dfrac{c}{a} = n$ et remarquant que la surface du rectangle de base est mesurée par $2a$, nous pouvons écrire la valeur de P,

$$P = \frac{2}{3a}\frac{N}{1 - n} = \frac{4N}{S}\frac{1}{3(1 - n)}.$$

La pression P devient infinie sur l'arête lorsque la force N est précisément appliquée sur cette arête.

Application. — Considérons le mur de 10 mètres de hauteur à parement intérieur vertical, avec fruit extérieur de $\frac{1}{10}$, dont la fig. 67 donne le profil. Sa section est de 17^m70 et son poids P, avec la densité 1,800 kilogrammes pour la maçonnerie, est 31,860 kilogrammes : la poussée horizontale Q, appliquée à 3^m33 au-dessus du point B, est égale à 17,600 kilogrammes.

En composant ces deux forces, on voit que leur résultante passe à gauche du point O, en dehors de la base ; les formules relatives à la répartition des pressions ne sont pas applicables. L'équilibre dynamique n'est possible que si l'on tient compte de la cohésion des maçonneries et du frottement des terres.

Il n'est cependant pas douteux que le mur est stable et nous sommes convaincu qu'il résisterait s'il était établi avec du bon mortier ; les formules relatives à la répartition des pressions ne sont plus applicables dans ce cas, puisque la résultante passe en dehors de la base OB ; mais il est possible cependant de calculer les tensions et pressions maxima sur la base en considérant le mur comme un monolithe libre à son extrémité supérieure et encastré en OB, et en lui appliquant les formules connues dont on se sert pour calculer la résistance des poutres.

Si l'on voulait absolument ne pas compter sur la cohésion des maçonneries, le profil de la figure 67 serait inacceptable ; il n'est, du reste, pas satisfaisant, car la largeur au sommet est trop considérable ; ramenons-la par exemple à 0^m50 sans changer la largeur moyenne 1^m77, il en résulte une largeur de 3^m04 à la base ; la construction de la résultante des forces P et Q montre que cette résultante tombe à l'intérieur de la base, mais seulement à 0^m16 à droite de l'arête O.

L'application de la formule

$$\frac{4N}{S} \cdot \frac{1}{3(1-n)},$$

donne pour la pression maxima 127 440 kilogrammes, soit 12^k74 par centimètre carré ; pour de bonnes pierres, cette charge n'aura rien d'exagéré, car elle sera inférieure au $\frac{1}{10}$ de la charge de rupture par écrasement.

Mais, en réalité, la cohésion de la maçonnerie interviendra ; la pression ne serait répartie que sur une longueur égale à 3 fois 0^m16 ou 0^m48 à partir du point O ; cela suppose que le mur se détacherait de sa base sur 2^m56 à partir du point B ; cette supposition est inadmissible et la répartition des pressions ne sera certainement pas celle qui résulte des formules précédentes.

Ces formules peuvent convenir à la rigueur, lorsque l'on cherche la répartition des pressions sur la surface du joint d'une maçonnerie en pierres de taille établie avec mortier ordinaire ; elles conduisent à des résultats absolument faux, lorsqu'on les applique à des maçonneries composées de matériaux enchevêtrés reliés par de bon mortier.

CONCLUSION. — *En conséquence, il convient généralement de ne recourir aux formules donnant la répartition des pressions que dans le cas où la résultante tombe dans le voisinage du centre de la base considérée, à une distance de ce centre ne dépassant pas le $\frac{1}{6}$ de la largeur totale de la base.*

C'est pourquoi, dans les murs de soutènement de forme et de dimensions exceptionnelles, on s'arrange de manière à ramener toujours vers le centre de la base la résultante des pressions, ce qui est toujours possible en modifiant la forme du profil sans en augmenter sensiblement la section.

2° DESCRIPTION DES GRANDS CHANTIERS DE TERRASSEMENT

Quand on construit une route, un chemin de fer, un canal, la ligne entière se trouve divisée, au point de vue des terrassements, en un certain nombre de sections ayant chacune son existence propre et devant se suffire à elle-même. Dans telle section, les déblais et les remblais sont *compensés*, c'est-à-dire que le déblai transporté constitue le remblai sans excédent ni déficit. Dans telle autre section, il y a un excès de déblais à mettre en *dépôt* le plus près possible, ou bien il manque du remblai et il faut effectuer le long de la ligne une fouille supplémentaire pour s'en procurer, ce qu'on appelle une *chambre d'emprunt*.

Les instruments perfectionnés de transport donnent de grandes facilités pour la compensation des déblais et des remblais ; toutefois, il est souvent économique d'effectuer des dépôts et des emprunts, bien qu'il faille à cet effet acheter des terrains plus tard inutiles.

Il n'est pas possible, on le comprend, de poser des règles précises en cette matière ; ce sont des questions d'espèce à résoudre par l'ingénieur dans chaque cas particulier.

Quoi qu'il en soit, on appelle *chantier de terrassements* chacune de ces sections distinctes se suffisant à elle-même.

Il va sans dire que tous les chantiers peuvent être entrepris simultanément, mais il est bien rare qu'on agisse ainsi ; à moins que le délai d'exécution soit très bref, on attaque successivement les divers chantiers, ce qui permet de reporter le matériel de l'un à l'autre et de travailler économiquement.

Un chantier de terrassements comporte trois parties :
1° Le point de chargement ;
2° Le point de déchargement ;
3° Les installations intermédiaires entre ces deux points, c'est-à-dire les moyens de transport.

Nous connaissons déjà tous les éléments du travail ; il nous reste à montrer par quelques exemples comment on les met en œuvre.

Il ne faut pas oublier en cette matière que *le temps accordé pour l'exécution du travail donné est un facteur capital de la dépense.*

Car le débit journalier est en raison inverse du temps, et c'est d'après le débit que doit être réglée l'organisation du chantier.

M. de Montdésir avait formulé, en 1845, la loi suivante que nous signalons sans attacher aux chiffres une grande certitude :

« Le débit moyen d'une tranchée croissant suivant les termes d'une progression arithmétique dont la raison est 2, les frais d'établissement du chantier croissent suivant les termes d'une progression géométrique dont la raison est 1,88. »

Les frais de traction et les frais fixes restent les mêmes, de sorte que l'accroissement du prix de revient total n'est pas aussi rapide que celui des frais d'établissement du chantier.

CHANTIERS A LA BROUETTE ET AU TOMBEREAU

Ces chantiers sont en général très simples et ne donnent lieu qu'à un faible débit journalier. Cependant, ils sont en principe susceptibles de se prêter à un débit quelconque.

Les lignes de transport ne doivent jamais se couper ; car, s'il en était ainsi, on pourrait réduire les distances à parcourir en intervertissant les lieux de déchargement.

Il faut toujours disposer de deux voies : l'une pour l'aller, l'autre pour le retour. Les véhicules, surtout les tombereaux, doivent tourner toujours dans le même sens, en suivant une courbe fermée sans rebroussement ; sans quoi des encombrements se produisent avec pertes de temps considérables.

Déblai d'une tranchée effectué à la brouette. — Les figures 8 et 9, planche 6, indiquent la manière dont on disposera un chantier à la brouette pour déblayer une tranchée dont les terres doivent être montées pour être déposées en cavaliers.

Si l'on adopte pour les chemins à brouettes une pente de 0,125 avec un relai de 30 mètres, on divisera la tranchée en sections de 30 mètres de longueur et à chacune d'elles correspondra un atelier ; soit dg, ah les limites d'une section, menons les lignes gf, fe, ec, cb inclinées à 0,125 et disposées en zigzag depuis le fond de la tranchée jusqu'au terrain naturel.

Ces lignes en zigzag correspondront aux rampes à établir sur chaque talus pour le passage des brouettes.

L'atelier d'ouvriers affecté à la section qui nous occupe, commence par enlever à partir du point a le cube abc. Ce cube enlevé, les ouvriers reviennent sur leurs pas pour exploiter le cube $bcde$, qui se trouve plus bas, en ménageant des rampes dont le bord vers l'extérieur de la tranchée doit se trouver sur la surface définitive du talus et dont la largeur de 1^{m}50 permet à deux conducteurs de brouettes de s'éviter. Le cube $bcde$ enlevé, les ouvriers reviendront encore sur leurs pas pour enlever cef et ainsi de suite jusqu'au niveau gh du fond de la tranchée.

Arrivé là, on enlève les rampes qui ont dû rester sur les talus de la tranchée pour le transport des différentes assises. Le cube qui en provient, est chargé dans des wagons.

Remblai effectué à la brouette. — Les figures 5, 6 et 7, planche 6, indiquent la disposition générale à adopter pour effectuer un remblai à l'aide de terres prises dans une fouille latérale. On forme ce remblai par une suite de rampes de 0,125, commencées en même temps à des distances de 24 mètres environ et qui, à mesure qu'elles approchent du couronnement du remblai, diminuent de largeur. En profitant de la différence entre le talus définitif du remblai, qui a 2 de hauteur sur 3 de base, et l'angle d'éboulement des terres (qui n'est que de 1 sur 1), on obtient une distance de 1^{m}50 environ entre le pied d'une rampe supérieure et le bord d'une rampe inférieure, qui sert au transport du cube nécessaire pour former la partie supérieure du remblai. Les rampes sont disposées de manière que leur largeur de 1^{m}50 se trouve moitié dans le profil définitif du remblai, moitié en dehors de ce profil, et que l'excédent de terre formant la saillie des rampes sur le talus définitif compense ce qui manque au-dessus de la moitié intérieure lorsque l'on dressera les talus après avoir exploité toute la hauteur.

Les dispositions précédentes sont simples et logiques, mais combien de travail perdu ne représentent-elles pas ? Elles exigent une armée d'ouvriers dès que le chantier prend quelque importance.

Aussi faut-il substituer à la brouette les wagonnets avec voie portative et les machines élévatoires lorsqu'il s'agit de profondeurs ou de hauteurs notables.

La figure 76, empruntée au Traité des terrassements de

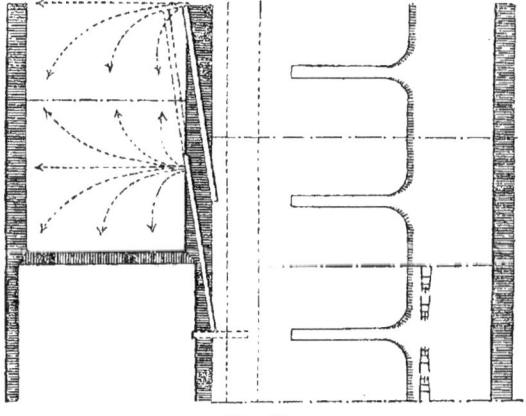

Fig. 76.

Heyne, montre la disposition adoptée pour élever un remblai avec le produit d'une fouille latérale.

La fouille est attaquée tout d'abord sur toute sa hauteur à la limite la plus éloignée du remblai, et on creuse en se rapprochant peu à peu du pied du remblai; on a établi dans la fouille des rampes de 0^m,125 perpendiculaires à l'axe du remblai et que l'on allonge au fur et à mesure de l'avancement du travail. On voit sur la figure les chemins inclinés établis sur le flanc du remblai, et les flèches indiquent comment les brouettes sont déchargées pour élever chaque assise.

Ces exemples suffiront pour guider le lecteur dans les installations analogues.

Ascension des déblais par plan incliné. — Les figures 3 et 4, planche 6, représentent, d'après Etzel, les dispositions d'un plan incliné qui a servi à la formation d'un remblai de 6 mètres de hauteur et d'une assez grande longueur sur le chemin de fer de Londres à Bristol. Le cube nécessaire à la formation du remblai a été extrait d'une fouille de 9 mètres de profondeur, exploitée en deux assises. Le plan incliné a été établi avec une rampe de 0,33 sur un échafaud en charpente, couvert d'un plancher portant les voies de fer sur longrines. Il atteignait ainsi la hauteur totale du remblai. Une machine à vapeur de la force de dix chevaux était placée sous l'échafaud du plan incliné, à la moitié de la profondeur de la fouille, et agissait par poulie de renvoi tantôt sur l'une tantôt sur l'autre des deux chaînes attachées aux wagons. Les figures font comprendre immédiatement la disposition des plaques tournantes et la manière dont circulent les wagons; les wagons pleins sont indiqués par un carré avec ses deux diagonales et les wagons vides par un simple carré.

Chaque moitié du plan incliné forme un système indépendant ; le temps employé, d'un côté, à monter un wagon plein et à descendre un wagon vide suffit, de l'autre côté du plan incliné, pour détacher de la chaîne les wagons qui viennent d'arriver en haut et en bas du plan, les conduire à leurs voies de stationnement, en ramener et en rattacher d'autres. Ce service alternatif présente des difficultés et exige une active surveillance pour éviter toute interruption.

Deux ouvriers en haut et deux autres en bas, de chaque côté du plan incliné, sont occupés à recevoir les wagons qui arrivent et à les remplacer par d'autres, que l'on amène avec des chevaux uniquement destinés à faire le service entre les voies de stationnement des wagons et les bords du plan incliné.

La quantité de travail qui peut être fournie par un plan incliné de ce genre s'élève à 210 wagons de $1^m 50$ par jour.

Il va sans dire que l'organisation des chantiers de fouille et de remblai est indépendante de celle du plan incliné.

Plan incliné à l'écluse de Carrières-sur-Seine. — « Le monte-charges employé à Carrières, dit M. l'ingénieur de Préaudeau, se composait d'un plan incliné monté sur une charpente assez élevée pour permettre le passage des wagons par dessous; sur le plan incliné se meut un chariot, qui porte en son milieu une poulie sur laquelle passe la chaîne de suspension des bennes; à son autre extrémité, la chaîne passe sur le tambour d'un treuil à vapeur; lorsqu'elle se déroule, le chariot descend jusqu'à l'extrémité du plan incliné et s'attache par des loquets aux montants de la charpente contre lesquels il bute. La chaîne continue à se dérouler et la benne descend sur un truc au fond de la fouille. Lorsque la benne remonte, une traverse placée sur la chaîne, fait déclencher les loquets du chariot qui remonte le plan incliné en portant sa benne jusqu'au-dessus des wagons.

« Il est très utile pour l'économie de la force motrice d'avoir une double installation dans laquelle une benne vide qui descend fait équilibre au poids-mort de la benne pleine qui remonte. »

CHANTIERS AU WAGON

L'installation des chantiers au wagon est particulièrement intéressante, parce qu'elle s'applique à des masses considérables et qu'une simple amélioration de détail peut se traduire par un gros bénéfice final.

1° *Chantier de déblai.* — Le chantier de déblai doit être organisé de manière à pouvoir donner le débit journalier voulu. C'est donc le nombre des wagons à charger par jour qui, dans chaque cas, détermine les dispositions à adopter, telles que le nombre des attaques, le nombre et la longueur des voies.

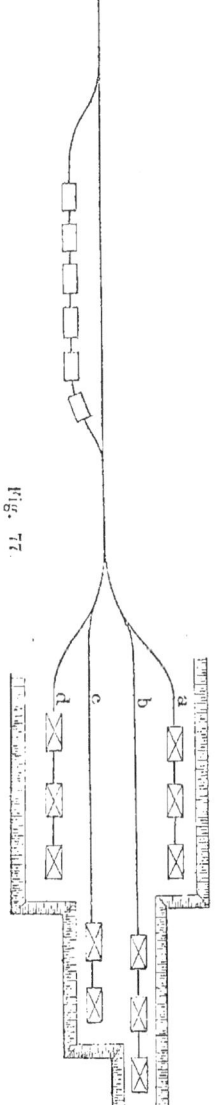

Fig. 77.

Considérons d'abord une tranchée de faible hauteur, 4 à 6 mètres par exemple; on commence par l'amorcer à son extrémité en se servant de tombereaux et de brouettes, jusqu'à ce que l'on ait obtenu une longueur suffisante pour établir les voies. Soit quatre voies parallèles a, b, c, d, espacées de 3 mètres d'axe en axe, de manière à laisser entre les wagons un passage libre de 1 mètre; ces voies se soudent à un tronc unique doublé à l'origine d'une voie d'évitement pour l'échange des wagons pleins et des wagons vides.

La pose des voies achevée, le mode de travail le plus simple serait de placer sur les quatre voies quatre wagons avançant à pas égaux et dont chacun enlèverait la partie du profil qui se trouverait devant lui, sauf à compléter l'enlèvement des parties latérales par deux wagons placés sur les voies extrêmes; mais on conçoit que, de la sorte, le travail marcherait fort lentement, parce que le front de chargement de chaque wagon ne serait que de 3 mètres et ne permettrait l'emploi que de deux chargeurs; il faut, pour quatre chargeurs, un front de 5 mètres de développement au moins.

Aussi commence-t-on par pousser la voie b à 20 mètres en avant des autres, de sorte que l'on peut disposer sur cette voie non seulement le wagon de tête qui poursuit sa marche en avant, mais encore un certain nombre de wagons qui se chargent des deux côtés; lorsque ceux-ci ont déblayé l'emplacement sis à leur droite correspondant à la troisième voie c, celle-ci s'avance éga-

TERRASSEMENTS ET DRAGAGES

lement pour recevoir des wagons destinés à être chargés de côté. De la sorte, tous les wagons se trouvent à peu près dans les mêmes conditions de chargement, sauf les wagons de tête pour lesquels le travail est moins facile et qui exigent quelques sacrifices.

Souvent même, quand on veut aller vite, on ouvre en grande partie la tranchée de la voie *b* en jetant les terres à la pelle à droite et à gauche, sauf à les reprendre ultérieurement.

Il importe que le travail de chargement de tous les wagons soit conduit avec la même activité, afin que tous soient prêts à partir au même moment ; il va sans dire que l'on n'exige pas une égalité mathématique dans le chargement.

Les wagons chargés sont pris par des chevaux et conduits sur la voie d'évitement qui leur est destinée de manière à former le convoi ; les wagons vides déposés sur l'autre voie sont ensuite ramenés.

Avec six wagons sur les deux voies centrales, la longueur du chantier jusqu'à la naissance du tronc commun n'est pas inférieure à 70 mètres ; elle s'accroît progressivement ; quand elle a augmenté de 50 à 80 mètres, il faut rapprocher le croisement, parce que le temps perdu par les chargeurs pendant l'échange des wagons deviendrait énorme ; il ne faut guère compter en effet que les pelleurs se mettront à piocher pendant quelques instants ; du reste, un léger repos intermittent est nécessaire et contribue plutôt à l'accroissement qu'à la diminution du travail total de la journée ; c'est une considération que l'on perd parfois de vue.

Les déplacements de voies sont effectués, autant que possible, pendant les heures de repos des terrassiers.

Quand une tranchée de faible profondeur est très longue, on peut installer sur la longueur plusieurs chantiers d'attaque et de chaque côté de la tranchée, sur le sol naturel, on pose une voie ; l'une sert aux wagons pleins, l'autre aux wagons vides ; les wagons fournis par chaque chantier sont montés par chevaux jusqu'à l'une de ces voies, les wagons vides descendent d'eux-mêmes modérés par un frein.

Les tranchées de plus de 6 mètres de profondeur sont généralement exploitées en deux assises dont l'attaque se suit à une certaine distance et chaque assise est traitée comme une tranchée de petite hauteur. L'assise supérieure est beaucoup plus large et reçoit un plus grand nombre de wagons et de voies.

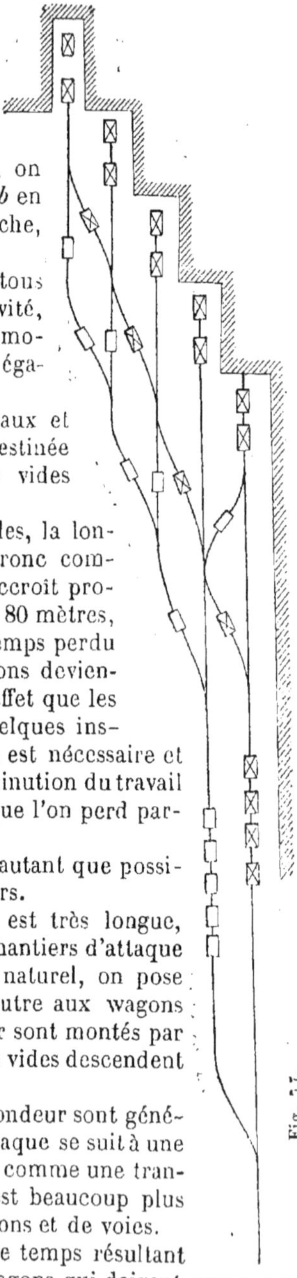

Pour éviter les encombrements et pertes de temps résultant de l'échange d'un trop grand nombre de wagons qui doivent passer par

Fig. 77.

un point unique, on a quelquefois adopté la disposition indiquée par la figure 78; les voies y sont représentées par un seul trait et, suivant la convention ordinaire, les wagons pleins sont marqués par deux diagonales, les wagons vides correspondant à un simple rectangle. On reconnaît à la seule inspection de la figure comment, par une série d'aiguilles, les wagons vides partent tous de la voie d'évitement sans rencontrer les wagons pleins qui se rendent à la voie principale.

Nous indiquons ce système sans le recommander malgré ses avantages, car il est trop compliqué; il vaut mieux avoir deux ou trois voies d'évitement que multiplier ainsi les aiguillages.

L'important est de se [servir de voies facilement transportables et c'est à ce point de vue que l'on reconnaît la supériorité des rails spéciaux sur les rails définitifs généralement trop lourds et trop longs et ne se prêtant guère à l'adoption de courbes raides.

Lorsqu'on est forcé de recourir aux rails définitifs, il faut réduire au minimum les déplacements de voies et d'aiguilles; à cet effet, on creuse dans l'axe de la tranchée une fosse de 6 mètres de large qui reçoit deux voies et l'on exploite la masse entière en plusieurs assises qui se suivent; les terres sont prises à la brouette au point où on les fouille et amenées sur des ponts en madriers ou passerelles mobiles placés en travers de la fosse centrale; là on verse les brouettes et les terres tombent de haut dans les wagons.

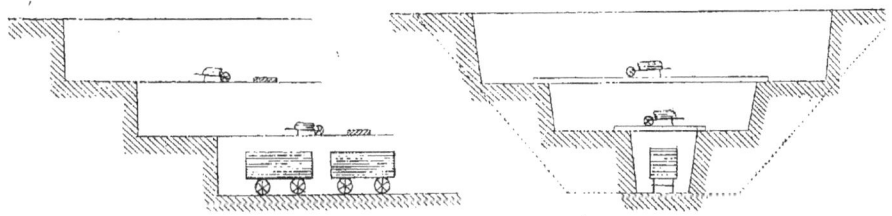

Fig. 79.

Avec des wagons de grande capacité, un pareil système peut conduire à des résultats rapides et économiques, mais il exige un plus grand nombre de bras sur le chantier.

Les déblais rocheux versés de haut dans les wagons leur causent des avaries et il est bon d'effectuer le chargement de ces matériaux avec des couloirs ou coulottes.

Avec ce système d'exploitation on n'a à élever dans les wagons que la dernière assise du fond de la tranchée; pour les autres assises, les terres descendent vers le wagon et cet avantage compense dans une certaine mesure le transport supplémentaire à la brouette.

On calculera dans chaque cas le nombre de wagons et le nombre d'hommes à avoir sur le chantier d'après le débit quotidien en comptant quatre hommes occupés au chargement d'un wagon; le lecteur possède les éléments nécessaires pour mener à bonne fin tous les calculs de ce genre.

TERRASSEMENTS ET DRAGAGES

2° *Organisation des moyens de transport*. — Dans les travaux ordinaires, lorsque le cube est limité et que rien ne presse, on se contente en général d'une seule voie de transport à laquelle s'accole à chaque extrémité une voie d'évitement. Il y a toujours un train en marche, un train au chargement et un train au déchargement, et le nombre des wagons d'un train est réglé par la condition que le temps nécessaire à leur chargement à l'une des extrémités et à leur déchargement à l'autre soit égal au temps que met le moteur à faire le double voyage entre ces deux points. Nous n'avons pas à insister sur ces considérations qui ont été développées lors de l'étude des moyens de transport.

Si la distance est trop grande, on peut établir des garages intermédiaires pour un ou plusieurs trains. Lorsque la rapidité d'exécution est une condition capitale, on peut être amené à établir un service à double voie.

Sur voie unique le service se fait comme il suit : la machine amène un train vide sur la voie m, prend le train plein sur la voie n du déblai et le conduit sur la voie p du remblai où elle le quitte pour prendre le train vide préparé sur la voie q. Les trains marchant dans un sens vont machine en tête et les trains marchant en sens contraire vont machine en queue ; les premiers sont tirés, les seconds sont poussés. Généralement, ce sont les trains pleins qui sont poussés et qui ont machine en queue, et cela pour deux raisons : 1° la machine ne doit pas trop s'approcher de la tête du remblai parce que la voie n'y est pas solide et tasse facilement ; 2° il est bon que les wagons soient amenés aussi près que possible du point de déchargement, ce que ne peut faire la machine en tête.

Quand une tranchée est divisée en deux assises, l'assise supérieure forme la base du remblai et l'assise inférieure en constitue le sommet ; dans ce cas, il arrive presque toujours que l'assise supérieure du déblai doit descendre pour constituer le massif inférieur du remblai ; si la pente est moindre que 0,025 on conserve les procédés ordinaires de transport, si elle est supérieure on peut recourir à un plan incliné automoteur.

Il est souvent avantageux, lorsque le remblai s'exécute en deux assises qui se suivent à quelque distance, de partager la ligne de transport en trois au point de passage du déblai au remblai ; de ces trois voies, la voie centrale reçoit les wagons pleins et les wagons vides de l'assise supérieure du remblai, et les deux voies latérales sont établies au niveau de l'assise inférieure ; on les loge sur le talus même en profitant de la différence qui existe entre l'angle d'éboulement des terres et l'inclinaison définitive du talus ; ces deux voies desservent les travaux de l'assise inférieure du remblai, l'une pour la circulation des wagons chargés, l'autre pour celle des wagons vides.

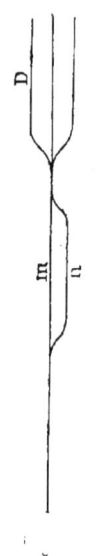

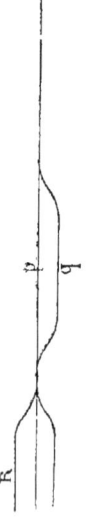

Fig. 80.

3° *Chantier de remblai.* — L'organisation du chantier de remblai est la plus délicate : s'il est relativement facile de multiplier les attaques au déblai et d'en accroître le débit dans une proportion quelconque, il est extrêmement difficile d'augmenter de même le débit du déchargement.

Occupons-nous d'abord de l'ancienne méthode de déchargement en avant sur plusieurs voies ; nous verrons plus tard comme elle a été heureusement modifiée par l'adjonction des voies avec wagons se déchargeant uniquement sur le côté.

On se propose de donner à la plate-forme du remblai la plus grande largeur possible ; à cet effet, soit 7^{m}70 la largeur définitive du remblai en couronnement, sa hauteur 4 mètres, le talus définitif 3 de base pour 2 de hauteur et le talus naturel d'éboulement des terres 1 sur 1, on donne au remblai une largeur provisoire de 9^{m}70 et l'excédent de largeur fournira plus tard la terre nécessaire au règlement des talus qui devront être adoucis pour avoir l'inclinaison voulue.

Sur la plate-forme on établit trois voies à 3^{m}30 d'axe en axe ; ces trois voies se réunissent en arrière sur le tronc commun qui se bifurque immédiatement après pour donner une voie d'évitement. Un cheval prend un wagon vide sur la voie *a* et le conduit sur la voie *b* où s'accumulent les wagons vides ; il prend un des wagons pleins disposés sur la voie *c* et revient en *a* pour donner ce wagon à décharger. De même pour les deux autres voies. Le rail terminus des voies de déchargement est monté sur un cadre de longrines et de traverses, sans quoi il s'enfoncerait dans la terre meuble ; ce rail se déplace au fur et à mesure de l'avancement et c'est derrière lui qu'on intercale les nouveaux rails. Le rail terminus est recourbé à son extrémité et porte même une forte traverse afin de retenir les wagons qui, sans cette précaution, seraient précipités sur la tête du remblai.

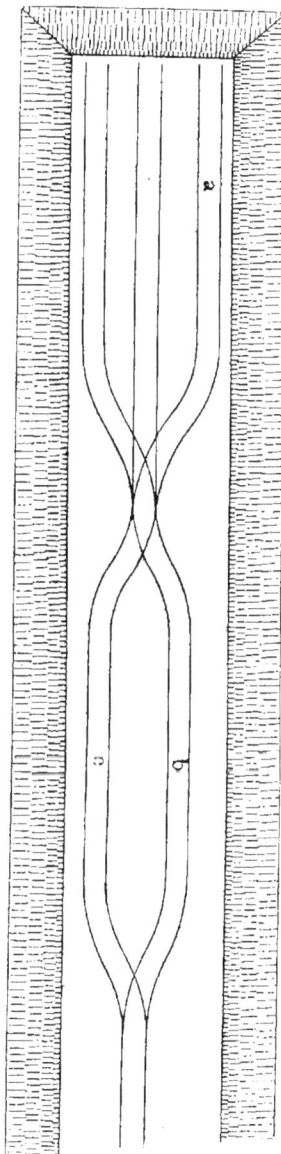

Fig. 81.

Cette précaution est d'autant plus nécessaire que le déchargement des wagons s'effectue souvent par la méthode du lancement que nous avons expliquée en décrivant les wagons de terrassement.

TERRASSEMENTS ET DRAGAGES

Quand les trois voies de déchargement ont été prolongées d'une cinquantaine de mètres, il faut reporter le croisement et la voie d'évitement en avant, et l'on profite pour cette opération des temps de repos des ouvriers déchargeurs.

Sur chaque voie, il faut :

2 ouvriers pour décharger les wagons ;
1 ouvrier pour aplanir la masse versée ;
1 cheval et son conducteur pour les manœuvres des wagons.

Un aiguilleur est, en outre, nécessaire.

Pour activer le déchargement, on a parfois adopté le système indiqué par la figure 82, sur laquelle chaque voie est représentée par un trait unique. La distinction entre les wagons pleins (rectangles à diagonale) et les wagons vides (rectangles simples) suffit à faire comprendre le mécanisme des échanges de wagons. Ces échanges sont plus rapides et, si le système exige une plus grande longueur de voies, il a en outre l'avantage de faciliter beaucoup le déplacement des changements ; car après un certain avancement, les deux changements de voie g et h font le service des changements l et m qui sont reportés en tête du remblai.

Quand la hauteur d'un remblai dépasse 12 mètres, il est avantageux de l'effectuer en deux assises ; il faut que ces deux assises se suivent à distance constante, donc le débit du déchargement doit être pour chacune d'elles proportionnel à son volume, c'est-à-dire à sa section transversale ; il est à remarquer que le débit du déchargement n'est pas proportionnel au nombre des voies.

Avec la disposition de la figure 81, on ne peut pas compter sur un déchargement de *plus de* 80 *wagons par*

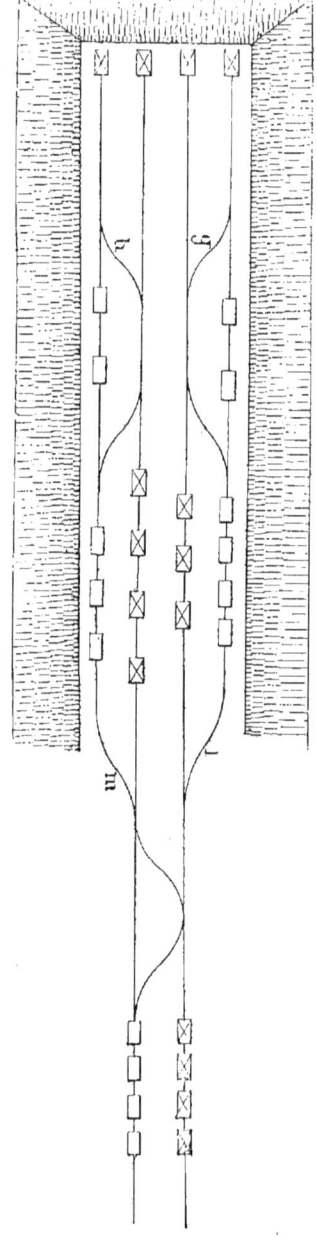

Fig. 82.

jour et par voie. Mais la disposition de la figure 82 permet d'obtenir *jusqu'à* 120 *wagons par jour et par voie*.

Il y a avantage à se servir de grands wagons, car la durée des diverses opérations est à peu près indépendante de la capacité.

Mais le nombre des wagons déchargés diminue quand le nombre des voies augmente : si l'on obtient 80 wagons par voie pour trois voies, on n'obtiendra plus que 70 wagons pour quatre voies branchées sur un tronc commun.

C'est pourquoi le système du déchargement unique par la tête du remblai est défectueux lorsqu'il s'agit d'obtenir un grand débit ; dans ce cas le meilleur système consiste à *pousser la tête du remblai sur une seule largeur de voie* aussi rapidement que possible, et on complète ensuite par des voies sur lesquelles le déchargement de côté prédomine.

On se servait autrefois pour activer la tête du remblai d'un échafaudage mobile appelé *baleine*, dont les figures 1 et 2, planche 6, représentent un spécimen. Cet échafaud consiste en deux poutres armées de 25 mètres de longueur qui prolongent la voie au delà du remblai; une extrémité de ces poutres s'appuie sur le remblai et l'autre sur une chèvre portée par un chariot à six roues. Le point d'appui des poutres armées sur la chèvre est mobile et peut, au moyen de cales, varier suivant la hauteur du remblai. Le chariot roule sur une voie posée sur le sol naturel, voie dont la longueur est de trois rails seulement, que l'on déplace au fur et à mesure de l'avancement. On amène à l'entrée de l'échafaud un train composé d'autant de wagons qu'il en peut tenir sur l'échafaud; on lance le premier wagon qui se vide à l'extrémité, puis le deuxième et ainsi de suite ; les wagons vides demeurés sur l'échafaud sont ensuite reliés les uns aux autres et forment un train que l'on emmène.

Pendant ce temps deux voies latérales, restant à 20 ou 30 mètres en arrière de la baleine, reçoivent d'autres wagons à décharger; mais le service y est moins rapide, et chacune de ces voies latérales ne peut guère débiter que le tiers des wagons vidés sur l'échafaud ; il convient de calculer en conséquence les sections de remblai correspondant à chacune des voies, car toutes doivent s'avancer du même pas.

Les wagons destinés à la baleine se déchargent les uns en avant, les autres de côté comme pour les voies latérales.

Lorsqu'il y a lieu d'avancer la baleine d'une longueur de rail, on la pousse en agissant avec des pinces sur les roues du chariot.

On est arrivé, avec ce système, à obtenir comme débit quotidien du déchargement :

    300 wagons sur la baleine ;
    100 wagons sur chaque voie latérale ;

Donc en tout 500 wagons.

Sur le chemin de fer de Paris à Versailles, on s'est servi de trois baleines, deux pour l'assise inférieure du remblai et une pour l'assise supérieure ; on a obtenu un débit de 250 wagons par échafaud, et avec des wagons de 1^m50 de capacité, le débit total s'est élevé à 1,350 mètres cubes par jour.

TERRASSEMENTS ET DRAGAGES

La baleine est aujourd'hui abandonnée et n'offre guère qu'un intérêt historique.

Exemples de grandes tranchées. — L'exposé général que nous venons de présenter se trouvera complètement éclairé par les exemples qui suivent :

1° *Tranchée de Saint-Just sur le chemin de fer du Nord* (Extrait du Mémoire de M. l'ingénieur Piarron de Mondésir.) — Le cube à extraire était d'environ 100,000 mètres cubes, formés par une couche de terre très argileuse de 4 mètres environ d'épaisseur, surmontant une couche de craie. Le plan du déblai se trouve sur la figure 1, planche 9, puis vient ensuite le plan du remblai qui se prolonge sur la figure 2. La ligne de séparation est au piquet 338. On enlevait l'argile sur un seul étage ; les quatre voies de l'avancement sont indiquées par un trait plein noir entre les piquets 345 et 346. Les wagons chargés descendaient par leur propre poids sur une pente de 0^{m}014 et remontaient les wagons vides ; l'entrepreneur n'avait pas reculé devant la sujétion d'établir, comme on le voit sur le plan, deux cunettes, l'une pour les wagons pleins, l'autre pour les wagons vides ; il pouvait s'épargner cette dépense en calculant les points de croisement et y disposant des gares d'évitement. Il est facile de suivre sur le dessin les deux voies et de remarquer que, vers le milieu de l'espace qui sépare les piquets 337 et 338, la voie des wagons vides passe sur la voie des wagons pleins ; on a dû le faire pour conserver la voie des wagons pleins autant que possible en alignement droit, parce que la pente était juste suffisante pour produire le mouvement, et il fallait éviter toute courbe qui eût fait perdre de la force. Les deux voies se réunissaient avant de passer sur le ponceau avant le piquet 335. La couche de marne était exploitée, comme on le voit, un peu au delà du piquet 330 ; la voie correspondante était réunie vers la ligne de séparation (piquet 338) à la voie des wagons vides du plan automoteur, et c'est par cette voie que revenaient les wagons vides des deux ateliers. Les wagons pleins de marne étaient conduits sur une voie spéciale qu'indique un trait du dessin.

Vers le piquet 333 toutes les voies se réunissent, et on peut alors répartir les wagons sur les deux étages du remblai. L'étage supérieur occupe le milieu du remblai et se termine, vers le piquet 340, au moyen de deux voies d'avancement précédées d'une gare d'évitement pour les wagons vides. L'étage inférieur reçoit ses terres au moyen de deux voies latérales à la précédente, ainsi que le montre le dessin.

La figure 3 montre la coupe du déblai ; on voit que toute la couche de marne est enlevée de front, à l'exception d'une banquette qu'on laisse pour le passage de la voie de l'étage argileux.

La figure 4 donne le profil en long du déblai et du remblai, et la pente des voies provisoires y est indiquée.

La tranchée de Saint-Just a été exécutée en 313 jours ; ce qui donne un débit de 325 mètres cubes par jour. Ce débit est un peu faible, et, dans les circonstances ordinaires, il serait supérieur.

2° *Tranchée de Quincampoix* (chemin du Nord). — Le plan de cette tranchée est donné sur la figure 5, et le plan du remblai qui lui fait suite se trouve sur la figure 6. La figure 7 est le profil en long, et la figure 8 le profil en travers de la tranchée. On se proposait de transporter 144,000 mètres cubes de terre à la distance de 1,800 mètres en moyenne. L'exploitation du déblai se fit en trois étages ; l'étage supérieur indiqué avant le piquet 388 était exploité par plan automoteur, les deux autres, dont on voit l'avancement aux piquets 387 et 386, sont enlevés par des chevaux. Il est facile de suivre les trois voies jusqu'à l'avancement du remblai, qui se fait en deux étages. Le profil en travers montre bien la disposition adoptée pour la tranchée.

Le débit moyen a été de 525 mètres cubes, et dans certains jours où tout allait bien, on arrivait jusqu'à 700 mètres.

Aux mois de mars et avril 1844, l'atelier produisait environ 700 mètres par jour, et la plus grande partie du travail de fouille et charge avait lieu dans le sable de la partie supérieure, sur la voie n° 3. Le personnel et le matériel de la tranchée se composaient alors comme il suit :

Terrassiers à la fouille et à la charge.	80
Ouvriers du déchargement.	8
Poseurs de voie.	9
Graisseurs et aiguilleurs.	6
Chevaux.	20
Conducteurs de chevaux.	9
Wagons sur rails 60 et en charge 30.	90

Distance moyenne de transport, 1,900 mètres.

3° *Tranchée de Chepoix* (chemin du Nord, M. l'ingénieur de Mondésir). — Le plan de cet ouvrage est donné par la figure 11, et le profil en long, par la figure 12. Le cube à extraire était de 131,000 mètres. On voit sur le profil en long que le déblai est formé par deux monticules ou ballons séparés par un col ; cette circonstance permit d'attaquer le déblai en trois points. On remarque sur le plan une voie latérale qui contourne la plus haute colline pour venir se raccorder au chemin projeté, un peu après la ligne de séparation du déblai et du remblai, vers le piquet 515. Cette voie latérale aboutit au col, et là se rallie avec deux voies qui s'enfoncent dans le déblai, l'une à droite et l'autre à gauche ; les wagons pleins de ces deux avancements s'en vont par la voie latérale. D'autre part on a évidemment attaqué la tranchée à la ligne de séparation du déblai et du remblai, et le point d'avancement de cette attaque est au piquet 509. Le remblai s'exécutait en un seul étage avec trois voies de déchargement. Le débit moyen a été de 440 mètres cubes.

4° *Tranchée de la Walck* (canal de la Marne au Rhin, M. l'ingénieur Graëff). — « On entama la tranchée aux deux bouts, les plus forts ateliers mis à l'aval, attendu que toutes les terres devaient être transportées dans le remblai d'aval. Cet atelier fut organisé de la manière suivante : on attaqua par gradins dans le profil en long et dans les profils en travers.

Ainsi on commença par déblayer suivant une ligne $t\,g\,e\,s\,c\,r\,a$, sur trois gradins et en même temps. Dans le profil en travers, on déblayait sur les mêmes gradins de droite à gauche suivant $e'\,s'\,c'\,r'\,a'\,y\,w$; sur chaque gradin on établissait d'ailleurs un chemin de fer destiné au transport des déblais; ces voies, placées à mi-côte sur le versant contre lequel est appuyé le remblai, sont indiquées par les lignes pointillées telles que ab.

L'atelier ainsi attaqué par gradins, on poussait ces gradins vers l'amont dans le sens de l'axe, tout en les élargissant vers la montagne, c'est-à-dire vers la gauche

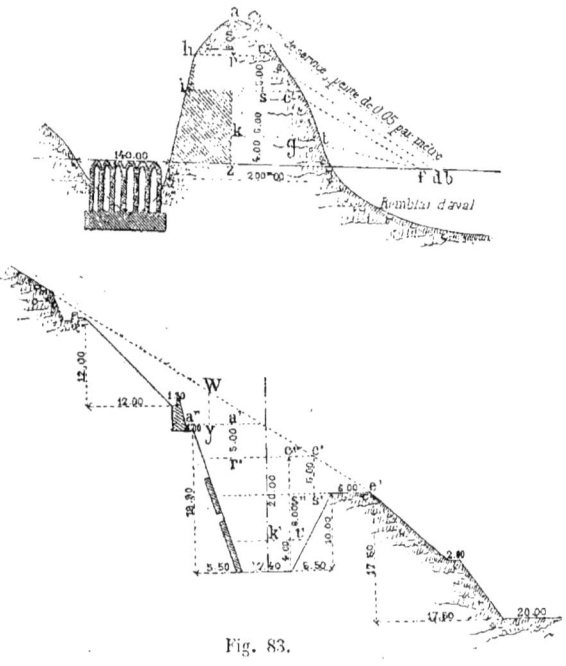

Fig. 83.

dans le profil en travers; la partie inférieure de la tranchée, celle qui est au-dessous du gradin $e'\,s'$, fut attaquée dès que le déblai du gradin supérieur arriva à la ligne $e''\,s''$ et, dès qu'on eut ouvert ainsi dans le fond de la tranchée une section de 4 à 5 mètres de largeur, on s'en servit très utilement pour achever le déblai des gradins supérieurs; on opérait par abatage et les quartiers de roc tombaient dans le fond de la tranchée; là, on les débitait, on les chargeait et on les enlevait. On parvint ainsi à enlever le massif jusqu'à la ligne hgt; la partie hachée fut enlevée par l'amont au moyen de deux chemins de fer provisoires, l'un allant à un dépôt, l'autre contournant le mamelon pour aller reprendre la voie principale en aval.

Les voies de service des diverses assises s'embranchaient par croisements sur deux voies principales qui se développaient sur le remblai à mesure que celui-ci marchait en avant. Les pentes des voies de service étaient comprises entre 0,02 et 0,05; les wagons chargés descendaient avec une vitesse assez grande pour aller jusqu'à la décharge, où ils s'arrêtaient d'eux-mêmes attendu qu'on disposait le remblai de manière à les obliger à remonter un peu avant d'arriver à cette décharge. Les wagons de la voie supérieure avaient, en raison de la grande pente, des freins pour modérer la vitesse; derrière chaque wagon montaient deux manœuvres qui le déchargeaient une fois arrivé à destination et le ramenaient à bras. Une fois que la distance du transport dépassait 300 à 400 mètres, les wagons vides étaient ramenés en convoi par des chevaux. Il est inutile d'ajouter que les voies se déplaçaient sur les gradins dans le profil en travers à mesure que le déblai avançait vers la gauche. Ces petits déplacements se font très facilement; ils constituent ce qu'on appelle le *ripage* de la voie.

3° *Tranchées de la ligne de Busigny à Somain* (Mémoire de M. A. Bernard, ingénieur des mines). — Pour les grandes tranchées la traction des wagons a été faite à l'aide des locomotives-tenders, dites coucous, qui servent à la manœuvre des gares et qui étaient louées aux entrepreneurs par la compagnie du Nord. Ces machines à six roues couplées de 1 mètre à 1^m25 de diamètre, pesant vides 21 tonnes et en feu 23 tonnes, ont fait un très bon service; le petit diamètre de roue et le rapprochement des essieux leur permettaient de passer facilement dans des courbes de 300 mètres de rayon; elles remorquaient à la vitesse de 15 à 18 kilomètres des trains de 25 wagons, donnant un poids total d'environ 188 tonnes, présentant vers la décharge une rampe maxima de 0,002 sur 853 mètres de longueur.

Les tranchées de moins de 9 mètres de hauteur ont été faites en un seul étage. « La tranchée amorcée, on poussait à peu près dans l'axe une première voie et l'on déblayait en avant de cette voie en chargeant directement les terres en wagon ou les déposant provisoirement sur les côtés; on formait ainsi la cunette. Cette cunette suffisamment avancée, et tout en continuant le travail ci-dessus décrit, on embranchait sur la voie principale deux voies latérales que l'on poussait en avant en chargeant les terres dans les deux wagons situés en tête et aussi latéralement dans les wagons engagés dans la cunette. Comme le front d'attaque des deux voies latérales est moins étendu que celui de la voie principale, et que le déblai s'y fait plus facilement, il s'ensuit qu'elles auraient bientôt atteint cette dernière; aussi, quand elles sont suffisamment avancées et qu'on peut y mettre un nombre suffisant de wagons en charge, on enlève, au moyen de ripages successifs, les terres qui restent sur les côtés de la tranchée et sur les talus.

On donnait généralement à la cunette une largeur de 5 mètres; sa longueur et celle des deux attaques latérales étaient très variables suivant le nombre de wagons que l'on voulait mettre en charge. On n'enlevait pas toujours les terres jusqu'au plafond de la tranchée : quand la tranchée était en palier ou en rampe vers la décharge, on ménageait souvent, pour rendre le démarrage plus facile, une rampe de quelques millimètres que l'on enlevait ensuite.

En général, on ne mettait pas la cunette exactement dans l'axe, parce qu'on ne donnait pas aux deux voies latérales la même importance; quelquefois même on se contentait de deux voies, mais on faisait la cunette tout contre l'arête inférieure de l'un des talus, et c'était dans les wagons de la cunette que l'on jetait les terres du talus voisin, tout l'autre côté étant fait par l'autre voie au moyen de ripages successifs.

Lorsque le déblai à faire était considérable et devait être exécuté rapidement, pour ne pas être arrêté par l'avancement de la voie principale qui est très pénible, on faisait la cunette à l'avance, en totalité ou seulement sur une partie de sa hauteur, en enlevant les terres au tombereau ou les retroussant simplement sur les côtés. On conçoit, en effet, que la cunette une fois faite sur toute la longueur de la tranchée, on peut y mettre en charge autant de wagons que l'on veut : or l'ouverture de la cunette étant toujours possible sur une longueur aussi grande que l'on veut, c'est ce qui a fait ériger en axiome ce fait connu :

Le cube que l'on peut faire dans un chantier en déblai n'est limité que par les frais d'ouverture préalable d'une cunette et le nombre des wagons dont on peut disposer.

Les tranchées entre 9 mètres et 13 mètres de hauteur ont été faites en deux étages.

On divisait en général la tranchée en deux parties telles que l'étage supérieur représentait la plus grande partie du cube, et en même temps on avait soin de donner au plafond de cet étage une pente convenable pour faciliter le roulage ; cet étage enlevé, on déblayait l'autre en conservant quelquefois, dans les têtes de tranchées en rampe vers le remblai, un palier que l'on enlevait à la fin des travaux.

Quand les deux étages devaient être simultanés, dès que le premier était suffisamment avancé, on ne conservait pour le roulage de ce chantier qu'une voie que l'on ripait contre le talus en laissant pour la soutenir un massif de terres coupé à pic du côté de l'étage inférieur, et l'on abandonnait à ce dernier tout le reste de l'espace.

Chaque étage était, du reste, exploité comme nous l'avons expliqué plus haut pour les tranchées à un seul étage ; mais on avait soin de préparer au tombereau ou à la brouette la cunette du premier étage.

Les remblais de 12 mètres de hauteur et au-dessous ont toujours été faits en un seul étage, mais suivant deux systèmes bien distincts : le premier, et le plus généralement employé, consistait à pousser le remblai en avant sur toute sa largeur, au moyen de deux ou trois voies de décharge à l'anglaise (décharge debout) ; dans l'autre système, on commençait par faire, au moyen de deux décharges à l'anglaise, un des côtés du remblai seulement sur 6 mètres de largeur, et quand cette partie du remblai était suffisamment avancée, on remblayait l'autre partie au moyen d'une voie de côté.

Ce système est beaucoup plus expéditif que celui qui consiste à faire de suite le remblai sur toute sa largeur, car le remblai sur 6 mètres de largeur seulement avance plus rapidement, et pendant qu'il continue à avancer on peut, au moyen d'une voie de côté, compléter la partie latérale.

Les remblais entre 12 et 20 mètres ont toujours été faits en un seul étage quand ils avaient une pente vers la décharge ; dans le cas contraire, on établissait un premier étage principal avec une pente de quelques millimètres vers la décharge, et l'on ne laissait en second étage qu'un cube faible que l'on faisait seulement quand le premier était terminé.

Il n'y eut que deux remblais de plus de 20 mètres de hauteur, et encore se sont-ils soudés pour n'en faire qu'un seul entre la grande tranchée de Cambrai et celle de Thun-Saint-Martin; ces deux remblais ont été faits en deux étages successifs; l'étage premier et principal du remblai de Thun-Saint-Martin a été fait de la manière ordinaire sur toute la largeur avec deux, trois et jusqu'à quatre voies déchargeant à l'anglaise; l'étage premier et principal de la grande tranchée de Cambrai a été fait par la deuxième méthode expliquée ci-dessus, c'est-à-dire en poussant d'abord un des côtés du remblai sur une longueur de 6 mètres, puis rechargeant la deuxième partie au moyen d'une voie de côté.

C'est surtout dans ce cas que cette méthode est avantageuse, car le remblai étant très large, elle donne beaucoup à faire à la voie de côté, et la rapidité d'exécution n'est limitée que par l'avancement des deux voies déchargeant debout; on pourrait donc établir cet autre axiome : *le cube que l'on peut faire dans un chantier en remblai n'est limité que par la rapidité d'avancement de deux voix déchargeant debout seulement sur 6 mètres de largeur.*

Tranchée de Bertry (pl. 10, fig. 8 à 11). — Percée dans un terrain très difficile de glaises imperméables baignées par une eau stagnante très abondante, elle fut attaquée par les deux têtes; les déblais de la tête côté de Busigny, formèrent le remblai normal de ce côté avec deux dépôts à droite et deux dépôts à gauche à différents niveaux; les déblais de la tête, côté de Somain, formèrent le remblai correspondant y compris la station de Bertry et un dépôt à droite. Le cube total du déblai était de 175,908 mètres avec une hauteur maxima de déblais de 14^{m}50, et une longueur de tranchée de 1,370 mètres.

La tranchée a été enlevée en trois étages. L'étage supérieur fut attaqué, à l'amont comme à l'aval, par deux voies en rampe légère (0,0015) vers le déblai, suivant le long des talus à des niveaux un peu différents avec des hauteurs maxima de déblais de 6 mètres et 7^{m}30. On asséchait ainsi la partie milieu de l'étage supérieur que l'on enlevait ensuite par ripages successifs.

L'étage intermédiaire fut ensuite attaqué par une seule voie à peu près horizontale qui l'enleva tout entier; sa hauteur maxima était de 3 mètres.

En même temps une voie attaquait l'étage inférieur à environ 50 centimètres au-dessus de la plate-forme définitive de la tranchée, et marchant horizontalement, transportait les terres en remblai normal; les étages supérieur et moyen avaient été complètement mis en dépôts. Ces deux étages terminés, on continua l'étage inférieur avec deux voies conduisant, l'une au remblai normal, l'autre au dépôt inférieur de gauche; on enleva ces deux voies quand il ne resta plus que le palier ménagé dans l'étage inférieur, et une nouvelle voie conduisant au remblai normal termina en même temps ce remblai et l'étage inférieur.

On dut, pendant tout le temps des travaux, entretenir le long de chaque voie une rigole profonde et employer, pour consolider la voie, une grande quantité de fascines; néanmoins, les hommes et les chevaux ont souvent dû travailler dans l'eau.

A l'aval, à part le petit dépôt dont nous avons parlé, et qui fut fait avec la partie supérieure du déblai, les terres furent enlevées en un seul étage; seulement, à la fin de la tranchée, où la hauteur du déblai était assez forte, on laissa au plafond un peu de terre suivant une rampe de 0^m0055 vers l'intérieur de la tranchée et sur 260 mètres de longueur, puis le déblai supérieur fini, on enleva cet excédent.

Cette partie fut faite à sec, sauf l'extrémité vers l'intérieur de la tranchée.

Tranchée de Fontaine-au-Pire, planche 11. — Cube de déblai : 538,198 mètres; hauteur maxima, 19^m40; longueur, 2,380 mètres. On trouve à la partie inférieure de la tranchée de la marne sur 3 mètres de hauteur; vient ensuite une couche de sable argileux gras mêlé de silex qui a causé quelques glissements; la partie supérieure est une argile maigre d'un débit très facile.

Le déblai, extrait par les deux têtes, forma à l'amont le remblai normal, plus un dépôt considérable situé dans un bas-fond et s'élevant au-dessus de la plate-forme du chemin de fer; il forma à l'aval le remblai normal de la plate-forme d'une station.

La tête amont fut percée en trois étages simultanés. L'étage supérieur partait du niveau du passage supérieur, P. S., à environ 5 mètres au-dessus de la plate-forme définitive du chemin de fer et remontait dans l'intérieur de la tranchée avec une rampe de 0^m006 et un déblai maximum de 10 mètres sur une longueur de 600 mètres, puis il marchait horizontalement pour redescendre ensuite suivant la déclivité du terrain, afin de conserver une hauteur convenable de déblai.

Les terres de cet étage furent portées en totalité dans le dépôt, une partie forma une couche inférieure de ce dépôt, mais la plus grande partie fut déchargée sur toute la hauteur ou par-dessus la couche inférieure faite par l'étage moyen.

L'étage inférieur fut commencé en même temps que le précédent et mené simultanément. De distance en distance, comme la tranchée est en ce point en contre-pente, on ménageait, pour faciliter le démarrage des wagons, des paliers, que l'on enlevait successivement à mesure de l'avancement. Cet étage fit à lui seul et en un seul étage tout le remblai de la tête amont.

L'étage moyen ne fut commencé que quelque temps après les deux autres; il marchait dans la tranchée à peu près horizontalement, sortait à mi-hauteur entre les deux autres en perçant le talus un peu au-dessous du passage supérieur, et débouchait par une cunette dans le dépôt, dont il formait la plus grande partie de la couche inférieure.

Les déblais de la tête aval furent faits en un seul étage; ils formèrent le remblai correspondant et la station de Cattenières; ce remblai fut fait lui-même en un seul étage.

La distance de transport de ce dernier chantier fut considérable et atteignit jusqu'à 2,800 mètres; aussi fut-on obligé d'établir un relais pour les transports.

Quoique moins considérable que l'autre comme cube, il fut d'une grande difficulté à cause de cette grande distance.

Tranchée de Cambrai, planche 10, figures 1 à 7. — Cube : 528,000 mètres; hauteur maxima, 6^{m}90; longueur de tranchée, 1,090 mètres. Cette tranchée devait être exécutée très rapidement avec la condition de faire sortir tous les déblais par une tête.

Les terres de cette tranchée devaient former deux remblais successifs et un dépôt; le délai d'exécution étant très court par suite de retards amenés par les conférences avec le génie militaire, et le premier remblai étant trop considérable pour qu'on pût penser à faire les deux remblais successivement, on se décida à les attaquer simultanément, le premier qui était à la suite de la tranchée par wagons et chevaux, le second pour lequel il y avait une grande distance de transport (moyenne 3,439 mètres) par wagon et locomotive, en soudant la tranchée à ce remblai par un chemin de service provisoire.

Plus tard, dans le but de faire servir aux transports du deuxième remblai le premier remblai lui-même et abandonner le chemin de service où les transports étaient pénibles, on attaqua le premier remblai par la queue au moyen de wagons et locomotives, pendant que l'on continuait l'autre tête au moyen de chevaux.

Voici donc quelle fut définitivement la répartition des chantiers :

1er remblai.	1re partie.	Wagons et chevaux............	141,441
	—	Dépôt latéral, wagons et chevaux....	38,431
	2e —	Wagons et locomotives..........	67,316
2e remblai.	—	Wagons et locomotives..........	277,486
Divers. Rampes d'ouvrages, etc..................			3,122
Cube total de la tranchée, sorti par une tête......			527,796

Ce cube fut enlevé en 460 jours.

On commença par ouvrir sur toute la longueur de la tranchée une cunette de 4 ou 5 mètres de largeur partageant le cube en deux parties correspondant à peu près aux deux remblais à faire. Cette cunette fut faite au tombereau et surtout à la brouette, en retroussant les terres latéralement. En même temps, on amorçait le commencement du premier remblai. La cunette terminée, on établit une voie, et en déblayant latéralement, on put bientôt faire assez de place pour installer les attaques des différents chantiers.

Chaque chantier avait deux attaques recevant alternativement les wagons vides mis en charge, de sorte qu'en pleine activité la tranchée présentait l'état suivant :

A gauche, deux attaques servant à la première partie du premier remblai et au dépôt, plus une des attaques du chantier de locomotives de la deuxième partie de ce premier remblai.

A droite, trois attaques, dont une appartenant au chantier de locomotives de la deuxième partie du premier remblai et les deux autres au chantier de locomotives du deuxième remblai.

On avait soin de ménager dans les attaques pour locomotives une rampe de 0^{m}002 pour faciliter le démarrage des wagons, et l'on enlevait cette rampe après le ripage des voies.

La première partie du premier remblai fut amorcée au tombereau et continuée sur toute sa largeur au moyen d'une décharge à deux voies, puis à trois voies. On abandonna bientôt ce système et l'on se contenta de faire la partie droite du remblai sur 6 mètres de largeur, pour rejoindre plus tôt l'autre tête, et l'on fit le reste au moyen d'une voie de côté. Ce remblai fut fait en un seul étage.

Le dépôt ne fut fait que successivement et après la fin du premier remblai.

La deuxième partie du premier remblai fut, ainsi que nous l'avons déjà dit, faite au moyen de machine et par rebroussement ; les convois étaient en général de dix-huit wagons.

On fit d'abord le remblai sur 6 mètres de largeur seulement au moyen de deux décharges à l'anglaise, et l'on compléta plus tard le remblai au moyen d'une voie de côté. De même que la première partie, ce remblai fut fait en un seul étage.

Le second remblai, le plus important, fut fait en deux étages : le premier étage partant du point 0, descendait avec une pente de $0^m 0065$, où les machines marchaient les freins serrés ; on releva plus tard les voies de manière à n'avoir plus qu'une pente de $0^m 005$ vers la décharge.

On commença par faire le remblai sur toute sa largeur, d'abord avec deux, puis avec trois voies de décharge ; mais on abandonna bien vite ce système ; on continua le remblai sur la droite seulement sur 6 mètres de largeur, et on le compléta plus tard au moyen d'une voie de côté et de la machine devenue disponible par suite de la fin du premier remblai.

L'étage supérieur fut commencé lorsqu'il y avait encore à décharger sur le côté de l'étage inférieur ; on ménagea donc à l'étage inférieur une voie latérale à droite, pendant que l'étage supérieur marchait en avant. Cet étage supérieur commençait au point zéro du remblai, avait une longueur de 900 mètres, et à l'extrémité une hauteur maxima de 2 mètres. On faisait en général pour ce chantier des convois de vingt-cinq wagons.

Le chemin de service présente des terrassements peu importants ; il n'avait été fait que pour une voie, et balasté au moyen de l'argile sableuse maigre provenant des couches supérieures de la tranchée même.

La rampe maxima vers la décharge était de $0^m 003$, et vers la charge de 0,01 ; on parcourait cette dernière rampe à vide, mais avec difficulté, car elle était combinée avec une courbe de 300 mètres de rayon. Pour diminuer les chances de déraillement, on avait sur toute sa longueur mis un contre-rail au rail intérieur.

L'atelier à la machine du premier remblai avait une distance moyenne de transport de 3,673 mètres, et celui du deuxième remblai une distance moyenne de 3,500 mètres.

La vitesse moyenne depuis le commencement du travail jusqu'à la fin, a varié entre 15 et 18 kilomètres ; cette vitesse très faible était commandée par la crainte d'amener des déraillements, mais surtout par celle de rompre les essieux de tous les wagons qui étaient beaucoup trop faibles.

Résultats moyens obtenus pour les tranchées de la ligne de Busigny à Somain. — M. A. Bernard a donné pour ces tranchées des résultats moyens qui offrent quelque intérêt et que nous résumons ci-après :

Tableau des principales tranchées, donnant leur cube, leur durée d'exécution et le cube moyen fait par jour.

DÉSIGNATION DES TRANCHÉES et de leur mode d'exécution.	CUBES	DURÉE d'exécution en jours.	CUBE MOYEN fait par jour.
Tranchée de Berlry. Extraction par les deux têtes, formation de deux remblais et plusieurs dépôts.	m. 175.908	j. 517	m. c. 340
Tranchée de Fontaine-au-Pire. Extraction par les deux têtes, formation de deux remblais, d'un dépôt et d'une station en remblai.	538.198	622	865
Tranchée d'Awoingt. Extraction par les deux têtes, formation de deux remblais.	187.313	496	378
Grande tranchée de Cambrai. Extraction par une seule tête, formation de deux remblais et d'un dépôt.	527.796	491	1,075
Tranchée de Thun-Saint-Martin. Extraction par les deux têtes, formation de deux remblais.	414.701	598	694
Tranchée d'Iwuy. Formation de deux remblais et d'une station en remblai.	203.098	550	369

Les résultats des différents systèmes de décharge sont les suivants :

Décharge à deux voies à l'anglaise, nombre moyen de wagons déchargés par jour. . . . 166
  — à trois voies — — 181
  — à quatre voies — — 234
  — à deux voies à l'anglaise, avec une voie de côté, nombre de wagons déchargés par jour 281

C'est dans la grande tranchée de Cambrai que l'on a fait le cube moyen et le cube maximum par jour les plus considérables, et il est remarquable que la décharge s'y effectuait en combinant la décharge debout avec la décharge de côté.

Dans les chantiers au wagon, le cube moyen par wagon et par jour n'a été que de 5^m01 pour l'ensemble des tranchées; à la grande tranchée de Cambrai, il s'est élevé à 7^m02 pour la traction par chevaux, et à 10^m08

pour la traction par locomotive; il est vrai qu'on se servait de grands wagons d'un cube supérieur à 3 mètres et que le nombre des wagons traînés par une machine était de 20 en moyenne.

Tableau des wagons déchargés et des cubes faits dans les chantiers des tranchées principales.

DÉSIGNATION des chantiers et des tranchées.	Durée des chantiers en jours.	NOMBRE de wagons déchargés.			Capacité des wagons.	CUBE effectué		Distance de transport.	Observations.
		en totalité.	moyen par jour.	maximum par jour.		moyen par jour.	maximum par jour.		
Tranchée de Bertry.									
Remblai et dépôt d'amont..	517	96.559	187	540	1.41	264	561	465	(*)
Remblai, dépôt et station à l'aval............	460	26.538	58	388		82	547	913	
Tranchée de Fontaine-au-Pire.									
Remblai et dépôt d'amont..	522	143.714	275	704	2.40	660	1.690	800	
Remblai et station à l'aval..	563	72.888	129	380		310	912	2 084	
Tranchée d'Awoingt.									
Remblai d'amont.......	496	52.970	107	289	2.14	229	618	450	
Remblai d'aval.........	157	3.785	25	60		54	128	405	
Grande tranchée de Cambrai.									
1ᵉʳ remblai, 1ʳᵉ partie	263	43.824	167	384	3.13	523	1.202	1.135	
Dépôt	47	9.337	199	260		625	814	1.052	
1ᵉʳ remblai, 2ᵉ partie	170	20.118	118	304	3.01	355	915	3.673	(**)
2ᵉ remblai...........	392	94.423	241	654		725	1.969	3 500	
Tranchée de Thun-Saint-Martin.									
Remblai d'amont.......	592	93.978	159	406	2.56	407	1.039	1.378	
Remblai d'aval.........	562	66.554	119	308		305	788	1.082	
Tranchée d'Iwuy.									
Remblai et station à l'amont.	550	62.726	114	300	2.48	283	744	1.908	
Remblai à l'aval........	241	13.439	51	132		126	327	1.087	

(*) On a déduit de la durée des chantiers les lacunes de plus de huit jours.

On entend par capacité du wagon le résultat obtenu en divisant le cube total fait par le nombre de wagons déchargés.

(**) Chantier à la machine.

Tableau des cubes moyens faits par jour, par homme et par cheval.

DÉSIGNATION des CHANTIERS ET DES TRANCHÉES	CUBES	Distances de transport.	NOMBRE TOTAL d'ouvriers employés.	NOMBRE TOTAL de chevaux employés.	Nombre de jours de travail.	Cube moyen fait par jour.	NOMBRE MOYEN PAR JOUR d'ouvriers.	NOMBRE MOYEN PAR JOUR de chevaux.	CUBE MOYEN FAIT PAR JOUR par ouvrier.	CUBE MOYEN FAIT PAR JOUR par cheval.	Observations.
Chantiers divers à la Brouette.	336,370	»	88,270	»	2,034	»	»	»	3,80	»	(*)
Chantiers divers au tombereau.	170,101	»	29,096	9,356	2,683	»	»	»	5,80	18,30	
Chantiers divers au wagon.	»	»	»	»	»	»	»	»	»	»	
Tranchée de Bertry.	175,908	540	45,714	5,569	517	340	134	10,80	3,80	31,50	
Tranchée de Fontaine-au-Pire.	538,198	1,236	96,705	21,907	622	865	155	35,20	5,60	24,60	
Emprunts de Forenville.	54,951	3,207	10,400	3,093	252	218	41	12,00	5,30	18,20	
Tranchée d'Awoingt.	121,293	733	18,374	4,159	499	243	37	8,30	6,60	29,30	
Petite tranchée de Cambrai.	182,994	1,137	19,427	3,989	301	608	65	13,20	9,40	46,00	
Grande tranchée de Cambrai.	344,802	3,439	44,579	3,003	392	880	114	7,50	7,70	114,00	(**)
Tranchée de Thun-Saint-Martin.	411,701	1,263	63,104	15,456	598	694	106	26,00	6,50	26,70	
Tranchée d'Iwuy.	203,098	4,557	3,8727	9,439	550	369	70	17,10	5,30	21,60	
Chantiers divers.	684,865	»	147,912	26,366	5,171	»	»	»	4,60	26,00	
Tous les chantiers au wagon.	2,720,810	»	484,942	92,981	8,902	»	»	»	5,60	29,30	
La ligne entière.	3,227,281	»	602,308	102,337	13,619	»	»	»	5,40	31,50	(***)

(*) On entend par nombre de jours de travail, pour une réunion de chantiers, la somme des durées de tous les chantiers réunis.
(**) Transports en machines ; les chevaux employés ne sont que des lanceurs.
(***) On entend par nombre d'ouvriers employés la somme de tous les ouvriers employés, quelle que soit du reste la durée du travail ; de même pour les chevaux.

Pour un cube total de 3,227,281 mètres de déblai, la dépense a été en moyenne de 1 fr. 231 par mètre cube, répartie comme suit :

	FR.	FR.
Fouille et charge.	0,396	0,403
Reprise et charge.	0,007	
Transport à la brouette, part proportionnelle par mètre cube.	0,031	
— au tombereau.	0,078	
— au wagon par chevaux.	0,408	0,741
— au wagon par locomotives.	0,402	
Dépréciation de wagons.	0,082	
Frais de pose et de remaniement des voies.	0,040	
Régalage et pilonnage.	0,003	
Règlements des plates-formes, fossés.	0,010	
Dressement des surfaces.	0,011	
Ensemencement de talus.	0,006	0,087
Assainissement de talus.	0,052	
Ponts et ouvrages provisoires.	0,003	
Moyenne totale par mètre cube.		1,231

Exécution des tranchées par la méthode anglaise. — On désigne sous le nom de méthode anglaise le procédé qui consiste à ouvrir sur toute la longueur de la tranchée et au niveau même de la plate-forme une galerie à ciel ouvert ou souterraine, sur laquelle on installe autant de chantiers d'attaque qu'on le désire. Tous les déblais sont emportés par une voie établie dans la galerie même.

Le délai d'exécution de la tranchée dépend alors presque uniquement du temps nécessaire à l'exécution de la galerie, et ce temps lui-même peut être abrégé dans une mesure quelconque en perçant la galerie non seulement par les têtes, mais encore par une série de puits plus ou moins espacés.

C'est le même principe qui est applicable à la construction des tunnels. La méthode anglaise pour le creusement des tranchées diffère donc de la méthode française en ce que celle-ci attaque le déblai seulement par les deux têtes, sauf à le faire sur plusieurs étages qui se suivent, et le débit est nécessairement renfermé dans des limites beaucoup plus étroites.

Il faut remarquer cependant que d'ordinaire la méthode française est mixte et emprunte à sa rivale les avantages qui résultent de l'ouverture d'une galerie plus ou moins longue en avant du front principal de chaque attaque.

On saisit tout d'abord les avantages de la méthode anglaise :

1° Elle réalise une grande économie de temps, et par conséquent diminue les frais généraux et la perte d'intérêt des sommes engagées ;

2° Tous les déblais descendent pour être chargés en wagon, et la tranche inférieure doit seule être chargée de bas en haut ;

3° Le système des galeries et des puits représente un puissant drainage, qui assainit rapidement toute la masse à enlever et qui rend les plus grands services dans certains terrains comme ceux qui se composent d'argiles et de sables fluents.

En revanche, la méthode anglaise présente quelques inconvénients :

1° L'établissement de la galerie et des puits est parfois difficile et coûteux ; s'il s'agit de terrains fluides, la difficulté est considérable, il est vrai que le déblai par le mode ordinaire donnerait lieu, dans ce cas, à de perpétuels accidents, et que le drainage dû à la galerie les fera probablement disparaître ou les atténuera dans une énorme proportion ;

2° Il y a toujours un certain transport entre le point où la terre est fouillée et le point où elle descend en wagon, et il en résulte un léger supplément de dépense ;

3° Elle exige un certain nombre d'ouvriers exercés pour le creusement de la galerie et des puits, et le recrutement de ces mineurs peut être, en certains pays, presque impossible ;

4° Elle exige en outre un matériel considérable de wagons, et, s'il faut acheter ce matériel pour une seule opération, les frais d'amortissement grèvent chaque mètre cube outre mesure.

Cette dernière considération est fort importante : nos entrepreneurs sont rarement outillés comme le sont les entrepreneurs anglais ; il leur est plus facile qu'à ces derniers de trouver à la fois un grand nombre de manœuvres avec salaire modéré ; aussi se contentent-ils souvent d'un matériel trop restreint et reculent-ils devant l'acquisition de wagons et de machines dont ils ne sont pas assurés de retrouver l'emploi.

C'est, du reste, cette considération de la quantité de matériel dont on dispose qui empêchera toujours de formuler des règles précises pour l'exécution des travaux de terrassement ; tel prix moyen peut être avantageux à tel entrepreneur qui possède un gros matériel déjà amorti et désastreux pour tel autre qui doit se procurer tout un matériel neuf.

Mais revenons à la méthode anglaise : soit une tranchée à déblayer, on commence par établir une galerie au niveau de la plate-forme, galerie à laquelle il convient de donner vers les têtes une certaine pente pour faciliter l'écoulement des eaux et le mouvement des wagons pleins ; le nombre des puits à ouvrir dépend du délai accordé pour l'exécution du travail préliminaire et de la difficulté qu'on éprouve à établir des galeries souterraines dans le terrain dont il s'agit.

Supposons que l'on puisse avancer une galerie horizontale de 30 mètres par mois, les puits n'avanceront guère que de 20 mètres dans le

Fig. 84.

même terrain, parce que le travail y est plus difficile ; si l'on veut que le travail préparatoire soit effectué dans un délai de cinq mois, la galerie de tête avancera, pendant ce temps, d'une longueur ab de 150 mètres, et l'on déterminera la longueur bc, qui donne l'emplacement du premier puits par le calcul suivant : h étant la profondeur de la tranchée à l'emplacement probable de ce puits, la longueur bc ou l résultera de l'équation

$$\frac{h}{20} + \frac{l}{30} = 5;$$

si h est de 15 mètres, l sera de 127^m30.

On déterminera de même l'emplacement du second puits.

Ce serait sortir du cadre de cet ouvrage que de décrire ici les méthodes en usage pour le percement des galeries et des puits; on trouvera des renseignements à ce sujet dans notre *Traité des souterrains*, et nous donnerons plus loin des exemples de fondation par puits isolés et des exemples de galeries de sauvetage qui pourront servir de guide.

Dans les terrains ordinaires, une fois la galerie achevée, on creusera les puits en entonnoir pour faciliter le déversement des déblais qui s'ef-

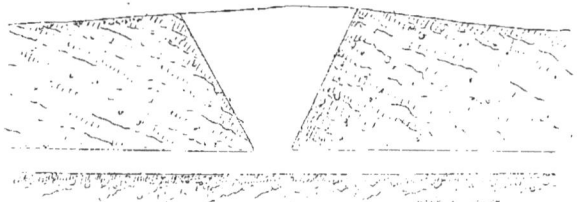

Fig. 85.

fectuera sur des passerelles traversant l'entonnoir ou au moyen de coulottes en bois.

La galerie inférieure reçoit une voie ferrée solidement construite, qui n'est jamais déplacée pendant l'exécution du déblai, et qui peut être établie par conséquent avec tous les soins désirables. On n'a pas à effectuer les ripages de voie qu'exige à chaque instant la méthode ordinaire, et on n'a pas davantage à faire la dépense de voies d'évitement si souvent remaniées ; c'est là une nouvelle source d'économie.

Le plus grand avantage qu'offre à nos yeux la méthode anglaise est l'assainissement qu'elle réalise dans la masse entière; cet avantage est tel, dans certains cas particuliers, qu'on ne devrait pas reculer devant l'exécution d'un drainage préliminaire par puits et galerie, même quand la masse entière devrait être exploitée par étages, suivant la méthode française; la dépense d'assainissement serait plus que couverte par l'économie à réaliser sur la main-d'œuvre du déblai et sur les travaux de consolidation des talus.

De cet aperçu résulte la conclusion que la méthode anglaise est susceptible d'entraîner, avec l'économie de temps toujours certaine, une économie d'argent. Mais il n'est pas possible de trancher la question a

priori; c'est une étude comparative qui seule permettra de reconnaître, dans chaque cas, la meilleure solution.

Tranchées en rocher. — Comme nous l'avons déjà signalé en parlant du transport des déblais rocheux, l'exécution des tranchées dans le rocher soulève quelques considérations spéciales.

Si le mètre cube de déblai rocheux est beaucoup plus coûteux que le mètre cube de déblai ordinaire, le premier permet en revanche de tenir les talus de la tranchée très raides, et le cube à déblayer est beaucoup moindre. Ainsi, doit-on ouvrir la tranchée d'un chemin de fer d'une largeur de plate-forme de 8 mètres dans un rocher capable de se tenir avec des parois voisines de la verticale, le cube à déblayer sera, pour une profondeur de 8 mètres, la moitié de celui que donnerait un terrain avec talus d'environ 45°, et les prix de revient, au mètre courant de tranchée, seront les mêmes si les prix élémentaires du mètre cube sont dans la proportion de 2 à 1.

La détermination des talus est donc un point capital dans l'exécution des tranchées rocheuses, et cette détermination exige une certaine saga-

Fig. 86.

cité. Il est rare que les assises du rocher soient horizontales, elles sont séparées par des lits plus ou moins inclinés, parfois même voisins de la verticale ; dans ce cas, sur un des talus A les lits vont en plongeant, ils vont au contraire en se relevant sur le talus opposé B. Il est bien clair que A peut être conservé beaucoup plus raide que B, car les morceaux de roche détachés de la masse de gauche ne risquent pas de tomber dans la tranchée, tandis que la tendance contraire existe dans la masse de droite.

Comme nous le savons, les assises de rocher sont toujours divisées perpendiculairement aux lits par des fissures quelquefois imperceptibles ; à la suite d'une humidité prolongée et surtout après des gelées énergiques, les joints s'ouvrent, les blocs se séparent et menacent de tomber. Ce danger existe même dans les tranchées anciennes qui doivent faire, à la suite d'un rude hiver, l'objet d'un examen attentif. Il convient d'éprouver au marteau toutes les surfaces, et partout où le choc indique l'existence d'un bloc dégagé de la masse, il faut l'enlever s'il se trouve sur le talus B ou le consolider par des cales solidement enfoncées s'il se trouve sur le talus A.

L'adoption des talus inégaux est, du reste, justifiée non seulement pour les tranchées rocheuses, mais aussi pour les tranchées à

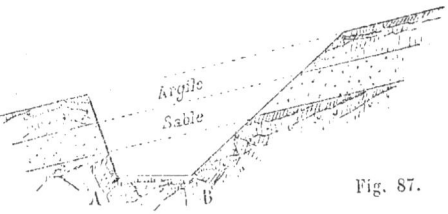

Fig. 87.

assises alternativement sableuses et argileuses ; dans un pareil terrain, si l'inclinaison des lits est notable, le talus de droite est beaucoup plus exposé que le talus de gauche à des éboulements dangereux, et celui-ci peut être sans inconvénient tenu plus raide que celui-là.

Une tranchée rocheuse peut être exploitée comme il suit : la tranchée étant amorcée jusqu'à une paroi verticale ab, on percera à la partie supérieure une file de mines verticales m et à la partie inférieure une file de mines inclinées n ; après l'explosion, on morcellera et on enlèvera les éclats de manière à dégager la surface obtenue qui présentera la forme A ; dans l'angle supérieur de la masse demeurée saillante on percera une file de mines inclinées, telles que p, dont l'explosion détachera la masse A ; puis l'opération recommencera une phase semblable.

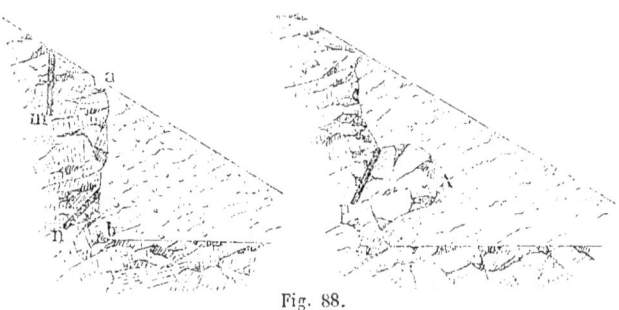

Fig. 88.

A la rigueur, si les éboulements et la chute des éclats n'étaient pas à craindre, le morcellement et l'enlèvement des débris pourrait s'effectuer pendant que les mineurs percent de nouveaux trous ; mais c'est là une pratique dangereuse que l'ingénieur ne saurait admettre. Il faut donc installer deux chantiers alternatifs, les mineurs travaillent à l'un pendant que les morcelleurs et les chargeurs se trouvent à l'autre, et l'on exploite la tranchée en deux assises avec une voie latérale pour le transport de l'assise supérieure.

Ce procédé n'est cependant pas économique quand la hauteur totale est inférieure à 7 ou 8 mètres, parce qu'il ne permet pas de recourir aux grandes mines profondes. La méthode anglaise devient alors plus rapide et plus économique : on ouvre dans l'axe de la tranchée et sur toute sa hauteur une galerie et, lorsqu'elle est terminée, on établit autant d'attaques qu'on le veut sans qu'un poste gêne l'autre.

Malgré la majoration de prix que comporte le déblai de la galerie centrale, le système se traduit dans une tranchée importante par un abaissement du prix de revient moyen.

Il va sans dire qu'il convient de recourir à la dynamite et à l'explosion simultanée des mines obtenue par l'électricité.

Observations sur les remblais. — La règle pratique est de donner aux remblais des talus à 3 de base pour 2 de hauteur, même dans le cas où l'on adopte l'inclinaison à 1 de base pour 1 de hauteur pour les talus de déblai. L'angle avec l'horizon est, dans le premier cas, de 33°41′,5, et de 45° dans le second cas.

Pour un remblai de hauteur h, la différence entre la surface du triangle ayant pour base $\frac{3}{2} h$, et celle du triangle ayant pour base h est $\frac{1}{4} h^2$; la différence des cubes par mètre courant de remblai est donc $\frac{1}{2} h^2$, ce qui, pour des hauteurs de 2, 3, 4, 5, 6, 8, 10, 15 et 20 mètres, donne des différences de cubes égales à 2, 4,5, 8, 12,5, 18, 32, 50, 112,5 et 200 mètres cubes.

Il y a donc avantage à ne point exagérer l'inclinaison des talus de remblai; si le talus $\frac{3}{2}$ convient aux chemins de fer sur lesquels un éboulement peut entraîner de graves conséquences, il semble logique de se rapprocher davantage du talus naturel d'éboulement lorsqu'il s'agit de routes et de chemins. Le talus naturel est presque toujours voisin de 45° et se consolide assez rapidement à l'aide de semis et de plantations dont les frais sont loin d'absorber l'économie réalisée sur le cube des transports.

Il est à remarquer, du reste, que l'inclinaison des talus de remblai augmente toujours tant que le tassement définitif n'est pas obtenu, et l'action des pluies sur les talus non dressés, ni battus, contribue à l'accroissement de l'inclinaison. Aussi, convient-il, lors de l'exécution des remblais, d'en laisser le pied en dedans du gabarit définitif, la tête demeurant en dehors de ce gabarit; la plate-forme se trouve ainsi plus large qu'elle ne devra l'être et le talus est celui que prennent naturellement les terres tombées des wagons. De la sorte, ainsi que nous l'avons expliqué déjà, le règlement définitif des talus est bien facile puisqu'il n'y a plus qu'à faire descendre vers la base les terres qui se trouvent en excès vers le sommet.

Du foisonnement des terres. — Immédiatement après extraction, le cube des terres est toujours supérieur au cube de la fosse qui les a produites.

Cela se comprend sans peine, puisque l'on détruit la compacité de la terre et qu'on la met en morceaux qui laissent toujours entre eux un certain vide. Le foisonnement de la terre, c'est-à-dire l'augmentation du cube, est d'autant plus considérable qu'on a affaire à une terre plus forte et plus argileuse; avec de la terre ordinaire ou du sable, le foisonnement est d'environ 10 p. 100, et il est facile de le réduire au moyen du pilonnage; mais avec une terre argilo-marneuse très compacte, le foisonnement peut atteindre 75 p. 100; avec du tuf ou du rocher il est un peu moindre.

Lorsqu'on remplit une tranchée pour conduite d'eau, par exemple, il arrive presque toujours que l'on a des terres en trop. Pour obvier à cet inconvénient, qui est sérieux lorsque les tranchées sont ouvertes sur des routes, les arrêtés d'autorisation prescrivent de remblayer par couches de 0,20 à 0,25 d'épaisseur, de les pilonner énergiquement une a une en les arrosant, lorsqu'il est facile de se procurer de l'eau. Nous ne pouvons trop recommander d'observer avec soin ces prescriptions.

M. Claudel donne, comme résultat de ses propres expériences, les chiffres ci-après :

NATURE DES TERRES	CUBE FOURNI PAR UNE CAVITÉ D'UN MÈTRE	
	sans compression	après pilonnage et arrosage.
	mèt.	mèt.
Terre végétale, alluvions, sables.	1,10	1,05
Terre franche très grasse.	1,20	1,07
Terre marneuse et argileuse, moyennement compacte.	1,50	1,30
Id. très compacte et très dure.	1,70	1,40
Terre crayeuse.	1,20	1,10
Tuf dur ou moyennement dur.	1,55	1,30
Roc à la mine réduit en moellons.	1,65	1,40

Si réellement on devait adopter ces chiffres dans les calculs de terrassements, on établirait des remblais dont la hauteur deviendrait vite insuffisante, et qui s'affaisseraient progressivement à mesure que le temps comblerait les vides de la masse et la ramèneraient à l'état naturel.

Le foisonnement, en effet, tient uniquement aux vides qui s'établissent entre les éléments du remblai, gros ou petits; sous l'action de l'eau et des intempéries, combinée avec la charge des masses supérieures, les vides se comblent et disparaissent peu à peu et un remblai abandonné à lui-même retourne lentement à l'état naturel.

Le temps est donc un élément important de la question : toutes les fois qu'un remblai peut passer au moins un hiver avant la mise en service, il subit un tassement qui évite bien des remaniements et bien des dépenses ultérieures. C'est généralement ce qui arrive : il existe toujours un assez long intervalle entre la confection d'un remblai et l'établissement des voies définitives, et, pendant cet intervalle, le tassement naturel se produit. On prévoit souvent ce tassement naturel, et l'on a soin d'élever tout d'abord le remblai au-dessus de son niveau définitif; dans les cas ordinaires, on surélève la plate-forme de $\frac{1}{12}$ de sa hauteur définitive au-dessus du sol.

Il est clair que cette précaution ne peut être prise lorsque l'on doit mettre la ligne en service aussitôt après l'achèvement du remblai, car le niveau de la voie détermine alors la hauteur du remblai ; mais la situation exige une surveillance attentive, et il faut avoir sous la main des approvisionnements de bons matériaux pour corriger tous les tassements et maintenir le profil à la hauteur.

Malheureusement, les ingénieurs ont souvent à lutter contre la mise en service prématurée d'une voie nouvelle.

Des observations précédentes il résulte *qu'il n'y a pas à tenir compte du foisonnement dans les calculs de terrassement et qu'il faut admettre la compensation cube pour cube des déblais et des remblais.*

Cette conclusion, dictée par la logique, est confirmée par M. Graëff dans son ouvrage sur le canal de la Marne au Rhin et le chemin de fer de Paris à Strasbourg :

« On commettrait dans certains cas des erreurs grossières en admettant un foisonnement pour les terres employées du déblai au remblai. Pour nos travaux du chemin de fer nous avons presque partout eu assez de déblais, là où les profils donnaient la compensation des déblais et des remblais, et dans ceux du canal l'inverse est arrivé dans la même partie de la vallée de la Zorn, entre la limite des départements de la Meurthe et du Bas-Rhin et Saverne. Le tracé du chemin de fer coupant les contre-forts, ses déblais ont donné beaucoup de roc, de sorte qu'ils ont foisonné. Un mètre cube de déblai de roc plein donnait en général de 1^{m}50 à 1^{m}60 de remblai, mais la terre se logeait dans une bonne partie des vides et, en définitive, le mètre cube de déblai général, roc et terre, ne donnait guère qu'environ 1 mètre de remblai.

« Pour le canal, où l'on n'a employé en remblai que les terres fines rencontrées par le tracé vers le fond de la vallée, il y a eu un déficit du déblai au remblai de 1/10 à 1/8. Ainsi, pour faire un mètre cube de remblai pilonné et tassé par le passage des brouettes et des tombereaux, il a fallu de 1^{m}10 à 1^{m}25 de déblai de terre. Ces faits résultent et des expériences directes que nous avons faites et surtout de l'expérience en grand de tous les travaux du canal compris entre l'écluse n° 18, la dernière de la descente d'Arschwiller, et Saverne. Dans cette partie de la vallée de la Zorn le terrain léger du grès Vosgien foisonne négativement du déblai au remblai, si l'on peut s'exprimer ainsi. Dans les projets on avait supposé le foisonnement nul, et partout où l'on avait obtenu, par le calcul des terrassements, la compensation du déblai et du remblai, il y a eu un déficit de 1/10 à 1/8 sur les remblais, qu'il a fallu compléter par des emprunts. Le mécompte aurait été bien plus grand encore si l'on eût adopté un foisonnement dans les projets au lieu de le supposer nul. *Nous croyons qu'à moins de circonstances exceptionnelles, quant à la nature des terres, il est toujours imprudent d'admettre un foisonnement dans les projets de terrassements, et qu'il y a certaine nature de terre, les terres légères, pour lesquelles on doit admettre un retrait au lieu d'un foisonnement. Ce retrait variera suivant la nature des terres, mais on peut admettre, en général, qu'il est le dixième du volume des déblais.* »

Moyens de comprimer les terres. — Un remblai abandonné à lui-même finit toujours par tasser à la longue et par retourner à l'état primitif ; c'est un fait facile à constater lorsque l'on exécute des fouilles dans des terrains rapportés.

Mais il importe de ne point laisser au temps le soin de tout faire ; l'attente serait trop longue et le mouvement continuel des terres occasionnerait une trop forte dépense. Il faut donc hâter artificiellement la prise des remblais et les comprimer le plus possible par les moyens mécaniques dont on dispose.

Cela devient même une nécessité quand il s'agit de remblais baignés par les eaux et devant cependant rester imperméables, comme les remblais d'une digue ou d'un canal.

Quelques auteurs recommandent d'arroser abondamment les couches successives dont le remblai se compose ; sans doute ce système peut conduire à de bons résultats car l'eau facilite le glissement des molécules et entraîne les parties pulvérulentes qu'elle dépose dans les vides ; mais l'arrosage n'est praticable que sur une petite échelle, lorsqu'il s'agit de combler la tranchée d'une conduite ou de faire un remplissage derrière un mur de soutènement. Il est évidemment impossible lorsqu'il s'agit d'un grand remblai. L'arrosage combiné avec le pilonnage convient bien à un sable qui ne devient réellement incompressible que lorsqu'il est mouillé.

En réalité, c'est à la compression mécanique seule qu'il faut recourir.

On songe tout d'abord à des pilons maniés à bras d'hommes, comme les pilons qui servent à l'entretien des chaussées empierrées. On peut recourir à des pilons à un seul homme du poids de 7 à 8 kilogrammes, ou à des pilons à deux hommes du poids de 25 kilogrammes. Mais ces outils agissant par choc produisent un effet superficiel qui ne descend pas dans la masse, et ne donnent de bons résultats qu'avec des terres déposées en couches minces ; ce serait une duperie que de les admettre dans de grands travaux, car il est à peu près certain que les ouvriers escamoteront la presque totalité de la besogne. Du reste, il est toujours illogique de demander à l'énergie musculaire de l'homme une main-d'œuvre de pure force qui sera beaucoup mieux faite par une machine.

Dans les remblais à la brouette et surtout dans les remblais au tombereau, on s'arrange pour faire passer les véhicules vides sur la masse même du remblai ; le piétinement des moteurs et le poids des véhicules produisent une compression suffisante et conduisent à un résultat satisfaisant.

Dans les grands remblais au wagon, la compression et le malaxage des terres sont beaucoup moindres, et l'effet n'est pas suffisant ; mais il faut remarquer que pour tout le noyau du remblai les terres sont lancées à la volée lors du basculement des wagons, qu'elles tombent souvent d'une hauteur de plusieurs mètres et ont ensuite à supporter l'énorme charge des terres qui tombent au-dessus d'elles. Les couches superficielles sont donc seules insuffisamment comprimées et le mal n'est pas grand, car c'est sur elles que la pluie produit tout d'abord son action tendant à augmenter la cohésion.

La compression naturelle par les véhicules est insuffisante pour les digues de canaux ; il faut les composer autant que possible de couches corroyées, c'est-à-dire incorporées les unes aux autres par une sorte de pétrissage ; les meilleurs corrois exigent l'emploi d'une terre argilo-sableuse parfaitement débarrassée de pierrailles et de branchages et employée par couches de 20 centimètres qu'on piétine et que l'on pilonne.

Au pilon on substitue avec avantage des rouleaux en fonte à surface cannelée. Les rouleaux Croskill, ou rouleaux formés d'une série de disques à dents montés sur le même axe, appareils usités en agriculture pour briser les mottes et comprimer le sol, peuvent rendre d'excellents services et se trouvent chez les constructeurs spéciaux sans qu'il soit besoin d'en établir un modèle.

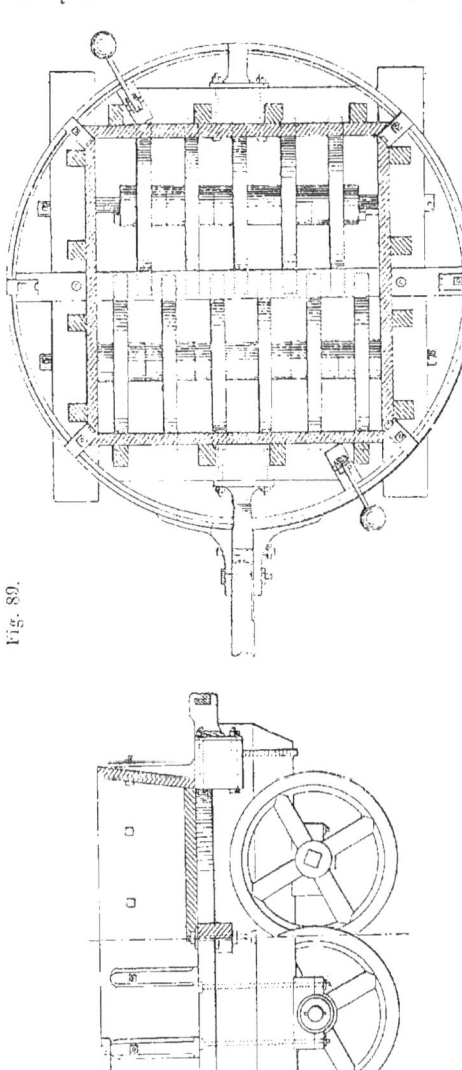

Fig. 89.

Au canal de l'Est, les terres composant les digues de réservoir ont été corroyées comme l'indique M. l'ingénieur en chef Picard :

« Tous les remblais étaient amenés par voiture et subissaient de ce chef un premier corroyage ; on les régalait, autant que possible, par couches uniformes de 25 centimètres d'épaisseur.

« Ces remblais subissaient ensuite un second corroyage beaucoup plus énergique, au moyen d'un rouleau composé, comme le montre la figure 89, de deux séries de disques en fonte de 60 centimètres de diamètre, 5 centimètres d'épaisseur et 0^{m}122 d'écartement, montés sur deux axes distincts et se recoupant de manière à éviter l'engorgement ; d'une caisse supérieure carrée de 1 mètre de côté et 30 centimètres de profondeur destinée à recevoir une surcharge ; enfin, d'un cadre circulaire en fer de 1^{m}60 de diamètre portant la flèche de traction et permettant de faire tourner l'attelage et de changer ainsi le sens de la marche sans tourner le rouleau, lorsqu'il était arrêté à l'extrémité de sa course.

Cet appareil pesait à vide 1,300 kilogrammes. La surcharge s'élevait à 800 kilogrammes. Il était attelé de quatre chevaux ; on le faisait, en général, passer quatre fois en le chargeant de plus en plus.

Ce corroyage a été appliqué à 2,600 mètres cubes de terre et a coûté environ 0 fr. 07 le mètre cube.

Nous rappelons, du reste, que les terres argilo-sablonneuses étaient additionnées de chaux en poudre à raison de 10 litres en moyenne par mètre cube de corroi.

« Les parties de la digue qui ne pouvaient être atteintes par le rouleau, et notamment les remblais contre les ouvrages d'art, ont été pilonnés au moyen de dames en fonte pesant 17 kilogrammes. Ces dames, grâce à leur forme, ne s'encrassaient jamais et ont rendu d'excellents services. »

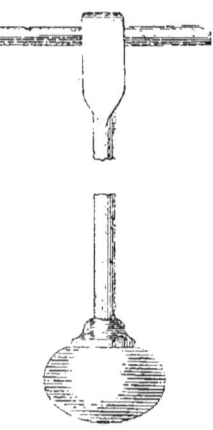

Fig. 90.

Liaison des remblais avec le sol naturel. — Il est toujours bon de lier les remblais avec le sol naturel, et, à cet effet, de débarrasser celui-ci des broussailles et des gazons qui le recouvrent ; les gazons sont précieux et il faut conserver tous ceux que l'on rencontre. Il va sans dire que si le remblai repose sur une terre en culture, non soumise à l'action des eaux, il est inutile de piocher cette terre ; on se contente de marquer par deux rigoles l'emprise du remblai.

Mais le dérasement et la préparation du sol est indispensable dans deux cas : 1° lorsque le remblai est à établir à flanc de coteau ; 2° lorsqu'il est exposé à former digue et à maintenir une nappe d'eau.

On ménage dans le sol naturel une série de redans, comme le montre la figure 91, et, si l'on craint les infiltrations, on établit les lignes ab

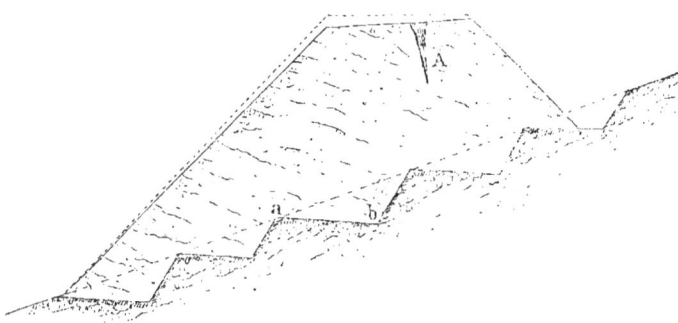

Fig. 91.

inclinées vers le coteau, et, en même temps, on leur donne une pente suivant l'axe longitudinal du remblai ; les eaux s'accumulent dans les angles tels que b et y trouvent un drainage qui les conduit à des aqueducs ou à des pierrées transversales.

Un remblai établi sur un flanc de coteau d'inclinaison sensible subit des mouvements particuliers ; la hauteur des terres rapportées est beaucoup plus considérable à l'aval qu'à l'amont, d'où un plus grand tassement à l'aval, qui entraîne formation d'une fissure en A ; cette fissure donne passage à l'eau qui pénètre dans la masse et la détrempe. Il importe donc de surveiller les mouvements de ce genre et de les corriger dès qu'ils se produisent.

Un remblai de ce genre posé sur terrain peu perméable doit être protégé à l'amont par un fossé latéral qui conduit les eaux à des aqueducs passant sous le remblai.

Fondation des remblais. — Lorsqu'on a à établir un édifice, on ne le pose pas sur le sol naturel, parce qu'on sait bien que celui-ci fléchirait sous le poids.

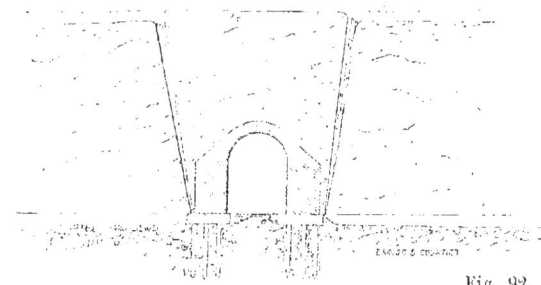

Fig. 92.

Pour la construction d'un remblai, souvent plus lourd qu'un édifice, on ne prend pas une telle précaution, aussi se produit-il souvent une certaine pénétration du pied du remblai dans le sol, pénétration qui s'arrête lorsque le sol comprimé est devenu capable de résister à la charge supérieure.

Cet effet se remarque souvent de chaque côté des ponts ou aqueducs établis sous un grand remblai ; la fondation de ces ouvrages ne peut tasser, tandis que de chaque côté il se produit une certaine pénétration du remblai dans le sol, et de ces mouvements résultent deux fissures qu'il ne faut pas laisser subsister parce qu'elles livreraient passage aux eaux pluviales.

Remblais sur les terrains vaseux. — M. l'inspecteur général Desnoyers, lors de la construction de la ligne de Nantes à Brest, a eu à exécuter des remblais considérables pour traverser les vallées vaseuses de l'Isac, de la Vilaine et de l'Oust.

Ces vallées sont formées de prairies marécageuses, situées presque au niveau des hautes mers, et, par suite, présentant une couche de vase sur une hauteur qui va jusqu'à 16 mètres. Les figures 7 et 8, planche 12, donnent le profil de la vallée de la Vilaine sur l'axe du chemin de fer.

A mesure qu'on apportait les remblais qui, du reste, étaient d'excellente qualité, ils s'enfonçaient en partie dans le sol ; on eût pu tenter de consolider préalablement le terrain soit par des pilotis, soit par des fascinages, mais on voulait une solidité durable, et non pas une voie dans un équilibre instable; on préféra donc surcharger les remblais à mesure qu'ils s'enfonçaient, jusqu'à ce qu'ils eussent déplacé complètement la vase du dessous et atteint la couche solide. C'était un moyen héroïque, mais sûr, et l'on ne saurait payer trop cher sur nos grandes lignes une sécurité complète.

Le remblai s'enfonçait donc sans cesse et faisait refluer à gauche et à droite toutes les vases déplacées; le soulèvement dépassait quelquefois le remblai lui-même, ainsi qu'on le voit sur la figure qui représente un profil en travers dans la vallée de la Vilaine.

Dans la vallée de la Vilaine, il est remarquable que le tassement ne se produisait pas immédiatement, parce que la couche supérieure de vase, sur 2 mètres de hauteur, avait plus de consistance que les couches inférieures, et c'était seulement quand le remblai atteignait une certaine hauteur que le tassement se faisait sentir.

Il est probable que dans ces parties on eût pu établir le remblai sur un fascinage donnant à la base un grand empatement; mais il est certain qu'on n'eût jamais eu confiance absolue dans un pareil travail, et la solution adoptée était meilleure.

Sur la vallée de la Vilaine, le rapport de la section totale du remblai, à ce que nous appellerions la section utile, a atteint 3,5.

Dans une vase compacte, le profil de la partie enfouie est un trapèze qui ne descend pas jusqu'au sol résistant.

Dans la vase molle, il faut compter que le remblai descend jusqu'au terrain solide.

Déjà, lors de la construction du chemin de fer de Boulogne, on avait rencontré dans la vallée de la Somme des couches de tourbe de 5 à 6 mètres de hauteur, qui refluaient de chaque côté du remblai. Au-dessous de la tourbe existait une couche très résistante de gravier; c'est seulement lorsque le remblai, en s'enfonçant, eut atteint ce gravier que le tassement s'arrêta. La partie enfouie affectait à peu près une section triangulaire.

Dans un projet, lorsqu'on rencontre de pareils terrains, il est donc sage de prévoir cet accroissement dans le cube des remblais, qui peuvent se trouver ainsi plus que doublés.

Remblais sur les terrains vaseux de Hollande. — Les chemins de fer hollandais sont généralement établis en remblai sur un sol vaseux ou tourbeux. On songea d'abord à déposer le remblai dans des coffres en fascinages qui maintenaient les terres latéralement et répartissaient la pression uniformément sur toute la base; mais ce système donna des résultats défectueux, les tassements étaient perpétuels et la stabilité des voies sans cesse compromise.

Cette stabilité ne peut être assurée qu'en enlevant la vase ou la tourbe jusqu'à la profondeur où l'on trouve un terrain compact et en la remplaçant par de la bonne terre. « Ainsi, dit M. Desnoyers, pour établir le chemin de fer entre Zaandam et Amsterdam, M. Van Prehn fait draguer la vase jusqu'à la profondeur où le terrain devient suffisamment compact et fait combler la fouille avec du sable des dunes amené par le canal du Nordzee. Il n'a pas voulu se borner à effectuer les remblais en sable sur le terrain naturel, en laissant refluer la vase de part et d'autre sous la charge du remblai, parce que les boursouflements auraient comblé les fossés ou canaux d'assainissement voisins de la ligne et apporté, par suite, un grand trouble dans le régime de cette partie des polders. »

Quand le fond est non vaseux, mais tourbeux, le même ingénieur a obtenu de bons résultats en interposant entre la tourbe et le remblai une plate-forme en fascines convexe, formant une sorte de voûte, et en élevant les remblais de manière à ne pas aplatir cette plate-forme, c'est-à-dire en construisant tout d'abord les parties latérales du remblai. La tourbe se comprime ainsi, sous la voûte de fascines, sans pouvoir s'échapper et refluer latéralement comme elle le ferait avec une plate-forme horizontale ; le tassement s'opère avec régularité et le massif finit par atteindre la stabilité. Pour une hauteur de remblai de 1 à 2 mètres surmontant une couche de tourbe de 4 à 5 mètres, le tassement a été de 1^m50 au maximum et les fossés d'écoulement de la ligne n'ont pas été obstrués.

Pour la gare centrale d'Amsterdam à établir sur les vases fluentes de l'Y, il a fallu draguer ces vases sur plusieurs mètres de profondeur et leur substituer du sable des dunes amené par bateaux; le cube de sable a dépassé 2 millions de mètres.

Au pourtour des remblais la vase est draguée plus profondément que dans la partie centrale, et par suite le sable rapporté pénètre plus profondément; il forme ainsi une sorte de mur de garde de 40 mètres d'épaisseur qui empêche le noyau de vase conservé dans la partie centrale de s'échapper latéralement.

Remblais rocheux. — On peut réaliser une économie dans le cube des remblais lorsqu'ils sont composés d'éclats rocheux, mais il ne

Fig. 93.

faut pas croire qu'il suffise pour cela de renverser les éclats pêle-mêle, car leur talus naturel est alors voisin de celui d'une bonne terre et, en tout cas, il n'offre pas une stabilité suffisante.

La masse doit donc être disposée de la manière suivante : les deux talus sont élevés avec des pierres posées à la main, suivant les lits de carrière; on forme ainsi deux murs en pierres sèches et dans le coffrage obtenu on verse les remblais pêle-mêle, de telle sorte que les débris terreux se logent dans les vides laissés par les moellons.

TERRASSEMENTS ET DRAGAGES 273

Le massif est solide et peut arriver à recevoir des talus à 1 de base pour 2 de hauteur, d'où une économie de cube considérable, souvent bien supérieure à la main-d'œuvre qu'a exigée la confection des talus.

3° CONSOLIDATION DES TALUS
MOYENS DE PRÉVENIR LES ÉBOULEMENTS

Les talus de remblai ou de déblai sont exposés à périr par deux causes distinctes :
1° Par les dégradations superficielles dues aux intempéries,
2° Par les mouvements en masse que produisent les eaux souterraines.
Le premier ennemi est facile à combattre et à vaincre ; il n'en est pas toujours ainsi du second, et il y a des exemples de tranchées qu'il a fallu abandonner faute d'avoir pu les consolider.
Les questions que soulève la consolidation des terrassements sont donc des plus intéressantes et méritent une étude attentive.

Dégradations superficielles. — Nous rappellerons tout d'abord qu'une tranchée doit toujours être en pente suivant le profil en long, jamais en palier ; à plus forte raison ne doit-elle pas présenter des pentes et contre-pentes. Un talus de déblai ou de remblai, qui présente une surface plane et lisse parce qu'il vient d'être dressé à la pioche ou comprimé à la dame plate, est abandonné à lui-même. Il ne tarde pas à se désagréger sous l'influence des gelées et des dégels, de la sécheresse et du vent et surtout sous l'influence des pluies. Qu'un orage survienne, les eaux corrodent la surface et y forment une multitude de petits torrents, qui ravinent les parties supérieures du talus ; la terre est entraînée et se dépose au pied du talus où il se forme une série de petits cônes de déjection. Le mal s'aggrave rapidement, tant que la végétation ne s'est pas assez développée pour feutrer la surface et lui donner une résistance suffisante à l'action corrosive des eaux.

Les principes à suivre pour la consolidation des talus sont donc ceux que l'on met en œuvre pour la reconstitution des terrains de montagnes : les semis, le boisement, le gazonnement.

Il faut, en outre, prendre les précautions voulues : 1° pour ne point laisser arriver jusqu'aux talus les eaux superficielles des terrains voisins ; 2° pour briser le courant des eaux qui tombent sur des talus élevés.

Fossés de ceinture. — Les fortes pluies constituent une des causes les plus puissantes de dégradation des talus ouverts dans des terrains dont la cohésion superficielle ne résiste pas aux influences atmosphériques ; pour empêcher les eaux qui tombent sur la partie supérieure du sol de s'épancher sur les talus, on établit au sommet du talus de déblai, ou au pied du talus de remblai, un fossé A avec revers d'eau Am. Ce fossé conduit, s'il est possible, les eaux qu'il recueille dans un vallon secondaire hors de la tranchée, et, si le terrain ne s'y prête pas, il les rejette dans les fossés mêmes de la tranchée au moyen de cuvettes rampantes en maçonnerie établies au droit des points bas du fossé de ceinture.

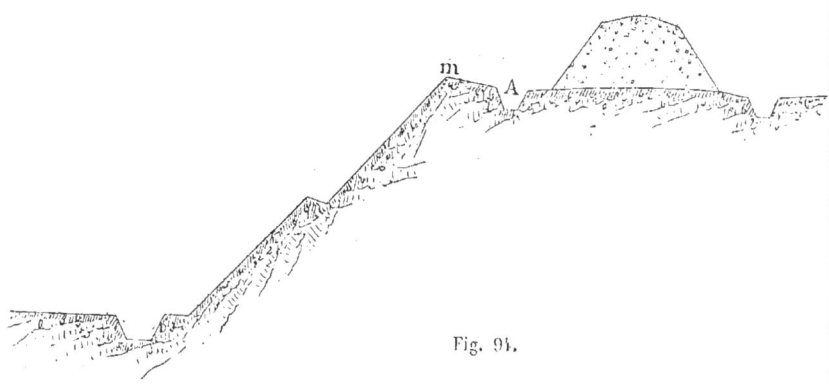

Fig. 94.

Les fossés de ceinture doivent avoir une pente d'au moins 0^m01, et il faut les entretenir toujours bien libres; car, s'ils venaient à être obstrués en quelque point, le remède serait pire que le mal et les eaux arrêtées produiraient en ce point de graves dommages.

Il est à remarquer que, dans un terrain très perméable, un sable fin par exemple, le fossé de ceinture est inutile, parfois même dangereux, car il concentre les eaux qui pénètrent dans le sol par une surface restreinte, au lieu de les laisser s'épancher sur la surface entière.

Les fossés de ceinture sont, en réalité, surtout utiles dans les terrains imperméables ou, immédiatement après l'exécution des travaux, lorsque les talus non recouverts de végétation sont facilement attaquables.

Quand une tranchée est bordée de cavaliers, un fossé de ceinture est également nécessaire en dehors du cavalier, et le sommet de celui-ci est profilé en dos d'âne pour partager également entre ses deux talus les eaux de sa plate-forme.

Les fossés de ceinture sont nécessairement à quelque distance de la crête ou du pied du talus, ordinairement à 2 mètres.

Les talus de remblai ont 3 de base pour 2 de hauteur; les talus de déblai ont parfois 45°, plus souvent 3 de base pour 2 de hauteur. Les fossés de ceinture ont 0^m50 de profondeur, 0^m50 de largeur au plafond et des talus à $\frac{3}{2}$, ce qui leur donne 2 mètres de largeur en gueule. Souvent même on peut les remplacer par une simple rigole.

On a parfois cherché à éloigner des talus de remblai les eaux de la plate-forme, en donnant à celle-ci la forme d'une chaussée creuse à caniveau central; cette disposition nous paraît dangereuse. M. Desnoyers, dans son mémoire sur le chemin de fer du Bourbonnais, recommande « de pratiquer à l'arête des remblais de petits bourrelets de 0^m12 à 0^m15 de hauteur au-devant desquels des pentes et contre-pentes sont ménagées de manière à conduire les eaux dans des descentes en gazon établies sur les talus de 50 en 50 mètres ; partout où cette dernière précaution a été négligée et partout même où les bourrelets n'ont pas été convenablement entretenus, des ravinements ont eu lieu. L'existence de ces bourrelets rend l'assainissement des voies un peu plus difficile, mais ils n'ont besoin d'être conservés que jusqu'à la réussite complète des semis ou plantations sur les talus. »

Banquettes sur les talus. — Les eaux pluviales augmentent de volume et de vitesse, et causent des dégradations croissantes à mesure qu'elles descendent un talus ; il convient donc, lorsque les talus sont très élevés dans un terrain susceptible de se raviner, de pratiquer, pour amortir la chute des eaux, des banquettes qui en outre reçoivent les terres détachées et les empêchent de s'accumuler au pied des talus. Cette dernière fonction est très importante dans les chemins de fer et dans les canaux.

Les banquettes doivent avoir une pente transversale vers le talus ; dans le sens de la longueur, elles doivent avoir une pente de 0^m02 à 0^m03.

De distance en distance, elles déversent les eaux dans le fond de la tranchée au moyen de cuvettes en maçonnerie établies sur les talus, cuvettes à l'aplomb desquelles convergent également les thalwegs des fossés de ceinture.

Des banquettes de 1 mètre de largeur, espacées de 4 à 6 mètres en hauteur, sont suffisantes.

Elles demandent un entretien assidu, car elles peuvent causer beaucoup de mal si elles viennent à s'obstruer.

Si elles sont exposées à recevoir beaucoup d'eau, il faut les paver ou les maçonner ; leur pente transversale est de 0^m15.

Au chemin de fer de l'Ouest, section du Mans à Mayenne, la plateforme en déblai est bordée de fossés de 0^m50 de largeur au plafond, avec talus à 45°, et deux banquettes de 0^m50 de largeur établies au niveau du dessus du balast. Au-dessus de ces banquettes, les talus sont réglés à 1 de base pour 1 de hauteur, mais ils sont coupés de 3 en 3 mètres de hauteur par des banquettes de 0^m30, ce qui augmente l'inclinaison de 0^m10 par mètre. Tous les 50 mètres, les banquettes, dressées suivant la pente en long du chemin de fer, versent leurs eaux à l'étage inférieur par des écharpes gazonnées, établies en travers sur la surface des talus pour conduire successivement les eaux jusque dans les deux fossés latéraux des tranchées.

Ce type a aussi bien réussi que le type à talus continu de 3 de base pour 2 de hauteur ; seulement : « Nous devons reconnaître, dit M. l'ingénieur Armand Martin, que, pour le type à banquettes, nous avons dû effectuer sur beaucoup de points des revêtements en gazon ou en terre végétale ensemencée, et que les banquettes exigent un entretien attentif pour éviter l'accumulation des eaux sur l'une d'elles ; en sorte qu'il est peut-être préférable, dans la majeure partie des terrains, d'établir les talus suivant l'inclinaison de 3 de base pour 2 de hauteur, ainsi que quelques ingénieurs l'ont toujours pratiqué ; inclinaison qui, dans tous les cas, assure une meilleure et plus prompte réussite des semis, ce qui ne laisse pas d'offrir une certaine importance pour la fixation et la consolidation des talus. »

« Cette inclinaison plus grande augmente, il est vrai, le cube des déblais; mais la dépense correspondante sera rarement plus forte que celle nécessitée par les gazonnements, revêtements en terre, etc., surtout lorsqu'on ne fait pas ces derniers travaux à mesure de l'avancement des tranchées, car on peut avoir alors des éboulements qui rendent les dépenses de fixation de talus bien plus élevées. »

Semis et plantations. — Les moyens précédents sont insuffisants et doivent être complétés par la fixation définitive des talus à l'aide de la végétation. Lorsque ce dernier résultat est obtenu, les fossés et banquettes perdent beaucoup de leur utilité.

« Les semis exigeant l'ameublissement des terres sur une épaisseur de quelques centimètres, ne peuvent, dit M. de Sazilly, réussir que sur les talus d'une inclinaison plus douce que celle du talus naturel.

La nature des semis doit dépendre de la nature du terrain et du climat : Il est bon de consulter à ce sujet les agriculteurs du pays; mais, dans l'incertitude où l'on est presque toujours sur ce qui convient le mieux, il est prudent de faire un mélange de diverses graines de plantes vivaces.

La luzerne forme une excellente défense contre les pluies et les gelées, mais elle est loin de réussir partout; la traînasse ou renouée (polygonum vulgare) et le chiendent, qui croissent presque partout au contraire, et qui, sous ce rapport, font le désespoir des agriculteurs et des vignerons, forment encore une excellente défense. La traînasse surtout, dont la forte racine pivote profondément, et dont les innombrables branches se *traînent* sur la surface du sol, est éminemment propre à défendre les talus contre l'action des gelées et des pluies.

On peut encore mêler aux graines de plantes vivaces des graines d'arbustes, comme le genêt, l'ajonc ou l'acacia, qui croissent aussi presque partout; mais l'effet de ces graines est beaucoup plus lent que celui des graines des plantes vivaces.

Pour protéger les semis au moment où les plantes ne feront encore que de naître, nous avons vu mélanger de l'avoine avec les graines des plantes vivaces; l'avoine ayant une végétation beaucoup plus active, s'élève au-dessus des plantes vivaces, qu'elle dérobe à l'action directe du soleil, et entretient sur la surface du sol une humidité éminemment favorable à la végétation.

Nous pensons que cela est une excellente précaution à employer dans un grand nombre de cas.

Cette précaution serait cependant insuffisante si l'on avait affaire à un sol trop mobile, sous l'action des vents et des pluies, pour laisser à l'avoine le temps de se développer. On pourrait dans ce cas adopter avec avantage un procédé analogue au procédé de couverture employé avec tant de succès, depuis Brémontier, dans les travaux de fixation des dunes.

Seulement ici, les branchages de genêt, d'ajoncs, bruyères, etc., formant couverture, ne devraient plus en général, comme dans les dunes, être simplement fixés, en enfonçant leur extrémité de quelques centimètres dans le sol, mais bien être retenus avec des piquets, ou même maintenus sous des longrines placées horizontalement sur les talus, ces dernières étant retenues au sol par de forts piquets; à défaut de branchages, on pourrait d'ailleurs employer une couverture en paille fixée de la même manière.

Lorsque la nature du terrain est peu propre à la végétation, et c'est presque toujours le cas des talus ouverts en tranchée, on ne manque jamais, si l'on a de la terre végétale à sa portée, d'en rapporter sur les talus une épaisseur de quelques centimètres pour activer la végétation.

On se borne, la plupart du temps, après avoir jeté les graines sur la surface des talus légèrement ameublis au rateau, à recouvrir lesdites graines avec une épaisseur de 0^m02 à 0^m03 de terre végétale.

Mais, à moins de protéger le semis avec une couverture, on ne pourrait guère rapporter de la terre végétale sur une inclinaison moins douce que celle de 1^m25 de base pour 1 mètre de hauteur, et encore faut-il, avec cette dernière inclinaison, des soins continuels pour prévenir les dégradations jusqu'au moment où les semis ont pris de la force.

Lorsque l'on emploie la terre végétale sur des talus d'une nature très mobile, comme le sable pur, il convient d'en porter l'épaisseur de 0^m08 à 0^m10. Alors, le semis ne se fait qu'après l'emploi de la terre végétale.

Au chemin de fer d'Orléans, dans la traversée d'Étampes, les talus ouverts dans un sable de grès très fin, et que les vents emportaient incessamment, au grand désagrément des voyageurs et au détriment des machines, ont été rapidement consolidés de cette manière sur une inclinaison de 1^m80 de base pour 1 mètre de hauteur tant dans les tranchées que dans les remblais.

Les plantations, n'exigeant pas comme les semis l'ameublissement de toute la surface des talus, peuvent être faites sur des inclinaisons un peu plus raides; mais elles garnissent beaucoup moins la surface et ne peuvent guère être employées, comme seul moyen de défense, que sur des talus qui se dégradent lentement; par exemple, les talus ouverts dans des terrains marneux, calcaires, ou dans certains sables doués d'une assez forte cohésion.

Les plantations doivent, autant que possible, être faites au commencement de l'hiver; mais cependant si des talus pouvaient être plantés à la fin de l'hiver ou au commencement du printemps, il ne faudrait point attendre au commencement de l'hiver suivant pour faire cette opération.

La nature des plantations doit encore ici dépendre de la nature du terrain, du climat et des ressources du pays; le saule ordinaire et l'osier conviennent à tous les terrains humides; l'acacia réussit presque partout et est très fréquemment employé; le saule marceau pousse rapidement dans les sables les plus arides; enfin, on peut encore employer presque partout le chiendent comme plantation.

Il n'est peut-être pas inutile de prémunir ici contre une faute que nous avons faite au chemin du centre, en plantant en chiendent la partie des talus en sable, fortement cohérent, qui surmonte en général les glaises que l'on rencontre dans les tranchées.

Les talus ouverts à 45 degrés dans ces sables, qui étaient assez cohérents pour se maintenir à pic sur des hauteurs de 2 à 3 mètres, ne se dégradaient pas très rapidement sous les influences atmosphériques.

Pour les planter en chiendent, nous avons fait ouvrir de petites rigoles de 0^m10 de profondeur environ, en procédant de bas en haut; à mesure qu'une rigole était ouverte, elle était garnie à la main de racines de chiendent; une partie de la terre, provenant de l'ouverture de la rigole supérieure, servait à recouvrir les racines, cette terre était damée avec une dame plate; ce procédé avait à la fois, nous le croyions, l'avantage d'être très économique et de bien garnir la surface des talus.

Les plantations faites à la fin de l'hiver offraient, en effet, au printemps une très belle apparence qui persista assez bien, malgré les chaleurs de l'été, jusqu'à l'hiver suivant; mais alors la succession des gelées, des dégels et des pluies ne tarda pas à détacher çà et là des plaques plus ou moins grandes de la surface des talus, suivant des plans passant par le fond des rigoles, et à faire glisser ces plaques que le frottement seul ne pouvait plus retenir.

Les dégradations superficielles ont été ainsi plus fortes sur certains points qu'elles n'eussent été si on n'avait pas touché aux talus, et ces derniers sont aujourd'hui dégarnis de chiendent sur une assez notable partie de leur surface.

Nous pensons d'après cela que, quelle que soit la nature de la plantation adoptée, il faut bien se garder de faire aucune fouille continue dans le talus, et se borner à faire des trous isolés avec un fort piquet; ces trous doivent être faits dans le sens normal au talus et non dans le sens vertical, et il faut après l'introduction du plant, les remplir de terre que l'on comprime légèrement avec le pied de manière qu'il ne reste ni saillie ni flaches apparentes. »

Lorsque le sol naturel du talus est une bonne terre végétale, limon, marne, terre glaise, on peut semer directement à la surface et se contenter de recouvrir la graine de quelques centimètres d'humus. Quand le sol est d'argile pure, il faut 0^m10 à 0^m15 de terre rapportée, et, si c'est un sable ou un gravier, il faut 0^m15 à 0^m30, sans quoi la végétation serait arrêtée lors des sécheresses.

Les terres rapportées glisseraient si elles n'étaient retenues par une sorte d'escalier ménagé dans le talus. Sur les remblais, cette disposition n'est guère utile : la terre est ameublie sur une grande profondeur et

Fig. 95.

il est facile de composer les talus avec d'assez bonnes terres.

La terre végétale provient des premières fouilles exécutées à l'emplacement des déblais et des remblais; les devis exigent que le produit de ces fouilles soit mis en réserve, et il faut tenir la main à cette prescription, car on n'a jamais trop de terre végétale.

M. Heyne recommande d'adopter comme graines l'assortissement suivant de graminées :

Avoine.	25
Herbe de Timothée.	21
Ray-grass.	21
Trèfle jaune.	11
Trèfle blanc.	11
Luzerne.	11
Total.	100 parties en poids.

Il faut 800 grammes à l'are, 80 kilogrammes à l'hectare.

Quelques auteurs indiquent des chiffres beaucoup plus considérables; mais ils se trompent, car le précédent est plutôt fort que faible.

L'ensemencement doit se faire par un temps humide.

« Dans les plus mauvais terrains, dit M. Desnoyers, nous avons employé avec succès des semis de genêt; on sème la graine avec de l'avoine, celle-ci lève et protège le genêt qui, dès l'année suivante, garnit bien le talus et forme une défense excellente. Dans toutes les parties basses des grands remblais, nous avons, en outre, fait des plantations d'acacias disposés en quinconces et espacés de 0^{m}50. »

Les boutures d'acacias, d'osiers ou de saules ont 0^{m}40 à 0^{m}50 de longueur; elles pénètrent de 0^{m}25 dans le sol, et le trou qui les reçoit est percé à l'aide d'une tige pointue en fer.

Gazonnements et clayonnages. — Les gazons, avons-nous dit, sont précieux en matière de terrassements; ils doivent être conservés avec grand soin, parce qu'on en a toujours un emploi utile.

D'ordinaire les ouvriers enlèvent les plaques de gazon à la bêche ou au louchet. On peut cependant combiner une exploitation plus rationnelle lorsqu'il s'agit de grandes surfaces : on se sert d'abord d'une sorte de couteau à manche qu'un homme dirige pendant qu'un autre homme le tire par une corde; ces deux ouvriers découpent ainsi le gazon en rectangles de 0^{m}30 à 0^{m}40 de côté; ils prennent en-

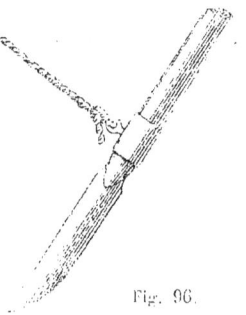

Fig. 96.

suite et manœuvrent de même la pelle à corde que représente la figure 97, et renversent chaque plaquette de gazon.

Fig. 97.

Les plaquettes de gazon sont empilées et conservées ainsi; il est même bon d'arroser les tas s'il survient une sécheresse prolongée.

Les mottes de gazon posées à plat ne réussissent que sur un bon terrain et exigent des soins assidus, comme nous le verrons tout à l'heure; elles ne tiennent guère sur des talus à 45 degrés.

Dans ce cas, on pose les gazons par assises comme des moellons plats, en ayant soin de découper les joints; les gazons sont placés l'herbe en dessous normalement au talus; ils donnent ainsi un excellent revêtement de 0^{m}30 d'épaisseur, bien préférable à la terre pilonnée, mais aussi plus dispendieux, car il consomme beaucoup de gazon. Aussi réserve-t-on ce système pour les quarts de cône aux abords des ouvrages d'art, et pour la base des remblais dans les vallées submersibles, et on se sert alors des gazons enlevés à l'emplacement même du remblai.

« Les revêtements de gazon par assises peuvent, dit M. de Sazilly, recevoir des inclinaisons assez raides, s'ils sont appliqués sur des déblais ou des remblais bien pilonnés par couches, ou dont le tassement est produit. On les emploie dans le Midi en parements presque verticaux sur des hauteurs de 1^{m}50, pour revêtements des clôtures en terre. »

Nous croyons cependant que dans la crainte de voir ces revêtements *prendre du ventre* en s'affaissant sous leur poids, il ne faudrait pas admettre d'inclinaison plus raide que 1 de base pour 2 de hauteur; encore conviendrait-il pour une inclinaison aussi raide de ménager des banquettes étagées de 1^{m}50 environ les unes au-dessus des autres, afin de partager la surface en zones indépendantes. Ces banquettes, dont le rôle est ici tout différent du rôle de celles qui ont été décrites précédemment, pourraient n'avoir que 0^{m}40 de large et devraient être inclinées vers la tranchée.

Les revêtements par assises de gazon demandent, en général, à être appuyés à la base sur un ou deux rangs de moellons, précaution indispensable lorsque le pied du talus est exposé à être baigné par les eaux.

Le gazonnement à plat exige plus de soins : les plaquettes sont posées jointives, à joints découpés: chacune est appliquée sur le sol, dont la terre a été préalablement grattée au râteau, à l'aide de quelques coups d'un maillet en bois qui sert également à enfoncer au milieu de chaque motte un piquet destiné à la maintenir. A la suite d'une sécheresse, il arrive que les mottes éprouvent un retrait et que les joints s'ouvrent; il faut alors venir les boucher avec de la terre végétale ou des morceaux de gazon enfoncés avec le maillet. Si la dépense n'est pas trop grande, quelques arrosages peuvent assurer le succès de l'opération.

« Dans un sol de sable argileux, où l'action des pluies ravinait les talus d'une manière déplorable, nous avons employé avec succès, dit M. Desnoyers, des gazonnements ainsi formés : chaînes horizontales de 2 en 2 mètres, avec gazons posés normalement au talus sur 0^{m}30 d'épaisseur; chaînes verticales semblables de 5 en 5 mètres, et dans tous les cadres ainsi formés des gazonnements à plat sur 0^{m}10 d'épaisseur; des tuyaux de drainage, disposés en arête de poisson, conduisent les eaux dans des descentes en gazon espacées de 10 en 10 mètres; de cette manière, l'assainissement est assuré, la surface est couverte d'un revêtement bien enraciné par les chaînes formant boutisses, et beaucoup moins coûteux que s'il était composé en entier de gazons posés normalement. La dépense ne dépasse pas 1 franc par mètre superficiel, drainage, descente d'eau et accessoires compris. »

Au lieu des cadres que nous venons de décrire, on se contente parfois d'établir des cadres analogues, mais composés seulement de gazons à plat posés avec des piquets; les lignes sont inclinées à 45°, pour rompre mieux l'écoulement des eaux; les carrés reçoivent une couche de terre végétale de l'épaisseur des gazons, et on l'ensemence.

« Quand on peut, dit M. Graëff, faire dans les talus en déblai un revêtement continu de gazon, en ayant soin de fixer de distance en distance les gazons par de petits piquets de saule-marceau ou d'acacia, qui ont eux-mêmes chance de prendre racine, c'est certainement ce qu'il y a de mieux; mais dans les grands talus on est souvent

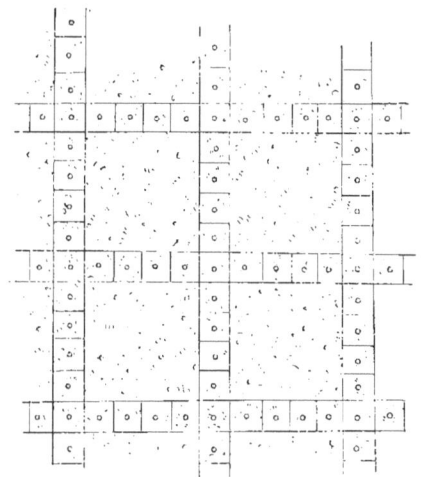

Fig. 98.

arrêté par la question de dépense : on peut alors gazonner par bandes horizontales de 1 mètre à 1^{m}20 de hauteur, espacées entre elles de 1^{m}50 à 2 mètres en hauteur, et semer les intervalles, en ayant soin de les couvrir préalablement d'une couche de terre végétale de 0^{m}05 à 0^{m}06 d'épaisseur.

Les bandes en gazon divisent les eaux et les empêchent de raviner les cases, dans lesquelles la semence finit par prendre. Il faut d'ailleurs toujours, dans les gazonnages, avoir soin de prendre des gazons provenant du même terrain que celui auquel on a affaire : cette condition est essentielle pour la réussite de l'opération. »

Clayonnages. — Lorsque l'on manque de gazon, ou lorsque la prise en est fort incertaine, comme cela arrive sur des terrains sableux, on peut recourir à des clayonnages, dont la figure 99 donne une idée.

Les clayons sont de longues branches de bois flexible, tel que chêne, charme, saule, osier, noisetier. Chacune de ces branches est tressée dans une file de piquets et, lorsque le clayonnage a atteint une hauteur suffisante, on enfonce le tout à l'aide de maillets en bois, en frappant sur la tête des piquets ; lorsque ceux-ci sont terminés par un nœud ou un crochet, les branches flexibles ne risquent pas de s'échapper, et le travail est plus solide.

Avec ces clayonnages on forme donc des cadres, composés de lignes horizontales et de lignes verticales, comme les cadres en gazon précédemment décrits, et ces cadres servent à maintenir la terre végétale que l'on rapporte et que l'on ensemence.

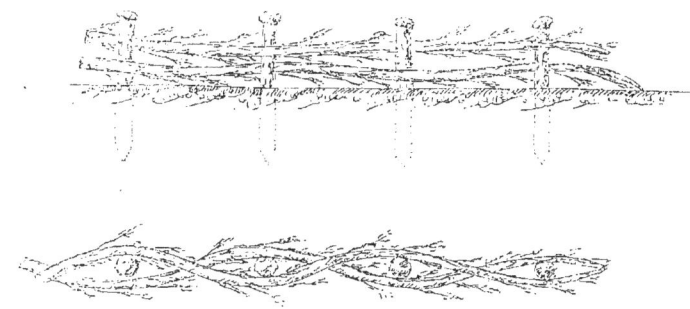

Fig. 99.

Les clayonnages disparaissent au bout de quelque temps, mais alors la végétation a fait son œuvre.

Lorsqu'on se sert d'osier ou de saule, et que l'on peut espérer la reprise des branchages, il convient de ficher en terre l'extrémité des clayons; ils forment bouture et se développent bientôt : c'est la meilleure des consolidations. On doit alors effectuer le clayonnage en hiver.

Revêtements en maçonnerie; perrés. — Lorsqu'on a des moellons sous la main, les revêtements en maçonnerie sèche ou *perrés* peuvent n'être guère plus coûteux que les gazonnements, et ils sont préférables.

Ils sont, en tout cas, indispensables pour protéger tout talus exposé à l'action des eaux courantes ou stagnantes, que cette action soit continue ou intermittente. On proportionne l'épaisseur du revêtement aux efforts qu'il doit recevoir : un simple pavage de 0^m15 à 0^m20 suffira pour un fossé ou une rigole; des talus à 3 mètres de base pour 2 de hauteur n'exigeront pas en général une épaisseur supérieure à 0^m30; cette dernière devra être augmentée pour les talus raides : ainsi, des talus à 45°, de 10 mètres de hauteur, demanderont une épaisseur de perré de 0^m50.

Avec les meilleurs matériaux, il ne convient pas de faire des revêtements à pierre sèche sur une inclinaison supérieure à 1/3 de base pour 1 de hauteur; et encore cela ne serait admissible que pour des talus fort peu élevés.

On avait l'habitude autrefois de donner au perré une épaisseur croissante; partant de 0^m30 au sommet, on augmentait de 0^m05 par mètre de talus pour des inclinaisons ordinaires, et de 0^m10 pour les fortes inclinaisons de 1/2 ou 1/3 de base sur 1 de hauteur.

L'épaisseur d'un perré est toujours mesurée normalement au talus.

Avec des inclinaisons égales ou inférieures à 45°, le perré n'a aucune tendance à glisser sur la terre qui le porte, on ne risque pas de lui voir faire le ventre, et l'épaisseur croissante n'est pas justifiée. Avec des inclinaisons plus fortes, on pourrait encore conserver l'épaisseur uniforme, sauf à couper la ligne par des banquettes lorsque le talus est élevé. Cependant, beaucoup d'ingénieurs adoptent dans ce cas une épaisseur de 0ᵐ50 au pied, et 0ᵐ30 au sommet.

Cette dernière moyenne de 0ᵐ40, sur des talus de rivière inclinés à 45° ou à 3/2, est suffisante, pourvu que le travail soit bien effectué et que le pied du perré ait une fondation solide.

En rivière, cette fondation se compose en général d'enrochements que l'on nourrit, s'il le faut, pour remplacer les pierres entraînées; cependant, en général, un bon enrochement se cimente par la vase avec le temps. Le perré ne commence qu'au niveau des plus basses eaux; il règne jusqu'au-dessus du niveau des plus hautes eaux, de manière à mettre le massif de terre entièrement à l'abri des vagues et des glaçons.

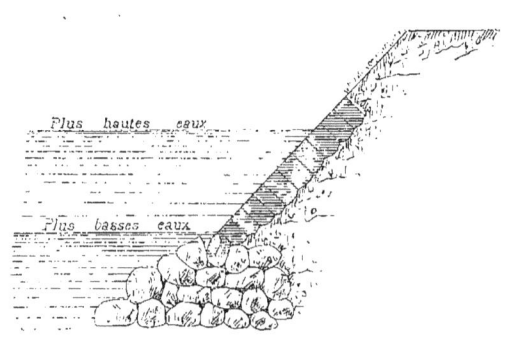

Fig. 100.

Lorsque le pied du talus est accessible en basses eaux, la fondation peut se composer soit d'un massif de maçonnerie en pierres sèches, encastré dans le sol et contrebutant la base du perré, soit d'un petit massif de béton, maintenu en avant par une file de palplanches moisées.

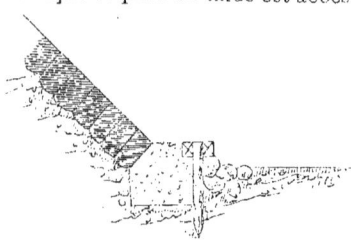

Fig. 101.

Il faut veiller à ce que la base de la fondation soit à l'abri des affouillements.

Les moellons d'un perré doivent être placés leurs plus grandes dimensions en queue; ils sont assujettis au marteau et rendus bien solidaires, de telle sorte qu'on ne puisse arracher aucun d'eux isolément. C'est seulement lorsque cet agencement intérieur a été vérifié que l'on vient avec des cales enfoncées au marteau boucher les interstices de la surface.

Les perrés sont exécutés à joints irréguliers ou à joints horizontaux et verticaux : c'est la disposition la plus ordinaire, puisque l'on trouve presque toujours les moellons dans des roches à faible hauteur d'assise, et que les deux lits parallèles forment déjà deux des faces du moellon.

Lorsque les perrés sont accidentellement exposés aux eaux courantes, il convient de les établir sur une couche de 0ᵐ10 à 0ᵐ15 de menu gravier, pierre cassée ou débris de carrière, qui puisse former filtre et empêcher les eaux, en s'abaissant, d'entraîner les terres délavées sous le perré.

On doit aussi faciliter le plus possible la croissance des plantes vivaces dans les joints des perrés, car cette végétation augmente la solidarité des moellons et la résistance à l'action des eaux et des glaces. La végétation finit toujours par se développer naturellement ; mais il est bon de l'activer en répandant de la terre végétale dans les joints et semant des graines à la surface.

Lorsque l'on emploie la *maçonnerie à mortier* en revêtement, ce qui ne se fait guère qu'avec des talus raides, il est essentiel, dit M. Graëff, de la garantir contre les infiltrations des sources, s'il en existe dans le terrain à revêtir. Dès que les eaux n'ont pas d'issue, elles finissent par se faire quelque jour et, lorsque les gelées arrivent, tout le revêtement est poussé en dehors. On a été obligé de reconstruire, au bief de partage des Vosges, environ dix ans après leur construction, plusieurs parties de murs qui avaient été dégradées par cette cause. Il faut donc, avant tout, faire arriver les sources dans de petits caniveaux derrière le revêtement, et les recueillir pour les faire sortir par des barbacanes pratiquées à cet effet dans le corps de la maçonnerie.

Observations générales sur l'inclinaison à adopter pour les talus. — Avant le développement des grands travaux en France, l'usage était d'adopter des talus de 45° pour les tranchées et de 3 de base sur 2 de hauteur pour les remblais ; c'est dans ces conditions qu'étaient établies les anciennes tables numériques ou graphiques dressées par l'administration.

L'adoption du talus de 45° en tranchée a donné lieu à quelques mécomptes ; ainsi la tranchée d'Étampes sur le chemin de fer d'Orléans, ouverte d'abord à 45° dans le sable de grès, a été finalement réglée à $\frac{3}{2}$ avec mince revêtement en terre. Inversement, il y a des talus de déblai dans le roc réglés à $\frac{1}{8}$ ou $\frac{1}{10}$, et même à des inclinaisons plus raides. Au canal du Nivernais, des tranchées de 13 à 15 mètres de profondeur, ouvertes dans le calcaire à gryphées et dans les marnes schisteuses, se maintiennent bien sous des inclinaisons de $\frac{1}{8}$; les tranchées de Malpas, au canal du Midi, ouvertes sur 20 mètres de hauteur dans un tuf sablonneux, avec l'inclinaison $\frac{1}{2}$, ont dû être revêtues en maçonnerie pour arrêter les désagrégations superficielles. De même, la tranchée de Crancey, au canal de Bourgogne, avec talus $\frac{1}{2}$ sur 11 mètres de hauteur, ouverte dans le calcaire à gryphées par le haut et dans la marne schisteuse par le bas, a dû recevoir des parements en maçonnerie de pierre sèche sur la partie inférieure.

Pour les remblais, les talus à $\frac{3}{2}$ sont généralement supérieurs au talus naturel des terres, généralement voisin de 45° ; aussi n'entraînent-ils pas de mécomptes et n'y a-t-il lieu de les adoucir que lorsqu'il s'agit de terres fluentes, de sables très mobiles, de talus exposés aux inondations, ou lorsque l'on dispose de déblais en excès.

On a rarement donné aux talus de remblai des inclinaisons supérieures à 45°; on cite en Angleterre le remblai de Halton, avec talus de 10 mètres de base sur 16 mètres de hauteur, qui a éprouvé des tassements considérables malgré un revêtement en pierres sèches de 1^m50 d'épaisseur en moyenne; il est vrai que les terres du noyau étaient mauvaises et les travaux mal conduits.

En somme, on n'avait pas assez l'habitude autrefois de tenir compte de la nature des terres, des conditions dans lesquelles elles étaient placées, ni de la destination du travail.

Ainsi, il était illogique de donner 45° aux talus de déblai et $\frac{3}{2}$ aux talus de remblai, car les premiers sont plus exposés aux dégradations et la végétation s'y développe moins vite. C'est donc avec raison qu'on a généralement unifié les deux inclinaisons. Cependant, il va sans dire que, pour des chemins ordinaires et des routes, il faut étudier attentivement le terrain et ne pas reculer devant l'adoption de talus plus raides qui procurent une notable économie, comme nous l'avons vu précédemment.

Il convient même d'évaluer la dépense qui résultera, d'une part, de l'adoption d'un talus raide avec revêtement, et d'autre part, de l'adoption d'un talus plus doux sans revêtement. L'économie sur les terrassements est de 1 fr. 25 environ par m^3 de déblai qu'on évite, et il est possible que cette économie soit très considérable relativement à la dépense des revêtements, si, par exemple, les déblais doivent fournir des moellons pour perrés rendus à pied d'œuvre.

En ce qui touche les déblais ouverts dans de mauvais terrains, comme les sables argileux et les marnes entremêlés de couches d'argile et de sables fluents, avec niveaux d'eau et sources considérables, il est évident qu'il ne faut pas chercher des talus raides; la réparation des éboulements et les travaux de consolidation absorberaient au-delà des économies réalisées. Le talus $\frac{3}{2}$ est alors un minimum, et si l'on se trouve en présence de terrains mouvants, comme les sables du Soissonnais, il vaut mieux encore descendre à 2 de base pour 1 de hauteur. Dans ce cas, il ne faut pas oublier que les terrains de ce genre, si mauvais lorsqu'ils sont imprégnés d'eau, deviennent passables lorsqu'on parvient à les assécher; il convient donc de conduire les déblais avec une certaine lenteur, en consolidant les talus au fur et à mesure de l'avancement et en ménageant aux eaux un écoulement à un niveau toujours inférieur à celui de l'attaque; si même il était possible de drainer d'avance la masse entière à l'aide d'une galerie basse et de puisards verticaux, on faciliterait singulièrement l'ouverture de la tranchée.

Le talus de remblai à $\frac{3}{2}$ suffit, en général, à conjurer aussi bien les éboulements par masse que les dégradations superficielles, sauf à recouvrir de terre les remblais en sable pur. On pourrait même raidir les talus et se rapprocher de 45°, si les remblais étaient formés de marnes compactes, de terres pierreuses, de bonnes terres végétales, ou même de certains sables argileux.

Prescriptions générales relatives aux revêtements des talus. — Afin de résumer et de compléter les notions relatives à la protection superficielle des talus, nous reproduirons quelques extraits du devis général préparé par M. l'ingénieur en chef Flamant pour les travaux du canal du Nord :

Glaise, terre à bâtardeau, terre végétale. — La glaise pour corrois sera de l'argile aussi pure que possible et ne pouvant être délayée en boue liquide par l'action de l'eau. La terre à bâtardeau devra être siliceuse, mélangée de 30 à 50 p. 100 d'argile et débarrassée de mottes et de pierres.

La terre végétale à répandre sur les talus proviendra généralement soit de la couche à recouvrir par les remblais, soit des emprunts à faire dans le voisinage du tracé pour se procurer de la terre végétale seulement. Quoi qu'il en soit, l'Administration fournira toujours les terrains dans lesquels elle devra être extraite.

Cette terre sera choisie principalement dans les prés, et parmi les terres les plus propres à la végétation. Avant d'être répandue sur les talus, elle sera brisée très menu, parfaitement divisée et purgée avec soin des pierres, des racines et des herbes de mauvaise qualité qu'elle pourrait contenir.

Gazons. — Les gazons destinés au revêtement des talus proviendront des terrains indiqués par l'ingénieur ; ils seront bien chevelus, très herbus, bien garnis de racines vives et de terre ; ils seront coupés bien carrément et auront $0^m 10$ d'épaisseur. Ceux qui devront être posés à plat auront $0^m 30$ de longueur et de largeur, ceux qui seront posés en assises auront $0^m 30$ de longueur et $0^m 30$ de queue ; ils ne pourront être employés que bien frais et non cassés.

Graines pour semis. — Les graines qui seront employées pour les semis destinés à consolider les talus seront celles de foin, de luzerne, de sainfoin, de trèfle rouge ou blanc et de fléole des prés, ou autres essences analogues dans des proportions variées, suivant la nature du sol et suivant les indications et proportions qui seront déterminées par l'ingénieur.

Ces graines seront de la meilleure qualité de chacune des espèces à employer, fraîchement récoltées, épurées et reçues avant l'emploi ; celles qui, jetées dans l'eau, surnageraient, seraient refusées.

Boutures. — Les boutures à planter dans les berges des cours d'eau seront en osier jaune, saule, peuplier, aulne et autres essences suivant les prescriptions des devis particuliers ou de l'ingénieur.

Ces boutures seront saines, vigoureuses et garnies de boutons ; elles seront fraîchement coupées et encore remplies de sève ; elles seront maintenues dans l'humidité jusqu'au moment de la plantation, qui ne pourra avoir lieu plus de deux jours après la coupe.

Les joncs qu'il pourra y avoir lieu d'employer seront enlevés par touffes avec leurs racines.

Plants pour haies vives ou talus. — Les plants d'épine blanche, de charme, de hêtre, d'acacia ou autres destinés à former des haies vives ou à garnir des talus seront jeunes, vigoureux et bien garnis de racines ; ils auront une hauteur de 0^{m}35 à 0^{m}40 et une circonférence de 0^{m}015 à 0^{m}020 mesurée au collet. Les essences à employer et le mode d'emploi seront, dans chaque cas, déterminés par l'ingénieur.

Piquetage des terrassements. — Avant l'ouverture des travaux, le tracé du canal sera fait par les soins de l'ingénieur ou d'un agent sous ses ordres, au moyen de piquets plantés aux extrémités de chaque alignement droit et de chaque courbe, sur l'axe même ou sur une ligne parallèle à cet axe ; quelques autres piquets intermédiaires seront en outre placés où ils seront jugés convenables. Tous ces piquets devront porter chacun un numéro particulier, avoir 0^{m}10 de diamètre à leur tête et être enfoncés dans le sol de 0^{m}50 au moins.

L'ingénieur établira de plus, le long de la ligne, à une distance de 500 mètres au plus les uns des autres, des repères invariables de hauteur.

Un état de ces piquets et de ces repères, indiquant les cotes de hauteur de chacun de ces derniers, sera remis à l'entrepreneur par l'ingénieur.

L'entrepreneur devra vérifier le piquetage au moyen du tableau des alignements et des courbes compris dans le devis particulier de l'adjudication et des plans parcellaires qui lui seront communiqués s'il le désire.

Il devra vérifier de plus par des nivellements la cote de tous les repères de hauteur.

S'il reconnaît des erreurs dans la position des piquets et dans la hauteur des repères, il devra les signaler à l'ingénieur avant l'expiration d'un délai de vingt jours qui lui est accordé, à partir de la remise de l'état ci-dessus, pour la vérification du métré des terrassements.

Après l'expiration de ce délai et la rectification des erreurs qu'il aura pu signaler, l'entrepreneur sera responsable de l'exactitude du piquetage et des hauteurs de repères, et il devra subir toutes les conséquences des erreurs qu'ils pourraient présenter, sans pouvoir élever à cet égard aucune réclamation.

Achèvement du piquetage par l'entrepreneur. — L'entrepreneur complétera lui-même le piquetage du canal en plaçant sur l'axe et à des distances de 50 mètres au plus les uns des autres dans les alignements droits, et de 25 mètres au plus dans les courbes, d'autres piquets semblables à ceux qui ont été prescrits ci-dessus pour le tracé à faire par l'ingénieur.

Il plantera de plus, au droit de chacun de ces piquets et sur la même normale au tracé, d'autres piquets semblables indiquant les crêtes et les lignes de pied des talus de déblais et de remblais, ainsi que les arêtes saillantes et rentrantes des fossés et banquettes qu'il pourra être prescrit d'établir.

Il placera en outre savoir :

1° Sur l'axe du canal, des balises arasées à la hauteur du dessus des remblais et des piquets enfoncés jusqu'au niveau du fond des déblais ou à une hauteur au-dessus de ce niveau dont ils porteront l'indication.

2° Normalement à cet axe, des profils en lattes bien droites, indiquant les surfaces et les arêtes des talus, digues, banquettes et fossés.

Ces gabarits devront être maintenus jusqu'au jour de la réception provisoire.

L'entrepreneur sera naturellement seul responsable des erreurs que pourrait présenter ce complément de piquetage et des résultats de ces erreurs.

Toutes les dispositions ci-dessus s'appliqueront également au tracé des rigoles d'alimentation, déviations de rivières, emprunts, et en général des mouvements de terre prévus ou non aux devis particuliers.

Frais de piquetage. — L'entrepreneur fournira à ses frais les ouvriers et en outre les piquets, profils, balises et tous autres objets nécessaires pour les opérations prescrites par les deux articles précédents.

Conservation des piquets et des repères. — L'entrepreneur sera tenu de veiller à la conservation des piquets et des repères, et il devra remplacer à ses frais ceux qui viendraient à être brisés ou dérangés par une cause quelconque.

Commencement des travaux. — Les terrains à occuper seront livrés à l'entrepreneur à mesure de leur acquisition par l'État.

Après l'expiration du délai de vingt jours fixé pour la vérification du métré des terrassements, les ateliers de terrassements devront être organisés immédiatement, avec la plus grande activité conformément aux ordres de service qui seront donnés.

Il est d'ailleurs bien entendu que l'entrepreneur ne pourra réclamer aucune indemnité pour les retards ou la gêne que les difficultés relatives à l'acquisition des terrains pourraient apporter dans l'exécution des travaux. Seulement le temps pendant lequel il pourra être arrêté, s'il l'a fait constater officiellement par l'ingénieur, ne lui sera pas compté dans les délais d'exécution.

Exécution et emploi des déblais. — Les terrassements seront exécutés conformément aux indications du tableau du mouvement des terres joint aux devis particuliers, ou aux ordres de service qui pourront être donnés par l'ingénieur, en cours d'exécution.

Les fouilles seront conduites de manière que les eaux ne puissent séjourner, dans aucune de leurs parties, à un niveau supérieur à celui des plus basses eaux possibles au moment de l'exécution. L'entrepreneur exécutera d'ailleurs à ses frais les fossés, rigoles, saignées, etc., nécessaires au prompt écoulement des eaux et mènera ses travaux en allant de l'aval à l'amont, dans les limites du possible.

L'entrepreneur s'assujettira, dans l'exécution des déblais, aux directions, niveaux, pentes et talus qui lui seront prescrits de manière à n'avoir en aucun cas à rapporter des remblais sur les emplacements déjà déblayés. En conséquence, il devra disposer les rampes nécessaires pour monter les déblais des fouilles de manière qu'il n'y ait jamais à remblayer, pour former les talus, dans les emplacements qu'elles occupaient.

Les parties des déblais qui seront jugées les plus convenables pour former les remblais pilonnés ou corroyés, le remplissage derrière les maçonneries, la couche superficielle des talus à ensemencer, la cuvette des parties en remblai du canal, ou tout autre ouvrage du même genre exigeant des précautions spéciales, ne seront fouillées et transportées qu'au moment de l'emploi, ou bien seront mises en dépôt pour être reprises, transportées et employées ultérieurement, sans indemnité particulière d'aucune sorte pour l'entrepreneur. Les prix des remblais pilonnés et les autres prix du bordereau seront établis en tenant compte de ces mains-d'œuvre de dépôt, de reprise et de transport spéciaux qui ne font pas partie du mouvement général des terres.

Déblais dans les tranchées humides ou argileuses. — Dans les tranchées humides ou argileuses qui exigeront des travaux de drainage ou d'assainissement pour la consolidation des talus, l'entrepreneur sera tenu de conduire le travail de manière à ne pas gêner les travaux d'assainissement.

A cet effet la tranchée devra être ouverte immédiatement sur toute sa largeur, en commençant au besoin les talus par le haut, et les talus seront dressés suivant l'inclinaison prescrite, à mesure de l'avancement des déblais. L'organisation des chantiers devra être modifiée toutes les fois que cela sera nécessaire pour l'établissement des drains de fond ou de talus que l'ingénieur jugera utiles, et l'entrepreneur ne sera admis à faire aucune réclamation au sujet de la gêne et de la sujétion qui pourront résulter pour lui de ces diverses conditions.

Dépôts et emprunts. — Les déblais en excès seront employés conformément aux conditions des devis particuliers ou aux ordres de service qui seront donnés en cours d'exécution.

Les déblais en excès ne devront jamais être jetés dans les parties profondes des cours d'eau. Si cela arrivait, l'entrepreneur serait tenu d'enlever ces déblais sans préjudice des amendes dont il serait passible pour contravention au règlement de police des cours d'eau.

Lorsqu'il y aura insuffisance de déblais, les terres nécessaires proviendront d'emprunts dont les emplacements et les dimensions seront indiqués à l'entrepreneur.

Il ne sera jamais fait de dépôts ni d'emprunts en des lieux autres que ceux désignés par l'ingénieur. En cas d'infraction à cette disposition, les terres déposées pourront être enlevées et les chambres comblées aux frais de l'entrepreneur, sans préjudice des indemnités qui pourraient être dues pour les dommages causés aux propriétaires riverains, et que l'entrepreneur sera tenu de payer.

L'entrepreneur n'aura pas à s'occuper des indemnités de terrain relatives aux dépôts et emprunts qui lui seront prescrits.

Mise en réserve de la terre végétale. — La meilleure terre végétale que l'on rencontrera dans les déblais et dans les emprunts sera mise en réserve pour être répandue sur les talus de déblais et de remblais après leur règlement, ou employée en bâtardeaux.

Les parties des déblais ou des emprunts dans lesquelles cette terre devra être prise de préférence, et la quantité qu'il faudra mettre en réserve dans chacune d'elles, seront indiquées en cours d'exécution par les ordres de service de l'ingénieur.

L'entrepreneur ne sera admis à réclamer aucune indemnité à raison des faux frais ou de la gêne que lui occasionnerait l'exécution de ces ordres, sauf le paiement du transport en dépôt et de la reprise lorsque ces mains-d'œuvre auront été prescrites.

Matériaux trouvés dans les déblais. — Tous les matériaux de construction, de quelque nature qu'ils soient, qui seront trouvés dans les déblais, appartiendront à l'État.

L'entrepreneur sera tenu de trier, de transporter et d'emmétrer aux lieux et suivant les dimensions qui lui seront prescrits, tous ceux de ces matériaux qui lui seront indiqués en cours d'exécution par l'ingénieur, soit pour être mis en réserve, soit pour être employés dans les ouvrages de son entreprise.

Il ne sera admis à faire aucune réclamation au sujet des faux frais ou de la gêne que lui occasionnerait l'exécution des ordres qu'il recevra à cet égard.

Transports à la brouette et au tombereau. — Le transport des terres à employer en remblais ou à retrousser sera exécuté généralement à la brouette ou au tombereau. Afin d'assurer le mieux possible le tassement des remblais, les roulages seront toujours conduits de manière à passer successivement sur toute l'étendue de chaque couche de 0^{m}25 d'épaisseur dont ces remblais doivent être formés, ainsi qu'il sera prescrit ci-après.

A cet effet, les roulages devront changer de position à chaque voyage, de manière que tout le corps du remblai supporte une compression à peu près uniforme.

L'entrepreneur sera tenu de se conformer à cet égard aux ordres qui lui seront donnés, sans pouvoir réclamer aucune indemnité à raison des sujétions qui en seraient la conséquence.

Transports au wagon. — Le transport par wagons sur voie de fer pourra être employé pour les déblais à conduire en dépôt hors des tranchées.

En principe il ne sera jamais utilisé pour former les remblais du corps des digues du canal; s'il est autorisé dans des conditions exceptionnelles spécifiées formellement au devis particulier, ce ne sera que sous la réserve expresse des conditions ci-après.

Les voies et moyens de décharge devront être toujours combinés de manière que toutes les terres provenant, soit des wagons versant par-devant, soit des wagons versant de côté, puissent être prises aux pieds de la décharge pour être étendues, régalées et pilonnées, sans qu'aucune partie du remblai échappe à ces opérations obligatoires.

A cet effet, l'entrepreneur devra établir à ses frais les baleines et autres appontements qui seront nécessaires pour obtenir ce résultat.

Il soumettra d'ailleurs toutes les dispositions qu'il se propose d'adopter dans ce but à l'ingénieur, qui n'autorisera le transport par wagons que s'il reconnaît que les dispositions proposées permettent l'entier régalage et le complet pilonnage de tous les remblais. Dans le cas contraire, ce mode de transport sera définitivement prohibé.

Essartage et préparation du sol sous les remblais. — L'essartage aura généralement lieu sous les remblais au prix par mètre carré fixé au bordereau; le travail comprendra le piochage jusqu'à la profondeur de 0^{m}15 au moins, le brisement des mottes, l'enlèvement de toutes les pierres qui feraient saillie dans cette couche de 0^{m}15 et l'arrachage à toute profondeur de toutes les souches et racines; ces souches et racines appartiendront alors à l'entrepreneur, mais l'administration pourra réserver qu'elles soient enlevées par les riverains et à leur profit antérieurement à l'exécution des travaux. Le piochage ne pourra être remplacé par un labour qu'exceptionnellement et sur permission écrite de l'ingénieur.

Quand l'inclinaison et la nature du sol ou la nature des terres de remblais feront craindre des glissements du nouveau sol sur l'ancien, on aura soin, avant de commencer les remblais, de tailler le terrain ancien par gradins, dont les dispositions seront réglées par l'ingénieur dans chaque cas particulier. Le cube ainsi déblayé sera compté à l'entrepreneur au prix des autres déblais de même nature.

Exécution des remblais. — Il y a lieu de distinguer trois sortes de remblais : les remblais ordinaires, les remblais pilonnés et les remblais corroyés :

1° REMBLAIS ORDINAIRES. — Les terres seront régalées uniformément par couches de 0^{m}25 au plus et les mottes en seront soigneusement brisées au fur et à mesure des déchargements.

L'entrepreneur devra en outre disposer les roulages ou transports de manière à obtenir un tassement uniforme de toutes les parties des remblais ; pour cela les brouettes, tombereaux et wagons devront passer successivement sur chacune de ces parties ; les voies ferrées seront ripées en conséquence.

Lorsque des remblais devront être exécutés en lit de rivière ou sur des terrains recouverts d'eau, on évitera de verser les terres directement dans l'eau ; elles seront déposées sur le bord des parties déjà remblayées et poussées ensuite à la pelle sur le talus baigné par l'eau.

2° REMBLAIS PILONNÉS. — Les remblais de la seconde sorte seront élevés par couches de 0^{m}20 d'épaisseur au plus. Les terres dont ils seront formés seront débarrassées des herbes, racines et autres corps étrangers qu'elles pourraient renfermer ; elles seront divisées à la bêche, arrosées au besoin, puis fortement battues jusqu'à ce qu'elles soient bien liées avec celles de la couche inférieure et que chaque couche soit au moins réduite aux deux tiers de son épaisseur primitive.

Les terres à employer en remblais pilonnés seront d'ailleurs choisies avec soin parmi les terres végétales grasses ou argileuses intimement mélangées de sable qu'il sera prescrit à l'entrepreneur de réserver à cet effet.

Les noyaux en terre pilonnée qui seront prescrits pour les digues du canal en remblai seront élevés en même temps que le massif de la digue. Sauf prescriptions modificatives des devis particuliers, ils auront un mètre de largeur au sommet, des talus à un de base pour un de hauteur et leur niveau supérieur à 0^{m}20 au-dessus du plan d'eau.

Le pilonnage sera exécuté par les ouvriers les plus forts et les plus robustes du chantier. L'administration se réserve d'ailleurs la faculté de le distraire de l'entreprise et de l'exécuter en régie sans que cela puisse donner lieu à indemnité.

3° REMBLAIS CORROYÉS. — Les terres pour corrois seront choisies d'après les mêmes principes, mais avec plus de soins encore que les précédentes. Il pourra être nécessaire de les obtenir par un mélange intime d'argile et de terre sableuse. Dans tous les cas, elles seront divisées très menu, parfaitement ameublies et mêlées. Elles seront étendues par couches de 0^{m}10 (dix centimètres) d'épaisseur au plus, légèrement arrosées au besoin et pilonnées jusqu'à ce qu'elles ne puissent absolument plus se comprimer davantage, jusqu'à ce que les différentes couches soient parfaitement liées sans le moindre lit apparent et jusqu'à ce que la masse ne présente plus le moindre petit vide.

L'entrepreneur devra se conformer rigoureusement à toutes les précautions qui lui seront imposées pour obtenir ces résultats, tant au point de vue de la disposition des chantiers qu'au point de vue des outils à employer, suivant la nature des terres des corrois.

Le mélange des terres, s'il y a lieu de le faire, et l'exécution des corrois seront généralement exécutés en régie ; l'entrepreneur, dans ce cas, devra seulement trier et transporter les terres et fournir au prix du bordereau les ouvriers qui pourraient lui être demandés.

Dispositions diverses relatives à l'exécution des remblais. — Lorsque le plafond du canal sera en remblai, la terre qui le formera pourra être pilonnée en raccordement avec les noyaux des digues ; dans tous les cas elle sera choisie parmi la plus étanche que l'on pourra trouver.

Pour revêtir les talus exposés à être baignés par les eaux, l'entrepreneur choisira les déblais les plus résistants.

Il évitera les remblais de terres argileuses en grandes masses et disposera les lits séparatifs des couches imperméables suivant les inclinaisons et directions que l'ingénieur lui prescrira dans le but d'assurer l'assainissement de l'ouvrage.

Des pierrées pourront même être disposées dans certaines masses qui n'intéresseraient pas l'étanchéité du canal; il ne sera payé dans ce cas aucune indemnité spéciale à l'entrepreneur si les pierres se trouvent dans les déblais indiqués par le mouvement des terres.

L'entrepreneur devra toujours se conformer aux instructions qui lui seront données dans ces différents cas et dans tous les autres cas analogues.

Remblais contre les maçonneries. — Les remblais contre les ouvrages d'art devront être exécutés de manière à charger également les maçonneries de tous les côtés et à éviter les déversements auxquels pourraient donner lieu des charges inégales. Ils seront exécutés par couches de 0^m15 (quinze centimètres) d'épaisseur, pilonnés et arrosés si l'ingénieur le prescrit.

Les réparations des avaries qui pourraient provenir d'un défaut de soin dans l'exécution de ces remblais seront à la charge de l'entrepreneur.

On choisira des terres maigres et sablonneuses pour les placer derrière les maçonneries des ouvrages d'art, et surtout derrière les murs en retour et de soutènement.

Près des parements vus des maçonneries, au contraire, aux endroits où les talus se raccordent avec les rampants des aqueducs, par exemple, les terres devront être choisies de la nature de celles des remblais pilonnés et corroyés, elles seront également pilonnées en effet et même gazonnées, suivant ce qui sera prescrit.

Dressement des talus. — Moyennant les prix portés à la série, soit pour l'extraction des déblais, soit pour le régalage des remblais, l'entrepreneur doit livrer les talus de déblais et de remblais dégrossis, sans bosses ni flaches notables et ayant leurs arêtes régulières. On entend par dressement des talus une main-d'œuvre spéciale destinée à les rendre d'une régularité parfaite, et qui ne sera exécutée que sur les points où elle aura été prescrite par les devis particuliers.

Sur ces points, les déblais et remblais seront exécutés de manière qu'il y ait toujours quelque peu de terre à reprendre pour dresser les talus.

Après avoir tracé bien exactement les arêtes supérieures et inférieures, on déterminera de distance en distance l'inclinaison à suivre ; puis avec des cordeaux et des voyants on établira des points de repère intermédiaires, au moyen desquels il sera facile d'enlever l'excédant de terre avec la précision convenable.

Les arêtes des levées, banquettes, etc., devront être parfaitement régulières ; ou elles seront droites, ou elles suivront exactement les courbes prescrites.

Les talus seront plans ou courbes, suivant que les directrices seront ou non parallèles, droites ou courbes. Ils seront sans flaches, sans saillies, et ne devront présenter aucune trace du fer de la bêche ou de l'outil dont on se sera servi pour les exécuter.

Dans les tranchées ouvertes dans le roc, il ne sera pas fait de dressement à proprement parler, et il suffira, par exception, d'ébaucher les talus à 0^m10 (dix centimètres) près en plus ou en moins, mais on devra enlever toute roche qui n'adhérerait pas suffisamment aux masses restantes, et abattre tout point saillant susceptible de déchirer les flancs des bateaux.

Répandage de terre végétale sur les talus. — Lorsqu'il sera prescrit d'exécuter des répandages de terre végétale sur des talus en déblai, ce travail devra être fait avec le plus grand soin. A cet effet, préalablement au répandage de la terre, il sera fait de cinquante centimètres en cinquante centimètres en hauteur et sur la surface des talus à recouvrir, des gradins ou sillons de 0^m20 (vingt centimètres) de profondeur au moins à leur partie inférieure. Ces gradins seront ensuite comblés avec de la terre semblable à celle employée sur le reste du talus, et le tout sera, au fur et à mesure du répandage, convenablement battu à la dame plate. Toutes ces mains-d'œuvre seront implicitement comprises dans le prix de la série. Il sera seulement tenu compte à l'entrepreneur, et en sus de ce prix, du déblai d'une tranchée de 0^m15 (quinze centimètres) d'épaisseur, au-dessous du plan du talus définitif. Le cube de ce déblai sera compté au même prix que celui du reste de la tranchée, pour fouille charge, transport en brouette ou en tombereau et régalage.

Réparation des tassements et des talus. — Toutes les réparations de talus nécessitées par des tassements ou par le ravinement des eaux de pluies, ainsi que par des glissements et éboulements qui pourraient survenir dans les remblais et qui ne proviendraient pas de force majeure, seront à la charge de l'entrepreneur, qui, dans tous les cas, devra les exécuter conformément aux prescriptions de l'ingénieur, sans pouvoir prétendre à aucune indemnité pour main-d'œuvre, fourniture de terre végétale, semis ou autres frais de toute nature qui en seraient la conséquence.

Semis. — Les semis destinés à consolider les talus seront généralement faits en même temps qu'on recouvrira ces talus de terre végétale, lorsqu'il y aura lieu.

On aura soin de répandre d'abord sur ces talus une première couche de terre végétale, d'une épaisseur moindre que celle qui aura été prescrite ; on sèmera ensuite la graine sur cette première couche et on la recouvrira d'une seconde couche, de manière à compléter l'épaisseur indiquée.

Quand il y aura lieu de semer les talus sans y répandre en même temps de la terre végétale, les talus seront d'abord sillonnés au râteau pour recevoir la graine, ratissés ensuite de nouveau pour la recouvrir d'une couche de 0^m03 d'épaisseur moyenne, puis raffermis à la batte.

Le râteau employé aura ses dents espacées de 0^m05 (cinq centimètres), les sillons qu'il tracera seront perpendiculaires à la ligne de plus grande pente. Les espèces et les quantités des graines employées seront toujours conformes aux indications du devis particulier ou des ordres de service.

On n'emploiera jamais moins de huit litres par are du mélange à ensemencer. L'entrepreneur ressèmera à ses frais les parties où l'herbe n'aura pas levé.

Gazonnements par assises. — Les gazonnements d'assises seront exécutés en posant les gazons l'herbe en dessous, normalement à la surface à revêtir, par assises réglées au cordeau, toujours de niveau et à joints découpés et recouverts de 0^m15. On aura soin de les couvrir de terre végétale sur la queue et dans les vides des joints, et de les damer assise par assise, ainsi que le remblai qu'ils revêtent, sur une largeur d'un mètre au moins.

Ils seront piquetés de quatre en quatre gazons dans chaque assise, et de manière que les piquets se correspondent verticalement de quatre en quatre assises. Les piquets auront de 0^m35 à 0^m40 de longueur et 0^m08 de circonférence au gros bout.

Les gazons seront recoupés de quatre en quatre assises, avec un louchet bien tranchant, suivant les surfaces déterminées, de manière à ne présenter ni bosses ni flaches.

Les deux ou trois premières assises, qui devront être enterrées pour servir de fondations, seront faites avec les plus grands gazons que l'on pourra lever et feront saillie sur le reste du revêtement. Quand le revêtement devra être monté jusqu'au couronnement du talus, la dernière assise sera posée l'herbe en dessus et présentera une queue uniforme pour former bordure.

Ces gazonnements seront arrosés pendant et après leur confection.

Gazonnements à plat. — Les gazonnements à plat ou placages de gazons seront faits en appliquant les gazons contre les talus à revêtir, préalablement piochés, recouverts d'un lit de terre végétale et arrosés.

Ces gazons seront posés l'herbe en dehors, par bandes bien régulières et horizontales, à joints découpés recouverts de 0^{m}15.

Ils seront battus à la dame plate puis retondus de manière à former un parement parfaitement régulier.

Chaque gazon sera fixé au talus par trois chevilles de 0^{m}30 à 0^{m}40 de longueur et 0^{m}025 de diamètre.

Ces gazonnements seront, comme ceux d'assises, arrosés, pendant et après leur confection.

Les gazonnements d'assises et les gazonnements à plat devront être terminés pour les gazonnements d'automne au 1er novembre, et pour les gazonnements de printemps au 1er mai.

Boutures et plantations. — Les boutures et plants destinés à garnir les talus auront une longueur de 0^{m}40 à 0^{m}80 (quarante à quatre-vingts centimètres) de longueur.

Ils seront alignés au cordeau et disposés en quinconce. Les intervalles seront de 0^{m}40 entre les plants.

On fera, au moyen d'un piquet en fer, des trous de 0^{m}30 de profondeur et, après avoir placé la bouture ou le plant, on comprimera le terrain à la partie supérieure pour combler le vide qui pourrait exister.

Les boutures seront appointées en bec de flûte par le bout destiné à être planté, en conservant leur écorce jusqu'à la pointe, du côté de cette pointe où le bois ne sera pas entamé.

Les plantations auront lieu autant que possible au printemps, au moment où la sève est la plus vigoureuse, et jamais dans la saison où la sève est arrêtée.

Haies vives. — Les haies vives d'aubépine, orme ou autres plants seront composées de vingt-cinq brins au moins par mètre courant.

Ces brins seront plantés sur deux lignes parallèles distantes de 0^{m}20 en quinconce, à égale distance les uns des autres dans chaque ligne. Ils seront enfoncés de 0^{m}25 dans le sol et recepés ensuite uniformément à 0^{m}10 au-dessus.

Le sol sera défoncé pour recevoir les haies, à moins qu'il ne s'agisse d'un sol en remblai nouvellement exécuté, sur 0^{m}50 de largeur et de profondeur, et si cela est nécessaire à cause de la mauvaise qualité du terrain, les déblais qui proviendront de la fouille seront, sur l'ordre de l'ingénieur, transportés en dépôt et remplacés par des terres végétales prises aux endroits qui seront indiqués à l'entrepreneur.

Soins à donner aux semis, gazonnements et plantations après leur exécution. — L'entrepreneur fera jusqu'à l'époque fixée pour la réception définitive, les arrosages, sarclages, binages, etc., enfin toutes les mains-d'œuvre nécessaires pour le bon entretien des semis, gazons ou plantations exécutés.

Il est bien entendu que les parties de ces gazons, semis et plantations, qui ne seraient pas dans un parfait état lors de la réception définitive devront être distraites du décompte général de l'entreprise.

Les soins à donner aux semis, gazonnements et plantations font partie des faux frais de l'entreprise, et ne seront l'objet d'aucune allocation spéciale.

ÉBOULEMENT DES DÉBLAIS ; CONSOLIDATION DES TALUS

L'eau est, on peut le dire, *la seule cause des éboulements* dans les déblais comme dans les remblais, lorsque l'inclinaison des talus est au moins égale à celle du talus naturel des terres.

C'est donc cet ennemi qu'il s'agit de combattre ; il faut l'empêcher de pénétrer dans le sol, et les moyens de préservation superficielle que nous venons d'exposer sont chargés de ce rôle ; lorsqu'il se trouve à l'intérieur de la masse, il faut l'aller chercher et l'amener à la surface par des chemins qu'on lui ménage afin d'éviter qu'il ne se fraye à lui-même sa route en délayant et désagrégeant le massif.

La présence de l'eau est presque toujours due à l'existence d'assises argileuses mêlées à des assises perméables, et, pour se rendre compte du mécanisme des éboulements, il convient d'étudier d'abord les propriétés des terrains argileux.

Propriétés des terrains argileux. — Les terrains argileux, dit M. l'ingénieur de Sazilly dans son Mémoire classique sur la stabilité et la consolidation des talus, se distinguent par les propriétés caractéristiques suivantes :

1° Facilité et rapidité plus ou moins grande avec laquelle ils absorbent l'eau, surtout lorsqu'ils ne sont pas parfaitement maintenus de tous côtés ;

2° Gonflement plus ou moins considérable qu'ils éprouvent par le fait de cette absorption, et état plus ou moins fluide, visqueux et onctueux, auquel ils passent lorsqu'ils sont suffisamment imbibés ;

3° Retrait qu'ils éprouvent en se gerçant lorsqu'ils viennent à perdre une partie de l'humidité absorbée, et état poudreux auquel ils passent quand la dessiccation est complète ;

4° Force de cohésion ordinairement considérable, et même élasticité très appréciable, dont ils sont doués lorsqu'ils sont légèrement humectés, et absence presque absolue de force de cohésion et d'élasticité lorsqu'ils sont ou complètement secs, ou très imbibés d'eau ;

5° Résistance de frottement toujours assez grande lorsqu'ils sont légèrement humectés ; mais notablement diminuée par une dessiccation complète, et presque totalement détruite par une forte imbibition ;

6° Une imperméabilité toujours plus ou moins complète, quel que soit leur état d'imbibition.

Ces propriétés sont générales, et c'est à elles qu'il faut rapporter toutes les difficultés que présentent les travaux où l'on a des terrains argileux à manier.

Elles paraissent dues à la présence de l'alumine ; mais il doit être bien entendu que nous ne nous préoccupons nullement ici de la composition chimique des terrains, et que tout terrain ayant les propriétés susdites sera rangé par nous dans la classe des terrains argileux.

Ces propriétés, on le comprend, existent à des degrés plus ou moins prononcés, suivant la composition de la pâte argileuse, la nature et la quantité des matières qui s'y trouvent mélangées, et il est souvent impossible d'en constater l'existence et surtout l'énergie à la simple vue de la coupe du terrain.

Ainsi, il n'est pas sans exemple de rencontrer des bancs résistants dont la fouille exige l'emploi du pic, qui manifestent cependant toutes les propriétés signalées plus haut après une exposition plus ou moins longue aux influences atmosphériques.

Il est donc très important, lorsque l'on fait un puits d'épreuve, pour reconnaître la nature des terres, de recueillir des échantillons des diverses couches traversées et de les déposer par tas distincts sur le terrain naturel, afin d'étudier la manière dont ils se comportent, sous les influences atmosphériques et surtout pendant l'hiver.

Assez souvent les masses argileuses, outre les propriétés générales spécifiées plus haut, présentent des circonstances particulières qui ne peuvent qu'aggraver les difficultés des travaux. Nous voulons parler ici des plans de clivage plus ou moins inclinés qui partagent ces masses, et suivant lesquels la résistance de frottement et surtout la force de cohésion sont moins considérables que sur toute autre direction.

Le plus souvent, on peut distinguer des plans principaux et des plans secondaires ; les premiers ayant des directions peu différentes, ou séparant des masses assez considérables, tandis que les plans secondaires s'inclinent dans tous les sens et se trouvent en grand nombre jusque dans les plus petits fragments d'argile.

Les uns et les autres offrent ordinairement des surfaces lisses plus ou moins savonneuses, et il n'est pas rare de rencontrer, dans les joints qu'ils forment, une matière ayant une apparence végétale que l'on pourrait comparer aux feuilles de fougère, et dont l'épaisseur, ordinairement à peine appréciable, peut cependant s'élever jusqu'à 3 ou 4 millimètres pour les plans principaux.

Causes des éboulements des tranchées. — Lorsque la glaise est mise à nu par une tranchée, les molécules superficielles changent incessamment de volume, suivant la température et l'humidité de l'atmosphère ; la contraction due à la sécheresse produit des gerçures plus ou moins profondes par où l'eau pénètre plus tard, imbibe la masse, la gonfle et peut ainsi déterminer un éboulement.

Cependant lorsque la tranchée est ouverte sur toute sa hauteur dans une glaise uniforme, les gros éboulements ne sont généralement pas à redouter ; tout se borne à des dégradations superficielles qu'un revêtement en terre peut conjurer.

Il n'en est pas de même lorsque la masse glaiseuse est surmontée d'une couche perméable ; celle-ci reçoit les eaux pluviales qui descendent jusqu'à l'assise de glaise et prennent à la surface de cette assise leur écoulement vers la vallée; la nappe d'eau est insignifiante après une longue sécheresse, elle peut être considérable après une saison pluvieuse ou lors de la fonte des neiges. La tranchée étant ouverte par un temps sec, la surface des talus se gerce; quand l'humidité revient et que l'eau arrive par le niveau ab, la surface se ramollit, le ramollissement se propage et détermine un éboulement; quelquefois cet éboulement est simple et prend la forme mnp, mais les eaux intérieures sont entrées dans la fissure nm, elles propagent leurs ravages en même temps qu'elles agissent par leur pression hydrostatique, confinées comme elles le sont dans un terrain imperméable, et l'éboulement ne tarde pas à se produire sur une grande échelle.

L'effet des gelées et des dégels est désastreux; les gelées commencent après une saison pluvieuse, le niveau d'eau ab est bien alimenté et conserverait son cours parfaitement libre vers la vallée si la tranchée n'existait pas; mais la gelée durcit le massif au voisinage de l'orifice a; l'eau sans issue s'accumule en arrière du talus, détrempe les terres et son action se propage très loin. Que le dégel arrive, le talus perd sa cohésion et sa résistance et un éboulement énorme se produit.

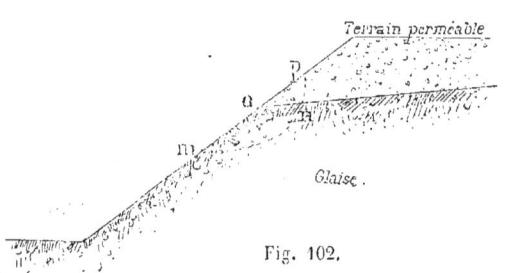

Fig. 102.

C'est en effet aux dégels que surviennent les accidents les plus graves, qui, évidemment, dépendent en outre de l'inclinaison des assises et de l'abondance des eaux.

Lorsque la masse glaiseuse présente des fissures préexistantes, des plans de clivage, le mal est plus rapide encore et plus considérable.

M. de Sazilly voyait dans les phénomènes que nous venons de décrire la seule cause des éboulements; et c'est sur cette cause qu'il basait ses procédés de consolidation dont voici l'essence: au lieu de laisser couler sur les talus de déblai les eaux provenant de la couche perméable qui recouvre le terrain argileux, les recueillir dans une cuvette en maçonnerie hydraulique voisine de la surface et à peine entaillée dans la masse argileuse, les faire ensuite écouler au moyen de rigoles transversales ménagées de distance en distance aux points bas de la cuvette parallèle à la tranchée.

La théorie de M. de Sazilly ne suffit pas à expliquer ces éboulements en masse, qui se propagent à grande distance et qui sont dus à une rupture d'équilibre : souvent un coteau argileux se trouve dans un état d'équilibre instable, fréquemment troublé par les dégels et les longues pluies. Cet équilibre ne persiste que parce que les parties supérieures trouvent leur appui sur les parties inférieures du terrain; si l'on vient à ouvrir une tranchée à flanc de coteau, le point d'appui manque, et toute la partie haute va descendre dès que les pluies auront créé le niveau d'eau ab et une surface sur laquelle le coefficient de glissement est très faible; la cohésion de la masse superposée est seule pour résister au glissement; cette cohésion elle-même diminue par l'humidité et surtout par les fissures, telles que mb, où l'eau trouve un passage qu'elle élargit et qu'elle ravine. Le solide A va donc descendre dans la tranchée, et ce n'est pas un simple assainissement superficiel qui pourra l'en empêcher; il faudrait pour cela un mur de soutènement d'une résistance égale à celle qu'exerçait autrefois la partie basse du coteau.

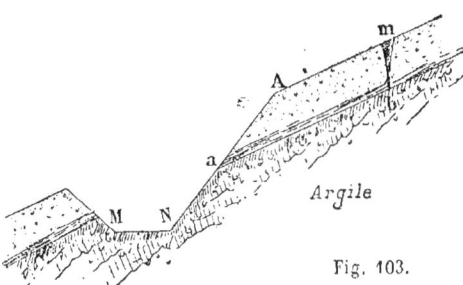

Fig. 103.

La rupture d'équilibre des masses glaiseuses, telle est, à notre avis, disait M. l'ingénieur Chaperon, la cause prédisposante des grands éboulements et des glissements à grande distance, qui sont si fréquemment la suite de l'ouverture des tranchées dans les coteaux en pente douce des terrains argileux. Pour arrêter de pareils mouvements ou pour les prévenir, nous ne croyons pas qu'il y ait d'autre moyen que d'étayer le massif dont on a affaibli le pied en y creusant une tranchée, et de suppléer par un contrefort artificiel à la poussée des terres que l'on a enlevées. Aussi d'habiles ingénieurs n'ont-ils pas hésité à construire, au pied des talus de déblai ouverts dans les terrains glaiseux, des murs de soutènement à pierres sèches très épais, qui, tout en assainissant le terrain supérieur, pussent rétablir par leur masse l'équilibre dont les conditions avaient été profondémennt modifiées par l'ouverture de la tranchée.

Dans ce cas, cependant, on conjurerait probablement le mal si on pouvait opérer à l'avance un assainissement énergique à l'aide d'un drainage profondément engagé dans la masse.

M. l'ingénieur Gobin cite comme exemple de ce genre de poussée l'éboulement qui s'est produit en octobre 1882, sur le chemin de fer de Lyon à Montbrison, près des Charbonnières, dans un talus de déblai de 3 mètres de hauteur, soutenu par un mur en pierres sèches, à parement extérieur incliné à 45°. « Le sol voisin, composé d'une couche d'argile de 3 à 5 mètres d'épaisseur, reposant sur un banc de gravier argileux perméable de 0^m40 d'épaisseur, appuyé lui-même sur une molasse tendre imperméable, s'est mis en mouvement d'un seul bloc sur 100 mètres de largeur et jusqu'à 200 mètres de distance du chemin de fer, bien que l'inclinaison moyenne du sol, qui était la même que celle de la base de la couche d'argile, ne fût que de 0^m10 en moyenne par mètre. La plate-forme du chemin de fer fut déplacée transversalement et soulevée. Une fissure verticale limitait le contour de l'éboulement.

« Voici l'explication de ce glissement :

« La voie était établie dans une masse argileuse provenant d'éboulements très anciens, qui obstruaient en partie l'écoulement des eaux amenées par le banc de suintement. A la suite des pluies persistantes de septembre et octobre, la couche perméable a reçu plus d'eau qu'elle n'en laissait couler par son extrémité inférieure; elle a été saturée entièrement, et l'eau a non seulement détrempé fortement la couche d'appui du banc d'argile, mais encore pénétré par pression dans tout le banc, qui, par suite, a acquis une plasticité suffisante pour se mettre en mouvement tout d'une pièce sous l'action de la gravité, et même pour pouvoir prendre une surface ondulée sans déchirement; quelques fissures apparaissaient çà et là sur les points où le plan de glissement avait présenté plus de résistance. On eût prévenu l'accident par un drainage des talus, prolongé suffisamment au delà des anciens éboulements, pour assurer l'écoulement des eaux du banc perméable, et empêcher le massif d'être détrempé dans le voisinage du chemin de fer. »

Ces mouvements en masse ont été parfois si considérables, qu'il a fallu abandonner des tranchées et modifier le tracé de la voie. Ainsi, au chemin de fer de Paris à Orléans, après des essais dispendieux pour établir la voie en tranchée près du village d'Ablon, et désespérant de pouvoir maintenir les argiles du coteau qui glissaient incessamment dans les fouilles, on s'est résigné à abandonner les travaux faits, et à reporter la voie sur le bord même de la Seine, suivant un tracé beaucoup plus sinueux.

De même, au chemin de fer de Strasbourg, on a cru devoir abandon-

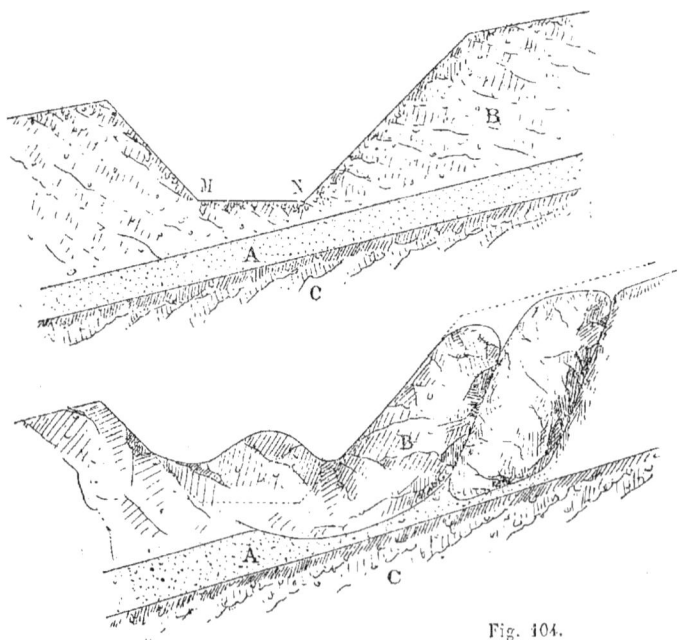

Fig. 104.

ner la tranchée ouverte à Voussy, dans un coteau argileux, pour se porter, par un tracé en forme d'S, sur le bord de la Marne.

Il se produit parfois dans les tranchées, non pas des mouvements latéraux, mais des soulèvements de fond auxquels il devient impossible de résister. Exemple : une tranchée est ouverte dans un bon terrain homogène, par exemple une argile facile à maintenir par des revêtements superficiels : on croit être à l'abri de tout danger ; mais il arrive que cette bonne terre B repose sur une petite assise sableuse très aquifère, formant comme une nappe artésienne ; au-dessous du sable est un massif imperméable C. La tranchée étant ouverte pendant un temps sec, aucun mouvement ne se manifeste ; mais les pluies arrivent, la couche sableuse regorge d'eau, et la pression hydrostatique s'y élève parfois à une valeur considérable, de sorte que le massif du fond de la tranchée se ramollit et se gonfle, et finit par être soulevé ; en même temps, il se produit dans le talus du coteau des affaissements et des fissures, et il est indispensable d'apporter au mal un remède immédiat.

Il eût fallu, dans un pareil terrain, exécuter sous la tranchée ou à l'amont un drainage énergique, formé de forages verticaux et de galeries horizontales, ou bien résister aux sous-pressions par une cuvette maçonnée en voûte renversée.

Les sondages d'exploration habilement conduits peuvent faire soupçonner une pareille situation ; s'ils sont exécutés en été, ils ne donneront rien et inspireront une sécurité trompeuse. Lors donc que la connaissance géologique du pays indiquera la présence de grandes masses argileuses, il faudra effectuer des sondages à la saison humide, et les descendre à quelques mètres au-dessous de la tranchée : on reconnaîtra souvent l'existence de couches artésiennes, c'est-à-dire d'assises perméables imprégnées d'eau sous pression ; quand la sonde atteint une pareille assise, l'eau s'élève brusquement dans le trou, quelquefois de plusieurs mètres.

Ces résultats de sondages, sérieusement analysés, peuvent mettre en garde contre les accidents possibles, et indiquer les mesures préventives qu'il convient d'adopter.

Travaux de consolidation des tranchées. — Ces observations générales permettent de reconnaître dans tous les cas la cause des éboulements : c'est l'eau qui joue toujours le principal rôle dans les phénomènes de ce genre, et, en bien des cas, on pourrait conjurer les accidents par un drainage général du sol, exécuté préalablement aux opérations de déblai, une saison à l'avance, autant que possible. Des galeries, des rigoles, des drainages verticaux, suivant les cas, sont susceptibles d'assainir complètement des masses énormes. Malheureusement, on recule souvent devant les frais, élevés en apparence, qu'exigent ces moyens préventifs, et l'on se contente des moyens de consolidation mis en œuvre au fur et à mesure de l'avancement des travaux.

Ce sont ces moyens ou procédés divers que nous allons décrire :

Procédé de M. de Sazilly. — Les bases du procédé de M. de Sazilly sont les suivantes :

1° Les influences atmosphériques contribuent puissamment à altérer la cohésion et la résistance de frottement des glaises ; il faut donc recouvrir les talus glaiseux d'une chemise assez épaisse pour les soustraire à ces influences ;

2° Les eaux intérieures concourent énergiquement au même résultat, surtout lorsque, par l'effet des gelées, elles ne peuvent s'écouler librement au dehors des talus ; il faut donc ou détourner ces eaux de manière à les éloigner des talus, ou leur assurer vers les fossés de la tranchée un écoulement toujours prompt, constamment libre, et qui ne soit nullement gêné soit par la chemise dont nous avons parlé tout à l'heure, soit par les gelées.

Occupons-nous d'abord des eaux intérieures ; voici comme on cherchait autrefois à s'en débarrasser : on reconnaissait, au moyen de sondages, la direction de la nappe ; puis on creusait dans la couche perméable, une rigole qui descendait jusqu'à l'argile et l'entamait un peu ; on donnait à cette rigole une pente convenable pour l'écoulement des eaux, puis on la remplissait de cailloux et de pierrailles à travers lesquels l'eau pouvait passer.

Ce procédé, représenté par la figure 8, planche 13, est coûteux et presque toujours insuffisant, parce qu'on est forcé d'établir la rigole à une certaine distance de l'arête de la tranchée ; de plus, il arrive presque toujours qu'il y a plusieurs bancs de suintement, parce que l'argile est formée de plusieurs couches séparées par des nappes de sables perméables.

Il faut, en dehors de la tranchée, faire simplement à la surface une rigole latérale destinée à recevoir les eaux pluviales, et quant aux eaux de suintement, on les recueille sur les talus mêmes pour les conduire dans les fossés de la tranchée.

Soit AB la surface d'un talus (*fig.* 4, *pl.* 13) et (*nn'*) une surface de suintement, on creuse la rigole (*abcd*) dont le fond pénètre dans l'argile, et est dressée suivant des pentes et contre-pentes de 0^m01. Le radier de cette rigole est formé par trois briques maçonnées avec mortier hydraulique ; on recouvre de pierres cassées comme celle des routes, au-dessus on place des gazons les racines en l'air ou des tuiles, puis on couvre l'excavation de terres rapportées et damées. Aux points bas, la rigole communique avec des cunettes maçonnées établies suivant la ligne de plus grande pente, comme le montre la figure 2, planche 13.

Lorsqu'il y a sur un talus plusieurs bancs de suintement, on fait les opérations précédentes pour chacun et l'on s'arrange de manière à faire déboucher les rigoles dans les mêmes cunettes.

La chemise du talus peut être formée d'un perré de 0^m30 ou 0^m40 d'épaisseur, dont les joints sont bouchés avec de la terre pour que l'argile soit bien à l'abri, ou d'un revêtement en gazon ; mais il sera plus économique et aussi solide en général de la former d'une couche de terre damée et pilonnée avec soin. Il faut, toutefois, excepter le pied du talus, qui est constamment baigné par les eaux, comme on le voit sur la figure 3.

L'épaisseur de la chemise en terre varie de 0^m24 à 0^m30. Avec cette épaisseur, l'eau ne gèle pas et l'écoulement ne s'arrête pas dans les rigoles intérieures ; il suffit de faire casser la glace sur les cuvettes. Si les travaux sont bien faits, on n'a pas à craindre l'obstruction des rigoles. Si par hasard il s'en produisait quelqu'une, on en serait averti par un suintement qui se manifesterait sur le talus à l'endroit correspondant.

Au lieu de cunettes maçonnées, il vaut mieux, en général, établir des pierrées analogues aux rigoles; on a l'avantage de recueillir par ce moyen les eaux qui s'accumulent sur les redans glaiseux destinés à maintenir la couche de terre damée, comme on le voit sur la figure 4.

Les moyens précédents sont préventifs; lorsqu'il s'agit de réparer un éboulement produit, il ne faut jamais hésiter à enlever intégralement toutes les terres descendues dans la tranchée, puis on applique le procédé décrit plus haut, en rétablissant le talus primitif au moyen de bonne terre rapportée, ou bien en traçant un nouveau talus plus incliné que le premier sur la verticale.

Il ne faut jamais établir les rigoles ni les cuvettes sur du terrain rapporté, car il tasse toujours et disloque les maçonneries, si bien pilonné qu'il soit.

Dans certains terrains, formés de sable mélangé à de l'argile, les suintements s'établissent sur toute la surface du talus; il faut alors faire une pierrée générale recouverte d'un revêtement, comme le montre la figure 5, planche 13.

Une expérience de plusieurs années a montré qu'en plaçant seulement à 0^m25 de profondeur normale sous le talus l'arête supérieure e de la rigole empierrée (*fig.* 4, *pl.* 13), l'écoulement ne peut être interrompu par les plus grands froids, et qu'il suffit de surveiller l'embouchure des rigoles transversales.

Il est rare que les rigoles aient besoin d'un grand débouché; il faudrait des cas tout à fait exceptionnels pour que la largeur 0^m25 à 0^m30 au plafond devînt insuffisante.

L'obstruction de ces rigoles n'est pas à craindre si l'on se sert de cailloux bien purgés et si on les recouvre de pierres plates, de tuiles ou de gazons assez jointifs pour empêcher le passage des terres supérieures.

L'obstruction d'une rigole serait, du reste, vite signalée par les taches humides apparaissant sur la surface du talus.

Dans une glaise bien compacte on peut, à la rigueur, déposer les cailloux formant pierrée sur la terre même et supprimer le petit radier en briques; toutefois, il est, en général, plus prudent de le conserver ou de substituer à la maçonnerie de briques une tuile creuse.

A chaque point bas des pierrées longitudinales correspond, avons-nous dit, une pierrée transversale avec pente de 0^m05 au moins vers la tranchée. Il est préférable d'établir cette pierrée sur la pente même des talus, de manière à ne la faire déboucher que vers leur pied; cette disposition a l'avantage de se prêter à l'assainissement des redans pratiqués pour recevoir la chemise en terre, redans qui reçoivent une inclinaison assez forte dans le sens parallèle à la tranchée.

Le radier des pierrées doit toujours être établi, dans tout son parcours, sur le terrain vierge.

Lorsqu'un éboulement survient, il ne faut pas hésiter, dit M. de Sazilly, à enlever toute la masse plus ou moins ramollie ou disloquée qui a été mise en mouvement, et qu'il est impossible d'assainir d'une manière certaine; lorsque la surface de la masse qui n'a pas participé au mouvement est mise à nu, on la traite par pierrées longitudinales et transversales comme un talus ordinaire et on rapporte à la surface, pour refaire un talus plan, des terres saines non susceptibles de devenir fluentes.

Nous ne pensons pas qu'il soit utile de rétablir le talus normal de la tranchée, il est facile de raccorder les nouveaux talus de la partie éboulée avec ceux des parties conservées.

La réparation des éboulements doit être faite avec rapidité, sans quoi les eaux les propageraient dans la masse inattaquée.

Dans les terrains glaiseux ordinaires, le talus à 3 de base pour 2 de hauteur est généralement jugé bien suffisant ; l'adoucissement des talus n'empêcherait probablement pas les glissements et augmenterait la surface et la dépense de consolidation. C'est seulement dans les terrains fluents qu'il faut descendre à 2 de base pour 1 de hauteur.

Il est facile d'établir dans chaque cas le prix de revient des assainissements par le procédé Sazilly ; on ne saurait le compter à moins de 2 francs par mètre carré et il est parfois revenu à près de 3 francs ; mais on comprend que ce prix est susceptible de grandes variations suivant les circonstances.

Il va sans dire que les talus assainis par cette méthode doivent recevoir des semis de plantes herbagères et non des plantations d'arbustes dont les racines pourraient disloquer ou obstruer les pierrées.

Emploi de drains ordinaires. — M. Müller, ingénieur des ponts et chaussées, a obtenu de bons résultats en substituant simplement aux rigoles et pierrées de M. de Sazilly des tuyaux de drainage, disposés en écharpes sur les talus et se contournant après un certain parcours pour venir déboucher dans les fossés de la tranchée.

Les consolidations de talus par le procédé de M. de Sazilly reviennent à 2 francs le mètre carré ; l'assainissement par simple drainage est beaucoup moins coûteux.

M. Lalanne, inspecteur général, a employé un autre système de drainage lors de la construction de l'Ouest-Suisse. Il perçait avec une tarière une série de trous dans le talus, puis dans ces trous il enfonçait un tube formé de tuyaux de drainage enfilés sur une perche que l'on retirait ensuite. On obtint de bons résultats ; mais, dans un terrain peu stable, il y aurait à craindre que les mouvements des terres ne vinssent à briser les lignes de drains.

Tranchée de la Loupe. (*Chemin de fer de Paris à Chartres*). — La grande tranchée de la Loupe a une profondeur maxima d'environ 15 mètres, et elle a fourni 646,000 mètres de déblai. Le terrain rencontré se composait de marnes, mêlées de rognons de silex ; il se décomposait à l'air et, pour éviter des éboulements, il fallut perreyer tous les talus. Voici divers exemples de ces perrés, donnés par M. l'ingénieur A. Martin (*pl.* 12).

« Le type adopté d'abord (*fig.* 3), n'a été exécuté que sur une partie de la longueur par suite des difficultés que présentait le talus vertical, sous lequel les terrains étaient coupés en arrière des murs.

« Celui que représente la figure 2 a été substitué en cours d'exécution et paraît préférable de toute manière pour les cas semblables.

« La figure 1 donne le profil en travers du plus haut talus : elle montre que les talus ont été réglés à 1^m5 de base pour 1 mètre de hauteur, et que les perrés ont été surmontés de talus semés et gazonnés.

« Le cube total des maçonneries exécutées a été de 28,500 mètres; elles ont toutes été faites avec les rognons de silex trouvés dans la tranchée, ce qui a permis de les mener rapidement. »

La tranchée de Domfront (ligne du Mans à Laval) est ouverte dans l'argile verte du terrain crétacé inférieur, et cette argile verte est surmontée d'un banc calcaire, placé au-dessous du sol arable et formant banc de suintement.

Les figures 4 à 7, planche 12, montrent que l'on a appliqué là les principes de M. de Sazilly, en disposant les rigoles avec pierrées et même en plaquant sur le talus et sous le perré des filtres en pierres cassées. Le déblai était très élevé, et il était à craindre que les parties basses des perrés ne résistassent pas bien sous la charge des parties hautes. Aussi, dans l'axe des cuvettes dirigées suivant les lignes de plus grande pente, a-t-on disposé de véritables pilastres, sur lesquels s'appuient des voûtes en pierres sèches, comme le montre l'élévation : ces pilastres s'appuient sur un massif de béton, sur lequel se trouve reportée toute la pression des parties supérieures. Sous le pilastre règne la rigole d'écoulement, ainsi qu'on le voit sur la coupe AB, et cette rigole débouche au-dessus du massif de béton.

On a souvent imité depuis cet exemple de pilastres en pierres sèches, supportant des arceaux aussi en pierres sèches, et on a même employé ce système sur des talus en terre très élevés.

Tranchées du canal de la Marne au Rhin. — M. Graëff n'admet pas qu'en cas de mouvements il faille pratiquer le système radical de l'enlèvement des terres recommandé par M. de Sazilly. Cet enlèvement, dit-il, occasionne le plus souvent des dépenses très considérables, il serait parfois très dangereux; le seul remède, dans ce cas, est l'établissement d'un système convenable de travaux de soutènement, combiné avec les procédés d'assainissement superficiel des talus.

Il décrit comme il suit les travaux de consolidation de deux tranchées fort difficiles :

1° *Tranchée de Hesse.* — La tranchée de Hesse a été commencée en 1842, et son déblai terminé en 1843. Elle avait été ouverte suivant le profil de toutes les tranchées du bief de partage des Vosges pour recevoir des murs de soutènement dans la cuvette du canal; la figure 105 (échelle 0^m002) indique ce profil en travers en lignes noires pleines. Bientôt des mouvements commencèrent dans cette tranchée et la suspension des travaux en 1844 contribua à les aggraver; la tranchée se bouleversa complètement au point que le plafond s'éleva en certains points de 2^m77. La tranchée de Hesse resta dans cet état jusqu'au mois de mars 1852, époque où com-

TERRASSEMENTS ET DRAGAGES

mencèrent les travaux de consolidation, qui furent terminés vers la fin d'août 1853.

Le terrain dans le profil en travers A qui, avant les mouvements, affectait la forme indiquée par les lignes noires pleines, prit celle des lignes noires hachées après le nouvel équilibre établi par suite de ces mouvements ; les terres se détachèrent par le haut et glissèrent suivant des surfaces dont la coupe par le plan vertical du profil en travers est indiquée par les lignes ponctuées. Toutes les courbes de glissement relevées dans la tranchée de Hesse offrent le même caractère ; la tangente supérieure a une inclinaison assez brusque, en général : 1 de base pour 1/2 de hauteur, la tangente inférieure est à peu près horizontale.

En comparant sur le profil en travers les lignes des talus avant et après le glissement, on comprendra facilement que le mouvement imprimé à la masse du terrain a dû, en renversant les talus inférieurs, remblayer en partie la cuvette du canal, dont le plafond s'était lui-même soulevé, par la pression des terres latérales, sur un ou deux points de la tranchée. On reconnut ces points par les terres mobiles que l'on y rencontra en faisant les fouilles du radier. Cette mobilité était telle qu'on pouvait enfoncer dans le plafond, sans difficulté, des perches de 2 à 3 mètres de longueur ; la besogne n'était donc pas des plus faciles.

Un premier projet de réparation de la tranchée consistait à réduire d'abord la section de la cuvette au passage d'un seul bateau, et ensuite à établir de chaque côté un mur en pierre sèche ayant 1/5 de fruit au parement, 3 mètres de hauteur au-dessus de la ligne normale du plafond du bief de partage, et 2^{m}50 d'épaisseur au niveau de cette ligne. Ces murs devaient être reliés par un radier également en pierre sèche disposé en voûte renversée de 0ᵐ50 de flèche et de 0ᵐ75 d'épaisseur à la clef. La largeur des banquettes de halage devait être de 3ᵐ50 et les talus de la tranchée réglés à 2 de base pour 1 de hauteur. Ce profil avait l'avantage de ne donner que très peu de déblais pour l'établissement des talus, mais il était évidemment basé sur l'idée que la fouille à faire pour établir les murs et le radier n'occasionnerait plus de mouvements notables, en un mot que l'état d'équilibre des masses en mouvement ne serait pas rompu par la séparation que le déblai ferait à leur pied; qu'en cas de mouvements nouveaux, ces mouvements seraient faibles, et que des murs en pierre sèche seraient suffisants pour les maintenir, surtout si l'on avait le soin de n'opérer que par petites parties et d'élever les murs au fur et à mesure que l'on avancerait dans le déblai de la cuvette. Mais il n'en a pas été ainsi : dès qu'on mit des ateliers dans la cuvette pour déblayer l'emplacement des murs projetés, les mouvements recommencèrent sur les anciennes surfaces de glissement, il s'en produisit de nouveaux, et ces mouvements étaient tels qu'aucun système d'étais ne pouvait arrêter les terres, et qu'il était dès lors impossible de songer à les maintenir par des murs en pierre sèche. Nous proposâmes alors le système indiqué par le profil B : il consistait à établir tous les 7ᵐ50 des contreforts en maçonnerie à mortier de 1ᵐ50 d'épaisseur, qui traversaient la cuvette perpendiculairement à l'axe du canal et avaient la forme générale du profil en travers (deux murs reliés par un radier); et l'intervalle de 7ᵐ50 entre deux contreforts massifs devait être rempli par un perré en pierre sèche. Les contreforts en maçonnerie formaient ainsi une série d'étais très solides traversant tout le canal qui devaient soutenir la poussée des terres en mouvement sur les deux côtés de la cuvette. Les chemins de halage conservaient la largeur de 2ᵐ50, prévue par le premier projet, et les talus de la tranchée devaient être réglés, comme dans ce projet, à 1 de hauteur pour 2 de base. Cette modification n'entraînait pas d'augmentation dans les terrassements prévus; la seule augmentation résultait de l'introduction de la maçonnerie à mortier. Le parement des murs, au lieu d'avoir 1/5 de fruit comme dans le projet, devait être incliné à 1 de base sur 2 de hauteur, et les perrés en pierre sèche devaient offrir une épaisseur uniforme de 1ᵐ50. Mais bientôt les mouvements prirent de telles proportions, qu'il n'y avait plus d'autre parti à prendre que de déblayer en partie les terres en mouvement, aucune force ne pouvant résister à des masses de 10 à 15,000 mètres cubes qui, en huit jours et par les temps de pluie, avançaient de 1 mètre à 1ᵐ50 l'une vers l'autre, partant des bords vers l'axe de la cuvette. Dès que les mouvements commençaient sur les anciennes surfaces de glissement, il s'en produisait d'ailleurs de nouveaux au-dessus, comme l'indiquent les lignes tracées en points ronds sur le profil C. Les fissures que l'on voyait au haut de chaque côté de la tranchée par suite de ces mouvements allaient jusqu'à 50 et 60 mètres de l'axe. Il était clair aussi qu'en déblayant les terres en mouvement pour arriver aux surfaces de glissement, et entreprendre d'appliquer les principes de M. de Sazilly, on risquait de provoquer sur une bien plus grande échelle ces nouveaux mouvements. Qu'y avait-il à faire dans cet état de choses? Le profil B montre qu'en prolongeant de chaque côté la ligne des banquettes de halage jusque vers les anciennes courbes de glissement, on divisait à peu près en parties égales les masses en mouvement. En enlevant les terres mobiles de la partie supérieure à cette ligne, on devait donc considérablement réduire la poussée et faciliter la construction des contreforts et perrés de la cuvette. En effet, les masses supérieures m enlevées, il était évident que les masses inférieures n n'auraient plus que des mouvements beaucoup moindres, attendu que les tangentes inférieures des courbes de glissement étaient à peu près horizontales et que, dès qu'on aurait déchargé les masses n du poids des masses m, l'équilibre devait devenir beaucoup moins instable. Cette idée est, comme on le voit, une combinaison des principes de M. de Sazilly avec le système de soutènement inférieur. Mais ce n'était pas tout que de pousser le plan de niveau des banquettes de halage jusqu'à sa rencontre avec les anciennes surfaces de glissement, il fallait en même temps mettre fin aux nouveaux mouvements qui se faisaient au-dessus des anciens.

La distance de l'axe au point de rencontre des anciennes courbes de glissement par la ligne de niveau des banquettes de halage dans le profil en travers variait de 12 à 16 mètres. Nous adoptâmes la distance de 12^m90 à partir de l'axe pour la largeur uniforme à déblayer au niveau des chemins de halage et eu égard aux nouveaux glissements; d'où résulta le profil en travers type C. Les lignes noires pleines de ce profil suivant lesquelles on devait déblayer tout ce qui se trouvait au-dessus des banquettes de halage, montrent qu'au moyen de ces dispositions on enlevait à peu près toutes les masses en mouvement dans le haut. Le bas, depuis le niveau des banquettes de halage jusqu'au fond de la cuvette devait être consolidé par le système des contreforts maçonnés avec remplissage en pierre sèche.

La tranchée déblayée, on procéda au foncement de la cuvette en construisant le radier et les murs à mesure qu'on avançait. Dès qu'on se mit à enlever les parties p des masses inférieures, les parties n se remirent en mouvement; mais, comme on l'avait prévu, ces mouvements n'étaient plus aussi redoutables; les masses n'avançaient plus vers la cuvette que de quantités minimes et s'arrêtaient bientôt, ce qui est facile à comprendre, si l'on remarque, comme nous l'avons déjà dit plus haut, que les tangentes inférieures aux courbes de glissement sont à très peu de chose près horizontales. Il était d'ailleurs évident qu'en inclinant les murs à 45°, on résisterait encore plus victorieusement à la poussée des masses m qu'en conservant le talus de 1 de base pour 2 de hauteur. On prit donc le parti de modifier cette inclinaison et de la porter à 45°. La disposition des maçonneries a été étudiée avec un grand soin; elle a été le fruit de l'expérience même des essais tentés dans les travaux difficiles qu'a présentés la consolidation de la tranchée de Hesse; nous croyons qu'elle résout pour le cas de cette tranchée le problème du maximum de résistance à la poussée des terres, sous le minimum de volume des maçonneries.

Après ces travaux, le canal fut mis en eau et la tranchée ne bougea plus; alors on fixa les talus, en les assainissant au moyen de pierrées, en éta-

308 PROCÉDÉS ET MATÉRIAUX DE CONSTRUCTION

blissant des contre-fossés sur les banquettes; les pierrées furent recouvertes d'une couche de terre de 0^m30 à 0^m40 d'épaisseur, on y sema de la luzerne et on y planta des boutures de saule marceau.

La longueur de la tranchée était de 550 mètres; la dépense de consolidation a été de 504 francs par mètre courant.

L'exemple de cette tranchée prouve donc que, dans les cas analogues, « le mieux est d'employer le procédé de Sazilly seulement comme l'auxiliaire du système principal, qui consiste à arrêter les mouvements par des ouvrages de soutènement convenablement projetés, et ce n'est qu'en combinant les deux systèmes qu'on peut espérer le succès dans les cas très difficiles. »

2° *Tranchée de Ramsberg.* — Dans la tranchée de Hesse, les couches argileuses n'étaient séparées les unes des autres par aucune couche de sable; les glissements ont eu lieu par masses énormes dont l'équilibre a été rompu par l'ouverture de la tranchée dans le col même, c'est-à-dire dans le point le plus bas vers lequel les glissements devaient se précipiter.

Au Ramsberg, le canal est au pied d'un coteau à pente très douce; un déblai peu supérieur à 3 mètres a suffi pour mettre en mouvement toute la surface du coteau qui s'est mise à descendre et à envahir le canal. Les mouvements ont été produits par des couches de sable aquifères interposées entre les argiles.

Il est évident qu'on ne pouvait songer à enlever toute la masse en mouvement; on se contenta de résister à la poussée par un mur à pierres sèches de section triangulaire, encastré dans le fond solide du terrain, avec contre-fossé perreyé à une certaine distance.

Les dispositions adoptées réussirent; mais il nous semble qu'un drainage du coteau par lignes horizontales et par lignes de plus grande pente eût pu conduire au même résultat à moins de frais.

Éboulements de la rive droite de l'Allier en amont de Vichy. — Le coteau de la rive droite de l'Allier en amont de Vichy est formé de terrain tertiaire moyen superposé à des terrains primitifs ou de transition; la surface de séparation est inclinée vers l'Allier; de sorte que les couches supérieures, non contrebutées, se mettent en mouvement à la suite de pluies prolongées, emportant tout ce qui recouvre la surface.

En 1856, la route nationale n° 106, parallèle au cours de l'Allier, fut ainsi bouleversée; le glissement des argiles supérieures du coteau s'était fait sur des bancs de calcaire situés à une profondeur de 3 à 7 mètres.

Les ingénieurs commencèrent par fractionner la masse éboulée suivant les lignes de plus grande pente et chaque fraction fut traitée isolément.

« Comme moyen de division, dit M. Comoy, on a employé des pierrées lorsque l'épaisseur des terres ne dépassait pas 4^m50; au delà de cette profondeur on a substitué aux pierrées des galeries maçonnées munies de barbacanes pour soutirer les eaux intérieures. »

Les pierrées ainsi que les galeries maçonnées procurent un facile écoulement à toutes les eaux qui pénètrent dans l'intérieur des terres.

On a complété l'assainissement soit par des fossés de ceinture établis en dehors des limites de glissement, soit par des travaux de drainage à la surface des terres éboulées.

Les pierrées comme les galeries maçonnées étaient établies sur le calcaire solide.

L'épaisseur des pierrées a varié de 80 centimètres à 1^m20 et leur hauteur de 1 à 3 mètres. Le reste de la fouille a été comblé avec de la terre.

Les travaux ont eu un succès complet.

Le même système de division des masses d'éboulement à l'aide de pierrées transversales, réunies par une pierrée longitudinale, a permis d'arrêter les mouvements du coteau de la rive gauche de la Loire qui descendait dans la tranchée d'Avilly du canal de Roanne à Digoin.

Réparation d'éboulements au chemin de fer P.-L.-M. — Sur les lignes du réseau P.-L.-M. on adopte d'ordinaire pour la réparation des éboulements dans les terrains argileux les dispositions suivantes, dont l'efficacité a été constatée :

On établit tous les 20 mètres des cloisons transversales ou pierrées enfoncées assez profondément pour être partout assises sur le terrain que l'éboulement n'a pas atteint. Ce terrain solide est découpé par gradins enveloppant la courbe des glissements comme le montre la figure 108, et les gradins ont au moins $\frac{1}{10}$ de pente. Les fouilles sont descendues verticalement au moyen d'étais et de boisages et, si la profondeur est trop grande, on procède par petites galeries souterraines. Les pierrées ont 1 à 2 mètres d'épaisseur suivant la hauteur du talus; leur

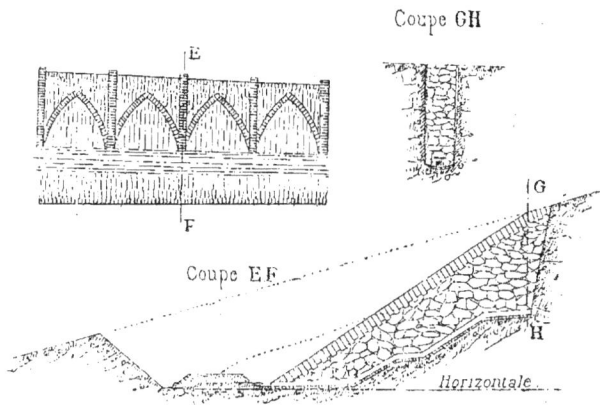

Fig. 108.

face supérieure affleure le talus que l'on veut conserver et reste apparente.

Les pierrées sont reliées entre elles par des arceaux en ogive ou en plein cintre, également en pierre sèche. Ces arceaux affleurent le talus et leur pénétration est plus ou moins grande suivant le degré de fluidité des terres.

Le fond des pierrées est garni d'une couche de béton de 30 centimètres à 40 centimètres d'épaisseur portant un petit aqueduc à section carrée de 20 centimètres.

Les réparations de ce genre reviennent à environ 155 francs par mètre courant de tranchée pour les hauteurs de 6 à 7 mètres et à environ 240 francs pour une hauteur de 10 à 11 mètres.

Éboulements de la tranchée de Bréval. — La tranchée de Bréval, faisant suite au tunnel de ce nom sur la ligne de Paris à Cherbourg, a 900 mètres de longueur et 18^{m}50 de profondeur maxima; elle est ouverte dans des argiles et sables fins argileux du terrain tertiaire inférieur; les marnes et calcaires de la même formation se trouvent au-dessous du fond de la tranchée.

Des éboulements considérables se produisirent successivement de 1858 à 1867; pour résister de front à la masse entière ébranlée, on lui opposa toujours un mur de soutènement avec contreforts.

La première fois, le mur de 3 mètres de hauteur au-dessus du rail, fondé à 1 mètre de profondeur dans la marne, comprenait un mur maçonné en mortier hydraulique de 0^{m}70 d'épaisseur au sommet et 1^{m}10 à la base, masquant un mur en pierres sèches de 1^{m}40 d'épaisseur uniforme; ce mur ayant subi des mouvements, on ajouta des contreforts de

$1^m 50$ de largeur, espacés de 9 mètres d'axe en axe. On dut même plus tard tripler le nombre des contreforts à une extrémité de l'éboulement.

La seconde fois, on fit le mur tout entier en maçonnerie hydraulique et on augmenta la largeur et le nombre des contreforts.

Les éboulements n'eurent lieu, comme presque toujours, que sur un côté de la tranchée ; la réparation a coûté 1030 francs par mètre courant pour une profondeur voisine de 20 mètres, 725 francs pour une profondeur de 16 mètres et 335 francs pour une profondeur de 9 à 13 mètres.

Des drainages ont été effectués dans tous les talus éboulés pour recueillir les suintements et les amener au fossé du chemin de fer et de nombreuses barbacanes ont été ménagées dans les murs de soutènement. En somme, le procédé qui consiste à résister de front

Fig. 109.

à la masse en mouvement est plus coûteux et moins certain que celui qui consiste à donner par des pierrées transversales coupant tout le massif un écoulement certain et rapide aux eaux qu'il renferme.

Le choix à faire ne nous paraît pas douteux et c'est seulement lorsqu'il est nécessaire de conserver un talus raide que le système des ouvrages de soutènement nous paraît devoir être recommandé.

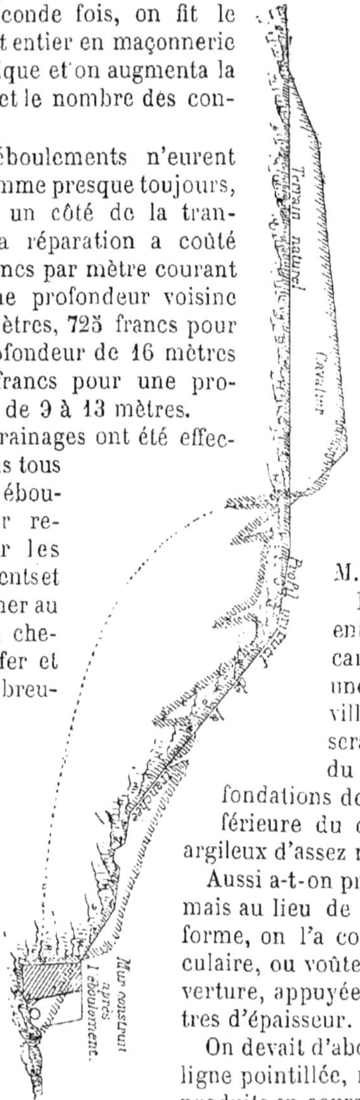

Mur de soutènement de Crozet. — Le mur de soutènement était parfaitement à sa place dans la tranchée de Crozet, ligne du Bourbonnais, que cite M. Croizette-Desnoyers.

Là, le chemin de fer, dit-il, entame le pied d'un coteau escarpé au sommet duquel existent une vieille tour et des maisons du village de Crozet. Un talus à 45° se serait étendu sur toute la hauteur du coteau et aurait attaqué les fondations de la tour. De plus, la partie inférieure du coteau à déblayer, est en gore argileux d'assez mauvaise nature.

Aussi a-t-on projeté un mur de soutènement, mais au lieu de lui donner une épaisseur uniforme, on l'a composé de parties sur plan circulaire, ou voûtes verticales de 6 mètres d'ouverture, appuyées sur des contreforts de 2 mètres d'épaisseur.

On devait d'abord couper les terres suivant la ligne pointillée, mais des éboulements se sont produits en cours d'exécution et il a fallu donner au coteau le profil en ligne brisée qu'indique la figure 110 ; le vide entre le talus et le mur a été rempli en moellons. Les mouvements se sont arrêtés.

La forme adoptée pour le mur de soutènement entraîne quelque sujétion et multiplie les surfaces vues, d'où un excédant de dépense, mais à cube égal la maçonnerie est mieux utilisée pour la résistance qu'elle ne le serait avec un mur d'épaisseur uniforme. Si l'on avait les moellons sur place, il est probable cependant que l'épaisseur uniforme serait

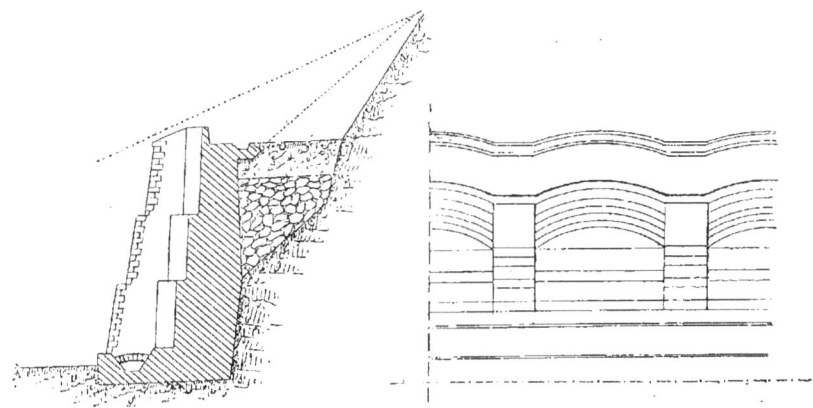

Fig. 110.

préférable, sauf à donner aux deux parements du mur un fruit penchant vers le coteau.

Tranchée du Queyran. (*Roche et argile.*) — La tranchée du Queyran (ligne de Montauban à Cahors), dont la profondeur maxima dépasse 17 mètres « a été ouverte, dit M. l'ingénieur en chef Lanteirès, avec des talus au 1/10, dans des bancs de calcaire jurassique reposant sur des couches épaisses de marne et d'argile. Le calcaire est gélif et sujet à se disloquer suivant des plans affectant diverses inclinaisons ou directions. La marne et l'argile sont compactes, mais s'altèrent rapidement à l'air. Cette constitution du terrain et la disposition des couches

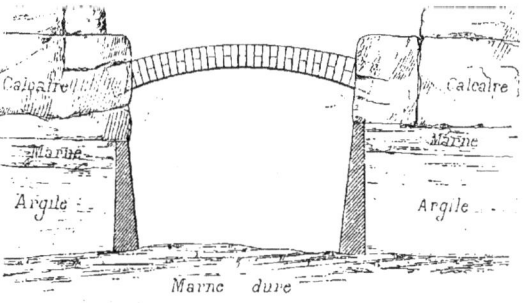

Fig 111.

friables sous les masses rocheuses a eu nécessairement pour effet de mettre en surplomb les crêtes de la tranchée et il en est résulté des éboulements considérables. Leur importance peut être évaluée à 20,000 mètres cubes environ.

« Pour arrêter le mal, de forts revêtements en maçonnerie formant soutènement sur certains points de sujétion ont été construits entre les bancs de calcaire et sur presque toute la longueur de la tranchée ; en outre, des drains d'assainissement avec barbacanes ont été ménagés partout où l'on a rencontré des suintements de manière à bien assurer l'écoulement des eaux. »

Dans les parties fissurées de l'assise calcaire on a maintenu l'écartement par des arceaux en maçonnerie, comme l'indique la figure.

La dépense des travaux de consolidation s'est élevée à 600 fr. en moyenne par mètre courant de tranchée.

Tranchées de la ligne de Busigny à Hirson. — M. l'inspecteur général Menche de Loisne et M. l'ingénieur Vergnol ont publié dans les *Annales des ponts et chaussées* de 1883 le compte rendu de la construction de la ligne de Busigny à Hirson ; leur mémoire renferme sur notre sujet de très intéressantes observations que nous allons résumer.

Les terrains traversés appartenaient au limon des plaines, aux argiles et sables tertiaires, à la craie marneuse, aux argiles et sables du gault ; tous ces terrains sont très sensibles aux influences atmosphériques ; on y rencontre des assises fluentes et des niveaux d'eau.

Aussi n'a-t-on pas subordonné le tracé à l'équilibre entre les déblais et les remblais, parce qu'il fallait nécessairement mettre en dépôt les glaises et les marnes ; de plus, on a évité la craie glauconieuse dont les sables sont déliquescents.

Le premier travail a été la fabrication de 26 millions de briques réparties à proximité des tranchées réputées périlleuses et l'ouverture de carrières de moellons sur le coteau de l'Oise ; on voulait, en effet, éviter d'abandonner les terrains à eux-mêmes sans voies et moyens d'assainissement.

Les déchets de briques servirent à ballaster les voies de terrassements, qui eussent été sans cela impraticables à la saison des pluies, car le piétinement rend sirupeux les sables boulants et transforme les marnes argileuses en boue compacte.

Les briques sont revenues, prises aux fours, à 12 francs le mille. On a suivi pour l'exécution des terrassements les principes généraux usuels :

1° Avant tout, assurer le libre écoulement des eaux de surface ;

2° Mettre les terrassements à l'abri des agents atmosphériques par des revêtements en bonne terre végétale gazonnée ;

3° Pourvoir à l'écoulement des eaux souterraines qui pourraient provoquer des glissements.

Pour les tranchées ouvertes dans le limon les dispositions suivantes ont suffi à corriger les éboulements : on a maçonné en briques le fossé de la plate-forme, puis sur le terrain vierge taillé à vif on a appliqué un filtre général en déchets de briques, dont les eaux étaient conduites au fossé. Ces filtres sont dans ce cas bien supérieurs aux perrés à pierres sèches, ainsi que l'explique M. l'ingénieur en chef Ledru :

« Les revêtements superficiels en perrés, qui coûtent fort cher, n'ont généralement qu'une utilité fort restreinte et même, lorsqu'ils reposent tout simplement sur le sol naturel, sans aucun moyen d'assèchement inférieur, ils sont plus dangereux qu'utiles, parce qu'ils retiennent les eaux dans les joints, et que ces eaux vont détremper le terrain sur lequel ils reposent.

« Ces revêtements en perrés sont presque toujours avantageusement remplacés par des revêtements en bonne terre végétale gazonnée, avec rigoles superficielles convenablement disposées pour l'écoulement des eaux. »

Pour la *tranchée de Busigny* (*fig.* 112, échelle 0,002), à mesure que le terrassement avançait, on construisait un mur de soutènement profondément enraciné dans l'argile plastique ; derrière ce mur, un drainage général de 0m30 d'épaisseur formait filtre, reliant toutes les barbacanes ; puis, de 5 en 5 mètres, on descendit à l'aide de puissants boisages des pierrées fondées dans le terrain imperméable, et aboutissant au filtre. Le talus, réglé à 2 de base pour 1 de hauteur, fut semé et planté. La dépense s'est élevée à 160 fr. par mètre courant. Les eaux coulent sans cesse par les barbacanes ; en temps de gelée, celles-ci sont bouchées avec du foin : on empêche ainsi les glaçons de les obstruer et de former tampon dans les premiers jours de dégel.

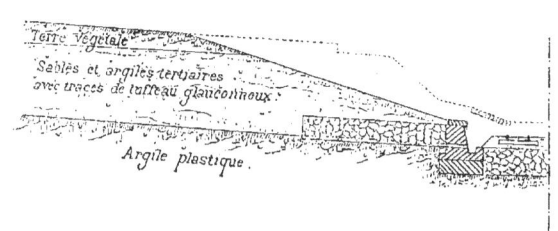

112. Fig.

Pour la *tranchée de la Rue de Guise* (*fig.* 6 et 7, *pl.* 16), d'une longueur de 1,200 mètres et d'une hauteur maxima de 11 mètres, il a fallu des travaux considérables de soutènement et d'assainissement. Sous le limon supérieur, on rencontrait un conglomérat d'argiles et de sables tertiaires, puis la marne blanche, et la marne bleue ou dièvre (marne imperméable, éminemment gélive, et se gonflant par l'humidité). Dès que la craie marneuse fut attaquée, le coteau nord, d'où vient la nappe d'eau, se mit en mouvement jusqu'à 50 mètres de la crête, et le fond de la tranchée se releva : tout le coteau marchait au vide.

Un mur de soutènement, dont l'épaisseur est égale aux $\frac{38}{100}$ de la hauteur apparente, fut fondé profondément dans la dièvre au-dessous du plan de glissement ; il est butté par une ligne de pieux dont la tête, ainsi que les liernes, sont noyées dans la maçonnerie, de telle sorte que celle-ci ne puisse être soulevée sans arracher les pieux.

Tous les 9m60 existe un mur d'entretoisement (*fig.* 7) en pierres sèches imbriquées et calées dans un puissant pilotis.

L'assainissement superficiel était assuré par : 1° une pierrée avec drains agricoles recouverts de pierres, que surmontent des gazons retournés pour le filtrage des eaux limoneuses, pierrée de 2 mètres de profondeur, sise à 4 mètres de la crête du talus ; 2° des tuyaux en fonte, à joints en caoutchouc, descendant sous le talus et reliant la pierrée longitudinale au fossé de la banquette, puis à celui de la plate-forme : ces tuyaux étaient espacés de 30 mètres.

La partie inférieure de la tranchée est assainie par un filtre général de 0^m25 d'épaisseur, adossé au mur de soutènement, et par des barbacanes formées de tuyaux de drainage noyés dans la maçonnerie : ces drains sont parallèles à la voie dans le mur courant, et perpendiculaires à la voie dans les contreforts. Dans l'axe de la tranchée, on voit une pierrée de 1^m20 de largeur, encastrée dans la diève, et recevant les eaux des drains inférieurs.

Toutes les eaux sont ainsi captées et rejetées à l'extérieur. Le prix de revient de ces travaux au mètre courant a été de 452 francs.

La *tranchée de la rue de Maretz*, ne dépassant pas 5 mètres à flanc de coteau, était ouverte dans les argiles tertiaires. A 10 mètres de la crête du talus, on a ouvert parallèlement à la tranchée une fouille solidement boisée, descendant à 0^m50 au-dessous du niveau de la plate-forme; au fond, on a placé deux tuyaux en gresserie de 0^m12 de diamètre, puis on a rempli avec des cassons de briques jusqu'à 0^m30 au-dessous du sol. Les tuyaux se rendaient aux aqueducs les plus voisins. De plus, le fossé de la plate-forme a été maçonné et surmonté d'un perré également maçonné, adossé à une couche filtrante de 0^m25 d'épaisseur.

Partout où le drainage était à un niveau inférieur à celui de la plate-forme, il n'y eut aucun accident.

Après avoir décrit ces moyens de consolidation, M. Menche de Loisne termine son mémoire par les considérations suivantes, qui s'appliquent aux terrains argileux, pour lesquels on n'a pas la ressource de se débarrasser des eaux par un drainage vertical, c'est-à-dire par un forage descendu jusqu'à une assise perméable :

« 1° Dans la constitution du projet, l'on ne se préoccupera pas de l'équilibre des terrasses, et l'on déterminera le tracé par des considérations uniquement tirées de l'étude géologique du pays. On évitera notamment les sables glauconieux et les cendrières (terre à alun), et l'on mettra en dépôt les glaises et les marnes argileuses, pour n'incorporer dans les remblais que des sables et des argiles franches, en ne les mélangeant pas.

« 2° On assurera l'écoulement des eaux superficielles et souterraines, par des drainages séparés, et l'on mettra les terrassements à l'abri des agents atmosphériques.

« 3° En conséquence, lorsque la séparation des terrains perméables et imperméables sera nette, on appliquera aux tranchées les méthodes de M. de Sazilly, en asseyant bien les drainages. Lorsque les lits de filtration resteront indécis, on recueillera les eaux dans un filtre superficiel général adossé à un revêtement maçonné percé de barbacanes en cas d'accidents, mais gazonné à queue dans le cas général : des éperons à sec seront utilement engagés dans les terres.

« 4° En cas de venue du coteau, on établira, en outre du système de drainage de superficie, qui a pour exutoire les fossés maçonnés du chemin de fer, un drainage de fond, dont le collecteur souterrain occupera l'axe longitudinal de la plate-forme. Dans les renforts des murs de soutènement de la couche filtrante, ainsi que dans les entretoises qui relieront les soutènements face à face, si le terrain est très mauvais, l'on ménagera les vides voulus pour le passage des eaux. Si la plate-forme a une tendance à remonter, on assurera la stabilité des murs de soutènement et d'entretoisement, en les rendant solidaires d'un pilotis profondément enraciné dans un sous-sol résistant.

« 5° Toutes les eaux seront recueillies du côté amont des remblais dans un drainage poussé aussi bas que possible, et se vidangeant dans le radier évidé d'un aqueduc. En cas de glissement du sous-sol sous le poids d'un remblai, on coupera à l'aval du remblai les plans aquifères par un mur maçonné de forte épaisseur, contre lequel sera adossée une couche filtrante déversant les eaux dans les dallots ménagés dans le mur : on partira de cette solide ceinture pour lancer dans l'intérieur du remblai des éperons maçonnés munis de dallots recueillant toutes les eaux intérieures, par un filtre général.

« 6° On emploiera, de préférence aux drains de l'agriculture, les tuyaux dits de gresserie; on veillera à ce que tous les débouchés des barbacanes restent libres; à cet effet, on placera un tampon de foin dans les orifices, lors des fortes gelées. »

Moyens d'assainissement en usage à la Compagnie du Nord.

— La Compagnie du Nord a rencontré de fort mauvais terrains dans une partie de son réseau, et ses ingénieurs ont rédigé pour leurs agents plusieurs instructions indiquant les moyens à suivre pour consolider les talus, prévenir ou réparer les éboulements. Les figures des planches 14 et 15 rendront plus nette la description de ces procédés.

Les moyens à employer pour consolider les talus, banquettes, risbermes, etc., sont :
Les semis et plantations;
Les gazonnements;
Les revêtements en terre;
Les revêtements en maçonnerie ou perrés;
Le maçonnage des fossés.

Ces diverses opérations sont connues du lecteur, et nous n'avons pas à revenir sur les précautions qu'elles exigent.

En ce qui touche les perrés, ces ouvrages n'ayant d'autre but que de soustraire les talus à l'influence atmosphérique, on se contente de leur donner une épaisseur de 0^{m}28 lorsqu'ils sont en briques, et de 0^{m}33 lorsqu'ils sont en moellons.

Dans les *perrés en briques*, on pose un premier lit à plat sur le talus, et le second, d'une épaisseur égale à la longueur d'une brique, est formé de rangées parallèles à la base du talus et normales à sa surface, que l'on appareille à la manière ordinaire.

Les moyens d'assainissement sont les suivants :
Fossés de rive ou de ceinture;
Banquettes étagées sur les talus et formant cassis;
Rigoles de chute maçonnées;
Rigoles de suintement avec pierrées;
Drainage avec tuyaux en poterie;

Filtres en pierrailles appliqués contre les talus;
Conduits de dégorgement ou dégorgeoirs;
Caniveaux et cassis rampants.

Les trois premiers ouvrages ont trait aux eaux de superficie, et les autres aux eaux souterraines.

Les fossés de rive doivent avoir au moins 0^m01 de pente et les banquettes 0^m02. Nous reproduisons, pour les autres ouvrages, les instructions rédigées pour la construction de la ligne de Boulogne à Calais.

Rigoles de chute. — Les rigoles de chute ont pour objet de déverser les eaux des fossés de crête et des banquettes dans le fond des tranchées et sont établies sur les talus suivant la ligne de plus grande pente. On les construit en maçonnerie de briques ou de moellons avec mortier très hydraulique. Il convient, le plus souvent, de leur donner la section rectangulaire (*pl.* 14 et 15).

Lorsqu'elles rencontrent des banquettes sur les talus, les banquettes doivent toujours, à moins de considérations majeures, être dirigées de manière à déverser naturellement leurs eaux dans les rigoles de chute.

Celles-ci sont toujours établies dans des entailles pratiquées dans le terrain vierge.

Lorsqu'il y a nécessité de les placer dans les parties de talus profondément ravinées ou minées par des éboulis, il faut les asseoir sur un mur fondé dans le terrain solide (*fig.* 4, *pl.* 15).

On peut encore donner aux rigoles de chute la forme de cassis, lorsqu'elles doivent livrer passage aux eaux peu abondantes des banquettes ou d'un tronçon de fossé de peu de longueur.

Rigoles de suintement avec pierrées. — Les rigoles de suintement servent, comme leur nom l'indique, à recueillir les eaux qui filtrent sur les talus, au-dessus des bancs imperméables, après avoir traversé les couches supérieures. Elles doivent être établies dans des entailles pratiquées longitudinalement sur le banc imperméable, à 0^m20 ou 0^m30 en contre-bas du lit de suintement. Il est indispensable que ces entailles soient ouvertes dans un terrain vierge, n'ayant subi aucune altération par suite des éboulements ou du séjournement de l'eau.

Les rigoles seront partout exécutées au moyen de briques posées à plat en forme de cassis, sur une couche de mortier bien hydraulique. Les joints seront bien remplis et bien lissés, de manière que l'eau s'écoule dans des conduits étanches et suffisamment unis (*fig.* 7, *pl.* 14; *fig.* 5, *pl.* 15).

Elles seront recouvertes de briques bien résistantes que l'on posera à sec dans le sens transversal, en les joignant les unes contre les autres, attendu que dans cette position elles laisseront toujours un passage suffisant pour les eaux.

Elles suivront toutes les inflexions de la ligne de suintement, à la condition que leur pente longitudinale ne soit nulle part inférieure à 0^m01 par mètre. Cette pente étant indispensable pour donner aux eaux un écoulement assuré, on devra faire pénétrer la rigole dans le banc imperméable, autant que de besoin, en contre-bas de la ligne de suintement, toutes les fois que la déclivité de celle-ci sera insuffisante.

On devra d'ailleurs faire alterner les pentes et les contre-pentes aussi souvent que cela sera nécessaire pour suivre les inflexions du lit de suintement ou pour obtenir un écoulement facile, lorsque ce lit sera sensiblement de niveau.

Chaque rigole de suintement sera accompagnée d'une pierrée formée de petites blocailles de pierres cassées que l'on placera par-dessus en leur donnant, dans la section transversale, l'une ou l'autre des formes figurées au dessin, selon les circonstances.

Drains en poterie. — Lorsqu'il s'agira d'assainir des tranches de terrain humectées par des filtrations légères, au-dessus de couches argileuses plus ou moins perméables elles-mêmes, on pourra remplacer les rigoles de suintement par des drains dont l'emploi sera toujours plus économique.

On se servira à cet effet (*fig.* 1, 2, 3, *pl.* 15) de tuyaux de drainage de 0^m06 a 0^m08 de diamètre intérieur, que l'on posera dans une saignée préparée à cet effet, sur une couche de mortier très hydraulique de 0^m02 d'épaisseur, enveloppant la moitié inférieure de leur périmètre. On aura soin d'introduire dans le tuyau un mandrin en forme de bourroir qui remplira exactement le vide intérieur, dans l'emplacement des joints, au moment de la pose, afin d'empêcher que le mortier reflue et n'obstrue le conduit. Les joints seront recouverts à la partie supérieure, de demi-manchons en terre cuite qu'on garnira de mousse, ou de touffes de gazon renversées et bien chevelues, afin d'empêcher l'introduction des corps étrangers dans les drains tout en y laissant facilement pénétrer l'eau.

La pente à donner aux drains ne sera jamais inférieure à 0^m005 par mètre.

Les saignées destinées à recevoir les drains seront ouvertes à la partie supérieure des couches argileuses et dans le terrain vierge. La section en sera modelée avec soin, au moyen d'une batte cylindrique avec laquelle on comprimera facilement le terrain, en vue de faire disparaître toutes les irrégularités. Lorsque le drain sera mis en place au fond de la saignée, on remplira celle-ci sur 0^m15 à 0^m25 de hauteur, selon l'épaisseur de la nappe humide, de matières sèches et inaltérables que l'eau traversera très facilement sans les entraîner, telles que le gravier, les scories, la pierre cassée, en ayant soin toutefois de mettre les plus fines en contact avec le drain, afin de ne pas s'exposer à le casser. On recouvrira le tout d'une bande de gazons plats posés avec le chevelu en dessous. Cette disposition qui augmente considérablement le pouvoir adducteur des drains, est la condition indispensable du succès dans leur application aux travaux d'assainissement des tranchées.

Filtres appliqués contre les talus. — Les rigoles de suintement ou les drains disposés, comme on vient de le voir, suffisent parfaitement pour assécher les nappes de suintement d'une faible épaisseur. Mais lorsque, à raison du mélange confus des terres perméables et imperméables ou de la superposition de veines glaiseuses trop rapprochées pour qu'on puisse les traiter à part, la bande à assainir prend une plus grande largeur, on établit une couche filtrante générale qui embrasse toute la partie du talus atteinte par les suintements. Ce filtre est formé d'un lit de blocailles, de pierrailles ou de cailloux de 0^m15 ou 0^m20 d'épaisseur qu'on recouvre suivant la pente du talus, soit d'un perré, soit d'une chemise en gazons posés avec le chevelu en dessous par assises normales au talus, (fig. 5, pl. 14, et fig. 4, pl. 15).

Lorsqu'un filtre doit être revêtu d'un perré, il faut bien se garder de garnir de sable les joints de celui-ci.

Les filtres de cette nature doivent toujours reposer par la base sur une pierrée recouvrant une rigole de suintement, dans laquelle toutes les eaux de filtration supérieures se trouvent ainsi recueillies sur une hauteur relativement grande, sans danger pour la conservation des talus.

Dégorgeoirs. — Nous confondons, sous le nom de dégorgeoirs, tous les conduits de forme et de position quelconques destinés à donner issue aux eaux souterraines recueillies dans les sillons, les rigoles de suintement et les drains. Ils ont ce caractère commun de conduire les eaux vers le dehors en suivant souterrainement le plus court chemin possible, sans quitter le terrain vierge. Ils affectent tantôt la disposition de drains (fig. 4, pl. 15), tantôt celle de rigoles de suintement, tantôt enfin celle de caniveaux rectangulaires (fig. 7, pl. 15).

Dans le premier cas, ils peuvent servir d'exutoire aux eaux recueillies, soit dans les sillons des revêtements en terre, soit dans les drains longitudinaux eux-mêmes. Les drains de dégorgement sont alors du plus grand diamètre.

Mais pour peu que les eaux à écouler soient abondantes, il est préférable dans les deux cas précédents, de donner aux dégorgeoirs la même forme qu'aux rigoles de suintement.

Lorsqu'il est à craindre que les moyens précédents soient insuffisants ou n'offrent pas toutes les garanties nécessaires, comme lorsqu'il s'agit de faire déboucher extérieurement les eaux sur les perrés, il vaut mieux donner aux dégorgeoirs la forme rectangulaire des caniveaux ordinaires en maçonnerie (fig. 7, pl. 15).

La position des dégorgeoirs est toujours commandée par le profil longitudinal des sillons, des drains ou des rigoles de suintement. Il est évident qu'il faut en placer à tous les points bas de ces ouvrages, en les dirigeant suivant les lignes de plus grande pente qui passent par ces points. Mais il convient pour la bonne disposition du travail, pour l'économie dans la construction, comme pour la facilité de l'entretien, de ne pas trop multiplier ces dégorgeoirs en faisant correspondre, autant que possible, les points bas des collecteurs de toute espèce. Il pourra arriver ainsi que les différentes formes de dégorgeoirs se succèdent les unes aux autres sur une même ligne de pente, ce qui ne présente aucun inconvénient ; mais il faudra toujours éviter de rejeter les eaux d'un dégorgeoir supérieur dans une rigole de suintement pour les conduire en commun à un autre dégorgeoir placé à quelque distance du premier.

Les dégorgeoirs, ainsi que nous l'avons dit plus haut, doivent toujours être établis sur le terrain ferme qu'aucune eau n'a altéré, et jamais sur aucune partie de remblai ou de glaise ramollie. Lors donc qu'on aura à traverser par un ouvrage de cette nature un éboulement dont les effets se seront propagés en contre-bas du fond de la tranchée, il faudra l'asseoir sur un mur fondé en terrain solide. Dans ce cas, la forme du caniveau rectangulaire est la seule qu'il convienne d'adopter (*fig.* 4, pl. 13).

On ne donnera dans aucun cas, aux dégorgeoirs, quelle que soit leur forme ou leur position, une pente plus faible que 0^{m}05 par mètre.

Caniveaux rampants. — Les caniveaux rampants sont des conduits à ciel ouvert qui forment le prolongement extérieur des dégorgeoirs, et par lesquels les eaux souterraines descendent sur la pente des talus, jusque dans les fossés qui occupent le fond des tranchées.

Ces conduits sont engagés soit dans le terrain naturel, soit dans l'épaisseur des perrés, et sont maçonnés à bain de mortier hydraulique sur toute leur hauteur.

Lorsqu'ils sont appliqués contre le terrain naturel, ils sont construits de la même manière que les rigoles de chute, avec lesquelles ils ont la plus grande analogie, et toutes les prescriptions relatives à ces derniers leur sont applicables. On doit seulement proportionner leur section au volume d'eau à écouler.

Lorsqu'ils sont ménagés dans le corps des perrés, ils forment, à la surface de ceux-ci, une rainure régulière autour de laquelle la maçonnerie est faite à bain de mortier hydraulique sur 0^{m}25 d'épaisseur, en tous sens.

Assainissement des tranchées de la vallée de Bray. — Les tranchées de la vallée de Bray, ligne d'Amiens à Rouen, ont donné lieu à des travaux intéressants.

La *tranchée de l'Épinay*, ouverte dans la glaise plus ou moins sableuse, le tuf ferrugineux et le sable, présentait de nombreux suintements qu'on recueillait sous un revêtement en briques de 0^{m}20 d'épaisseur, ainsi composé (*fig.* 2, 3, 4, pl. 14) : 1° sur le sol des morceaux de brique posés à plat; 2° et par-dessus une maçonnerie en briques de champ. — Lorsque les suintements étaient à la base de la tranchée, l'eau circulant entre les cassons de briques était recueillie par un radier longitudinal maçonné, incliné vers des barbacanes convenablement espacées. — Lorsque les suintements étaient à la partie haute du talus, le revêtement ne portait que sur les couches à suintement et était soutenu par des arceaux en anse de panier avec pilastres descendant jusqu'au fossé de la plate-forme suivant les lignes de plus grande pente. — L'extrados de l'arceau maçonné servait de radier de réception pour les eaux qui se rendaient dans un petit aqueduc à section carrée ménagé au milieu des pilastres. De grandes quantités d'eau s'écoulent par ces aqueducs.

La tranchée la plus importante de la vallée de Bray est la *tranchée de Normanville*, comprenant au-dessous de la terre végétale quatre couches bien distinctes : argile sableuse assez bonne, sable vert glaiseux sans cohésion, glaise noire sableuse à assainir également, glaise compacte à revêtir.

Les figures 5 et 6, planche 14, indiquent les dispositions adoptées pour l'assainissement.

A cause de la hauteur de la tranchée et de la nature des terrains, on adopta l'inclinaison à 2 de base pour 1 de hauteur; deux rigoles Sazilly furent établies, l'une à la base du sable vert et l'autre à la base de la glaise sableuse; ces rigoles communiquaient de place en place avec des descentes d'eau. Le sable vert et la glaise sableuse sont décapés sur 0^m50 de profondeur, revêtus d'un filtre en briquetons de 0^m15 d'épaisseur, de gazons ou de plaquettes de glaise mélangées de paille et enfin de bonne terre. — La glaise compacte inférieure est recouverte de 0^m40 de terre végétale posée sur redans et la descente d'eau est encastrée dans la glaise.

Ces travaux de consolidation ont été exécutés par M. l'ingénieur en chef Salle et par MM. les ingénieurs Huber et Sadoc.

Assainissement des tranchées par galeries de mines.
— En exposant la méthode dite anglaise pour l'exécution des tranchées, méthode qui consiste à ouvrir une galerie sur toute la longueur de la tranchée au niveau de la plate-forme, galerie dans laquelle débouchent des puits verticaux, nous avons dit que cette méthode avait le grand avantage de réaliser un puissant drainage de la masse entière.

En admettant même qu'on ne l'employât pas pour l'extraction des déblais, elle pourrait rendre de grands services pour l'assainissement préalable d'une tranchée à ouvrir dans de mauvais terrains; il existe, par exemple, dans les sables du Soissonnais des terrains de 25 mètres de profondeur et plus, formés de couches alternatives de sables fluents et d'argiles pures et ligniteuses; ouvrir une tranchée dans un pareil terrain est une entreprise redoutable si l'on a recours aux moyens ordinaires, et on ne peut espérer réussir qu'en marchant avec une extrême lenteur et en ne laissant aucun talus au jour sans l'assainir immédiatement. — Nous sommes convaincu que l'on faciliterait singulièrement le travail dans un cas pareil si l'on ouvrait une galerie de mine au-dessous de la base de la tranchée future, et que dans cette galerie on fît déboucher une série de forages verticaux, de manière à drainer d'un seul coup la masse entière. — Des forages de 0^m16 à 0^m25 de diamètre doivent suffire et s'exécutent aujourd'hui d'une manière courante et rapide. Si l'on se proposait d'emmener les déblais par la galerie inférieure, il faudrait lui donner une dimension plus considérable afin qu'elle pût recevoir des wagons, et il faudrait substituer aux forages des puits boisés.

Les dimensions d'une galerie varient, pour la largeur, entre 1^m50 et 2^m50, et pour la hauteur entre 1^m80 et 2^m50. Il n'y a pas avantage à réduire les dimensions outre mesure, car on gêne les ouvriers, et la confusion règne dans l'atelier.

Une galerie à ouvrir dans un massif de terre doit être boisée sur tout son pourtour; les parois verticales et horizontales sont soutenues par un plancher en madriers plus ou moins serrés, suivant la nature du terrain; quelquefois même on place un fascinage au-dessus des madriers. Ce garnissage s'effondrerait, s'il n'était soutenu par des cadres transversaux rigides, dont l'espacement dépend de l'intensité de la poussée des terres;

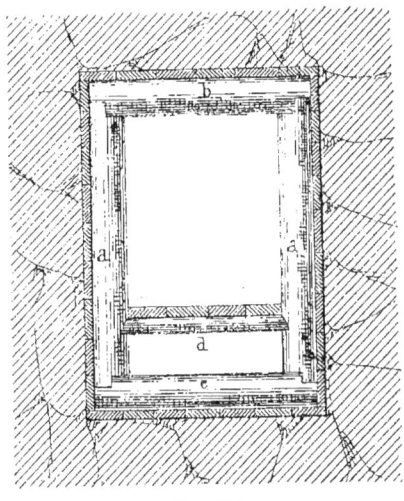

Fig. 113.

ces cadres sont composés de deux montants ou rondins, aux extrémités desquels s'assemblent, comme le montre la figure, la traverse b ou chapeau supportant le toit et la semelle c; pour celle-ci, on a généralement recours à un bois demi-rond, dont la face plane est posée sur le sol; la traverse elle-même est en bois demi-rond.

A une certaine hauteur au-dessus du fond, les poteaux sont entaillés, pour recevoir une petite traverse, que recouvre le plancher de service.

L'écoulement des eaux se fait à la partie inférieure; si les eaux sont peu abondantes, c'est la semelle c qui porte directement le plancher, et on économise de la sorte une certaine hauteur; mais les ouvriers travaillent dans l'eau et doivent être munis de bottes d'égouttier.

La traverse d porte le nom de tendard, et s'assemble à gueule-de-loup avec les poteaux du cadre.

Dans les terrains poussants, il ne faut pas conserver aux cadres la forme rectangulaire, mais adopter une section trapèze (*fig.* 113), moins susceptible de s'écraser : cette section, qui se rétrécit à la partie haute, ne gêne pas l'ouvrier, puisqu'elle conserve dans la partie moyenne la largeur voulue.

Lorsqu'une galerie est notablement inclinée, on place toujours les cadres normalement à son axe; mais, pour s'opposer à leur déversement, il est bon

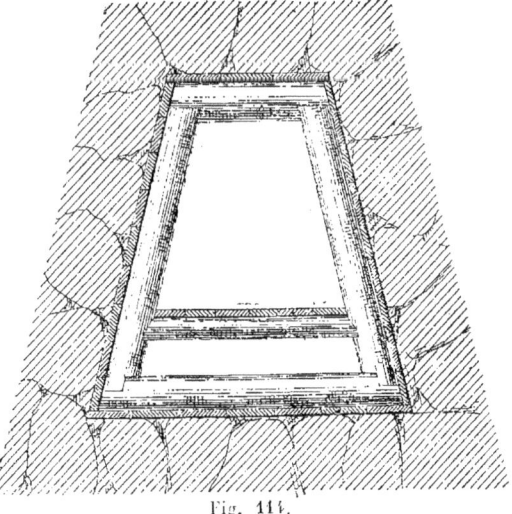

Fig. 114.

alors de les relier par des madriers longitudinaux destinés à maintenir les intervalles.

Le procédé de boisage que nous avons décrit plus haut suppose que le terrain est susceptible de se tenir sur une certaine surface, correspondant par exemple à l'intervalle entre deux cadres; mais il n'en est pas toujours ainsi, et il arrive quelquefois qu'on se trouve en présence d'un terrain ébouleux ou coulant, tel que le sable. Voici alors comment on peut opérer :

On se sert de cadres a et b, alternativement plus grands et plus petits, le chapeau et les montants des plus grands entourant en projection le chapeau et les montants des plus petits; il va sans dire que les semelles seules sont dans le même plan. Entre trois cadres consécutifs, on glisse des madriers jointifs ef, tangents extérieurement aux cadres (a) et (b), et intérieurement au cadre (a'); on fait avancer ces madriers à grands coups de masse que l'on frappe en f, et cela au fur et à mesure que la fouille s'approfondit. Les madriers sont taillés en biseau à leur extrémité, de manière à pénétrer assez facilement dans le terrain coulant.

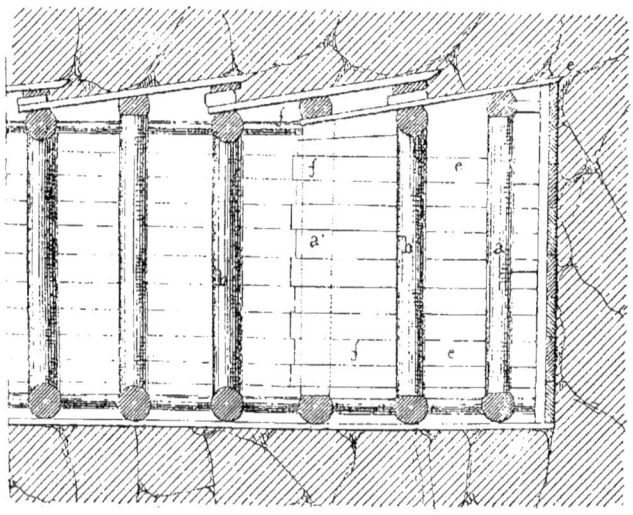

Fig. 115.

Au fond de la fouille est un bouclier en madriers jointifs horizontaux, que l'on maintient par des chandelles latérales contrebutées par des pièces horizontales ou inclinées, qui s'appuient sur les cadres postérieurs. On ne déblaye pas sur toute la surface du bouclier à la fois; on commence par enfoncer d'une certaine quantité les madriers (ef) du toit; on enlève les planches supérieures du bouclier, puis, après avoir enlevé le sable qui est derrière, on les reporte au fond de l'excavation formée; on descend ainsi peu à peu, de manière à transporter le bouclier parallèlement à lui-même, mais par parties.

Lorsqu'on a avancé d'une longueur suffisante, on pose un nouveau cadre, et, si c'est un petit calibre, on glisse derrière de nouvelles palplanches (ef).

Ces palplanches sont coincées solidement au-dessus des petits cadres, que leurs extrémités dépassent toujours un peu.

La figure 114 fait très nettement comprendre ce système de galeries, qui peut trouver son application en bien des circonstances, notamment lorsqu'il s'agit de procéder au sauvetage d'ouvriers enfouis sous un éboulement de sable ou de terre.

Il est important de ne pas laisser se former de vides au-dessus du garnissage, parce qu'il peut se produire des éboulis brusques et des chocs qui écrasent les cadres et comblent la galerie : on passe alors beaucoup de temps à réparer le dommage, qui peut, du reste, entraîner de graves accidents. Dans un sable fluide, il faudra donc avoir soin de rendre les palplanches bien jointives de toutes parts, et, s'il existe quelque fissure, on devra la garnir avec de la paille ou des fascines.

Le boisage constitue une dépense importante : on doit veiller à ce qu'il soit fait avec soin et à ce que les cadres soient posés au fur et à mesure que le besoin s'en fait sentir. La main-d'œuvre de cette pose étant souvent comprise dans la somme accordée aux ouvriers pour le mètre courant d'avancement, ils ont tendance à négliger le boisage, et se montrent souvent très imprudents sur ce point.

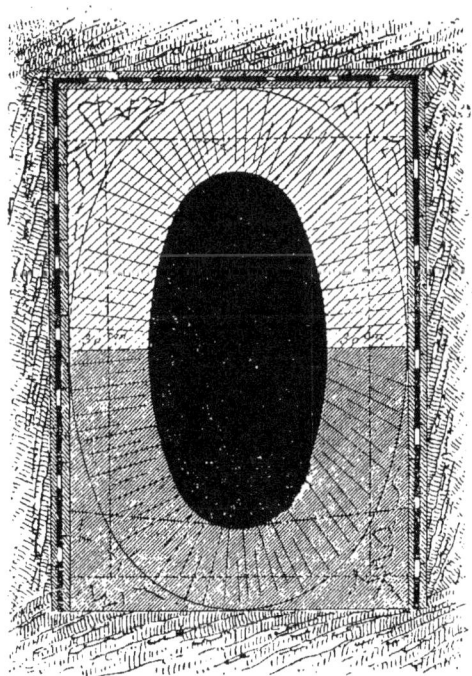

Fig. 116.

Le bois le plus résistant, celui qui se conserve le mieux dans l'humidité et l'atmosphère malsaine des travaux souterrains, c'est le chêne; mais il est lourd et coûteux, et généralement c'est le pin qu'il faut préférer, bien qu'il se conserve beaucoup moins bien.

Dans les travaux de tunnel, il est rare que les galeries soient destinées à avoir une longue existence; la considération de la durée est donc insignifiante, et l'on recherche surtout la légèreté et la résistance : aussi emploie-t-on le pin et le sapin, quelquefois même les bois blancs ordinaires pour le garnissage.

Les bois se mettent en œuvre sous forme de rondins ou de pièces demi-rondes, dont le diamètre varie de 0^{m}10 à 0^{m}25 ; les rondins doivent être assez légers pour qu'un homme puisse les transporter et les manier facilement.

Les frais de boisage d'une galerie de 2 mètres sur 1^{m}50 s'élèvent à 9 ou 10 fr.

M. l'ingénieur Heyne cite un exemple intéressant d'assainissement de tranchée, sur la ligne de Linz à Budweis : on rencontra dans cette tranchée une masse aquifère qui s'étendait jusqu'à 4 mètres au-dessous de la plate-forme, et il fallait absolument l'assécher ; à cet effet, on creusa une galerie partant du flanc du coteau, parallèle à la tranchée, et coupant la couche aquifère au-dessous de la plate-forme. La galerie fut boisée, avec cadres espacés d'abord de 1 mètre, puis de 0^{m}80, et, lorsque le travail des mineurs fut terminé, les maçons vinrent établir un aqueduc définitif,

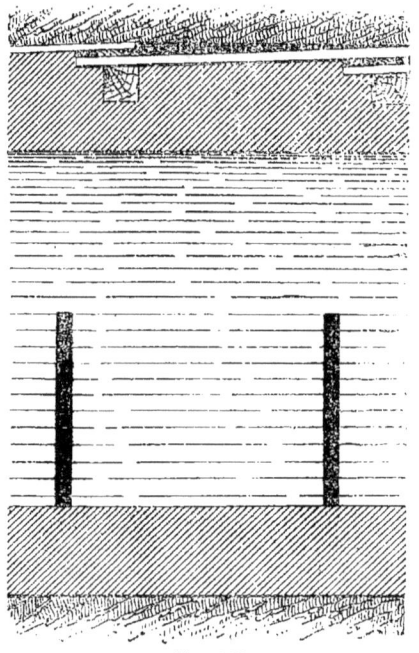

Fig. 117.

avec vide ellipsoïdal ; la charpente fut englobée dans la maçonnerie ; la partie inférieure fut maçonnée au ciment et munie, à des distances de 1 mètre, de barbacanes destinées à laisser passer l'eau. L'effet de cette galerie fut complet ; elle permit de continuer et d'achever la tranchée sans accident, et il ne se manifesta plus de mouvement.

Des galeries analogues, que l'on remplit ensuite en moellons sont susceptibles de rendre des services pour la réparation des grands éboulements ; il serait parfois difficile d'ouvrir dans ces éboulements de grandes saignées étrésillonnées à ciel ouvert et des galeries convenablement disposées, combinées s'il en est besoin avec des puisards verticaux blindés, peuvent être d'une exécution plus facile et plus économique, quoiqu'elles assurent moins bien l'assainissement que ne le ferait une pierrée embrassant toute la hauteur de la masse en mouvement.

Assainissement d'une plate-forme. — Dans les tranchées humides et même en rase campagne il arrive souvent que l'on a à assainir la plate-forme d'une route ou d'une voie ferrée ; sans quoi, l'eau qui séjourne se mêlerait à l'argile, et l'empierrement ou le ballast s'enfoncerait dans la masse détrempée.

Dans ce cas, on place de 5 mètres en 5 mètres, au-dessous de la chaussée, des rigoles disposées en écharpe, qui partent de l'axe de la voie et se dirigent vers l'un des fossés avec une pente de 0^{m}02 par mètre; ces rigoles, remplies de gros cailloux, forment de véritables filtres par où l'eau s'écoule et se rend dans les fossés.

D'autres fois, on a disposé sous l'axe de la route et sous les accotements de véritables tuyaux de drainage, posés par les procédés ordinaires et qui viennent déboucher soit dans des puisards absorbants, soit dans des fossés à écoulement facile.

Le drainage agricole ne donne pas toujours d'aussi bons résultats que les pierrées, car il exige une pose plus soignée et il peut se trouver obstrué par un léger mouvement du sol. Cependant, sur le chemin de fer de Blesmes à Gray, M. Ledru a assaini les tranchées au moyen d'un système de drainage qui a bien réussi : de petits drains de 0^{m}03 de diamètre intérieur sont placés suivant les lignes de plus grande pente des talus à

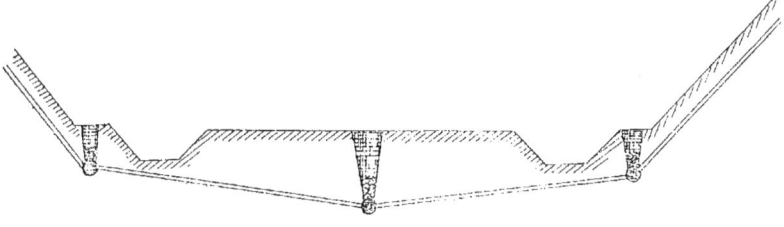

Fig. 118.

une profondeur de 1 mètre, ils aboutissent à des collecteurs latéraux placés sous des banquettes et communiquant tous les 10 ou 20 mètres avec un collecteur central de 0^{m}09 de diamètre qui dégorge hors de la tranchée. Ces petits drains, pour être efficaces, doivent être recouverts d'une couche de pierres cassées que surmonte de la terre pilonnée; le mieux est encore d'interposer entre les pierres et la terre des gazons renversés bien jointifs, et de ne jamais employer des drains d'un diamètre intérieur inférieur à 0^{m}06.

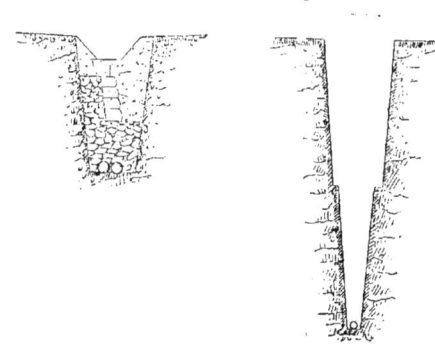

Fig. 119.

La figure ci-contre donne la disposition des drains de ceinture établis sur la ligne de Busigny à Hirson pour l'assainissement des tranchées et pour celui des remblais. Le profil de gauche s'applique aux mauvais terrains et le profil de droite aux bons terrains.

ÉBOULEMENTS DES REMBLAIS; PROCÉDÉS DE CONSOLIDATION

Causes des mouvements des remblais. — Il semble au premier abord que les éboulements des remblais soient moins à craindre que ceux des déblais, car il ne peut exister dans les remblais ni sources ni bancs aquifères et le seul ennemi paraît être les eaux superficielles, qu'il est relativement facile de combattre par les procédés généraux précédemment décrits. Cette idée serait justifiée si les remblais étaient toujours formés de matières homogènes, déposées par couches horizontales bien comprimées; malheureusement il n'en est rien et les procédés usuels d'exécution des remblais, procédés qu'on ne peut abandonner parce que seuls ils sont rapides et économiques, donnent nécessairement une masse dépourvue d'homogénéité et souvent incorporent à cette masse des terres fluentes ou détrempées, ce qui revient à introduire, comme on dit, le loup dans la bergerie.

Il n'est donc pas étonnant que les remblais aient donné lieu parfois à de grosses difficultés et aient retardé l'ouverture de lignes dont les viaducs et autres travaux d'art avaient cependant été terminés en temps utile.

Les mouvements des remblais peuvent tenir : 1° à des causes extérieures ; 2° à des causes intérieures inhérentes à la masse elle-même.

1° Nous avons déjà signalé la principale des causes extérieures en traitant de l'établissement des remblais sur les terrains vaseux; nous avons vu que dans ce cas il était difficile d'obtenir une fondation solide et qu'il fallait, pour ainsi dire, se résigner à recharger le remblai au fur et à mesure qu'il s'enfonce dans le sous-sol jusqu'à ce qu'il ait pénétré comme un coin jusqu'à une assise solide. Nous ne reviendrons pas sur les mouvements de ce genre. Parfois le remblai est assis sur un terrain d'apparence solide, dans lequel les sondages, effectués par une saison sèche ou descendus à une profondeur insuffisante, n'ont rien révélé, et cependant des mouvements considérables viennent à se produire; c'est qu'il existe dans le sol quelque couche aquifère, plus ou moins compressible, plus ou moins inclinée, déterminant la présence d'une assise sans cohésion à frottement faible; la cohésion de la partie supérieure se trouve à un moment donné vaincue par la charge et la masse superposée ou bien s'enfonce, ou bien se déplace latéralement.

2° En ce qui touche les causes intérieures, toutes se rapportent à la présence de l'eau, enfermée par le mode même d'exécution.

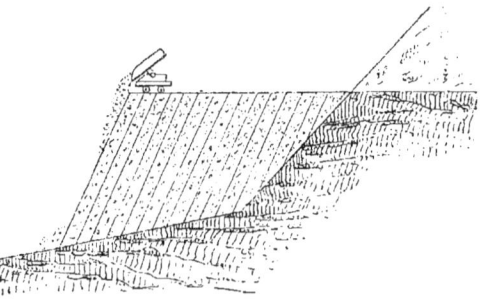

Fig. 120.

Considérons, en effet, un remblai exécuté par versement de wagons à l'avant; les terres prennent toujours tout d'abord un talus assez raide; qu'une interruption de travail, un orage, une pluie de quelques jours, une gelée ou des neiges surviennent, la liaison entre les terres anciennes et les terres nouvelles ne se produit plus et il reste dans le massif une surface plus ou moins lisse par où naturellement s'écoulent les eaux pluviales; c'est une surface de glissement tout indiquée.

Le déchargement latéral des wagons donne lieu à d'autres surfaces de glissement plus dangereuses encore.

Les diverses natures de terre sont jetées pêle-mêle pour constituer le remblai et il est difficile qu'il n'en soit pas ainsi, étant donnée l'organisation des chantiers ; si l'on rencontre dans une tranchée une veine de terre détrempée et fluente, il faudrait la rejeter en dépôt et ne point l'incorporer au remblai ; c'est en général ce qu'on ne fait pas ; or, cette terre humide incorporée et aussitôt recouverte par d'autres terres ne s'assèche point, on la retrouve molle lorsqu'on ouvre un remblai plusieurs mois après, on a même retrouvé dans un remblai des glaçons d'une année précédente et des couches de neige, qu'on a recouvertes au lieu de les enlever, se compriment et ne fondent qu'avec une excessive lenteur. Des circonstances de ce genre sont funestes à la solidité de l'ouvrage.

D'autres fois, une veine de sable se trouve placée dans le remblai entre deux masses argileuses; elle absorbe les eaux et les conserve, l'argile se détrempe et s'affaisse. On conçoit même que l'eau confinée, ne trouvant pas d'issue ou ne trouvant qu'une issue insuffisante, agisse par *pression hydrostatique* et exerce sur les masses latérales une poussée à laquelle elles sont incapables de résister.

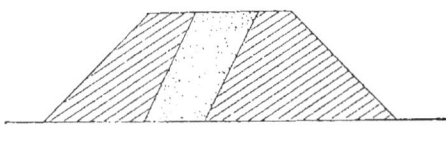

Fig. 121.

Cette action par pression hydrostatique de l'eau confinée dans une fissure de plusieurs mètres de hauteur peut également être invoquée pour expliquer certains grands éboulements dans les talus de déblai.

Enfin, un remblai est parfois effectué avec des mottes argileuses qui laissent entre elles une proportion de vide considérable ; à la longue, ces vides se remplissent, les mottes se soudent et le remblai devient compacte, mais, avant qu'on en arrive là, les eaux ont libre passage et, si elles ne trouvent pas une issue facile, elles ne tardent pas à détremper la masse et à la fluidifier.

Ces diverses causes de mouvements des remblais sont exposées comme il suit par M. l'ingénieur en chef Ledru.

« En réalité, le corps des remblais est divisé par un grand nombre de surfaces de glissement et, sauf ceux provenant de déblais de rocher, de sable ou de gravier, on peut dire qu'ils sont tous dans un équilibre instable.

Cette situation tient surtout au mode actuellement usité pour la construction des remblais ; au lieu d'être formés de couches horizontales, ils le sont par des couches très inclinées et dont le tassement ne s'étant fait que successivement au fur et à mesure de leur exécution, n'a pu s'opérer que par des glissements successifs des couches nouvelles sur les anciennes.

Quelques-unes de ces surfaces de glissement sont particulièrement dangereuses; ce sont celles qui séparent les couches de neiges que l'on n'a pas pris la précaution d'enlever et qui ont été recouvertes par de nouveaux remblais.

Si l'on considère en outre que, sous le passage des trains, la plate-forme se creuse et forme bientôt une cuvette d'où les eaux ne peuvent s'écouler que par infiltration, on reconnaît facilement combien les remblais sont sujets à se déformer et à s'ébouler fréquemment.

De ce qui précède il résulte :

Qu'il faut éviter d'employer en remblais les déblais de mauvaise nature;

Qu'avant d'asseoir un remblai sur un sol incliné, il est nécessaire de disposer ce dernier en gradins et de commencer le remblai du côté du talus le plus élevé, c'est-à-dire par la partie qui repose sur les gradins inférieurs;

Que, si les remblais sont de mauvaise qualité, il faut les former par couches horizontales de 80 centimètres ou 1 mètre de hauteur.

Nous avons exposé précédemment les règles et procédés à suivre pour l'exécution des remblais pilonnés et pour la protection superficielle des talus en général, qu'ils appartiennent à des déblais ou à des remblais. Nous n'avons plus à étudier que les éboulements en masse.

Consolidation des remblais argileux par la méthode de Sazilly. — M. de Sazilly s'exprime ainsi sur les causes des éboulements des remblais avec terrains argileux et sur les mesures à adopter pour les conjurer :

On sait que, si l'on met de la pierre cassée bien propre dans un vase et qu'ensuite on le remplisse d'eau pour calculer les vides laissés entre les fragments, on trouve constamment que les vides forment un volume total de 0,46 et les pleins de 0,54.

Les mottes de glaise pure, déchargées au wagon et non pilonnées, doivent laisser entre elles un vide au moins aussi grand.

On conçoit, dès lors, l'énorme quantité d'eau qui doit s'introduire dans un remblai en glaise non pilonné, le ramollissement, les gonflements qui en résultent; enfin, les tassements et les éboulements qui peuvent en être la conséquence, quelque douce que soit l'inclinaison des talus.

Quant au pilonnage, c'est une opération à peu près impossible lorsque les transports se font au wagon; cette opération d'ailleurs, fût-elle possible, ne serait guère efficace avec de la glaise compacte; elle ne pourrait réellement faire disparaître les vides et donner une masse bien pleine, que si la glaise était déjà parvenue à un degré d'humidité et de ramollissement tel que la prudence commandât d'en repousser l'emploi dans un remblai.

Que si, en faisant le remblai, on mélange de la terre saine avec de la glaise, on parviendra certainement à avoir une masse plus pleine, les tassements seront moins forts, le remblai sera meilleur, si l'on veut; mais des éboulements seront toujours à craindre, même quand la glaise ne serait employée qu'en petite quantité.

En effet, les tassements inégaux qui auront toujours lieu produiront à la surface des dépressions et des crevasses que les soins les plus minutieux ne pourront empêcher de subsister pendant un temps plus ou moins long; la sécheresse, en opérant le retrait des parties argileuses, donnera lieu à des gerçures, des pluies surviendront, les eaux s'accumuleront dans les dépressions; elles s'introduiront par les crevasses et gerçures, pénétreront d'autant plus facilement dans le corps du remblai qu'il aura été plus mélangé de terre perméable, et pourvu qu'elles rencontrent alors une couche de glaise d'une certaine étendue qui les arrête, elles la ramolliront, et, au bout d'un temps plus ou moins long, détermineront un éboulement.

Peut-on faire des remblais solides avec des déblais glaiseux? Pour empêcher l'introduction des eaux dans un remblai de glaise, et en assurer la durée, il faudrait pouvoir rendre aux terres la compacité qu'elles avaient naturellement avant d'être remuées.

Peut-on y parvenir en exécutant les terrassements au tombereau par couches minces également parcourues par les voitures? C'est une question à laquelle il paraît bien difficile de répondre aujourd'hui. Au chemin de fer de Lyon, de grands remblais de glaise, faits de cette manière, se comportent très bien et restent intacts depuis deux ou trois ans, sauf quelques éboulements superficiels sans importance; mais peut-on se flatter que cet état de choses persistera?

Un fait remarquable que nous avions déjà observé au chemin du Centre tendrait à donner des craintes à cet égard; ce fait consiste en ce que la dépense d'entretien des voies de fer sur les remblais de glaise du chemin de Lyon est double de ce qu'elle est sur les remblais en terre végétale faits à la brouette.

Ce fait semble bien prouver que les remblais sont loin d'offrir la compacité qu'avait la glaise dans son état naturel, et, dès lors, on peut se demander si le progrès du temps, des eaux et des influences atmosphériques ne pourra pas, dans une durée plus ou moins longue, amener la ruine de ces remblais.

Ce fait, que ne présentent pas les tranchées ouvertes dans la glaise, s'il n'est pas particulier à l'origine de l'exploitation, et, s'il persévère, prouve en tous cas qu'un remblai de glaise est toujours très regrettable, et qu'on ne doit s'y résoudre que lorsque les circonstances locales et l'économie le commandent impérieusement.

Remblai avec noyau central en glaise. — On a souvent proposé, lorsque les déblais donnent à la fois de la glaise et de bonnes terres, de former seulement en glaise le noyau ou la partie centrale du remblai, et d'établir en terres saines, sur une épaisseur de 0^{m}30 à 0^{m}50 au sommet et avec une forte épaisseur à la base, les prismes des talus dont l'énergie ou la butée pût ainsi paralyser l'action de la poussée du noyau de glaise.

En suivant cette marche avec les soins convenables, nous croyons que l'on parviendra certainement, sinon à faire de bons remblais, au moins à se mettre à l'abri des éboulements.

Mais l'opération dont il s'agit, pour être bien faite, exige, suivant nous, que les prismes latéraux soient formés avant ou après le noyau central ; car si l'on faisait marcher le remblai de front sur toute sa largeur, il serait impossible, malgré la surveillance la plus active, d'empêcher la glaise de se mélanger en plus ou moins grande quantité avec les terres saines des parties latérales, et cela suffirait pour compromettre le succès.

Si l'on formait les prismes latéraux avant le noyau central, il faudrait renoncer aux transports par wagons pour les prismes en question, et l'obligation où l'on serait de donner un talus intérieur à ces prismes réduirait presque toujours, d'ailleurs, à un cube assez minime le noyau central en glaise.

Il conviendra donc en général de commencer par faire le noyau central ; si l'on a soin de faire rejeter en dépôt non seulement toutes les terres fluentes, mais encore toutes les terres déjà ramollies dans la tranchée, on parviendra facilement à maintenir, pendant quelque temps, les talus de ce noyau sur une inclinaison de 80 centimètres à 1 mètre de base pour 1 mètre de hauteur, sauf toutefois la partie inférieure qui, par le fait de la vitesse acquise par les mottes dans leur chute, présentera toujours une courbe très adoucie (*fig. 6, pl. 13*).

Lorsque le noyau sera fait sur une certaine longueur, il faudra se hâter de tailler les talus en gradins, enlever et rejeter intégralement au large toute la glaise qui se trouve dans l'emplacement de la base du prisme latéral, et former rapidement ce dernier avec des terres saines, sans aucun mélange, en lui donnant un talus de 1^m30 au moins de base pour 1 de hauteur.

Mais, nous devons le dire, cette opération présentera souvent d'assez grandes difficultés pratiques, et ce n'est guère que par exception que nous avons pu la suivre sur quelques parties de nos remblais.

Rarement, en effet, l'exploitation d'une tranchée se prête parfaitement aux exigences du remblai.

Tantôt elle présente de la glaise ou des terres mélangées lorsque le remblai demanderait de bonne terre sans mélange ; tantôt elle ne présente que de la terre saine lorsque le remblai permettrait l'emploi de terre glaise.

Enfin, le matériel même des travaux pourra encore être un obstacle si les transports se font au wagon.

Remblai sur un sol glaiseux. — Il peut arriver, principalement lorsque l'on a à traverser une vallée escarpée ou à longer le flanc d'un coteau, que le sol sur lequel on doit établir un remblai présente des couches successives perméables et imperméables, et par suite, de véritables sources ou de simples suintements qui peuvent même n'apparaître qu'une partie de l'année.

Dans ce cas, il est très important, quelle que soit la nature des terres du remblai, d'assainir le sol au moyen de pierrées par les procédés indiqués pour les talus des tranchées.

Si l'on ne prenait point cette précaution, les sources ou suintements étouffés par l'apport des terres s'accumuleraient dans le sous-sol, et les terres du remblai ramolliraient ces terres et pourraient déterminer à la fois le glissement du sous-sol et du remblai.

Ce ne serait plus alors qu'en remuant des masses de terre énormes, ou en employant de puissants et dispendieux moyens de soutènement, qu'on pourrait parvenir, à grands frais, à établir un remblai solide.

Consolidation des remblais argileux. — Lorsqu'on sera forcé d'employer de la glaise dans les remblais, si l'insuffisance de la terre saine ou des difficultés d'exécution ne permettent pas d'employer exclusivement la glaise dans un noyau central, on pourra toujours diminuer beaucoup les chances d'accident en disposant de fortes banquettes, en bonne terre, au pied des talus qui inspireront le moins de confiance; car, pour les remblais, de même que pour les tranchées, nous ne saurions trop le répéter, le point essentiel est d'empêcher les masses de se mettre en mouvement; et l'emploi des moyens préventifs, même en excès sur quelques points, sera presque toujours beaucoup plus économique que les moyens beaucoup plus puissants dont il faudrait faire usage, si 'on laissait les éboulements se produire.

Il est aussi très important, dans la même vue, d'empêcher les eaux pluviales de stagner au pied des talus, et si elles n'ont pas un écoulement naturel très prompt, il ne faudra pas hésiter à assurer cet écoulement au moyen de fossés latéraux.

Lorsqu'il s'agira de réparer un éboulement accompli (*fig.* 9, *pl.* 13), il faudra bien se garder de prétendre remédier au mal en rapportant de la terre saine dans la partie AFGH, par-dessus la masse en mouvement; en effet, le poids de la terre rapportée, ne faisant qu'accélérer le mouvement de la masse inférieure, il faudrait recommencer cette opération bien des fois avant d'arriver à un talus stable, et ce n'est qu'après avoir complétement chassé au large la masse glaiseuse GEBDCH qu'on pourrait y parvenir.

Or, comme la plus grande partie de la terre rapportée serait toujours entraînée dans la marche de la terre fluente, on voit qu'en opérant ainsi, on pourrait être conduit à employer, pour consolider le remblai, un cube de terre saine plus que double du cube qu'il aurait fallu employer, si l'on avait tout d'abord rejeté au large le prisme éboulé.

En retroussant tout d'abord la masse fluente et comblant rapidement l'emplacement AFJB qu'elle laisse à découvert, on parviendra donc toujours beaucoup plus vite et beaucoup plus économiquement à remédier au mal.

C'est presque toujours ainsi que nous avons procédé dans la réparation de grands éboulements des chemins de fer du Centre et de Strasbourg, et nous nous en sommes bien trouvé.

L'éboulement était toujours enlevé à vif jusqu'à la surface de glissement; cette dernière était ensuite taillée en gradins, comme l'indique la figure 9, mais on avait toujours grand soin de ne laisser aucun vestige de glaise entre le sous-sol et les terres rapportées, au delà d'un point J pris à une distance IJ du sommet A du talus, égale à 0,80 de la hauteur de ce talus, ou au plus égale à cette hauteur.

Cette précaution est essentielle; car la plus petite lame de glaise interposée pourrait, en s'écrasant sous le poids des terres rapportées, donner lieu à de nouveaux accidents.

Le plus souvent, nous avons donné une inclinaison de 2 de base pour 1 de hauteur aux terres saines rapportées dans l'emplacement des éboulements; mais nous avons réussi sur d'autres points avec un talus de 1^m50 de base pour 1 de hauteur, et nous croyons que cette dernière inclinaison aurait été partout suffisante.

Sur les points où le noyau de glaise, laissé dans le corps du remblai, était très humide, nous avons souvent, au chemin de fer du Centre (*fig.* 6 et 9), disposé les redans en pente longitudinale, convergeant vers le centre de l'éboulement, et disposé sur ce point, suivant la ligne de plus grande pente, une pierrée en cailloux roulés sans radier, qui se prolongeait sur le sol naturel jusqu'en dehors des terres rapportées. Cette disposition avait pour but de contribuer à assécher le noyau de glaise, et de faciliter l'écoulement des eaux qui viendraient atteindre les redans en filtrant à travers les terres rapportées; mais nous croyons aujourd'hui qu'elle a toujours constitué une dépense à peu près en pure perte, et nous nous sommes abstenus de la reproduire au chemin de fer de Strasbourg.

Nous avons quelquefois fait pilonner les terres saines rapportées dans les éboulements; cette opération augmente notablement la butée des terres rapportées; mais elle a l'inconvénient d'être toujours très coûteuse, et nous croyons qu'on pourra s'en dispenser dans la plupart des cas.

Le procédé de réparation que nous avons suivi soulève deux graves objections : il demande l'emploi d'une grande quantité de terre saine, le remaniement d'un cube de terre considérable, et par suite il coûte fort cher; en second lieu, ce procédé, s'il s'applique à un chemin de fer en exploitation, peut forcer d'interrompre une voie.

Pour éviter ce double inconvénient, on préfère quelquefois (*fig.* 9), commencer par contrebuter l'éboulement, en établissant au large un mur de soutènement en moellon ou une forte banquette en terre saine KLM, pour adoucir et régulariser ensuite le talus en rapportant de la terre saine dans la partie supérieure, suivant MNPA.

Mais quelles dimensions faut-il donner au mur ou à la banquette de soutènement pour être certain d'arrêter la masse en mouvement, lorsqu'elle sera pressée par les terres rapportées dans la partie supérieure?

C'est une question impossible à résoudre sans doute. Si l'on donne des dimensions notablement plus fortes que celles qui sont nécessaires, il pourra bien arriver que les dépenses s'élèvent plus haut que par le premier procédé, et cela peut-être arrivera encore *à fortiori* si l'on donne d'abord des dimensions trop faibles, et que l'on soit par suite forcé de revenir sur le même point.

Le premier procédé coûte fort cher ; mais au moins il a l'avantage d'être certain pour réparer les éboulements les plus prononcés. Le second procédé, au contraire, en laissant l'ennemi dans l'intérieur de la place, laisse à la fois de l'incertitude sur le chiffre de la dépense et sur le succès, et nous croyons qu'il conviendra généralement d'en restreindre l'emploi au cas où un talus ne présenterait qu'un commencement d'éboulement ou les symptômes qui annoncent ordinairement les éboulements, c'est-à-dire des crevasses dans la partie supérieure et un bombement dans la pente ; alors, sans doute, il serait bon d'établir à la hâte une banquette au pied du talus, et de rapporter de la terre dans le haut pour boucher les crevasses et régulariser la pente ; mais alors cette opération serait plutôt destinée à empêcher qu'à réparer un éboulement, et rentrerait plutôt dans les moyens préventifs indiqués plus haut pour la consolidation des remblais argileux.

Quant à l'interruption d'une voie, qui pourrait être la conséquence de l'emploi du premier procédé sur un chemin de fer en exploitation, nous croyons que, dans la plupart des cas, on pourra s'en affranchir en disposant, sous les traverses, de longues sapines qui répartissent la pression et les vibrations des convois sur une plus grande étendue.

C'est d'ailleurs là une précaution qu'il conviendrait encore souvent de prendre dans le cas où on ferait usage du second procédé.

Assainissement de remblais sur la ligne du Bourbonnais. — M. Croizette-Desnoyers a rendu compte en 1859 des procédés employés pour l'assainissement de deux remblais importants sur la ligne du Bourbonnais.

Le plus élevé, le *remblai de Pouzoux*, mesurait 28 mètres de hauteur sur l'axe et 33 mètres environ du côté d'aval. Un fort redan avait été pratiqué au pied du talus ; les terres employées étaient peu argileuses ; cependant elles glissaient sur le sol inférieur ou bien les unes sur les autres. Ces désordres provenaient uniquement de quelques filets d'eau qui s'infiltraient dans le remblai et d'une petite source qui sortait du rocher sous le massif même ; on a pratiqué au milieu du remblai une pierrée de 2 mètres de côté avec quelques ramifications latérales et on a revêtu la base du talus d'aval par un fort enrochement bien engagé dans le sol naturel. Cela a suffi pour arrêter tout mouvement. Il est bon de pratiquer un drainage de ce genre, avec de moindres proportions, à la base des remblais toutes les fois que des glissements sont à craindre ou que l'on pourrait emprisonner des eaux.

Au *remblai de Saint-Germain* des couches de terre de 2 à 3 mètres d'épaisseur ont glissé sur le noyau central ; on les a remplacées par d'autres terres de bonne nature bien pilonnées et posées sur des redans ; ces nouvelles tranches se sont encore détachées. « Pour arrêter ces mouvements, on a employé deux procédés : 1° former une banquette en sable à la base du remblai ; 2° couper de distance en distance le talus par des saignées de 0^{m}80 à 1 mètre d'épaisseur et remplir ensuite cette section de pierres. Ce dernier moyen qui assainit le corps du remblai et empêche dans tous les cas les dégradations de se propager est très efficace ; il peut également être employé comme mesure préventive pour des remblais de nature inquiétante. La formation d'une banquette en sable est moins dispendieuse, d'une exécution plus rapide et peut suffire dans un grand nombre de cas. »

« Il est bien entendu, d'ailleurs, que nous ne parlons pas de remblais faits avec des glaises ou argiles presque pures ; ces terres-là doivent toujours être mises en dépôt et on ne doit pas hésiter à les remplacer par de bonnes terres d'emprunt. »

Éboulement du remblai de la Négresse. — Le remblai de la Négresse, ligne de Bayonne à Irun, est établi sur le flanc d'un coteau abrupt, à 24 mètres de hauteur au-dessus des eaux d'un petit lac. Ce remblai avait 4 mètres de hauteur et 120 mètres de long ; il était à peu près terminé, en 1861, lorsqu'il se mit à glisser vers le lac.

Pour arrêter le mouvement, on eut l'idée d'établir entre le remblai et le lac un remblai auxiliaire, mais le mouvement n'en continua pas moins.

Peut-être même fut-il accéléré, car c'était le coteau lui-même qui descendait vers le lac, et le fond même de celui-ci était soulevé par la poussée, ce qui indique que la surface du glissement devait être une courbe de la forme indiquée en pointillé, dont l'intersection avec le sol naturel était marquée par des fissures bien nettes.

En juin 1862, le remblai s'était abaissé de 3 mètres, et une maison sise au-dessous du chemin de fer avait été entraînée et détruite.

On établit deux puissantes pierrées, divisant en trois parties la masse éboulée, distantes de 31^m50, commençant en amont de l'axe du chemin de fer et aboutissant au niveau du lac. Ces pierrées ont une section carrée de 6 mètres à l'amont et de 3 mètres seulement à l'aval. Elles sont réunies en tête par de petites pierrées parallèles à l'axe de la voie.

Les remblais ont été rétablis sur la masse ainsi drainée et rien n'a plus bougé. La dépense a été de 225 fr. par mètre courant pour une longueur d'environ 100 mètres.

Moyens de consolidation en usage au chemin de fer Paris-Lyon-Méditerranée. — La Compagnie Paris-Lyon-Méditerranée applique aux éboulements des remblais le même procédé qu'aux éboulements de tranchées. Ce procédé consiste dans la construction de pierrées équidistantes réunies par des arceaux.

Les pierrées dans les remblais ne s'arrêtent pas à la courbe du glissement, mais pénètrent jusqu'au sol naturel solide; sans cette précaution, comme il s'agit de remblais instables, les pierrées seraient vite disloquées et on perdrait tout le fruit de l'opération.

Quand les éboulements se produisent sur les deux faces d'un remblai, les pierrées des deux faces sont établies vis-à-vis les unes des autres, et on les réunit par une pierrée tranversale de 2 mètres de hauteur, que l'on établit en galerie, s'il s'agit d'un remblai élevé.

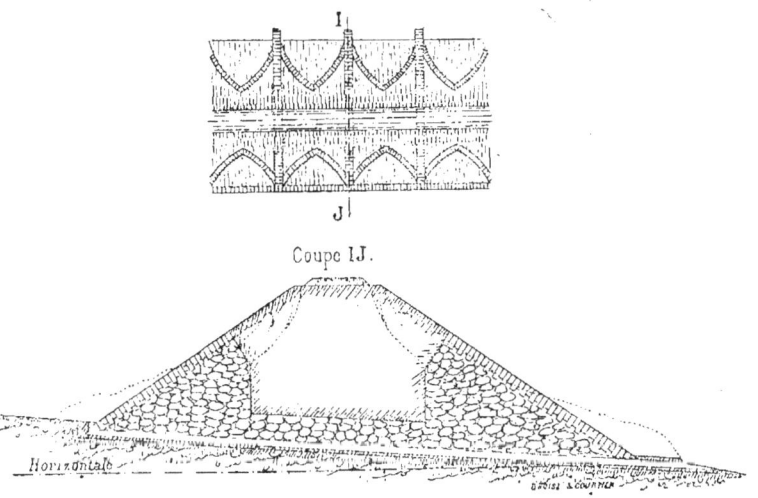

Fig. 123.

Le même système est appliqué dans les sections qui se trouvent en déblai d'un côté, en remblai de l'autre.

Parfois les arceaux deviennent inutiles, et même on peut éloigner les pierrées de plus de 20 mètres les unes des autres.

Les réparations d'un talus en remblai de 5 à 6 mètres de hauteur reviennent, par ce procédé, à environ 135 francs par mètre courant et, quand les éboulements sont à craindre sur les deux talus à la fois, la dépense s'élève à 500 francs.

Cette disposition générale de cloisons en pierres sèches assises sur le terrain solide et divisant la masse mobile en une série de sections indépendantes, qui se trouvent assainies séparément, doit être, d'une manière générale, considérée comme plus simple et plus efficace que celle des murs de soutènement; que ces murs soient en maçonnerie ou qu'ils se composent de massifs de butée en bonne terre rapportée, il est certain qu'on ne peut savoir quelle puissance il convient de leur donner. Lorsqu'on les emploie, il faut donc se ménager la possibilité d'en augmenter la résistance d'une manière simple et facile afin de pouvoir la proportionner à la poussée des masses mobiles.

Remblais de la ligne de Busigny à Hirson. — Nous avons déjà rapporté les difficultés qu'ont présentées les terrassements de la ligne de Busigny à Hirson; le mémoire de M. l'inspecteur général Menche de Loisne nous fournit encore d'intéressants renseignements sur les travaux de consolidation des remblais de cette ligne.

Le *remblai de la Tatouillette* traverse un ancien étang transformé en prairie. L'emplacement avait été préalablement drainé à 2 mètres de profondeur par des pierrées en briquaillons; mais, quand le remblai s'éleva, le sous-sol ne tarda pas à s'affaisser, puis à glisser. On tenta d'arrêter le mouvement en construisant à droite du remblai, c'est-à-dire dans le sens de la pente du sol naturel, un mur en moellons secs, constituant une vaste pierrée d'assainissement et coiffant un système de pieux enfoncés à 5 mètres dans le sol et fortement liernés. Ces pieux furent renversés avec le mur, comme le montre la figure 124; il existait un plan de glissement qu'on n'avait pas soupçonné à 2 mètres au-dessous de la craie marneuse. Le sol se déchira sous le poids du remblai qui s'enfonça de plusieurs mètres, et on ne parvint à consolider la masse que par les dispositions suivantes : 1° on ouvrit à l'aval du remblai, c'est-à-dire sur sa droite, une fouille blindée pénétrant jusqu'au plan de glissement dans la craie marneuse, on y établit une pierrée surmontant des tuyaux en grès engagés dans la couche résistante; on recueillit ainsi toutes les eaux de la craie marneuse; 2° transversalement à la masse, on a établi quatre éperons maçonnés en chaux hydraulique de 25 mètres de longueur, pénétrant jusqu'au solide, et précédés d'un filtre en pierres sèches; les eaux étaient recueillies par un dallot construit dans le corps de l'éperon et sur ce dallot on a ménagé un puits de

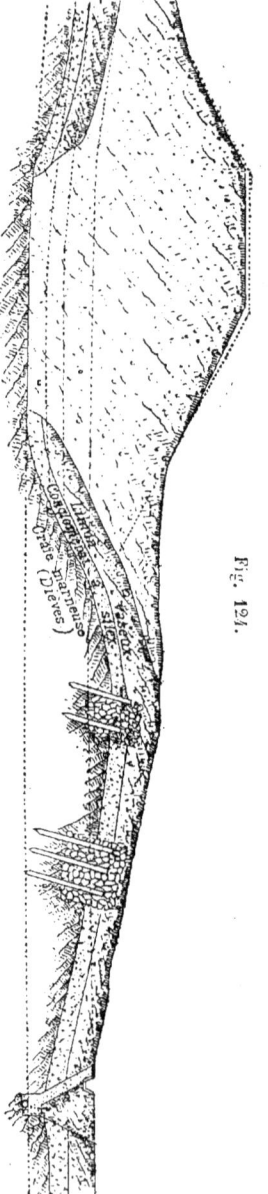

Fig. 124.

visite; 3° sur la gauche du remblai a été établie une autre pierrée de captation.

Les travaux ont réussi et ont coûté 102,500 francs pour une longueur de 200 mètres, soit 512 francs au mètre courant.

Le mal a été certainement aggravé par le drainage préliminaire, qui n'était pas assez profond; lorsque les mouvements commencèrent, ce drainage fut bouleversé, les pierrées d'amont n'eurent plus d'écoulement et leurs eaux se répandirent dans le massif du remblai.

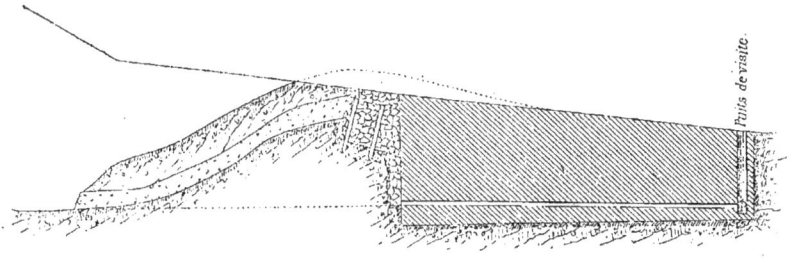

Fig. 125.

Avec des sondages préparatoires plus complets, on eût peut-être deviné le mal et établi immédiatement les pierrées profondes; mais on ne pouvait soupçonner l'existence d'un plan de glissement sous la craie marneuse et il est toujours facile de dire après coup ce qu'il eût convenu de faire tout d'abord.

Le *remblai de Quiquengrogne*, exécuté en deux couches avec de bonnes terres choisies, donna lieu néanmoins à des accidents analogues, et fut traité par les mêmes procédés; mais, le mal étant plus grand, il fut nécessaire d'établir à l'aval du remblai un mur continu en maçonnerie hydraulique de 4^{m}20 de largeur et de 5 mètres de hauteur établi sur trois

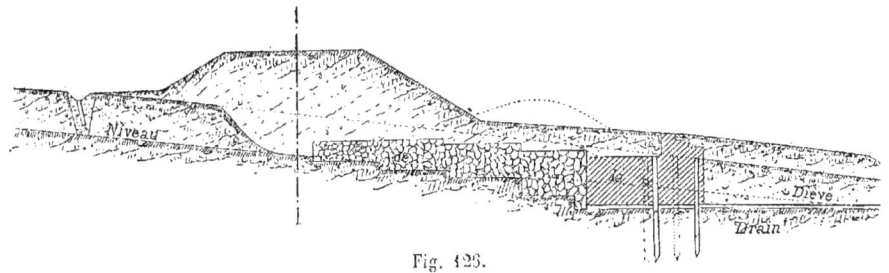

Fig. 126.

lignes de pieux. De ce mur partaient des éperons d'abord maçonnés, puis à pierres sèches, éperons fondés sur le solide et pénétrant jusque vers l'axe du remblai; l'espacement de ces éperons, d'environ 2 mètres de large, variait de 9 mètres à 16 mètres d'axe en axe. Ils furent reliés entre eux par des pierrées transversales et c'est là une excellente précaution à observer; elle avait été prise déjà au remblai de la Tatouillette. Le prix du mètre courant de consolidation s'est élevé à 840 francs.

« Il faut noter, dit M. Menche de Loisne, que les accidents et leur intensité ont été indépendants de la hauteur du remblai et que, dès lors, il n'est pas exact de poser comme règle absolue que, passé une certaine hauteur, il convient de remplacer les remblais par des viaducs. Ainsi le remblai de Quiquengrogne, qui a 18 mètres sur le thalweg, n'a subi en ce point aucune déformation, et les accidents ne se sont produits que sous une charge de terre variant de 4 à 9 mètres; l'intensité maxima correspond à une charge de 4 à 6 mètres. La substitution des viaducs aux remblais n'eût donc pas été une solution, car on n'eût jamais songé à prolonger l'ouvrage jusqu'au point où la hauteur de terrassement devenait si faible. Si l'on eût suivi un errement qui tend à se répandre, le Trésor eût eu tout à la fois à supporter les dépenses de construction d'un long viaduc, du coût de 145 fr. le mètre carré de surface vue au profil en long, et celle de la consolidation du remblai aux abords, qui ont fait précisément l'imprévu dans l'espèce. »

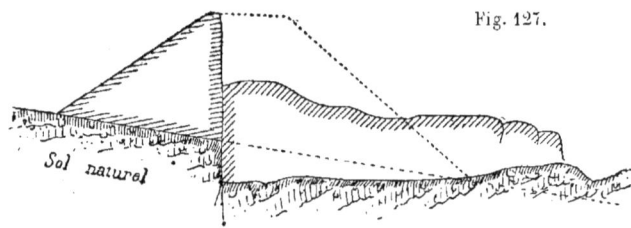

Fig. 127.

Des éboulements que nous venons d'étudier il faut en rapprocher un que cite M. Heyne et qui s'est produit sur la ligne de Linz à Budweis. D'après les résultats de sondages effectués par un temps sec, on croyait établir ledit remblai sur un fond de sable moyen bien sain; or, il se trouva que ce prétendu sable à grains moyens n'était autre qu'un granite décomposé dont les grains de quartz étaient mélangés de feldspath ou argile pure; aussi, les travaux étant effectués par temps très humide, le sous-sol devint absolument fluent, et le remblai se rompit et s'enfonça; la moitié d'amont se maintint parce que le terrain naturel refoulé en amont et ne trouvant pas d'issue lui fit contrepoids; la moitié d'aval s'affaissa de plus de 3 mètres. Pour assainir la masse entière, il fallait évidemment donner un écoulement à l'eau qui imprégnait le sable granitique si résistant à sec. A cet effet, on établit en contre-bas du terrain naturel, dans une direction en écharpe par rapport au remblai éboulé, une rigole munie à

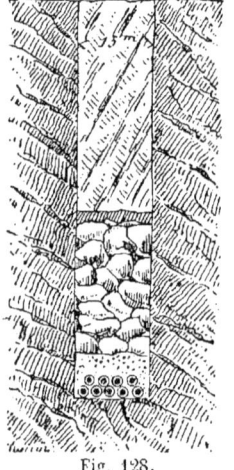

Fig. 128.

sa base de tuyaux de drainage ; les tuyaux étaient recouverts d'abord de quelques branchages, puis d'une couche d'environ 0m30 d'argile grossière ; au-dessus une pierrée dont la hauteur était de 1 mètre lorsque la saignée se trouvait sur le terrain solide et qui s'élevait sur toute la hauteur de l'éboulis là où elle le traversait ; au-dessus, des gazons renversés et de la bonne terre.

De plus, la masse amollie de l'éboulement fut assainie par quelques pierrées transversales poussées vers l'axe de la voie, et le remblai put être rétabli.

Remblai du Val-Fleury. — Sur la ligne de Paris à Versailles (rive gauche), le remblai élevé qui précède le viaduc du Val-Fleury est assis sur un terrain incliné comprenant une couche calcaire, puis une couche de sable aquifère, et enfin une assise d'argile reposant sur la craie. A la séparation du sable aquifère et de l'argile se trouvait donc un

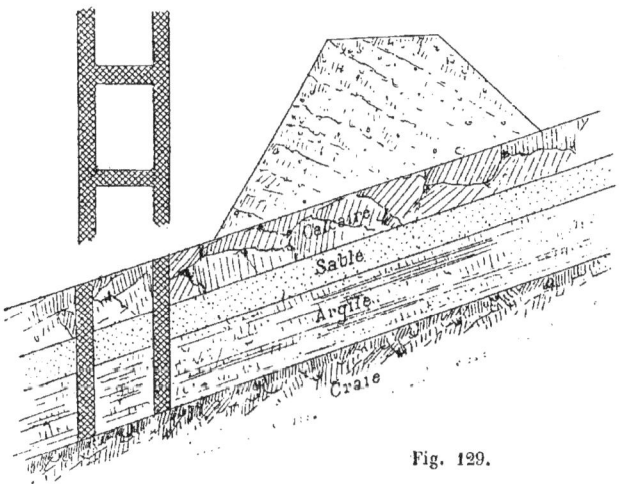

Fig. 129.

plan de glissement et le remblai descendait dans la vallée. On l'a consolidé par un puissant drainage vertical établi à l'aval du remblai et comprenant deux pierrées longitudinales descendues jusqu'à la craie à une profondeur de 12 à 15 mètres, distantes entre elles de 10 mètres et reliées par des pierrées transversales. Les eaux recueillies par les pierrées se rendent à un puits absorbant creusé profondément dans la craie.

A la suite de ces travaux le remblai s'est parfaitement maintenu.

Entretien des talus et des ouvrages d'assainissement. — Il ne suffit pas d'établir et de protéger avec soin les talus de déblai ou de remblai, il faut encore entretenir les travaux qu'on a faits, et cela particulièrement dans les premières années de leur existence parce que les terres n'ont pas encore atteint une cohésion suffisante. Il ne faudrait pas croire cependant que des talus anciens sont à l'abri de tout danger; il suffit parfois d'un hiver exceptionnel, de neiges et de gelées prolongées suivies d'un brusque dégel, pour que des tranchées ou des remblais inspirant confiance subissent des mouvements considérables.

Les travaux de consolidation doivent donc être constamment surveillés, surtout pendant la saison humide, et l'on doit s'assurer par-dessus tout que les écoulements d'eau fonctionnent bien, qu'aucun d'eux n'est obstrué.

Les orifices des barbacanes et conduits de toute espèce doivent être pendant les gelées bouchés avec de la paille ou du foin, sans quoi leur section entière serait envahie par la glace et demeurerait obstruée ; au dégel, on arrache les bouchons de paille et l'écoulement se rétablit aussitôt. Si cette précaution n'a pas été prise, il faut venir briser la glace pour dégager les orifices ; le travail est plus long et moins certain.

Il va sans dire que l'on doit examiner de temps en temps la surface des talus, boucher les crevasses qui se forment soit par le tassement, soit par la sécheresse, surtout celles qui se manifestent dans les revêtements en terre, remplacer les gazons morts ou disloqués, nettoyer les banquettes et y assurer le libre cours des eaux.

La neige qui fond sur les talus est un ennemi redoutable ; si on l'y laisse, elle imbibe la masse profondément et le soleil lui-même ne l'assainit qu'avec une grande lenteur. Une route empierrée dont on a balayé la neige reste dure au dégel et le moindre rayon de soleil l'assèche complètement ; au contraire, si la neige la recouvre encore lors du dégel, elle se transforme en cloaque et perd toute résistance. Il en est de même pour les talus ; aussi est-il prudent et avantageux dans tous les cas de débarrasser les talus de la neige qui les recouvre et de pousser cette neige dans les fossés. Cette opération est de nature à éviter de graves accidents et elle a toujours l'avantage d'empêcher les dégradations superficielles.

Observation finale. — Nous terminerons là cette étude de la consolidation des terrassements ; elle paraîtra peut-être trop longue, mais les développements sont justifiés par l'importance du sujet. Les constructeurs inexpérimentés s'imaginent parfois que les terrassements n'offrent point de difficulté sérieuse et que leur attention doit se porter uniquement sur les ouvrages d'art ; c'est une grave erreur ; il est souvent plus facile de livrer à jour dit un viaduc qu'une tranchée ou un remblai. Le délai d'exécution joue souvent un plus grand rôle dans les terrassements que dans les maçonneries, et, lorsque cela est possible, il importe d'opérer pour les terrassements avec une certaine lenteur et de laisser les remblais notamment passer au moins un hiver avant la mise en service.

De tous les faits signalés ressort l'excessive importance de l'étude préliminaire du terrain au point de vue géologique et hydrologique ; cette étude est trop souvent négligée ; elle doit être attentive ; les sondages doivent être suivis et interprétés par l'ingénieur ; il convient de les effectuer en saison humide et de les prolonger, lorsqu'on a le moindre doute sur la solidité des terrains, à plusieurs mètres sous la plateforme. On reconnaîtra ainsi à l'avance les passages dangereux et l'on pourra, soit les éviter en changeant le tracé, soit exécuter les travaux préventifs nécessaires à la consolidation du sol, travaux bien moins coûteux que les travaux répressifs.

CHAPITRE IV

DRAGAGES

On appelle *dragages* les déblais effectués sous l'eau, et les appareils employés à cet effet sont les dragues.

Les engins précédemment décrits sous le nom d'excavateurs ou de terrassiers mécaniques sont, avec quelques modifications, susceptibles de fonctionner comme dragues.

On distingue quatre espèces principales de dragues, qui sont :

Les *dragues à godets*, attaquant le sol d'une manière continue par une série de poches ou godets montés sur une chaîne sans fin ;

Les *dragues à cuiller* ou *à mâchoires*, attaquant le sol d'une manière discontinue avec un outil unique de grande capacité ;

Les *dragues-pompes*, qui aspirent les déblais comme une pompe aspire l'eau et qui, quelquefois, les refoulent avec l'aide de l'eau ou de l'air comprimés ;

Les *dragues travaillant par affouillement* et produisant le transport des matières des hauts-fonds dans les bas-fonds.

Nous décrirons successivement ces quatre grandes classes de dragues et nous terminerons par l'étude de quelques dispositions particulières relatives au débarquement ou au transport des produits dragués.

Nous rappellerons auparavant qu'il existe deux espèces de dragages : 1° dragage à gueule-bée ; 2° dragage dans une enceinte.

On drague à gueule-bée lorsque le mouvement de l'appareil n'est limité que par les rives naturelles ou artificielles du cours d'eau. Lorsqu'on enlève un haut-fond dans une rivière, on fait un dragage à gueule-bée ; on comprend que dans ce cas on a toute facilité pour opérer, et que l'on peut employer tous les engins grands et petits, aussi bien la drague à main que la plus grosse drague à vapeur.

Au contraire, lorsqu'on veut fonder un ouvrage dans une enceinte, par exemple les piles d'un pont, souvent on ne peut recourir à des dragues de dimensions suffisantes, parce que l'emplacement fait défaut, et dans ces conditions l'opération est plus difficile et surtout plus coûteuse.

Il est donc important de réduire au minimum les déblais à faire sous l'eau dans une enceinte. Dès lors, étant donné la position d'une pile de pont à fonder dans une enceinte, il faudra commencer par exécuter à l'emplacement de cette enceinte un dragage à gueule-bée que l'on descendra aussi profondément que possible. Sans doute, on a de la sorte le désavantage d'enlever un cube beaucoup plus considérable qu'il ne faudrait ; mais ce désavantage est bien compensé : 1° par le peu de dragages que l'on aura à faire dans l'enceinte, et ces dragages sont incomparablement plus coûteux que les autres ; 2° et surtout par la facilité qu'on aura à enfoncer les pieux et palplanches de l'enceinte, puisque ces pieux auront souvent quelques mètres de moins à traverser dans le sol.

I. — DRAGUES A GODETS

Tout le monde a vu fonctionner la drague à godets, qui était jusqu'à ce jour à peu près seule usitée en Europe.

Elle se compose essentiellement d'un chapelet de godets montés sur une double file de maillons articulés ; à l'intérieur de ce chapelet est logée l'*élinde* ou échelle qui supporte le tout ; cette échelle, dont le nom seul indique la forme est composée de deux longs montants reliés par des traverses, elle porte sur sa face supérieure des rouleaux de friction sur lesquels s'appuie la partie montante du chapelet, pendant que la partie descendante se développe librement sous l'échelle en affectant une forme de chaînette. Au sommet et à la base de l'échelle sont deux lanternes à fuseaux en fer, lanternes polygonales dont le côté a même longueur que le maillon du chapelet ; la lanterne supérieure est motrice et reçoit sur son arbre l'effort de la machine ; la lanterne inférieure est simplement directrice. L'échelle est susceptible de prendre diverses inclinaisons, de sorte que le chapelet mord le sol à une profondeur sous l'eau que l'on règle à volonté.

Les godets en tôle avec bords tranchants pénètrent dans le sol, le désagrègent et s'emplissent ; le poids de l'élinde donne en général une pression suffisante sur la tranche des godets ; si le sol était trop dur, il serait facile d'augmenter la pression.

Les godets remonteraient de l'eau en même temps que la terre, travail inutile, s'ils n'étaient percés de trous qui donnent passage à l'eau.

Quand les dragues ne portent qu'une élinde, elle est généralement centrale ; souvent elles en portent deux, et chacune d'elles est placée sur un flanc du bateau.

Il va sans dire que le bateau dragueur doit recevoir un déplacement méthodique ; il est fixé à des ancres par des cordages s'enroulant sur des treuils portés par le bateau lui-même, et les déplacements s'obtiennent en agissant sur ces treuils.

Anciennes dragues à godets. — Une des premières dragues à godets fut employée par M. de Régemorte, en 1760, au pont de Moulins. — Elle fut perfectionnée en 1820 par M. de Kermaingant, ingénieur des ponts et chaussées, qui augmenta les dimensions des godets et leur donna une forme plus favorable au dragage; à la chaîne unique portant les godets, il substitua une double chaîne, ce qui supprima les torsions et les ruptures; enfin il arriva à faire produire par les godets eux-mêmes le mouvement de bascule du couloir destiné à recevoir les produits du dragage. Dans la machine du pont de Moulins ce couloir était, après le versement des matières, soulevé par un manœuvre pour donner passage aux godets.

Les figures 5 à 9 de la planche 23 indiquent les dispositions de l'une des dragues de M. de Kermaingant.

Les godets espacés de $1^m 20$ sont enveloppés par cinq barres de fer terminées en pointe pour couper le terrain à la manière de la charrue.

L'arbre moteur de la chaîne est octogonal, il reçoit son mouvement d'un engrenage mû par un manège à deux chevaux, manège installé sur le plancher même du bateau élargi à cet effet.

Un levier à contrepoids P, levier mobile autour de l'axe v, est soulevé par le godet d en déversement, et amène sous ce godet la partie mobile n du couloir qui conduit les vases dans le bateau Q; quand le godet d est renversé, le levier retombe, et le couloir mobile s'efface pour laisser passer le godet.

Drague employée à la Rochelle. — La drague construite vers 1840 par M. Bonniot, conducteur des ponts et chaussées à la Rochelle, et représentée par les figures 4 et 5, planche 19, et par la figure 8, planche 18, est un engin assez curieux, qui n'a plus aujourd'hui qu'un intérêt historique, car il est inadmissible que l'on emploie des hommes pour faire mouvoir une drague. Sous cette réserve, nous reproduirons la description de l'auteur :

« Les machines à draguer doivent surmonter deux sortes de résistances qui se combinent :

« 1° Celle permanente et uniforme, occasionnée par la fouille des hottes dans un terrain homogène, par l'ascension des déblais jusqu'au sommet du chapelet, et par le frottement des diverses parties de la machine.

« 2° Les résistances instantanées et accidentelles, provenant de corps étrangers qui se rencontrent dans le terrain, et qui sont plus ou moins difficiles à extraire. Sous ce rapport, l'emploi des hommes comme moteur est également préférable, surtout si la machine est disposée de manière qu'ils puissent y exercer tous les efforts dont ils sont susceptibles, et dans le sens le plus favorable à leur force. Ils peuvent, par leur intelligence et leur agilité, se prêter, mieux que les autres moteurs, à toutes les variations d'intensité de force et de vitesse, et s'arrêter spontanément quand la circonstance l'exige.

« L'organe mécanique qui nous a paru le plus propre à recevoir l'action des hommes pour une machine à draguer est une roue ou tambour à palettes d'une longueur égale à la largeur du bateau, et de 1 à 2 mètres de diamètre, organisée de manière que dix hommes puissent s'y placer de front, y monter extérieurement comme sur un escalier et y exercer, selon le besoin et le plus avantageusement possible, l'action du poids de leur corps, leur force musculaire et un effet de percussion.

« Les hommes ne pourraient, sans doute, soutenir longtemps un travail qui exigerait l'emploi simultané de ces divers efforts ; mais, par une heureuse combinaison de la machine, ils ne doivent les exercer qu'alternativement.

« Ainsi, le poids des hommes appliqué à l'extrémité du levier horizontal du tambour suffit pour surmonter les résistances permanentes, en proportionnant leur nombre au degré de dureté du terrain ; et, lorsque la machine se trouve arrêtée par des obstacles accidentels, les hommes étant alors au repos, bien que leur poids agisse encore contre la résistance, ils y ajoutent, en agissant avec leurs bras, un effort de traction verticale qui s'exerce sur une traverse fixe ; et cet effort, dans la position où ils se trouvent, peut être évalué moyennement au double de leur poids, et peut atteindre le quadruple.

« Enfin, quand ce moyen est insuffisant, ils sautent à pieds joints sur la marche du tambour où ils sont montés, et produisent ainsi une force vive bien plus énergique, qui se transmet immédiatement à l'obstacle par le chapelet, dont la poulie supérieure est établie sur l'essieu du tambour.

« La forme, les dimensions et les dispositions du bateau et de la machine doivent nécessairement varier, selon l'usage spécial auquel ils sont destinés, soit pour un port, une rivière ou un canal, et en raison de la consistance du terrain, des bas-fonds, de la profondeur à laquelle on doit déblayer, de l'ouverture des écluses, barrages et arches des ponts que le bateau doit traverser, etc.

« Le chapelet dragueur peut être établi sur l'un des côtés ou dans l'axe du bateau. On peut aussi en placer un de chaque côté de la proue, lorsque la rivière n'est pas assez profonde pour le flottage du bateau dragueur, afin qu'il puisse, par cette disposition et une manœuvre particulière, pratiquer des passes dans les bas-fonds et même dans les bancs à fleur d'eau.

« Les figures sus-énoncées représentent, en plan et en élévation, un bateau dragueur et un chapelet latéral, destiné au curage et à l'approfondissement d'une rivière, jusqu'à 2 mètres au-dessous de la surface de l'eau.

« La machine est établie sur un bateau à fond plat A. Elle se compose d'un chapelet formé d'une double chaîne sans fin, à mailles pleines et articulées B, d'égale longueur, et auxquelles sont attachés des seaux en forme de hottes C, construits en forte tôle et garnis sur le bord antérieur de plaques d'acier trempé, afin qu'ils pénètrent plus facilement dans le terrain qu'ils sillonnent en se remplissant à mesure qu'ils se présentent au fond de la rivière. A cet effet, le chapelet est supporté par un plan incliné D, attaché à charnière par son extrémité supérieure, de manière à recevoir son inclinaison au moyen d'une moufle E, suspendue à l'extrémité saillante d'une poutre traversant le bateau, et établie sur des poteaux à la hauteur convenable.

« La corde de cette moufle s'enroule sur un treuil à roue dentée F, manœuvrée par une manivelle à pignon. Le plan incliné est garni de rouleaux G, pour faciliter le mouvement ascensionnel du chapelet; il porte aussi à son extrémité inférieure une poulie prismatique H, dont les pans sont égaux à la longueur des mailles. Une autre poulie I, à quatre pans, placée en tête du plan incliné, reçoit l'action du moteur, qui lui imprime un mouvement de rotation qu'elle communique au chapelet. Les seaux pleins parcourent, en s'élevant, le plan incliné, et, parvenus au sommet, ils culbutent en tournant sur la poulie, et se vident dans une trémie K, qui verse les déblais dans les bateaux de transport que l'on place successivement le long du bateau dragueur.

« Dans la poulie supérieure du chapelet s'enchâsse carrément le bout d'une pièce de bois, qui sert d'axe à une roue à palettes I, de 6 mètres de longueur et de 1^m50 de diamètre, sur les rayons de laquelle les hommes montent extérieurement comme sur des marches d'escalier, et qu'ils font tourner par l'effet de leur poids.

« Cette roue est placée vers le milieu du bateau et en occupe toute la largeur; elle est supportée à ses extrémités par des tourillons en acier poli, tournant sur des coussinets en gaïac fixés sur le bâtis M, qui supporte aussi le plan incliné du chapelet.

« Deux filières horizontales N sont établies sur des montants inclinés du côté de la roue où se placent les hommes; ils y appuient leurs mains pour se procurer plus de stabilité; elles leur facilitent en outre le moyen de modérer ou d'accroître l'effet de leur poids par l'action musculaire des bras.

« Une couverture légère O est disposée au-dessus de la machine, pour l'abriter ainsi que les ouvriers.

« Un volant P, monté sur un bâtis à coulisse, est établi vis-à-vis l'extrémité de la roue, du côté opposé au chapelet. Il reçoit son mouvement par une corde sans fin, passant dans des gorges pratiquées sur le périmètre du disque de la roue et sur le moyeu du volant. Il sert à régulariser le mouvement de la machine.

« Deux barils à engrenage Q sont établis dans l'axe du bateau, pour servir à sa manœuvre à l'avant et à l'arrière.

« Le diamètre de la roue à palette étant triple de celui de la poulie supérieure du chapelet, chaque homme placé sur la roue produit un effort de 200 kilogrammes sur la résistance par le seul effet de son poids : cet effort est de 600 à 800 kilogrammes, lorsqu'il y joint momentanément sa force musculaire; il est au moins de 1,000 kilogrammes quand il produit une force vive en sautant sur le rayon de la roue où il est monté; et comme dix hommes peuvent se placer sur le même rayon, il s'ensuit que la puissance totale de la machine est de 10,000 kilogrammes, puissance équivalente à celle d'une drague à vapeur de la force de 10 chevaux.

« La vitesse des hommes montant sur la roue à palettes est au moins de 1,000 mètres à l'heure; la circonférence de la roue étant de 4^m70, elle fait dans ce temps 212 tours et élève 424 seaux, contenant chacun 0^m06 de matières; d'où il résulte que le produit par heure de la machine est de 25 mètres.

« Cependant, la drague de ce genre employée depuis cinq ans au curage du port de la Rochelle n'enlève moyennement que 17 mètres de vase à l'heure. Cette différence provient des imperfections inévitables dans une première construction de cette espèce, et des pertes de temps occasionnées par les continuelles oscillations et dénivellations de la mer. »

Drague à bras. — Nous croyons utile de donner encore le dessin d'une petite drague à bras, construite par M. Bertanche, agent secondaire des ponts et chaussées, et qui, avec de légères modifications, peut rendre de grands services pour curer les petites rivières et les biefs d'usine.

Les figures 1 à 5, planche 21, en montrent les dispositions; elle se compose d'une chaîne à godets, manœuvrée par un treuil à deux hommes, et supportée entre deux batelets; dans l'intervalle plonge la chaîne à godets et son élinde, que l'on peut incliner plus ou moins au moyen d'une chaîne qui s'enroule autour d'un treuil, qu'on remarque sur le batelet de gauche. Le treuil moteur porte sur son arbre un volant en bois.

Cette machine a coûté 1,800 fr.; dans un terrain moyennement résistant, elle donnera 50 mètres cubes de débit par jour; dans un terrain bien meuble, on peut arriver à 70 mètres. Ces chiffres nous paraissent bien élevés.

Grandes dragues modernes. — Les moteurs animés, hommes ou chevaux, sont aujourd'hui abandonnés pour la manœuvre des dragues, et on se sert de machines à vapeur.

Le plus souvent, le bateau qui porte la drague est aménagé comme un navire à vapeur, et porte dans ses flancs une machine marine qui fait mouvoir l'appareil. Quelquefois cependant, la drague est réduite à sa plus simple expression : une chaîne à godets soutenue par la charpente d'un appontement. Le tambour supérieur de la chaîne, qui est le tambour moteur, se prolonge par un arbre horizontal, que meut, par l'intermédiaire d'une courroie sans fin, une locomobile placée sur l'appontement.

Le plus souvent, un engrenage est interposé (*fig.* 1 et 2, *pl.* 22).

Ce système est simple, peu encombrant, applicable partout, puisque partout aujourd'hui on trouve des locomobiles, et qu'on en a au moins une sur tous les chantiers un peu importants : il est commode en ce sens qu'il permet de draguer à la machine dans des enceintes d'une certaine étendue, là où autrefois on n'employait que la drague à main. M. Castor, grand entrepreneur de travaux publics, donne dans son ouvrage plusieurs dessins de dragues ainsi disposées.

Il est une remarque générale à faire sur les dragues mises en mouvement par un moteur constant et brutal comme la vapeur : la machine à vapeur communique son mouvement au tambour de l'élinde par l'intermédiaire d'engrenages et d'arbres en fer. Or la drague peut rencontrer, à un moment donné, des obstacles insurmontables, tels qu'un gros bloc de rocher; elle se trouve arrêtée, et, la vapeur continuant son action, il y a choc et rupture presque certaine des organes. On pare à cet inconvénient en montant, par exemple, la dernière roue d'engrenage sur un collier de friction, serré de telle sorte que la roue glisse sur son collier lorsque la force exercée dépasse une certaine limite.

C'est une précaution qu'il faut prendre toutes les fois qu'on établit des machines exposées à rencontrer accidentellement des obstacles insurmontables.

Grande drague de la Clyde. — Nous donnons sur la planche 16 les dessins d'une grande drague employée en Écosse sur la Clyde, dessins rapportés par M. l'ingénieur Quinette de Rochemont.

Cette drague est montée sur un bateau en tôle à fond plat; elle est munie de deux chaînes à godets latérales, et les produits se déversent dans des couloirs qui les conduisent dans des chalands. Les élindes sont formées de deux poutres en tôle réunies par des entretoises, et, comme le poids en serait trop lourd à supporter pour le tambour moteur de la chaîne, on les fait reposer sur un bâti en fonte, solidement rattaché à la charpente du bateau.

La chaîne à godets s'appuie sur des rouleaux en fonte de 0^m25 de diamètre, qui facilitent son mouvement. Les godets ont un cube de 106 litres, mais, dans le sable, ils ne remontent guère que 57 litres de déblai.

Les élindes sont manœuvrées au moyen de treuils mus par la machine. La machine est à double balancier inférieur qui, par un système de bielle et manivelle, communique le mouvement à l'arbre du volant et de là aux roues d'engrenage.

A l'origine, on recevait les déblais dans des chalands, puis on a reconnu préférable d'employer un porteur à hélice.

C'est un bateau en fer mu par une hélice, et possédant à sa partie centrale une grande caisse dans laquelle on reçoit les déblais : cette caisse est fermée par six panneaux formés chacun de deux vantaux; ces vantaux sont manœuvrés au moyen de chaînes et de treuils fixés à une traverse en tôle. Ces bateaux contiennent plus de 200 mètres cubes de déblai, qu'ils emportent rapidement et vont déposer dans les parties profondes, de manière à ne pas gêner la navigation.

On est arrivé à un prix moyen de 0^f43 par mètre cube de déblai dragué.

Le transport par chalands était estimé 1^f683 le mètre cube; les ingénieurs anglais pensent qu'il revient à 0^f225 avec les porteurs à hélice.

Il en résulte un prix total de 0^f6655 par mètre cube de déblai extrait et transporté.

La grande drague dont il s'agit a coûté 175,000 francs avec son armement complet; elle a extrait 28 mètres en moyenne par heure. Elle a l'avantage d'être bien équilibrée, et les godets se déversent à une hauteur aussi faible que possible au-dessus de la flottaison.

C'est là un point important à considérer, car tout excès d'élévation se traduit par un travail inutile et par une diminution de rendement.

Drague à locomobile. — La planche 22 donne les dessins d'une drague montée sur un chariot roulant, et mue par une locomobile de quatre chevaux. L'appareil est donc susceptible de se déplacer dans deux directions rectangulaires; il a été construit par M. Castor et a servi, sur le chemin de fer P. L. M., à opérer des fouilles dans les enceintes des culées et des piles de plusieurs viaducs.

La locomobile, marchant à cinquante-cinq tours par minute, en fait faire neuf dans le même temps à l'arbre de la chaîne à godets.

Il passe alors trente godets par minute; chacun a la capacité de 30 litres. Le débit théorique est donc de 21 à 22 mètres cubes par heure, et on pourrait s'en rapprocher dans un terrain de vase inconsistante. Comme on avait affaire à des terrains glaiseux qui s'attachaient aux godets et que le temps perdu était considérable, le produit tombait à 7 ou 8 mètres cubes à l'heure.

Une autre machine semblable, mue par huit hommes, produisait dans les mêmes conditions 5 mètres cubes à l'heure.

Le prix de l'appareil s'établit comme suit :

	FR.
Locomobile de 4 chevaux.	4,800
Chaîne à godets avec ses accessoires.	2,500
Transmissions diverses.	600
Bâti et chariot mobile.	500
Rails et abords.	300
Total.	8,700

La dépense quotidienne peut s'évaluer comme suit :

	FR. C.
Charbon.	6 50
Entretien et eau.	1 50
Un conducteur de dragage.	5 »
Un manœuvre.	3 50
Un mécanicien.	5 »
Total	21 50

ce qui donne 0^{f}30 par mètre cube, amortissement et intérêts non compris.

La dépense avec huit hommes ne serait pas inférieure à 30 francs par jour, soit 0^{f}60 par mètre cube. On voit l'immense avantage qui résulte de l'emploi d'une locomobile dont l'amortissement est en somme fort peu de chose, car, le drainage achevé, la locomobile peut être employée à un autre usage.

Grande drague de l'Elbe, à Hambourg. — Les dragages de l'Elbe, à Hambourg, ont été effectués avec des grandes dragues du type représenté par la planche 27. Ce type présente quelques ressemblances avec celui de la Clyde; mais il est à une seule élinde centrale.

Le déchargement s'effectue directement à l'arrière, de sorte que la hauteur d'élévation est réduite au minimum. A longueur égale, l'élinde descend donc à une plus grande profondeur; l'inclinaison maxima qu'elle est susceptible de prendre est de 45°.

Les chaudières et machines sont à l'avant, et l'on obtient ainsi une excellente répartition des charges, point qui laisse beaucoup à désirer dans les dragues ordinaires, dont les godets se déversent au sommet d'une charpente centrale.

Le déversement à l'arrière permet en outre la suppression des couloirs qui doivent être très inclinés lorsqu'on veut éviter l'engorgement, et qui, pour ce motif, conduisent à augmenter encore la hauteur d'élévation des matières, quand celles-ci sont déversées vers le centre du bateau. Les couloirs ont, du reste, l'inconvénient de s'user très rapidement.

La drague qui nous occupe a une coque en fer, à parois verticales, à fond plat, arrondie à l'avant, carrée à l'arrière. Longueur, 30 mètres ; largeur, 7^{m}50 ; creux, 3 mètres; tirant d'eau, 1^{m}25.

L'élinde, à son maximum d'inclinaison, descend à 8^{m}50 sous la flottaison. La largeur du puits qui la reçoit est de 1^{m}60.

La coque en tôle est protégée, au niveau de la flottaison, par une bordure en bois de 0^{m}15 d'épaisseur, qui reçoit les chocs.

L'élinde est formée de deux poutres en tôle réunies par des entretoises; elle porte des rouleaux en fonte de 0^{m}275 de diamètre, espacés de 1^{m}25 ; les godets, en fer forgé, de 0^{m}005, ont une capacité de 222 litres ; la chaîne porte vingt-neuf godets.

Les déblais tombent des godets sur une courte planche en tôle très inclinée et les chalands les reçoivent.

Le mouvement est transmis de la machine à la chaîne par roues de friction, afin qu'au cas où les godets rencontreraient un obstacle invincible, la chaîne pût s'arrêter sans rupture et sans que la machine cessât de se mouvoir.

Le treuil de soulèvement de l'extrémité inférieure de l'élinde est mis en mouvement par la machine même.

La machine à vapeur, de la force de 30 chevaux, a deux cylindres de 0^{m}325 de diamètre et de 0^{m}55 de course.

La figure 5 montre comment se fait le déplacement de la drague, elle décrit un arc de cercle autour de l'ancre D et oscille entre les deux positions extrêmes marquées en pointillé. — Chaque câble de retenue est fixé à un treuil et le déplacement de l'appareil est continu. La transmission est telle qu'à chaque godet venant en prise le bateau subit un déplacement latéral de 0^{m}125. Ce sont les quatre treuils des côtés qui produisent ce mouvement. Lorsqu'une oscillation transversale est achevée, on déplace l'appareil dans le sens de la longueur en agissant sur les câbles et les treuils des ancres A et D; l'ancre d'amont D n'est levée que quand on a filé 400 mètres de chaîne.

Les terres grasses sont draguées par couches de 0^{m}50 à 0^{m}75 de hauteur et la chaîne fait alors un tour complet en 2 minutes et demie.

Le sable est dragué sur toute la hauteur de la fouille, et un godet travaille parfois sur un talus de 2^{m}50 à 3 mètres de hauteur; le tour complet de la chaîne à godets est alors effectué en 1 minute 40 secondes.

352   PROCÉDÉS ET MATÉRIAUX DE CONSTRUCTION

Le cube moyen extrait est de 126 mètres à l'heure; le maximum de 170 mètres cubes.

Le prix de revient était en 1870 de 0 fr. 50 centimes, non compris le transport et la décharge des déblais.

Une de ces dragues coûte 180,000 fr., y compris toutes pièces de rechange, chaînes, câbles, ancres, embarcations.

Dragues du canal de l'Est. — Les ingénieurs du canal de l'Est ont été autorisés à acheter pour le compte de l'État 7 dragues à vapeur et 54 bateaux de service en tôle destinés à l'exécution des travaux neufs et ultérieurement à l'entretien de la nouvelle voie navigable.

Ces dragues sont à une seule élinde centrale, logée dans une échancrure de l'avant du bateau ; les godets creusent donc leur sillon à l'avant du bateau et les déblais sont amenés vers la partie centrale où ils se déversent alternativement à droite et à gauche dans des couloirs ménagés à cet effet. Le moteur, locomobile ou machine demi-fixe, occupe l'arrière du bateau qui se trouve ainsi équilibré. La coque est en tôle avec double paroi pour assurer l'étanchéité.

Les tableaux ci-après, dressés par M. l'ingénieur Denys, donnent les renseignements sur ces diverses dragues et leur fonctionnement :

NATURE DES RENSEIGNEMENTS	DRAGUES							
	N° 1	N° 2	N° 3	N° 4	N° 5	N° 6	N° 7
Rivière sur laquelle la drague est employée	Moselle	Meuse	Meuse	Saône	Meuse	Moselle	Meuse
Nature moyenne du fond (vaseux, argileux, sableux, rocheux, etc.)	Sable et gravier	Vase et gravier	Argile et gravier	Vase compacte Sable et gravier	Gravier	Sable et grav.	Sable
Coque.							
Nature de la coque (métallique ou en charpente)	Métallique	Métallique	Métallique	Métallique	Métallique	Métallique	Mixte
Longueur de la coque de bout à bout	15	18	14.70	15.24	15.60	14.60	16.80
Largeur de la coque au milieu	4.60	5	4.60	4.60	4.60	4.50	5.05
Hauteur de la coque au-dessus de la sole	1.50	2.25	1.60	1.30	1.60	0.88	1.05
Tirant d'eau ordinaire	0.60	0.90	0.75	0.60	0.75	1.20	0.70
Machine.							
Nature de la machine (fixe, demi-fixe, locomobile)	Demi-fixe	Demi-fixe	Demi-fixe	Locomobile	Demi-fixe	Locomobile	Locomob.
Force de la machine en chevaux	8	18	8	6	8	12	7

TERRASSEMENTS ET DRAGAGES

Diamètre du piston.	186	0 20	0 19	0 20	0 19	0 191	0 172
Longueur de la course.	467	0 35	0 20	0 25	0 25	0 206	0 28
Pression en marche normale (atmosphères). .	6	5	6	4	6	6	4 à 41/2
Nombre de coups de piston par minute en marche normale.	70	105	120	135	120	110	11

Partie mécanique de la drague.

Hauteur de l'axe du tambour supérieur au-dessus de la ligne de flottaison normale.	3 95	5 60	4 20	4 28	4 20	4 08	4 45
Longueur de l'élinde entre les axes des deux tambours.	10 60	12 40	10 20	12 63	10 00	10 40	10 "
Profondeur maxima des dragages.	2 50	3 50	4	4	4	3	3 50
Nature de l'élinde (en bois ou en fer).	En bois sapin	Bois	Bois	Bois	Bois	Bois	Bois
Nature du bâti id.	Fer	Fer	Fer	Fer	Fer	Fer	26
Nombre total des godets.	22	22	20	25	23	22	44
Capacité d'un godet.	35	70	35	35	35	35	
Nombre moyen de godets versés par minute en marche normale.	15	20	15	20	15	19	28

Bateaux de service en tôle.

Nombre de bateaux habituellement affectés au service de la drague.	5	11	5	4	5	10	7
Longueur d'un bateau.	16	45	20	16	20	16	20
Largeur d'un bateau.	2 75	3 10	3 35	3	3 30	2 90	3.30
Capacité totale d'un bateau (en mètres cubes).	22	30	50	23	30	23	31
Capacité ordinairement utilisée. id.	12	40	12	11	12	12	15

Dépenses d'acquisition.

Coût de la partie mécanique, y compris pièces de rechange.	26,850 fr.	27,250 "	24,050 "	24,050 "	24,050 30	24,850 "	12,000
Coût de la coque.		10,585 40	8,322 51	6,903 "	9,069 30	4,884 60	2,000
Dépenses sur une somme à valoir (transport, montage, etc.).	3,150	1,861 60	1,637 30	1,997 "	1,350 81	685 "	1,000
Dépense totale pour chaque drague.	30,000	50,000 "	34,199 84	33,040 "	34,470 31	30,419 60	15,000
Coût d'un bateau de service.	2,300	2,750 "	3,910 00	2,572 20	3,603 35	2,300 "	2,500
Soit pour l'ensemble des bateaux habituellement affectés au service de la drague.	11,500	30,250 "	19,553 "	10,290 "	18,016 75	15,000 "	15,000
Total des dépenses pour l'acquisition du matériel des dragages.	41,500	80,250 "	53,752 84	43,330 "	52,487 06	45,419 60	30,000
Soit pour les sept dragues et quarante-six bateaux de service en nombre rond.				347,000 fr.			

23

Résultats du fonctionnement de la drague n° 4 en 1882.

DÉSIGNATION du mois.	Volume dragué.	CHARBON Nombre de kilogrammes consommés.	CHARBON Dépenses Totale.	CHARBON Dépenses par mètre cube.	NOMBRE DE JOURNÉES A SALAIRE TOTAL des ouvriers employés — à la drague Journées.	à la drague Salaire.	à la drague Dépense par mètre cube.	à la décharge Journées.	à la décharge Salaire.	à la décharge Dépense par mètre cube.	Huile, graisse, étoupes, etc. Dépense Totale.	Huile Dépense par mètre cube.	Réparation et entretien Dépense Totale.	Réparation Dépense par mètre cube.	Amortissement Dépense Totale.	Amortissement Dépense par mètre cube.	Récapitulation Dépense Totale.	Récapitulation Dépense par mètre cube.
	mèt. c.	kil.	fr. c.	fr. c.		fr. c.	fr. c.		fr. c.	fr. c.	fr.	fr. c.	fr.	fr. c.	fr.	fr. c.	fr. c.	fr. c.
Janvier...	1,260	3,300	101 70	0 08	100	406 35	0 32	214	664 65	0 53	25	0 02	»	»	435	0 35	1,632 90	1 30
Février...	320	1,490	40 95	0 13	35	141 82	0 44	56	190 40	0 59	10	0 03	»	»	435	1 36	818 17	2 56
Mars.....	2,260	4,810	168 35	0 07	134	584 76	0 26	131	1,380 57	0 70	60	0 03	20	0 01	435	0 19	2,818 68	1 26
Avril....	1,063	4,200	168 »	0 16	102	451 63	0 42	306	1,101 30	1 04	100	0 09	500	0 47	435	0 41	2,755 95	2 59
Mai......	2,028	4,300	172 »	0 08	119	549 66	0 27	313	1,376 39	0 68	100	0 05	150	0 07	435	0 21	2,782 45	1 37
Juin.....	2,125	3,850	154 »	0 09	120	551 46	0 26	445	1,766 86	0 83	100	0 05	150	0 07	435	0 20	3,157 02	1 49
Juillet...	1,810	4,300	172 »	0 07	103	469 06	0 26	314	1,297 65	0 72	100	0 05	250	0 14	435	0 24	2,723 71	1 50
Août.....	968	3,460	136 »	0 14	145	610 62	0 66	213	813 40	0 84	100	0 10	150	0 16	435	0 45	2,275 02	2 35
Septembre.	905	2,280	91 20	0 10	49	225 82	0 25	183	778 40	0 86	50	0 05	20	0 02	435	0 48	1,600 42	1 77
Octobre...	»	»	»	»	»	»	»	»	»	»	»	»	294 75	»	435	»	729 75	»
Novembre.	»	»	»	»	»	»	»	»	»	»	»	»	450	»	435	»	885 »	»
Décembre.	»	»	»	»	»	»	»	»	»	»	»	»	350	»	435	»	785 »	»
Totaux et moyennes.	12,739	31,720	1,204 10	0 10	916	4,020 50	0 35	2,475	9,569 71	0 75	645	0 05	2,334 75	0 18	5,220	0 41	22,994 16	1 81

Le déblai effectué par cette drague était du tout-venant, avec gravier et sable ; elle n'a pas fonctionné pendant les deux derniers mois de 1882 pour cause de réparations.

Les terres extraites étaient généralement transportées en bateau à une distance de 1,500 mètres.

En 1882, le nombre de journées de travail n'a été que de 177 ; la production a été de 72 mètres cubes par jour de travail et de 36 mètres cubes seulement par jour de présence, chômage compris.

Le prix moyen d'une journée d'ouvrier employé à la drague a été de 3 fr. 34 et d'ouvrier employé à la décharge 3 fr. 87.

Pendant la période 1877 à 1882, les dragues appartenant à l'État ont donné les résultats généraux ci-après :

	Dépenses par mètre cube.
Volume dragué : 642,609 mètres cubes.	—
	FR. C.
Charbon : 978,455 kilogr., coûtant 31,017 fr.	0 05
Journées d'ouvriers à la drague : 33,202 ; dépense : 153,367 fr.	0 24
Id. à la décharge : 111,236 ; dépense : 432,500 fr.	0 70
Huile, graisse, étoupes, etc. : 11,347 fr.	0 02
Réparation et entretien : 39,270 fr.	0 06
Amortissement : 130,714 fr.	0 20
Dépense totale : 818,256 fr.	1 27

Le nombre des jours de présence des dragues sur le chantier a été de 8,704, et le nombre des jours de travail 5,289 ou 61 p. 100.

La production journalière, chômage compris, a été de 74 mètres cubes et de 122 mètres cubes, chômage non compris.

Dragues de l'isthme de Suez. — Les figures 1 et 2 de la planche 24 représentent en élévation et en plan les grandes dragues à couloir du canal de Suez.

Leur coque est en fer ; longueur 30 mètres ; largeur 8 mètres, creux 3 mètres, tirant d'eau 1^{m}50. Le moteur est une machine verticale à deux cylindres accouplés à condensation, avec chaudières marines timbrées à 2 atmosphères 75 de la force de 35 chevaux nominaux de 225 kilogrammètres.

Il n'y a qu'une élinde de 19^{m}50 de long, placée au milieu et à l'avant de la drague, et susceptible d'être relevée pour creuser un sillon à l'avant de la drague de manière à lui ouvrir un passage.

Le tourteau moteur de la chaîne à godets est à 8^{m}50 au-dessus de la flottaison.

L'élinde est mue par un treuil à vapeur.

Les godets ont 350 litres de capacité.

Le déplacement s'obtient au moyen de six chaînes s'enroulant sur des treuils à vapeur : une à l'avant pour la progression, une à l'arrière pour le recul et quatre aux angles pour les mouvements latéraux.

Les déblais peuvent être reçus soit dans les couloirs ordinaires se déchargeant dans des bateaux, soit dans de longs couloirs qui les versent directement sur la berge.

Nous trouvons dans le portefeuille des machines d'Oppermann la description suivante de ces couloirs de 70 mètres de long :

« La section du couloir est celle d'une demi-ellipse, elle a 0^m60 de profondeur sur 1^m50 de largeur. Le couloir est consolidé par deux cours de poutres à treillis reposant au tiers de leur longueur sur un chaland en fer. Afin que la stabilité de ce dernier soit complète, l'arcade qui supporte le montant du couloir repose sur le fond même de la coque par les tourillons d'un grand essieu, dont l'axe est dirigé suivant la longueur du chaland et passe en plan par son centre de carène. L'attache du couloir à la drague est mobile dans le sens vertical. Elle se fait par une forte charnière horizontale, ce qui permet de faire varier l'inclinaison du couloir. Le joint entre le fond du déversoir et le couloir est recouvert et rendu étanche au moyen d'une bande de cuir fixée et serrée au déversoir seulement par une bande de tôle.

Les montants de l'arcade qui supporte le couloir dans le chaland sont munis de coulisses verticales. Deux vérins hydrauliques à main permettent de soulever l'arcade pour faire varier l'inclinaison du couloir. Lorsqu'il est amené à la hauteur convenable, des cales d'épaisseur voulue sont rapportées dans les coulisses ; le tout est alors boulonné de nouveau et reprend la rigidité nécessaire.

Une disposition spéciale de plaque tournante interposée entre l'arcade et le chaland permet après avoir détaché le couloir de la drague de l'orienter dans le sens de la longueur du chaland. On fait alors reposer l'extrémité sur un autre chaland et le tout peut être facilement transporté sur un autre point. Le chaland est rendu solidaire des mouvements de la drague au moyen d'un système d'arcs-boutants et de chaînes obliques avec ridoirs qui le réunissent à elle. La solidarité dans le sens vertical est obtenue par des charpentes en fer fixées à la drague qui s'appuient et s'attachent au chaland du couloir.

Des pompes rotatives installées sur la drague et mues par la machine, versent de l'eau à la partie supérieure du couloir pour entraîner les déblais. Pour le cas où ces pompes ne fourniraient pas assez d'eau, une locomobile installée sur le chaland fait mouvoir une pompe donnant 150 mètres cubes à l'heure. L'eau de cette pompe est conduite tout le long du couloir par un tuyau percé, de distance en distance, de trous qui lui permettent de s'échapper sur différents points. Une chaîne sans fin, mise en mouvement par la machine et garnie de palettes, passe dans le fond du couloir pour aider à la descente des déblais.

Les sables fins descendent facilement dans ces couloirs, sous une inclinaison de 4 à 5 centimètres par mètre, avec une quantité d'eau à peu près égale à la moitié des déblais dragués. Pour les argiles il faut une pente d'au moins 6 à 8 centimètres, mais la quantité d'eau nécessaire est moindre.

Les talus extérieurs, que prennent les cavaliers déposés avec les longs couloirs, varient de 4 à 7 p. 100, selon qu'il s'agit de sable ou d'argile plus ou moins compacte. Ce qui permet de déposer un grand cube dans un cavalier de peu de hauteur.

Le rendement annuel des dragues à long couloir peut être évalué à 350,000 mètres cubes; celui des dragues à déversoir ordinaire, desservies par des appareils spéciaux, peut être évalué à 300,000 mètres cubes.

Depuis l'ouverture du canal on a construit, pour l'entretien de la rade de Port-Saïd, une grande drague qui a coûté 700,000 francs. Travaillant dans un terrain d'apport sablonneux et argileux, parfois très compacte, cet engin a produit par heure de marche effective 100 mètres cubes en rade et 91 mètres cubes par heure de chauffe; dans les bassins, ces chiffres se sont élevés à 183 et 150 mètres cubes. Le mètre cube extrait est revenu en moyenne à 1 fr. 40. Cette drague à coque de formes marines est très stable et très robuste, elle est munie de deux hélices et évolue facilement; son élinde doit être suffisamment inclinée en travail pour que les mouvements verticaux imprimés à la coque par les lames n'occasionnent pas de chocs aux points d'attache de cette élinde. Grâce à ces dispositions, l'appareil a convenablement fonctionné, même avec des lames de 0^m70 de hauteur.

Observations générales sur les dragues à godets. — La drague à godets, dont l'usage est encore général sur notre continent, a presque disparu en Amérique devant la drague à cuiller. Elle est cependant susceptible de rendre de sérieux services, surtout pour les dragages en rivière, et généralement pour les dragages en eau calme, lorsqu'elle a toute la liberté de ses mouvements et qu'elle peut travailler sur une grande surface en attaquant un banc continu à faible résistance. Elle est capable de donner alors un débit considérable.

Mais elle est défectueuse pour les travaux discontinus, pour les déblais à effectuer dans des enceintes restreintes, car elle ne peut guère pénétrer jusque dans les coins ni travailler tout près des bords. Elle travaille mal également lorsqu'elle doit s'arrêter et se déplacer fréquemment pour ne pas entraver la circulation des bateaux.

Enfin elle devient absolument mauvaise lorsqu'elle doit travailler sur une eau mobile, agitée par les lames; la prise des godets est alors fort irrégulière et les chocs occasionnent de fréquentes avaries.

En résumé, nous pensons que la drague à godets, de construction bien étudiée, peut encore tenir son rang et ne mérite pas de tomber en complète défaveur.

La tendance doit être à se servir de godets aussi grands que possible, car la résistance sur la tranche est proportionnelle à la dimension du type, le poids mort du godet est à peu près proportionnel au carré de cette dimension, tandis que la capacité croît comme le cube de la dimension.

Autrefois, on rencontrait souvent des dragues à deux élindes latérales; elles ont plusieurs inconvénients: les deux chaînes ne travaillent pas toujours également, parce qu'elles ne rencontrent pas la même profondeur de terrain ni le même terrain; il y a toujours perte de temps pour substituer un bateau à l'autre ; elles donnent au bateau une largeur qui peut être gênante ; mais elles ont l'avantage d'être d'une construction plus commode, d'un entretien plus facile, de permettre de creuser jusqu'au pied des murs.

La drague à chaîne centrale a une marche plus régulière ; elle ne demande pas d'interruption de travail, parce qu'on peut avoir pour recevoir les déblais deux couloirs, l'un à droite et l'autre à gauche, dont on se sert alternativement ; lorsque la chaîne centrale est placée à l'arrière ou à l'avant du bateau, elle équilibre mieux le poids de la machine et, en outre, elle élève les déblais à une hauteur moindre que ne le font les chaînes latérales. Toutefois, sur ce point, celles-ci ont l'avantage lorsque la chaîne centrale est établie au milieu du bateau.

Avec la chaîne centrale, on a le désavantage d'être exposé à de sérieuses avaries, lorsqu'on rencontre, par exemple, de vieux pieux qui se mettent en travers de l'ouverture ; mais on est moins exposé aux effets de la houle.

Toutefois, cet inconvénient est bien atténué maintenant par la substitution des engrenages à friction aux engrenages à roues dentées.

Aussi, la drague à une seule élinde centrale paraît-elle généralement préférable ; on ne comprend pas le motif qui a fait adopter dans la grande drague de la Clyde deux élindes juxtaposées ; il eut été, à notre avis, plus avantageux d'adopter une seule élinde de plus grandes dimensions qui eût beaucoup mieux utilisé la puissance de la machine.

Dragues armées de crocs. — Lorsqu'une drague doit attaquer un terrain consistant, marne ou argile, on intercale entre deux hottes ou godets consécutifs, une paire de crocs recourbés, qui découpent et désagrègent le sol.

Cela vaut mieux que d'armer de dents le bord des godets ; on se contente de donner à ceux-ci un bord tranchant en fer forgé et ils fatiguent beaucoup moins.

Les crocs jouent le rôle des coutres de charrue, et le bord des hottes celui de soc.

Pour draguer dans la marne on s'est servi au canal de l'Est de crocs en acier. Une paire de ces crocs était interposée entre deux godets.

Influence de la profondeur d'extraction sur le prix de revient. — Dans tout ce qui précède, on ne s'est guère occupé de la profondeur d'extraction, et, en effet, c'est un élément peu important de la dépense ; une augmentation de profondeur se traduit par une plus grande inclinaison de l'élinde, et par un supplément de travail mécanique pour l'élévation des matières à une plus grande hauteur ; avec une machine combinée en vue du travail maximum qu'on se propose de lui demander, le supplément de dépense se borne donc à une consommation supplémentaire de combustible, qui est généralement peu de chose. — Exemple : une petite drague, extrayant à l'heure 10 mètres cubes de déblai pesant 18,000 kilogrammes, devra pour un surcroit de profondeur de 2 mètres, produire un travail supplémentaire de 36,000 kilogrammètres, soit 10 kilogrammètres à la seconde ou une faible fraction de cheval-vapeur.

Pour un appareil donné, la considération de la profondeur d'extraction est donc secondaire, et il suffit de spécifier la profondeur maxima.

Roue dragueuse. — Il était naturel de songer à remplacer l'élinde et sa chaîne à godets par une roue verticale tournant autour d'un axe horizontal et armée de hottes ou godets à sa circonférence.

C'est le principe de la *roue dragueuse*, construite vers 1830 par M. l'ingénieur en chef Bouvier, pour le curage du canal de Beaucaire.

La roue était placée dans une chambre à l'arrière du bateau, elle portait huit godets et était animée d'un mouvement circulaire continu à l'aide d'un manège à deux chevaux porté par le bateau même. — Celui-ci était animé d'un mouvement continuel vers l'avant, et, quand il avait tracé un sillon d'une certaine longueur, il revenait en arrière pour en prendre un second.

Cet appareil arrivait à enlever par jour 75 mètres cubes de vase sans consistance, avec une économie de 50 p. 100 sur le travail à bras d'hommes.

La roue dragueuse a été reproduite dans ces derniers temps en Amérique, comme l'ont été tous nos anciens systèmes. M. l'ingénieur en chef Lavoinne cite une roue de 15 mètres de diamètre essayée à New-York : « Elle porte douze godets d'un demi-mètre cube de capacité chacun, et son arbre repose sur des paliers que l'on peut relever ou abaisser au moyen de vérins, suivant la profondeur à atteindre ; cette profondeur peut aller jusqu'à 7 mètres. Les godets sont à fond mobile ; le godet s'ouvre par le jeu d'un loquet quand il atteint le niveau du déversement placé un peu au-dessus du niveau de l'arbre moteur. Cette drague, qui offre des détails ingénieux et qui devait, d'après le programme des constructeurs, donner un produit de 2,700 mètres cubes par jour, ne paraît avoir eu jusqu'à présent qu'un médiocre succès. La masse à mettre en mouvement étant considérable, eu égard à la capacité des godets, le rendement en est relativement faible ; on a constaté qu'à égalité de dépense, elle donnait à peine le tiers du produit des dragues à cuiller. »

Malgré cet insuccès, il nous semble qu'un appareil de ce genre serait capable d'un bon fonctionnement pour des dévasements à petite profondeur, et la roue pourrait sans doute recevoir dans ce cas la forme d'un tympan hydraulique, analogue à celui dont on se sert parfois pour élever les eaux d'irrigation à quelques mètres de hauteur.

II. — DRAGUES A CUILLER OU A MACHOIRES

Dragues à main. — La plus simple des dragues à cuiller, est la drague à main, qui a existé de tout temps sous la forme d'une pelle garnie de rebords latéraux pour retenir la vase. Il est bon que cette pelle soit percée de petits trous permettant au liquide de s'écouler aussitôt que l'appareil sort de l'eau.

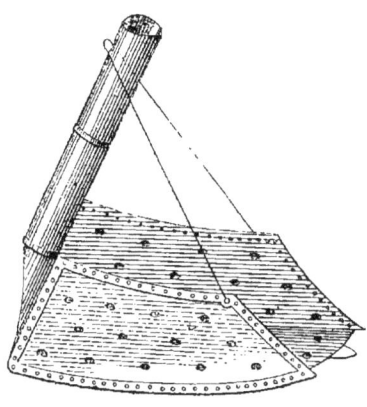

Fig. 130.

Drague à treuil employée sur la Garonne. — Vers 1835, on creusait les chenaux de la Garonne soit au moyen de dragueurs à main, représentés par la figure 4, planche 18, qui attiraient les sables et les accumulaient en bourrelets de chaque côté de la passe, soit au moyen d'une grande drague à treuil représentée par les figures 1 et 2, planche 20.

On assemblait deux bateaux, maintenus à une distance fixe l'un de l'autre et fixés en un point du courant par des cordages attachés aux rives. Ces deux bateaux étaient réunis à leurs extrémités par des appontements; sur l'appontement d'aval on voit un treuil qui, par une forte corde, tire une grande drague garnie de pointes en fer; cette drague est munie d'un manche qui sert à la diriger.

La substitution de cet appareil au système de la drague à main a eu pour résultat une grande économie de bras, de temps et d'argent.

Le dragage à la main revenant à 2 francs 25 le mètre cube, le dragage avec la cuiller à treuil ne coûtait plus que 0 franc 74.

Drague à treuil employée sur le Doubs. — On s'est servi autrefois au service de la navigation du Doubs de l'appareil suivant:

Sur un appontement disposé au bord de la rivière ou soutenu par des caisses flottantes, sont placés des ouvriers qui, en marchant sur des roues à échelons représentées sur les figures 1 à 3, pl. 18, font tourner un treuil r, sur lequel deux cordes s'enroulent dans le même sens. Ces deux cordes sont fixées à une drague (d) au moyen d'une chaîne (a). Dans la position représentée par la figure 1, la drague est tirée par la corde la plus rapprochée de l'horizontale et elle mord dans la terre; mais la corde supérieure qui passe sur la poulie (p), d'abord flottante, est calculée de telle sorte qu'elle se trouve tendue au moment où la drague est à la fin de sa course; cette corde est alors verticale et soulève la drague pleine.

La figure 3 montre comment on se sert de l'appareil pour enlever de grosses pierres ; les pierres sont saisies par une pince que tire la corde, et la traction exercée sur la corde amène la pierre et en même temps serre les griffes de la pince, de sorte que le bloc ne peut se dégager.

C'est uniquement au point de vue historique que cet appareil est curieux ; on ne l'emploie plus aujourd'hui.

Drague à treuil et à roulettes. — La drague à roulettes était employée par M. l'ingénieur Collin pour curer le canal de Bourgogne. Les dépôts sont toujours vaseux et faciles à entamer. Les figures 3 à 9, planche 20, représentent le système et la manière de l'appliquer.

La drague représentée par les figures 6 et 7 est en tôle percée de trous et garnie de pointes qui pénètrent dans le dépôt ; elle est montée sur des roulettes en fonte ; elle s'attache sur une chaîne que tire un treuil placé sur la digue du canal et manœuvré par deux hommes.

On enlève la vase par tranches transversales ayant la largeur de la drague ; la drague est munie d'un manche que dirige un ouvrier monté sur un bateau. Cet ouvrier passe successivement d'un banc à l'autre du bateau, de sorte que l'opération s'effectue avec une grande précision, et la drague passe autant de fois à une section qu'à l'autre.

Les figures 5, 6, 7, planche 18, représentent le treuil employé ; il se meut sur la digue au moyen de quatre roulettes en fonte parcourant deux cours de madriers parallèles à l'axe du canal.

Trois manœuvres, payés ensemble 6 fr., peuvent extraire d'un bief et rouler à 4 ou 5 mètres à droite et à gauche du treuil, sur la levée, 120 dragues combles. Chaque drague comble fournit un cube de $0^m,15$, d'où il suit que, le volume total de vase extrait étant de 18 mètres cubes pour une journée de travail de 10 heures,

```
Le prix de main-d'œuvre par mètre cube est de. . . . . . . . . . .   0 330
Le treuil coûte. . . . . . . . .   120 fr.
La drague . . . . . . . . . . .   150 —
Le batelet . . . . . . . . . . .   180 —
                                  ─────
Prix de l'appareil . . . . . . .   450 fr.
L'intérêt et l'amortissement de l'appareil doit être compté à 10 0/0 de
  sa valeur, soit 45 fr. par an ; et en admettant que l'on tire
  500 mètres cubes de vase par an, ce sera par mètre cube. . . . .   0  09
                                                                    ─────
Prix de revient du mètre cube de déblai. . . . . . . . . . . . . .   0  42
```

Il faut bien se rappeler que la drague à roulettes convient surtout aux déblais vaseux ; dans le gravier, elle exigerait trop de force pour se mouvoir.

Drague Perris ou drague canal. — M. Perris, conducteur des ponts et chaussées, a inventé, pour le curage des canaux, la drague que représentent les figures 3 et 4 planche 23 et dont la description a été donnée par MM. les ingénieurs Sugot et de Préaudeau, dans les *Annales des Ponts et Chaussées*.

La cuiller est une auge en tôle H, de 3 mètres 20 de longueur,

0 mètre 70 d'ouverture en gueule, et 1 mètre cube de capacité, fermée par une portière à clapet. Elle est reliée invariablement à deux bras I, montés sur un arbre horizontal J, de sorte que la drague peut tourner autour de cet arbre.

Lorsque les bras sont verticaux, l'auge présente sa gueule normale à la vase et s'emplit. A mesure que la chaîne R est tendue par un treuil T, l'auge se relève et finit par sortir de l'eau; on la vide alors au-dessus d'un bateau en ouvrant la portière à charnière.

Pour faire retomber la cuiller, on lâche au frein les treuils T. Le treuil L agissant sur la chaîne de rappel K amène la cuiller en arrière de la verticale pour la remettre de nouveau en prise avec la vase.

Les treuils T', halant sur des chaînes fixées à la rive, donnent au bateau le mouvement de progression.

Un double cordage M, raidi par le chef de chantier, fixe l'arbre J dans l'angle des pièces fixes O et D; quand la cuiller pleine sort de l'eau, on laisse aller le cordage M, l'arbre J se relève en glissant sur la poutrelle O et la cuiller prend la position indiquée sur la figure en traits pointillés.

Les limites d'emploi de cette drague sont de 1 mètre 50 à 2 mètres 50 sous l'eau; elle convient parfaitement pour enlever périodiquement la couche de vase de 0 mètre 20 à 0 mètre 30 d'épaisseur qui peut se déposer sans entraver la navigation.

La drague Perris se manœuvre à bras d'hommes et exige 11 ouvriers, savoir :

4 aux treuils d'extraction, 2 au treuil de halage, 1 au treuil de reprise et à l'amarre d'arrière, 1 à l'arbre de la cuiller, 2 à la manœuvre des bateaux porteurs de la vase, 1 surveillant.

Par journée de 12 heures de travail effectif, on a extrait 99 mètres cubes; le salaire d'un ouvrier étant de 3 fr. 50, la dépense par mètre cube s'est élevée à 0 fr. 384.

En recourant à une locomobile, on pourrait supprimer cinq hommes.

La machine à draguer avec tous ses agrès, rendus à pied d'œuvre, a coûté 5,000 fr.

Son bateau porteur, de 12 mètres 50 sur 4 mètres avec 1 mètre 20 de hauteur sous le pont, en chêne avec platelage en sapin, a coûté 2,400 fr.

Le transport à 70 mètres de distance moyenne a coûté 0 fr. 345 compris déchargement et le régalage 0 fr. 057, l'entretien du matériel 0 fr. 025 par mètre cube.

L'appareil Perris doit être considéré non comme une drague mais comme un bon appareil de dévasement pour les canaux.

Drague mue par roue hydraulique. — Cette drague, représentée par les figures 1 et 2 de la planche 23, construite par M. Popie pour les dragages de la Garonne, est mue par deux roues pendantes qu'actionne le courant même de la rivière, c'est pourquoi l'inventeur l'appelait drague *aquamotrice*.

En voici la description donnée par M. l'ingénieur Thanneur:

« Le bateau sur lequel est installé tout l'appareil étant retenu par son ancre, les roues pendantes AA font mouvoir le treuil B qui commande la cuiller C par l'intermédiaire de la chaîne v; le rouleau J sur lequel s'appuie cette chaîne après être passée sur les poulies H et I force la cuiller à bien mordre sur le fond de la rivière ; la barre de fer r empêche la chaîne de quitter le rouleau.

« Un levier d'embrayage m et un frein n commandent le treuil B.

« Un second treuil K commandé par un levier d'embrayage p, permet à la machine de se touer sur son ancre.

« Les tambours Q et Q' servent d'ailleurs à la déplacer indépendamment du treuil K.

Un treuil spécial X permet de draguer à bras quand la force du courant est insuffisante.

« Cela posé, voici comment se fait la manœuvre :

Un ouvrier placé en V guide la cuiller et l'oblige à bien se remplir, puis, au moment où elle est sur le point d'émerger, il manœuvre les leviers L' et L, de façon que sous l'action de la coulisse c et du levier o, le rouleau J tourne autour du pivot P et se range pour laisser passer la cuiller ; celle-ci étant arrivée à hauteur convenable, la tige t et le déclic d permettent à l'ouvrier placé en V, de la faire basculer autour de l'axe R et de la vider d'un seul coup dans le wagon-brouette M.

Mais au moment où ledit ouvrier fait mouvoir le déclic d, un deuxième ouvrier placé en S désembraye le treuil B, et laisse filer une longueur de chaîne suffisante pour que le premier ouvrier puisse ramener la cuiller à son point de départ, repousser et fixer le rouleau J, en manœuvrant en sens inverse les leviers L et L'; puis il réembraye le treuil B sur l'axe du moteur, et la cuiller se remplit de nouveau.

Un troisième ouvrier vide le wagon-brouette M dans le bateau qui sert au transport des matières draguées.

Faisons observer que l'ouvrier chargé de la manœuvre du levier d'embrayage m peut être un vieillard ou un enfant, ce travail n'ayant rien de pénible ni de difficile.

Enfin, disons que lorsqu'on veut mettre la machine au repos, on enlève la partie supérieure des coussinets de l'arbre moteur et, au moyen d'une moufle T et d'un palonnier à crochet q, on soulève tout à la fois l'arbre et les roues motrices, de façon que les palettes ne plongent plus dans l'eau, et nous n'aurons plus rien à ajouter pour bien faire comprendre les dispositions et la manœuvre de la drague aquamotrice Popic. »

M. Thanneur recommande, comme une disposition à imiter, l'articulation de la cuiller avec le manche; il explique qu'il est facile de mettre soit la largeur de la roue, soit la hauteur des palettes, en rapport avec la vitesse du courant, de manière à se donner la puissance nécessaire au jeu de l'appareil.

On arrive avec cette drague à extraire et à charger 50 mètres cubes de gravier par journée de 12 heures de travail effectif, avec trois hommes ; le salaire d'un ouvrier étant de 3 francs, le prix de revient est d'environ 0 fr. 20 le mètre cube y compris la légère dépense du graissage.

L'appareil est très maniable et peut être installé sur un simple radeau. La machine entière avec son bateau et ses agrès coûte environ 2,000 francs.

Anciennes dragues à cuiller ou à mâchoires. — Les grandes dragues américaines, devant lesquelles semblent devoir disparaître nos dragues à échelle, ne sont pourtant que des imitations d'anciens appareils construits, puis abandonnés, par les ingénieurs européens.

Les figures 1 à 3, planche 17, représentent une machine employée au siècle dernier, pour *le curage du port et des canaux de Venise*. La drague est une grande cuiller pouvant être fermée par un couvercle, désignée sur l'élévation sous le nom de pelle fixe ; le mouvement d'ascension ou de descente de la cuiller est obtenu par un grand balancier en bois, qui reçoit son mouvement d'une vis actionnée par un manège de buffles, ledit manège placé à fond de cale du bateau porteur ; quant au mouvement de mâchoire, c'est-à-dire d'oscillation de la cuiller autour d'un axe horizontal, c'est un cabestan qui le donne avec le secours du câble et du palan *m*. Le fonctionnement se comprend sans peine : la cuiller descend ouverte avec la pelle fixe verticale, celle-ci s'enfonce dans la vase sur laquelle la cuiller repose, on donne le mouvement de rotation et la cuiller s'emplit de vase, se redresse et vient s'appliquer contre la pelle fixe ; on n'a plus alors qu'à relever le tout, et la cuiller vient s'ouvrir au-dessus d'un bateau qui reçoit les déblais.

Les figures 4 à 6 de la même planche représentent une autre *machine à curer de Malte et de Venise*, qui est la véritable aïeule des dragues modernes dites à mâchoires. La mâchoire est suspendue à une tige oscillant verticalement dans un collier soutenu par une chèvre ; on voit comment cette mâchoire se compose de deux branches assemblées, comme les deux lames d'une paire de ciseaux, sur un même boulon horizontal ; deux systèmes de doubles câbles s'assemblent aux extrémités des deux branches ; les câbles attachés aux extrémités supérieures viennent se réunir sur un palan, dont le brin moteur s'enroule sur un cabestan ; les câbles attachés près des cuillers ont seulement pour rôle d'ouvrir et de fermer les mâchoires. On laisse descendre l'appareil ; par le jeu des câbles, les mâchoires s'ouvrent et viennent mordre le fond ; on vire alors au cabestan, les mâchoires se ferment progressivement en pénétrant dans la vase, elles s'en remplissent, et lorsqu'elles sont complètement fermées, l'ascension commence ; la drague vient se vider au-dessus d'un bateau.

On voit sur les figures 7 et 8 même planche, une *drague employée au port de Flessingue en* 1808 ; la cuiller à manche se meut le long d'un radeau, et la traction est opérée par un cabestan à l'aide d'une poulie de renvoi ; quand la cuiller est sortie de l'eau, le câble moteur change et passe sur une poulie placée au sommet d'une chèvre en saillie sur le flanc du radeau.

Enfin la figure 9, même planche, représente une drague à cuiller montée sur un long manche, employée *au port de Brest* au commencement de ce siècle; il y a deux câbles ou chaînes, l'un pour mouvoir la cuiller pleine, l'autre pour la ramener en prise lorsqu'elle a été vidée. La force motrice est donnée par des roues à tympans qu'actionnaient des forçats. Ces appareils nous ont paru fort intéressants à citer, car les dispositions en ont été presque exactement reproduites dans des engins modernes.

Grandes dragues américaines à cuiller. — Nous avons donné, à l'article Excavateurs, la description d'une grande drague américaine d'après M. Malézieux.

Dans un Mémoire publié en 1880, M. l'ingénieur Lavoinne a décrit un appareil analogue dans les termes suivants :

« L'un des meilleurs types de dragues à cuiller est celui qui est connu sous le nom de drague *Osgood*, du nom de l'inventeur, qui en est le principal constructeur et qui y a introduit un grand nombre de perfectionnements.

Les figures 1 à 3, planche 25, donnent la coupe longitudinale et le plan d'une drague construite sur ce type.

La coque de la drague porte sur l'avant la grue qui sert à manœuvrer la cuiller.

Cette cuiller C est en tôle à tranche acérée et d'une capacité variant de 1 demi-mètre cube à 2 mètres cubes ; elle est de forme cylindrique, et le fond en est fermé par une porte s'ouvrant au moyen d'un déclanchement. La cuiller porte latéralement au milieu de sa hauteur une articulation sur laquelle est fixé le manche de la cuiller. Des chaînes de longueur variable, attachées à la cuiller de part et d'autre de l'articulation et venant aboutir sur le manche à 1 mètre environ de cette articulation, permettent de faire varier l'inclinaison de la cuiller sur l'axe du manche.

Dans d'autres dragues, ces chaînes sont remplacées par des bras articulés percés de trous où l'on passe des boulons pour l'inclinaison de la cuiller.

Celle-ci est suspendue par une anse A à un palan à trois brins au moyen duquel se fait son levage ; la chaîne qui passe dans ce palan s'enroule sur deux poulies portées par le sommet de la grue élévatoire. Cette grue est composée de deux bras formant poutre armée et reliés par des entretoises. Le bras inférieur B est formé de deux moises s'appuyant d'une part sur le pivot, d'autre part contre l'extrémité supérieure des deux moises qui forment le bras supérieur B'. Une grande roue horizontale R, placée un peu au-dessus du pivot, est destinée à faire pivoter la grue au moyen d'une chaîne sans fin qui s'enroule sur un tambour placé à l'arrière.

Le manche de la cuiller M se compose de deux pièces jumelles passant entre les moises qui constituent les bras de la grue, et dans l'intervalle desquelles passe la chaîne de levage de la cuiller. Sous les deux pièces jumelles du manche sont fixées des crémaillères engrenant avec des pignons portés par un arbre commun O reposant sur les moises qui forment le bras supérieur de la grue. Cet arbre est embrassé en son milieu par une chape portant à sa partie supérieure deux galets qui s'appuient contre les faces supérieures des moises formant le manche. Le même arbre porte à une de ses extrémités une roue à empreintes r actionnée par une chaîne Galle qui reçoit le mouvement d'un autre pignon placé plus bas et que l'on peut faire marcher dans un sens ou dans l'autre, ou encore arrêter dans une position déterminée au moyen d'un tourniquet T.

Sous le manche de la cuiller, à une certaine distance de son extrémité inférieure, est attachée une chaîne de rappel t qui passe un peu au-dessus du pivot de la grue pour aller s'enrouler sur un treuil spécial X à la portée du mécanicien.

Ce treuil spécial et le treuil de levage Y reçoivent le mouvement d'un arbre moteur commun Z par l'intermédiaire de roues dentées et de pignons calés sur ce dernier arbre et commandés par des manchons d'embrayage n' et n'' (fig. 2).

Le même arbre porte, en outre, un troisième manchon d'embrayage n pouvant commander à volonté l'un ou l'autre des deux autres pignons p' et p'' faisant partie d'un système d'engrenages coniques qui fait tourner dans un sens ou dans l'autre le tambour D sur lequel s'enroulent les chaînes de l'appareil de rotation de la roue. Un tourniquet s permet aussi au besoin de faire tourner cette roue à la main. On peut enfin, à l'aide d'un frein F commandé par une bielle HH' passant sous le plancher de la drague, ralentir à volonté la rotation.

Un autre frein G manœuvré par une pédale ou un levier sert à empêcher le déroulement de la chaîne du treuil de levage sous l'action du poids de la cuiller, quand ce treuil est désembrayé.

Enfin, plusieurs treuils auxiliaires, manœuvrés à la main, sont affectés à la manœuvre de béquilles qui tiennent le bateau en place.

Le bateau est, en effet, habituellement maintenu en position par trois béquilles K, K', K'', munies chacune de chaînes de levage et placées une en arrière et deux sur l'avant. Ces dernières sont destinées à soutenir la partie du bateau sur laquelle agit directement le poids de la grue. On soulève les béquilles quand on veut déplacer la drague.

Les machines et les chaudières sont placées en arrière des treuils et reliées à la coque par de forts sommiers; cette coque est consolidée dans sa largeur comme dans sa longueur par de fortes pièces de charpente formant poutres armées. Les machines sont à haute pression et commandent directement l'arbre moteur des treuils de manœuvre.

Pour manœuvrer la cuiller, après avoir amené la drague en position, on commence par mettre à fond les trois béquilles, généralement armées de sabots en fer, de manière à pénétrer dans le sol; ensuite le mécanicien, ayant amené par la rotation de la couronne horizontale le bâti de la grue à l'aplomb de l'endroit à draguer, débraie le treuil qui commande la chaîne de levage et laisse d'abord tomber la cuiller par l'effet de son propre poids en modérant la vitesse de chute à l'aide du frein G, puis, en embrayant le treuil de la chaîne de rappel, il ramène la cuiller vers l'avant du bateau. Pendant ce temps, un homme placé en avant fait descendre, au moyen du tourniquet T qu'il a sous la main, le manche de la drague, si cela est nécessaire, pour lui faire toucher le fond; il maintient ensuite la cuiller contre le fond en continuant à agir sur le tourniquet.

Le mécanicien, de son côté, embraie alors le treuil de levage, dont la chaîne, en agissant sur la cuiller, tend à en faire tourner le manche autour de l'arbre de rotation O que porte le bras supérieur de la grue et fait mordre le bec du godet sur le fond. Quand l'homme de l'avant juge que le godet est rempli, il laisse le manche de la cuiller se redresser en cessant d'agir sur le tourniquet; le mécanicien, à son tour, quand la cuiller est arrivée à une hauteur suffisante, débraie le treuil de levage, embraie l'arbre de rotation qui fait tourner la couronne horizontale et amène ainsi la cuiller au-dessus du chaland qui doit en recevoir le contenu; l'homme de l'avant tire alors le loquet L qui ferme le fond de la cuiller, et celle-ci se vide. La porte du fond se referme ainsi d'elle-même à la descente.

Une évolution complète de la cuiller demande environ une minute. Pour opérer la descente et le levage de la cuiller, ainsi que sa rotation et l'arrêt complet de tout le mécanisme ou son ralentissement, le mécanicien a sous la main trois leviers d'embrayage, une pédale et un levier commandant chacun un frein, et le régulateur qui donne la vapeur aux cylindres. L'homme placé sur l'avant a à mouvoir une roue ou tourniquet pour diriger la cuiller et une corde pour en ouvrir le fond en agissant sur le loquet L.

L'avancement ou le recul du bateau s'obtiennent facilement quand il s'agit de faibles déplacements en levant les béquilles quand la cuiller est à fond et en agissant sur le manche comme si on voulait ramener la cuiller vers le bateau ou la relever. En raidissant la chaîne de rappel, on force le bateau à marcher vers la cuiller; en raidissant la chaîne de levage, on l'en éloigne.

On parvient ainsi, après avoir creusé dans une certaine position de la drague une première rigole en arc de cercle dont la longueur est déterminée par l'amplitude des évolutions de la grue, à faire avancer le bateau de la quantité nécessaire pour attaquer une nouvelle coupe en continuation de la première. Le bateau-dragueur n'a besoin d'être hâlé ou remorqué que s'il s'agit de le transporter à de plus grandes distances. »

Le type précédent a été perfectionné dans ces dernières années et la figure 3, empruntée également à M. Lavoinne, est une vue perspective du nouvel engin.

Une machine spéciale produit la rotation de la grue; des treuils à vapeur lèvent les béquilles; les engrenages à dents ont été remplacés par des engrenages à friction qui n'entraînent point de rupture en cas de choc; enfin, comme le montre le dessin, la grue a été allongée notablement par un bras en porte-à-faux, ce qui permet de faire agir la cuiller et de déposer les déblais à une grande distance du bateau, circonstance fort avantageuse en certains cas.

Voici quelques renseignements sur trois types de dragues à cuiller :

	N° 1	N° 2	N° 3
Force nominale en chevaux............	60	40	25
Poids des machines, compris chaudière et grue. .	21 tonnes.	18 tonnes.	15 tonnes.
Capacité de la cuiller...............	1^{m}39	1^{m}31	0^{m}375
Poids id	1,200 kil.	800 kil.	500 kil.
Combustible brûlé par journée de dix heures. . .	1,000 kil.	750 kil.	500 kil.
Salaire du personnel : 1 mécanicien, 1 chauffeur, 3 manœuvres	35 fr.	35 fr.	35 fr.
Prix d'une drague................	115,000 fr.	99,000 fr.	80,000 fr.
Travail journalier dans la vase peu compacte. . .	900^{m3}	600^{m3}	375 ^{m3}

On compte d'ordinaire les frais d'usure et de réparation à 10 p. 100 par an.

Dragues américaines à mâchoires. — La plus connue des dragues américaines à mâchoires dites *clam-shells* est la drague Morris et Cumings, décrite dans le Journal de mission de M. Malézieux et dans le Mémoire de M. Lavoinne. Elle est représentée en perspective par la figure 4, planche 25, et les figures 5, 6, 7 de la même planche donnent le détail de l'outil qui ressemble fort à la double mâchoire de l'ancienne drague de Venise.

Cet outil, (*fig.* 5, 6) est formé de deux quarts de cylindre mobiles chacun autour d'un axe horizontal A et A' et formant par leur rapprochement une boîte demi-cylindrique. Les deux quarts de cylindre étant posés sur le sol, écartés l'un de l'autre, comme le montre la figure 6, il s'agit de les faire tourner autour des axes A et A', afin qu'ils mordent dans le sol et emprisonnent un certain volume de matière qui sera ensuite soulevée par un câble en même temps que la boîte demi-cylindrique. Cette boîte est portée par un cadre ou bâti vertical C C' qui, outre les deux arbres horizontaux A et A', en porte deux autres : l'arbre inférieur A" est fixe, l'arbre supérieur A''', au contraire, est mobile et peut osciller verticalement dans une rainure du cadre ; ces deux arbres sont reliés par deux chaînes dont une extrémité est fixée sur l'arbre A''', tandis que l'autre extrémité s'enroule ou se déroule sur deux poulies calées à l'arbre A"; l'arbre oscillant A''' est en outre relié par des bielles A''' B, A''' B' (*fig.* 6) aux quatre secteurs limitant latéralement les deux mâchoires de la drague. L'arbre A''' est suspendu à une chaîne passant dans un anneau fixe de cet arbre ; l'arbre A" est suspendu à une autre chaîne, mais cette chaîne n'est pas fixée directement à l'arbre, elle peut s'enrouler et se dérouler d'une certaine longueur sur une poulie centrale de diamètre supérieur à celui des petites poulies latérales.

Voici comment l'appareil fonctionne : l'outil est hors de l'eau, les deux chaînes sont tirées, les arbres A" et A''' sont aussi écartés que possible, les petites chaînes des poulies latérales sont complètement tendues et forcent la chaîne de l'arbre inférieur à s'enrouler d'une certaine quantité sur la grande poulie; les mâchoires ouvertes occupent la position indiquée par les traits pleins de la figure 6. L'appareil est descendu dans l'eau jusqu'à toucher le fond ; alors on tire le câble de A'', ce câble se déroule de la grande poulie, fait tourner l'arbre, les petites chaînes latérales s'enroulent, l'arbre A''' est tiré vers le bas, les mâchoires se rapprochent ; elles sont complètement fermées quand l'arbre mobile est à fond de course ; la traction continuant sur le câble de l'arbre inférieur, comme le déroulement de ce câble est terminé, l'appareil remonte avec sa charge de vase.

Quand le tout est sorti de l'eau et arrivé à hauteur voulue, la grue à axe vertical est mise en mouvement, la boîte est amenée au point de déchargement ; un excès de traction est exercé sur l'arbre A''' qui s'écarte de l'arbre inférieur, les mâchoires s'ouvrent, la matière tombe et l'outil est prêt pour une nouvelle opération.

La vue perspective du bateau-dragueur montre comment la drague est dirigée verticalement par deux longues perches qui empêchent les mouvements de torsion autour de la verticale. Ces perches ne sont pas indispensables.

Les deux chaînes sont actionnées par deux treuils à vapeur, dont le mécanicien a les leviers sous la main ; un manœuvre règle l'amplitude de rotation de la grue. Le halage du bateau et la manœuvre des béquilles sont effectués par des treuils auxiliaires.

L'arbre de la grue peut varier d'inclinaison sur la verticale. Le bateau étant fixé, la drague creuse un sillon circulaire dont le centre est sur l'arbre de la grue ; ce sillon achevé, le bateau reçoit un léger déplacement et la drague creuse un nouveau sillon. Il résulte de cette action une surface irrégulière qui, dans la vase et le gravier, ne tarde pas à se niveler.

Les bords des mâchoires sont coupants ; quelquefois même on les garnit de crocs pour déchirer le sol. Enfin, lorsqu'il s'agit d'enlever des blocs de roches, les caisses cylindriques sont remplacées par des crochets ou grappins qui sont parvenus à enlever des blocs de plusieurs mètres cubes.

C'est le poids de l'outil qui produit la pénétration ; si la traction opérée sur le câble pendant la fermeture des mâchoires venait à surpasser le poids de l'outil augmenté de la résistance rencontrée par les tranches coupantes des caisses, l'ascension se produirait trop tôt et la boîte remonterait avec un chargement nul ou incomplet. Il faut donc mettre le poids des mâchoires en rapport avec la dureté du sol, ce qui se fait par des surcharges variables, ou avoir plusieurs jeux de poulie pour transformer dans une proportion convenable l'effort de traction exercé sur la grande poulie et transmis par les petites.

Il est à remarquer que la section des caisses est légèrement excentrée par rapport à son axe de rotation A ou A' de sorte que la tranche obtenue dans le sol est légèrement elliptique ou ovale comme le montre la figure 6 ; il n'y a donc pas de frottement des mâchoires sur le sol et l'on n'a à vaincre que la résistance de la pénétration à la tranche.

M. Malézieux cite une drague Morris qui, toutes les quatre minutes, enlevait un cube de 1^m40 à une profondeur de 15 mètres sous l'eau. Le cube extrait dans de la vase un peu dure est double de celui qu'on obtient dans le sable fin.

Plusieurs constructeurs ont apporté à cette drague diverses modifications ayant principalement pour but d'augmenter l'ouverture des mâchoires au moment de la prise, et d'augmenter également l'effort de fermeture ; on trouvera la description de quelques-uns de ces systèmes dans le mémoire de M. Lavoinne ; ils ne modifient guère et parfois même compliquent inutilement l'appareil Morris.

Nous terminerons par quelques renseignements sur les dragues à mâchoires :

TYPES DE DRAGUES	1	2	3	4
Force nominale en chevaux-vapeur.	100	40	125	95
Capacité de la cuiller en mètre cube.	2,60	1,10	3,75	2,60
Poids — en kilog. . . .	2,200	1,000	5,400	2,200
Prix de revient, bateau compris. Fr.	185,000	112,500	175,600	155,200
Combustible brûlé par journée de 10 heures en tonnes.	1,5	1	2	1,5
Travail par heure dans de la vase moyennement compacte, en mètre cube.	150 à 300	75 à 110	260	190

Drague Priestman. — MM. Priestman frères, de Londres, ont

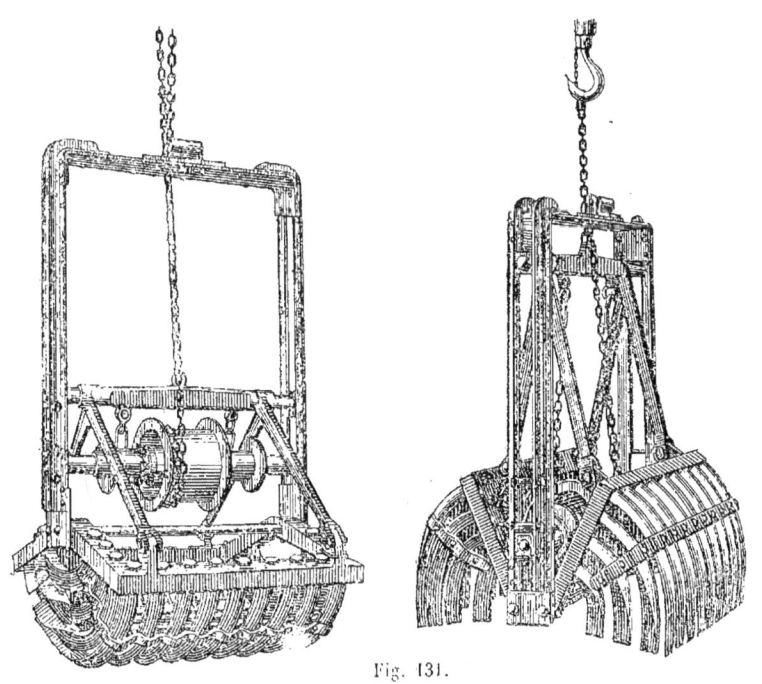

Fig. 131.

construit dans ces dernières années un grand nombre de dragues à mâchoires qui ont fonctionné soit comme *dragues véritables*, soit comme

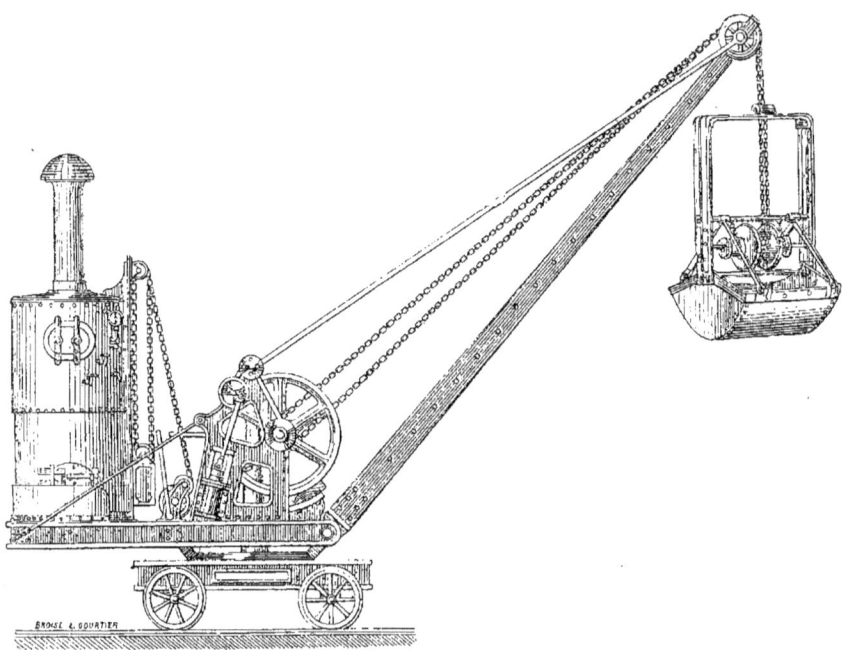

Fig. 132.

excavateurs pour les déblais ordinaires et les ballastières, soit comme *élévateurs* pour le chargement et le déchargement des navires ou des wagons.

L'outil est composé de deux mâchoires qui s'ouvrent et se ferment par un mécanisme presque identique à celui de la drague Morris; la figure ci-jointe montre comment l'arbre mobile, relié à l'arbre fixe par deux chaînes, oscille verticalement dans les rainures du cadre; les bielles reliant les deux mâchoires avec l'axe mobile s'attachent sur la génératrice supérieure des mâchoires et non sur les parois latérales, de sorte que les caisses occupent toute la largeur du cadre.

Il y a trois espèces de mâchoires : l'une formée de deux quarts de cylindres à surface pleine avec tranche simplement acérée est destinée à la vase; la seconde est destinée au gravier et sable compacte; le bord de chaque mâchoire est garni de crocs et les saillies d'une mâchoire correspondent aux creux de l'autre; enfin la troisième, destinée à l'argile et aux galets, est à claire-voie, comme le montre la vue d'ensemble (*fig.* 131 les dents seules subsistent et se terminent en lames.

La figure 130 montre une drague montée sur plate-forme roulante et susceptible de fonctionner par exemple le long d'un mur de quai, ou d'une ballastière ; elle pourrait être placée aussi bien sur un bateau quelconque et servir soit dans un port, soit dans une rivière.

Les machines sont à double cylindre, alimentées par une chaudière verticale ; avec une culasse en fonte convenablement combinée, elles équilibrent la grue et la caisse pleine, et l'ensemble peut se mouvoir sans peine autour d'un pivot vertical.

En une journée de dix heures de travail effectif, la hauteur moyenne étant de 6 mètres au-dessus de la surface de l'eau, et la machine étant mouvementée par un seul homme, les quatre modèles Priestman enlèvent 170, 340, 440 et 540 mètres cubes de vase, ou 81, 170, 230, 340 mètres cubes d'argile.

Il est à remarquer que plusieurs appareils peuvent être installés sur un même bateau et qu'il est possible d'arriver de la sorte à un rendement considérable ; cependant, l'emploi simultané de plusieurs appareils sur un même bateau ne nous paraît point compatible avec l'exécution d'un dragage régulier.

D'après les certificats des ingénieurs des ports anglais, le dragage d'une tonne de matière reviendrait à 0 fr. 20 environ, déchargement compris ; le prix du même travail avec les grandes dragues à godets s'élèverait à 0 fr. 50.

La supériorité des dragues à mâchoires pour le dévasement des ports serait donc bien démontrée.

Appareils d'approfondissement du chenal de Fécamp. — Des dragues à mâchoires il faut rapprocher les appareils employés pour l'enlèvement des blocs ou des débris de vieilles maçonneries sous l'eau.

A Fécamp, il s'agissait d'augmenter la profondeur du chenal, pour augmenter le temps pendant lequel les navires d'un fort tirant d'eau peuvent entrer dans le port. Il fallait enlever une couche de craie chloritée compacte ; on la brisait en blocs au moyen de mines sous-marines, formées de bombonnes renfermant 50 kilogrammes de poudre que l'on déposait sur la roche, sous une hauteur de 7 mètres d'eau au moins, et que l'on faisait éclater au moyen de l'étincelle électrique fournie par une machine de Rumhkorff.

On venait ensuite prendre les blocs et les soulever au moyen de pinces, dont les figures 6 et 7, planche 21, représentent le mécanisme.

L'atelier était porté sur deux chalands pontés, réunis l'un à l'autre et servant après l'opération à transporter les déblais.

La figure 7 montre sur la partie de gauche un scaphandre allant placer une bombonne dans une anfractuosité de rocher ; à droite on voit un bloc saisi par la pince et soulevé, le scaphandre remonte à son échelle pour se mettre à l'abri de la chute de cette pierre.

On voit que la pince est disposée de telle sorte que plus la pierre est lourde, plus la pince est tendue.

Le prix de revient a été d'environ 4 francs par mètre cube de déblai.

Outils employés pour l'enlèvement des débris de vieille maçonnerie. — La figure 8, planche 21 donne les dessins de divers outils employés pour l'enlèvement de vieilles maçonneries sous l'eau. Ces outils ont été employés par M. l'ingénieur Lechalas pour l'exécution des fondations du pont de Pirmil, à Nantes.

Observations générales sur les dragues à cuiller ou à mâchoires. — Nous avons vu que nos grandes dragues à godets pouvaient encore lutter contre les nouveaux appareils, lorsqu'il s'agissait d'enlever un volume considérable dans une eau relativement tranquille en des points où la navigation n'exigerait pas de fréquents déplacements des appareils. En dehors de ce cas, la drague à godets paraît inférieure aux appareils à cuiller ou à mâchoires.

Ceux-ci élèvent les déblais strictement à la hauteur voulue, peuvent travailler à distance et pénétrer dans tous les coins, sont plus simples et plus robustes, moins exposés aux ruptures, et il est plus facile de mettre leur action en rapport avec la dureté du terrain.

La drague à mâchoires l'emporte en outre sur la cuiller par son plus grand degré de simplicité et de manœuvre et par son prix moins élevé; elle est susceptible de travailler à n'importe quelle profondeur, petite ou grande; avec un outil de rechange, on est pour ainsi dire à l'abri de tout chômage.

Enfin, la drague à mâchoires a l'immense avantage de pouvoir travailler même dans une eau agitée, ce que ne peuvent faire les appareils à cuiller, et de se prêter avec une grande facilité à l'extraction des blocs.

Il est vrai que la cuiller mord beaucoup mieux dans les terrrains durs, parce que la pénétration est obtenue non seulement par le poids de l'appareil, mais encore par une pression supplémentaire que la machine peut exercer sur le manche.

Extraction de blocs noyés dans de la vase. — Tous ces appareils paraissent impuissants pour l'extraction de blocs ou de débris de vieilles maçonneries noyés dans du sable ou de la vase. Ainsi, la drague à mâchoires n'a pas réussi pour les travaux d'approfondissement du Tibre, travaux en cours d'exécution; le lit est rempli par les débris de ponts et de constructions antiques enfouis dans le sable et la vase, et les outils dragueurs ne mordent pas dans un pareil terrain. L'entrepreneur, M. Zschokke, se propose de le désagréger d'abord par un jet d'eau comprimée à haute pression; le sable et la vase seront mis en suspension et entraînés, et c'est seulement alors que les blocs pourront être saisis par des appareils à mâchoires.

III. — DRAGUES-POMPES

Parmi ces appareils, nous rangerons tous ceux qui aspirent ou qui refoulent les matières terreuses plus ou moins mélangées d'eau, et qui fonctionnent comme pompes foulantes ou comme pompes aspirantes, parfois même comme pompes aspirantes et foulantes.

Drague-pompe de Saint-Nazaire. — Quelque temps après la construction du bassin à flot du port de Saint-Nazaire, on s'aperçut qu'il s'envasait avec une rapidité extraordinaire, et l'on eut des craintes sérieuses pour l'avenir de ce port. Les dragues ordinaires étaient impuissantes et donnaient des dépenses exagérées.

Les ingénieurs eurent l'idée de pomper les vases, qui sont très fluides, et cette idée fut mise à exécution par M. l'ingénieur Leferme, qui fit construire le bateau-pompeur dont nous lui empruntons les dessins, planche 26.

Ces bateaux sont en fer et mus par une hélice ; pendant le dragage, la machine fait marcher les pompes, la vase est élevée et conduite dans deux couloirs inclinés, d'où elle tombe à droite et à gauche dans deux grandes caisses, pouvant s'ouvrir par en bas chacune au moyen de deux ouvertures surmontées d'un fond en entonnoir, et ouvertes ou fermées au moyen de treuils. Quand les caisses sont pleines, la transmission de mouvement se fait sur l'hélice, et le bateau s'en va déposer la vase au large du port, à des endroits où le courant s'éloigne de la côte.

L'élévation de face montre bien la disposition des pompes, qui sont mues par une bielle et un balancier, actionnés eux-mêmes par un arbre de couche parallèle à la quille et que l'on voit sur la coupe en long.

Le plan montre la disposition des deux caisses, dont la partie centrale supérieure est seule ouverte pour livrer passage à la vase ; les deux parties latérales sont recouvertes par un panneau qu'on peut enlever.

A la seule inspection des treuils, on saisit la manière dont se fait la manœuvre d'ouverture et de fermeture des conduits qui prolongent les deux entonnoirs de chaque caisse.

L'élévation de face représente les deux tuyaux aspirateurs réunis par une crépine horizontale qui plonge de 0^m40 à 0^m50 dans la couche de vase ; quand celle-ci est convenablement fluide, on amène très peu d'eau par les pompes, mais il est nécessaire que l'appareil se promène lentement, de façon que le point d'aspiration change à chaque instant.

Le prix moyen du mètre cube de vase, extrait et transporté à 1,500 mètres, est de 0 fr. 231, et de 0 fr. 478 avec l'amortissement des appareils.

Un bateau pompeur complet, de 275 mètres cubes de capacité, a coûté 152,000 francs. L'amortissement et l'entretien ne dépasse pas 9 p. 100 par an, non compris les intérêts du capital d'acquisition.

Il est à remarquer que la densité de la vase augmente avec le temps ; lorsqu'elle vient de se déposer, sa densité est 1,175 kilog., elle s'élève à 1,300 kilog. au bout de six mois, et à 1,430 kilog. après 18 mois.

Bateau aspirateur, dragueur et porteur du port de Dunkerque. — La passe d'entrée du port de Dunkerque doit être, au delà des jetées, entretenue d'une manière artificielle à la profondeur voulue ; elle serait vite obstruée par les sables cheminant de l'Ouest à l'Est, si on ne venait périodiquement les enlever, partie à l'aide de chasses puissantes, partie à l'aide de dragues.

Il est impossible de recourir à une drague à godets, car elle devrait travailler par moments à de trop faibles profondeurs dans une mer découverte et souvent agitée.

Les appareils hydrauliques étaient donc naturellement indiqués. Les caractères essentiels de ceux qu'on a adoptés sont les suivants :

1° Le bateau extracteur est un bateau à hélice, qui tient bien la mer et porte lui-même ses déblais à la décharge dans des puits à soupapes ; on n'a donc pas besoin de chalands-porteurs qui encombreraient l'entrée du port et qui, d'ailleurs, à raison des difficultés de l'accostage, ne pourraient fonctionner sous une houle un peu forte.

2° Le déblai est amené dans le bateau par simple aspiration d'un mélange d'eau et de sable; l'appareil peut, en conséquence, travailler en se tenant dans le courant sur une seule ancre d'avant, aidée, pour tenir contre les vents de travers, d'une petite ancre à jet à l'arrière; il embarrasse aussi peu que possible l'entrée du port par ses amarres; il peut quitter et reprendre son travail en quelques minutes.

3° La partie des appareils extracteurs qui travaille sur le fond est reliée au navire par des organes flexibles, et ne participe en rien aux mouvements de roulis et de tangage auxquels le navire obéit librement sans choc. »

Les puits des déblais sont au centre du bateau; il y en a deux, de 125 mètres cubes chacun de capacité, avec clapets de fond manœuvrés comme ceux des bateaux de Saint-Nazaire.

Une machine à vapeur actionne à volonté l'appareil propulseur du bateau et deux élindes suspendues de chaque côté à l'arrière et sur les flancs du bateau.

« Une élinde se compose d'un couple de tuyaux, partie en tôle, partie en caoutchouc; dans chaque couple l'un des tuyaux, dit *tuyau de montée*, sert à conduire dans le bateau le mélange d'eau et de sable aspiré par l'appareil; à cet effet, il aboutit à son extrémité supérieure à une pompe centrifuge installée au-dessus de la flottaison dans l'intérieur du bateau; cette pompe est amorcée puis aidée dans son action d'aspiration par un jet d'eau sous pression, lancé de bas en haut au pied du tuyau de montée par une tuyère annulaire, dite *injecteur*, à laquelle l'eau sous pression est amenée par le second tuyau de l'élinde. »

Il existe : deux pompes centrifuges, dites *de pression*, qui refoulent l'eau dans les injecteurs; deux pompes centrifuges, dites *d'aspiration*, placées aux extrémités supérieures des deux tuyaux de montée ; deux treuils mus par une petite machine à vapeur spéciale pour manœuvrer et relever hors de l'eau les élindes.

Le bateau a 45 mètres de long, 7^m70 de large, 3^m75 de creux ; il tire 2^m60 lège et 3^m10 au maximum, sa coque est en fer; il porte une machine compound, avec chaudière timbrée à 5 atmosphères, d'une puissance de 150 chevaux-vapeur de 75 kgm., consommant 150 kilog. de houille à l'heure.

Les pompes de pression refoulent l'eau de mer dans un réservoir à air d'où elle passe dans le tuyau de descente de l'élinde, pour gagner l'injecteur dont le système est analogue à celui de la pompe Eads, décrite ci-après et employée au pont de Saint-Louis sur le Mississipi. L'eau était lancée à l'origine sous une pression de 2 1/2 à 3 atmosphères; mais on se proposait d'augmenter le volume en réduisant la pression.

Les pompes d'aspiration sont à 0^m83 au-dessus de la flottaison lège, et chaque élinde aboutit en face d'une pompe sur une tubulure boulonnée sur le bordé du navire. Entre cette tubulure et la pompe se trouve, à l'intérieur du navire, un bout de tuyau droit muni d'un regard et d'une grille transversale qui ne laisse passer que le sable; on recueille souvent, devant cette grille, des morceaux de minerai ou de pierre pesant plus de 2 kilog.

Les tuyaux ont une longueur de 10^m50, dont 7 mètres en tôle galvanisée et le reste en caoutchouc; celui de montée a 0^m30 de diamètre et celui de refoulement 0^m20. On peut draguer dans des fonds de 8^m50.

Sur le pourtour de l'aspirateur se trouvent trois petits tuyaux de 0^m01 de diamètre presque en contact avec le sol; ils donnent passage à des jets d'eau comprimée qui désagrègent le sable, le mettent en suspension et facilitent l'aspiration.

L'équipage est de 15 hommes plus deux hommes à terre.

Mode de fonctionnement. — « Le bateau, arrivé au point voulu, mouille son grappin d'arrière, puis son ancre d'avant, raidit ses amarres, mouille ses élindes et commence à pomper. Le mélange d'eau et de sable remplit bientôt les puits; alors l'eau se déverse par-dessus le bord et retombe à la mer en cascade; le déblai se dépose dans les puits par décantation, sauf une certaine partie qui reste en suspension dans l'eau déversée, et retourne à la mer. Cette quantité perdue est relativement faible, lorsque la mer est calme et le fond du sable pur; elle est importante quand le roulis ou le tangage est violent ou que le fond est vaseux; la vase en effet ne reste pas dans les puits et on ne recueille que le sable qui y était mêlé.

La succion, exercée sur le fond par les élindes, produit rapidement un entonnoir dont les talus, en s'éboulant brusquement, pourraient ensevelir les aspirateurs si on descendait trop bas. Aussi, quand la profondeur de l'entonnoir au-dessous des fonds environnants atteint 2 mètres, on relève les aspirateurs sans cesser de pomper, on se déplace d'une vingtaine de mètres, puis on rabaisse les aspirateurs sur le fond, et on commence un nouvel entonnoir. La durée de chaque station est en moyenne d'une heure. On doit, pendant cet invervalle, relever de temps en temps les aspirateurs pour qu'ils ne s'ensouillent pas, puis les rabaisser immédiatement. »

Les puits remplis, le bateau s'en va à la décharge, à une distance de 2 milles; la vitesse moyenne à charge est de 6 nœuds.

Une opération complète dure en moyenne 5 heures; le remplissage des puits dure de 2 à 5 heures, suivant l'état de la mer et la nature du fond.

L'expérience montre que le volume de sable contenu dans 100 parties de mélange est de :

2 à 3 parties seulement au commencement de l'opération;

De 25 à 33 parties, et quelquefois même de 40, lorsque l'entonnoir arrive à la profondeur de 2 mètres;

De 10 à 15 parties en moyenne.

Quand on atteint les rendements élevés, de 35 à 40 pour cent, on risque de voir l'aspirateur s'arrêter brusquement, enseveli sous le sable; il faut relever les élindes et aller travailler ailleurs.

Les deux élindes, débitant 25 mètres cubes de mélange par minute, donnent un déblai de 2^m5 à 3 mètres de sable.

Mais ce résultat ne tient pas compte des pertes de temps inévitables, et le produit réel du déblai à l'heure n'est en moyenne que de 70 mètres cubes; quelquefois il tombe à 50 mètres cubes; souvent il s'élève à 100 et a même atteint 120 mètres cubes.

Le bateau peut travailler sans avaries dans une houle de 0^m80 à 1 mètre de creux, pourvu que la direction du vent et celle de la lame se confondent sensiblement; si le vent est de travers, une houle de 0^m40 suffit à rendre le travail dangereux.

L'appareil complet peut être construit pour 350,000 francs.

Le prix payé à l'entrepreneur était de 2 fr. 89 par mètre cube de déblai, mais ce prix est susceptible d'une réduction notable.

Les projets ont été dressés par MM. les ingénieurs Plocq et Guillain, et exécutés par la Compagnie de Fives-Lille.

Les appareils ont parfaitement fonctionné pour l'extraction du sable et médiocrement pour l'extraction de la vase.

Dragues-pompes américaines. — Il y a deux principales dragues-pompes américaines, celle de M. Henry Burden et celle de M. Newton.

Drague Burden. — Une pompe centrifuge est installée sur un bateau qui fait en outre office de porteur pour les déblais. Ce bateau reçoit une machine à vapeur de 120 chevaux.

La pompe centrifuge aspire le sable et la vase par un long tuyau flexible descendant au fond de l'eau par l'arrière du bateau.

Le mélange d'eau et de matières solides qui est aspiré est jeté dans un auget mis successivement en communication avec une série de chambres à trémies.

Quand les chambres sont pleines, on relève avec des palans le tuyau d'aspiration, et l'on va déposer les matières dans des bas-fonds où elles ne causent aucune gêne.

Des soupapes ou clapets permettent de maintenir le tuyau amorcé ou bien d'y établir un courant violent lorsqu'il est obstrué.

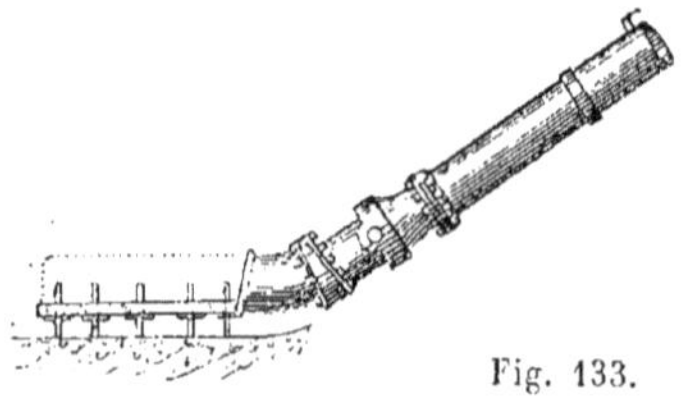

L'extrémité du tuyau, qui se recourbe horizontalement, ne repose pas sur le fond, elle est soutenue par une herse à claire-voie qu'entraîne le bateau dans son lent mouvement de progression; cette herse désagrège le sol et met en suspension les sables

Fig. 133.

et graviers. Lorsqu'il ne s'agit point de vase ou de sable fin, on augmente l'intensité de la succion en plaçant au-dessus du tuyau et de la herse une feuille de tôle qui forme avec la herse comme le bec du tuyau, bec que l'on peut ouvrir plus ou moins afin de diminuer autant que possible la proportion d'eau aspirée.

Avec un tuyau d'aspiration de 0ᵐ225, on est arrivé à un produit de 50 mètres cubes à l'heure.

Des expériences ont montré que le mélange aspiré renfermait seulement 9 p. 100 de matières solides en poids et 5 p. 100 en volume. Encore la profondeur d'aspiration est-elle nécessairement fort limitée, cause grave d'infériorité de ces appareils à l'égard des appareils à godets ou à cuiller.

En présence de ces résultats, on peut douter que le système soit économique malgré sa simplicité. Le fonctionnement doit être bien meilleur dans la vase molle de Saint-Nazaire parce que l'extrémité des tuyaux peut pénétrer dans la masse.

Drague Newton. — Dans la drague Newton, l'emploi de la pompe aspirante est combiné avec celui de l'eau comprimée. La désagrégation du fond est produite non par une herse, mais par des jets puissants d'eau comprimée, qui reçoivent en outre un mouvement de rotation, de sorte qu'il se forme des tourbillons favorisant la mise en suspension des matières.

L'aspiration est produite par des cylindres spéciaux ; ces cylindres étant remplis de vapeur, on la condense par une injection d'eau froide, le vide se forme, l'eau et la vase sont aspirés et le cylindre se remplit ; l'expulsion du mélange est obtenue par une introduction de vapeur sous pression qui refoule le tout dans le tuyau de décharge. L'appareil fonctionne donc comme un pulsomètre.

Trois lances à eau comprimée désagrègent le sol ; ces lances sont terminées par un ajutage conique avec diaphragme hélicoïdal qui donne au jet de liquide son mouvement de rotation, comme un canon rayé fait avec son obus.

Une veine liquide, animée d'une vitesse de 60 mètres, est capable, paraît-il, de désagréger l'argile et les schistes.

Une drague du système Newton aurait extrait et élevé à 8ᵐ40 de hauteur, dont 6 mètres au-dessus de l'eau, 360 mètres cubes de gravier par heure avec une consommation de 500 kilog. de houille.

La proportion des matières solides varie du $\frac{1}{3}$ ou $\frac{1}{4}$ du volume du mélange aspiré.

Le système Newton est peu coûteux ; mais il n'est évidemment applicable qu'aux petites profondeurs.

L'idée de l'emploi de l'eau comprimée pour la désagrégation des roches terreuses a été mise à profit en Australie et en Californie pour l'exploitation des mines d'or ; des coteaux entiers sont attaqués par des jets d'eau comprimée qu'amène un tuyau de dérivation partant de réservoirs supérieurs. Sous des pressions de 10 et de 20 atmosphères la masse se désagrège, la terre s'en va en boue et les parties métalliques demeurent à l'emplacement même.

Drague avec système injecteur. — La chronique des *Annales des ponts et chaussées* a rendu compte d'une drague dans laquelle on a recours à l'eau comprimée et au principe de l'injecteur d'alimentation.

« Une pompe d'une grande force, installée sur l'un des bateaux dragueurs, envoie un fort jet d'eau au travers d'une tuyère fixée dans une position convenable au-dessus des matières à déplacer. Ce jet subaquatique désagrège promptement le banc inférieur ; les matières les plus légères sont entraînées de suite vers la haute mer, tandis que les parties les plus pesantes, comme les graviers, les galets et les débris de rocher s'accumulent autour de la tuyère ; le jet se trouvait de la sorte bientôt interrompu et l'ouvrage arrêté. On a remédié à cet inconvénient d'une manière fort ingénieuse, ainsi qu'il suit. On dispose sur l'emplacement du travail un tube de grand diamètre et assez long pour qu'une de ses extrémités vienne aboutir à un bas-fond ou soit dirigée vers la haute mer. L'autre extrémité, placée en face du jet d'eau qui produit la désagrégation du sol, est munie d'une sorte de tuyau conique dans lequel on lance un jet de vapeur. Il se passe alors un phénomène analogue à celui qui se produit dans l'injecteur Giffard ; il s'établit dans le tube un courant énergique qui entraîne l'eau environnante et les matières qu'elle tient en suspension, sables, gravier, galets, etc. Un grillage à larges mailles empêche l'introduction dans le système des fragments très gros qui pourraient l'obstruer. La force de ce courant est telle qu'en dirigeant verticalement l'extrémité postérieure du tube, l'eau chargée de gravier et de sable surmonte la surface de la mer et forme un jet qu'on peut recevoir pour en séparer le sable et le gravier et les recueillir dans des barques disposées à cet effet.

L'idée de recourir à l'eau pour les dragues n'est peut-être pas nouvelle ; mais on peut, à coup sûr, affirmer qu'elle n'a pas encore été employée avec autant de succès et d'une manière aussi pratique. Il y aurait peut-être là les éléments d'une solution simple pour dévaser certains bassins à flot. »

Extracteurs Bazin. — Les appareils connus sous le nom d'extracteurs Bazin sont des dragues-pompes dont voici le principe : un bateau porte un long tuyau flexible, partie en caoutchouc, dont l'extrémité s'engage dans le fond sableux ou vaseux de la rivière ou du port qu'il s'agit de creuser. Supposez que l'on ouvre brusquement ce tuyau, l'eau extérieure va s'y précipiter entraînant le sable ou la vase, et le tuyau recevra une colonne d'un mélange de densité supérieure à celle de l'eau ; si cette densité est par exemple de $1,25$ et la profondeur d'eau de 10 mètres, la colonne mixte aura 8 mètres. Il est évident que dans ces conditions le mouvement s'arrêterait aussitôt ; pour l'entretenir on interpose sur le tuyau d'extraction une pompe rotative mise en mouvement par une machine à vapeur et placée à une hauteur telle qu'elle n'ait pour ainsi dire qu'à refouler le mélange, la vitesse d'aspiration voulue étant égale à celle que produirait la pression de l'eau extérieure. Dans ces conditions, le fonctionnement est sans chocs et l'usure des appareils réduite au minimum.

Le tube aspirateur, muni d'une crépine à sa base, se déplace facilement en tous sens, vu sa flexibilité, et, si le fond n'est pas suffisamment meuble, on le désagrège à l'avant par une étoile à rayons recourbés que porte une élinde et qui reçoit son mouvement d'une chaîne Gall.

Les matières entraînées sont rejetées par la pompe dans des porteurs spéciaux. Quant au mouvement de progression du bateau dans un sens ou dans l'autre, on peut l'obtenir en élevant la crépine au-dessus du fond et en aspirant ou refoulant de l'eau claire ; c'est le principe du propulseur hydraulique qu'on a tenté d'appliquer à la navigation ordinaire.

Au canal de Suez, d'après M. Marcaire, un extracteur Bazin aurait donné des dragages à 0^f32, le mètre cube, alors qu'ils revenaient à 1^f20 avec la drague à longs couloirs. Nous citons ces chiffres sous toutes réserves, ignorant si les conditions du fonctionnement et du transport des déblais étaient les mêmes.

Quoi qu'il en soit, on peut dire que les *dragues-pompes sont susceptibles de rendre de grands services et de fonctionner économiquement lorsqu'elles sont chargées d'attaquer des fonds de vase molle ou de sable fin sans résistance.*

Pompe à sable de M. Eads. — On a en plusieurs circonstances appliqué avec succès aux travaux ordinaires de dragage la pompe inventée par M. Eads, pour extraire le sable dans les caissons à air comprimé du pont de Saint-Louis, sur le Mississipi.

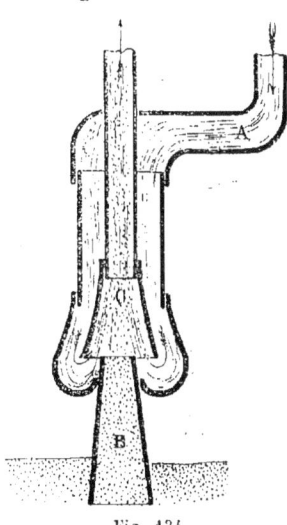

Fig. 134.

De l'eau comprimée descend par le tube A et remonte par le tube C dont elle contourne la base évasée ; au-dessous de l'évasement débouche un autre tuyau B engagé dans le sable. L'appareil fonctionne comme un injecteur et l'eau comprimée entraîne le sable par un effet de succion.

D'après M. Malézieux, une pompe de 88 millimètres de diamètre pourrait élever par heure et jeter hors du caisson 15 mètres cubes de sable, la pression d'eau nécessaire pour le jet étant d'environ 10 atmosphères. Nous ignorons quelle était la hauteur d'ascension ; mais elle pouvait atteindre une trentaine de mètres, hauteur totale du caisson.

IV. — DRAGUES A AFFOUILLEMENT

Les dragues à affouillement ont pour but de désagréger le sol et de mettre en suspension les matières solides que le courant entraîne au loin et va déposer dans des bas-fonds où elles deviennent inoffensives.

Ces dragues sont d'invention française et il en existe plusieurs modèles intéressants.

Drague à râteau des marais de Rochefort.
— En 1830, M. l'ingénieur Masquelez se servit, pour le curage des canaux de Rochefort, d'une drague à râteau.

La pièce principale de cette machine était un râteau vertical suspendu par des poulies à l'arrière d'un bateau et épousant par sa forme la section transversale du canal à curer ; ce râteau était, à vrai dire, un vannage vertical dont le bord inférieur était armé de dents ou crocs.

Le vannage étant descendu de telle sorte que la herse qui le termine pénètre dans la vase, il forme barrage, l'eau s'accumule à l'amont et met la machine en mouvement par la pression qu'elle exerce.

La vase est soulevée et poussée par le bateau qui s'avance avec lenteur ; le cube ainsi poussé peut s'élever à plusieurs centaines de mètres cubes.

Les vases poussées par le vannage n'ont point un mouvement horizontal de translation, comme on serait tenté de le croire, mais un mouvement de rotation de l'amont à l'aval comme celui d'une roue. Cette rotation tient à ce que la vase détachée du fond du canal s'élève verticalement le long du vannage, puis se courbe et se jette en avant comme une vague qui déferle.

Il importe que la machine ne soit pas arrêtée dans sa course ; quelques minutes de repos détruisent le mouvement acquis et il faut s'y reprendre ensuite à plusieurs fois pour enlever le volume que poussait la machine.

Lors donc qu'on rencontre un obstacle accidentel, il faut lever le vannage, puis le laisser retomber immédiatement après avoir dépassé l'obstacle.

Vannage dragueur employé sur la Garonne.
— Pour ouvrir des passes navigables dans les bancs de gravier qui obstruent le cours de la Garonne, M. l'ingénieur Borrel imagina, en 1836, le remarquable appareil dont suit la description et que représentent les figures 1 à 3, planche 19.

« Il consiste en un vannage vertical qu'on oppose au courant de la rivière dans l'endroit où on veut creuser une passe navigable.

« Le vannage est retenu contre le courant à l'aide de deux cordes attachées chacune à deux piquets d'amarre (b et b', *fig.* 3) solidement plantés dans le gravier, à l'amont et de chaque côté de la passe, et enroulées par trois ou quatre tours sur les deux montants verticaux contre lesquels sont fixées les traverses horizontales du vannage.

« Quand la machine est en jeu, deux hommes assis sur les bras du vannage tiennent chacun une des deux cordes directrices, et, en les larguant convenablement et peu à peu, conduisent le vannage partout où il est nécessaire d'aller.

« Ces deux hommes, comme les autres ouvriers de l'équipage, sont portés sur un bateau qui fait système avec le vannage et le suit dans tous ses mouvements.

« Le vannage se trouve composé d'une partie fixe de 3 mètres de largeur sur 1 mètre de hauteur environ, et de deux parties mobiles sur charnières de 1 mètre en carré environ, susceptibles de varier d'inclinaison de 0° à 90°, de manière à pouvoir modifier la largeur de tout le vannage depuis 5 mètres jusqu'à 3 mètres.

« Des barres de fer percées de trous pour la partie supérieure, et une corde qui relie les deux ventelles dans la partie inférieure, servent à immobiliser le système du vannage, quelle que soit l'inclinaison qu'on veuille donner aux ventelles.

« Les montants verticaux sur lesquelles sont enroulées les cordes directrices dépassent la traverse inférieure du vannage de 15 à 18 centimètres. Ces montants sont armés de sabots plats, pour les empêcher de s'user, l'expérience ayant appris que la hauteur de 15 à 18 centimètres était celle qui donnait le plus d'effet.

« La partie fixe du vannage se trouve percée, à ses deux extrémités, dans le voisinage des ventelles mobiles, de deux ouvertures que l'on peut agrandir ou amoindrir à l'aide de deux petites vannes verticales.

« Quand la machine fonctionne, il s'établit une différence de niveau de l'amont à l'aval du vannage. La pression due à cette différence de niveau détermine, sous le vannage, un courant qui affouille le gravier ; d'autres courants agissent sous les petites vannes, chassant en aval les graviers affouillés. Enfin, deux grands courants s'établissent à droite et à gauche des ventelles, entraînent le gravier accumulé derrière le vannage ou chassé par les courants des petites vannes, et le déposent à droite et à gauche de la passe qu'on approfondit, ou l'amènent à l'aval des passes, dans des gouffres où il ne gêne plus le passage des bateaux.

« Le but de cette manœuvre est tout simplement d'affouiller le gravier dans les points où il gêne et de le chasser, de proche en proche, dans des points où il ne gêne pas. »

En 1836, pour 1 mètre cube de travail utile, le prix de revient des trois systèmes employés simultanément sur la Garonne était le suivant:

Dragage à la main, 2 fr. 25.
Dragage avec le vannage, 0 fr. 266.
Dragage avec la drague à cuiller et à treuil, 0 fr. 74.

Wagons et bateaux dragueurs des égouts de Paris. — Le système simple et économique du vannage dragueur a été fort habilement utilisé pour le curage des égouts de Paris.

Dans les égouts de largeur moyenne, comme celui qui règne sous le boulevard Sébastopol, on se sert du wagon-vanne. La section de ces égouts est formée d'une cunette bordée de deux trottoirs. L'angle des trottoirs est consolidé par une cornière en fer ; les deux arêtes ainsi formées sont deux véritables rails sur lesquels peut rouler un chariot à quatre roues ; les roues sont à rebord intérieur.

A l'arrière du chariot est une vanne mobile que l'on peut enfoncer plus ou moins dans la cunette; cette vanne arrête l'eau à l'amont ; il se forme une chute de l'amont à l'aval et sous la vanne passe un courant animé d'une grande vitesse. Ce courant entraîne les vases et nettoie l'égout. Le chariot, sollicité par la pression de l'eau, s'avance de lui-même à mesure que le chemin devient libre, et il parcourt toute l'étendue de l'égout, avec une vitesse qui dépend de la grandeur des dépôts et de la hauteur de la chute.

Dans le grand collecteur, qui va déboucher à Asnières, on a remplacé le wagon par un bateau occupant presque toute la largeur de la cunette; la vanne mobile est placée à la tête aval du bateau et le système descend de lui-même.

Quand le wagon ou le bateau sont arrivés au bout de leur course, on soulève la vanne, et des hommes halent les appareils pour les ramener à leur point de départ.

Ces appareils sont tout à fait analogues à ceux de la Garonne; on n'a plus besoin de les diriger au moyen de cordages, parce qu'ils suivent forcément la direction de la cunette.

La pression de l'eau sur la vanne pousse en avant le wagon ou le bateau avec une vitesse qui peut être facilement réglée soit en enfonçant plus ou moins la vanne, soit en ouvrant de petites vannes ménagées dans la grande et en démasquant ainsi des orifices qui laissent passer une partie de l'eau accumulée et qui, par suite, diminuent la hauteur de charge et la pression.

Radeau-dragueur du canal de la Somme. — Au canal de la Somme, M. l'ingénieur Cambuzat s'est servi pour le curage des fossés d'un radeau-dragueur basé sur les mêmes principes que les appareils précédents. Ce radeau, de 3 mètres de large et de 6^m40 de long, est formé de quatre longerons ou carlingues de 0^m25 de hauteur et de 0^m085 d'épaisseur, sur lesquels sont cloués les bordages du fond, du pont et des extrémités; ces bordages, de 0^m04 d'épaisseur, sont calfatés avec soin afin de rendre le radeau bien étanche, chose importante, car, pour augmenter le poids, on introduit de l'eau dans l'intérieur avec une pompe à main. Les longerons dépassent de 0^m60 l'avant du bateau pour porter le vannage.

Celui-ci comprend quatre potilles de 0^m23 sur 0^m11 d'équarrissage, dont la plus large face est normale aux longerons, de sorte que ceux-ci s'engagent facilement dans une rainure ménagée dans les potilles. Trois ventelles de 0^m79 de largeur et de 1^m05 de hauteur s'engagent entre les potilles et deux ailes s'adaptent au moyen de gonds aux deux potilles extrêmes. Au bas des potilles est fixée une lame de fer qui entre dans la vase; à l'aide de clavettes et de coins en bois, traversant les abouts saillants des longerons on fixe et serre à volonté le vannage contre le radeau, de sorte que l'appareil forme un tout solidaire. Les cordes destinées à manœuvrer les ailes et à diriger le radeau s'amarrent sur le pont à l'arrière de celui-ci.

L'appareil étant placé dans le fil de l'eau, vannage en tête, l'eau s'accumule à l'amont du vannage, affouille la vase et la chasse vers l'aval. Un ouvrier, sur le radeau, le pousse avec une perche si c'est nécessaire, soulève à l'occasion le vannage avec une pince, serre et desserre les coins et fait descendre ou monter le vannage en se servant d'un maillet en bois, et enfin manœuvre les ailes. Deux autres ouvriers, un sur chaque rive, dirigent le radeau et le maintiennent dans le fil de l'eau avec des cordages.

Quand le radeau-dragueur fonctionne bien, la chute est de 0^m15 de l'amont à l'aval ; la vase refoulée s'étend quelquefois jusqu'à 80 mètres en aval et affleure l'eau ; elle avance avec un mouvement de rotation. La marche du bateau n'est pas régulière, elle dépend des obstacles rencontrés ; il faut tout faire pour éviter les arrêts complets et prolongés.

La machine chargée descend au plus 3 kilomètres par jour.

Elle paraît excellente pour le curage des fossés, petits canaux et petites rivières. Le mètre cube de dévasement peut ainsi ne revenir qu'à 0 fr.05. La machine peut être établie pour environ 350 francs.

On a employé ce même appareil, construit sur une plus grande échelle, au *curage des biefs du canal de Bourgogne*, avec un mouillage de 1^m40 de profondeur. La vitesse du courant étant de 0^m20 à 0^m275, celle du bateau a été de 0^m12 à 0^m15, soit environ 60 p. 100 de la vitesse du courant.

On a toujours obtenu un effet utile, même avec une chute réduite à quelques centimètres. Il serait bon d'avoir pour surcharge un chariot mobile sur deux rails parallèles au fil de l'eau ; de la sorte, on abaisserait et on relèverait facilement le vannage de tête.

Avec cette machine, on a enlevé en plusieurs passages une couche de vase ancienne de 0^m15 d'épaisseur ; les herbes du fond ont été arrachées. Le bourrelet de vase mis en mouvement s'étendait à 100 mètres en avant du vannage.

Il importe de ne pas attaquer plus de vase qu'on ne peut en faire sortir du bief en une journée.

La vase peut passer d'un bief à l'autre à travers les écluses ; mais il vaut mieux avoir un déchargeoir dans chaque bief.

En résumé, le radeau-dragueur peut être employé avec avantage au curage des canaux de navigation ; il peut servir à enlever non seulement la vase annuelle, mais encore celle qui a acquis une certaine consistance. La manœuvre, incompatible avec le maintien de la navigation, exige un courant de 0^m20 à 0^m30 par seconde et des moyens de décharge rapprochés. La dépense va à 0 fr. 08 ou 0 fr. 10 pour un mètre cube de vase refoulée dans un tirant d'eau de 1^m40.

Drague à affouillement système Long. — Pour creuser des chenaux dans le sable des hauts-fonds du Mississipi, le colonel Long s'est servi d'un appareil qui a donné de bons résultats et a permis d'obtenir un approfondissement de deux pieds dans les passes. On accroche à l'avant d'un bateau un triangle en charpente susceptible d'osciller autour d'un axe horizontal ; ce triangle dont une base est horizontale est relevé lorsque l'appareil ne fonctionne pas. Il porte à sa base quatre cuillers en tôle qui pénètrent dans le sable lorsqu'on laisse retomber le bâti dans l'eau ; ces cuillers sont des cylindres en tôle sans fond, ils labourent le sable, en mettant les particules en suspension ; celles-ci sont entraînées et vont se déposer dans le bas-fond que l'on trouve toujours à la suite d'un haut-fond. Le bateau descend ainsi à reculons tout le long du banc de sable, et quand il est parvenu à l'aval de ce banc, on remonte le bâti, le bateau est hâlé vers l'amont et va recommencer son attaque à la tête du banc.

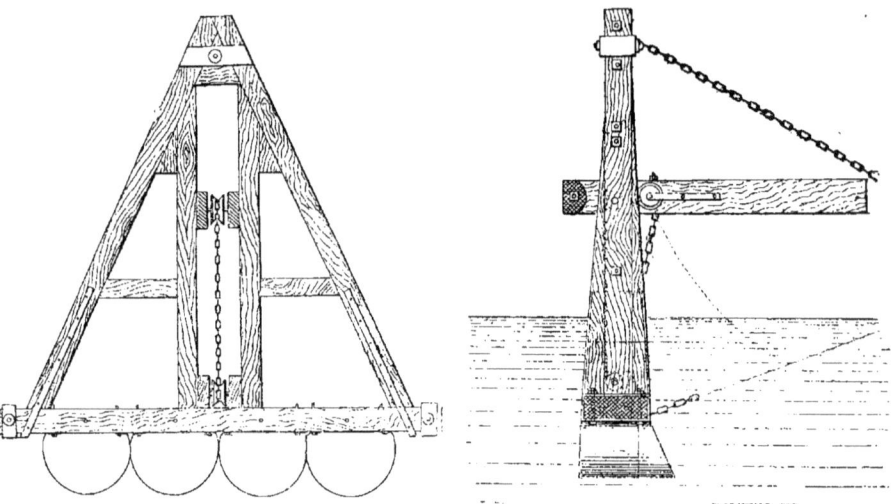

Fig. 136.

On voit sur la figure par quel procédé simple se règle la profondeur des cuillers.

Bateau excavateur Mac-Alester. — Pour entretenir la profondeur dans les passes de l'embouchure du Mississipi, M. Mac-Alester a

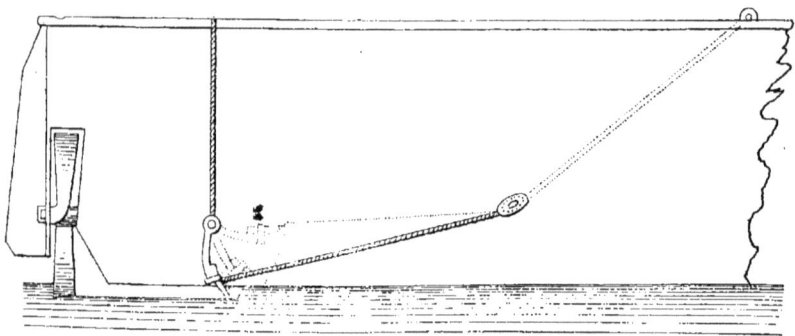

Fig. 137.

construit un excavateur, dans lequel l'outil principal est l'hélice motrice elle-même du bateau ; elle descend à 0^{m}60 au-dessous de la coque et attaque la vase et le sable qu'elle met en suspension et qui sont entraînés par le courant. Comme les bras de l'hélice se brisaient souvent en rencontrant la vase durcie, on a disposé en avant de l'hélice soit un rateau, soit des cuillers sans fond qui préparent la besogne.

Le bateau est semblable à l'avant et à l'arrière et porte deux hélices et deux machines.

Des chambres à eau, que l'on vide ou que l'on remplit à volonté, permettent de régler la profondeur et de faire varier le tirant d'eau du bateau de 4^m90 à 7^m30. L'hélice est simplement motrice lorsqu'elle n'attaque plus le fond.

D'après M. Lavoinne, deux machines de ce genre ont suffi dans ces dernières années pour entretenir un chenal de 12 à 30 mètres de largeur et de 5^m40 à 6 mètres de profondeur.

TRANSPORT DES PRODUITS DRAGUÉS

Transport par bateau. — Le procédé qui se présente naturellement pour le transport des produits de dragage est de recevoir ces produits dans des bateaux que l'on va décharger au point voulu.

Nous avons donné précédemment plusieurs exemples de transports de ce genre : le porteur à hélice est très commode pour aller jeter en pleine mer, ou dans des eaux profondes, des déblais qu'on a enlevés sur les hauts-fonds. C'est ainsi, généralement, qu'on opère pour les dragages à la mer ; on enlève la vase du port et on va la déposer au loin, en ayant soin de choisir des endroits où les courants s'éloignent des terres, car dans le cas contraire les vases reviendraient rapidement à leur point de départ.

Pour les dragages en rivière, on emploie souvent la méthode précédente, parce qu'elle est économique ; cependant on est obligé quelquefois d'enlever complètement les déblais au lit du cours d'eau et de les déposer sur les rives. Quelquefois même cette opération est non seulement nécessaire, mais utile, lorsqu'on a à faire un grand remblai, par exemple, aux abords d'un pont ; généralement les produits de dragage sont sableux et forment de bons remblais.

C'est ainsi que la gare de Perrache, à Lyon, sur les bords du Rhône, est assise sur un remblai élevé, emprunté au lit du fleuve. On draguait le gravier et on le recevait dans des wagons de terrassement placés sur des bateaux ; ces wagons étaient en ligne et reposaient sur des rails qui se continuaient jusqu'au bord même du bateau, au moyen d'un plan incliné. On avait ainsi un véritable train reposant sur un long bateau ; le dragage se faisait à l'amont, de sorte que, le bateau une fois chargé, on le laissait descendre en le guidant de la rive avec des cordages, et on le faisait entrer dans une gare d'eau creusée dans la rive ; du fond de cette gare d'eau jusqu'à la hauteur du remblai, s'élevait un plan incliné garni de rails qui se trouvaient dans le prolongement des rails du bateau. Une machine fixe, placée au sommet du remblai, entraînait le train tout entier au moyen de câbles puissants ; les wagons montaient, étaient déchargés et revenaient à leur bateau.

Lorsque le remblai n'a pas des dimensions suffisantes pour que l'on puisse établir un plan incliné, on enlève verticalement les wagons du bateau au moyen de chaînes et d'une grue puissante mue par la vapeur.

Il va sans dire que l'on doit éviter absolument, dans toute opération de quelque importance, de reprendre les terres en bateau pour les charger en brouette et les conduire sur la rive par des chemins en planches ; c'est un procédé long et surtout fort coûteux qu'il faut proscrire. Il a l'inconvénient d'exiger un matériel considérable de bateaux porteurs.

Les figures 3 et 4 planche 24, représentent, d'après M. l'ingénieur Gotteland, les dispositions adoptées pour le transport des dragages en wagons :

Les wagons sont reçus au fond du bateau par une voie montée sur longuerines ; ils sortent par une rampe de 0^{m}16. La voie du bateau et la voie fixe de rive se raccordent par un bout de voie mobile ; les rails de ce bout de voie sont reliés par des traverses métalliques et s'assemblent avec les rails fixes au moyen d'éclisses à boulon. Des pieux en rivière maintiennent le bateau dans la direction voulue. Le bateau porte six wagons que l'on enlève deux par deux ; pendant que les deux premiers sortent, on pousse les deux suivants vers la rampe, et quand ceux-ci sortent à leur tour, on amène les deux derniers vers le milieu du bateau afin d'équilibrer la charge autant que possible.

En cinq minutes on décharge un bateau et on remplace les wagons pleins par des vides.

M. Gotteland donne les tableaux comparatifs suivants pour la dépense :

CHARGEMENT EN DRAGUE SUR BATEAU	FR. C.	CHARGEMENT EN WAGONS SUR BATEAU	FR. C.
Patron de la drague.	5 50	Patron de la drague.	5 50
Chauffeur et marinier.	10 »	Chauffeur et marinier.	10 »
6 ouvriers à 0 fr. 40 l'heure à la drague.	28 80	7 ouvriers à la drague à 0 fr. 40. . .	31 60
18 ouvriers à 0 fr. 45 pour le travail en bateau.	97 20	17 ouvriers au transport et à la décharge.	81 60
11 ouvriers à 0 fr. 40 pour la charge en wagon et la décharge.	52 80	Charbon brûlé.	6 80
Charbon brûlé.	6 80	Réparations, etc.	4 »
Réparations, entretien, huile. . . .	4 »	Amortissement de la drague. . . .	12 17
Amortissement de la drague. . . .	12 17		131 67
Amortissement de 5 bateaux. . . .	6 17		
	223 44	Amortissement de 3 bateaux. . . .	3 70
Amortissement de 16 wagons. . . .	5 06	Amortissement de 18 wagons. . . .	5 68
2 chevaux	14 »	3 chevaux	21 »
Total.	242 50	Total.	182 05

La production par journée de 12 heures est de 198 mètres cubes dans le premier cas, et de 192 mètres cubes dans le second.

La dépense par mètre cube ressort donc à 1 fr. 22 et 0 fr. 95

Elle s'applique à des transports jusqu'à 200 mètres de distance.

Pour les transports de 200 à 400 mètres les chiffres se modifient comme il suit :

	FR.	C.		FR.	C.
Report du premier total partiel.	223	44	Report du premier total partiel.	151	67
Amortissement de 24 wagons.	7	58	Amortissement de 4 bateaux.	4	93
4 chevaux.	28	»	Amortissement de 24 wagons.	7	58
			5 chevaux.	35	»
Total.	259	02	Total.	199	18
ou 1 fr. 31 par mètre cube.			ou 1 fr. 04 par mètre cube.		

Pour des transports de 400 à 700 mètres, il faudrait ajouter deux chevaux de plus dans chaque cas, et le prix du mètre cube ressortirait à 1 fr. 38 et 1 fr. 11.

Déchargement par chaîne à godets. — La chaîne à godets, ou *noria*, est d'une application générale pour le transport et l'élévation de toutes les matières liquides ou pulvérulentes. La noria est pour l'élévation de l'eau une machine simple et économique. De même elle rend de grands services pour le transport des farines et des sons. C'est l'élément principal des élévateurs à grains, dont on fait en Amérique un grand usage. Il était donc naturel qu'on l'appliquât au débarquement des déblais comme on l'applique au dragage proprement dit.

D'autant plus que le rendement d'une opération de dragage est limité d'ordinaire, non par la puissance des appareils d'extraction, mais par celle des appareils de débarquement, et c'est sur ceux-ci que l'attention doit principalement se porter lorsqu'on veut obtenir un grand débit.

Pour les travaux de régularisation du Danube, à Vienne, M. Hersent a tiré les déblais des bateaux au moyen d'une chaîne à godets inclinée.

« La chaîne est installée soit sur un appontement fixe, reposant sur des pieux, et que le margotat accoste, soit sur deux bateaux entre lesquels le margotat vient se loger. Celui-ci est disposé de telle sorte que les déblais viennent s'accumuler dans le milieu de sa largeur. D'ailleurs la partie pendante de la chaîne à godets présente du mou dans le bas, de telle sorte que les godets s'engagent horizontalement dans les matières à enlever. Du haut, au contraire, cette partie pendante de la chaîne est repoussée par un tambour en fer de 1^m60 environ de diamètre, ce qui aide à dégager la glissière d'écoulement des déblais. La capacité des godets en tôle d'acier est de 150 litres. La longueur des maillons est de 0^m40. »

« D'après M. Hersent, une machine à vapeur de 12 à 15 chevaux suffit pour débarquer 150 à 200 mètres cubes de gravier par heure. Le nombre de godets qui viennent se vider successivement est alors d'environ 40 à la minute, ce qui suppose qu'ils sont à moitié pleins. Lorsque les déblais sont composés d'argile ou de sable mélangés de vase, le rendement est beaucoup moindre, car on ne peut faire passer que 20 ou 25 godets à la minute et ils sont, paraît-il, encore moins remplis. »

Déchargement par chaînes à godets avec longs couloirs. — Le système de déchargement par chaîne à godets a été combiné par MM. Couvreux et Hersent avec celui de longs couloirs dans lesquels s'écoulent les déblais plus ou moins mélangés d'eau; ces déblais sont ainsi conduits mécaniquement soit au lieu de dépôt lui-même, soit dans des wagons.

Application au port de Toulon. — Le sol du port de Toulon est composé d'alluvions plus ou moins anciennes sur une profondeur de 10 à 12 mètres surmontant un terrain très résistant, appelé safre, formé de cailloux calcaires et de sable agglutinés avec de l'argile.

Pour construire les bassins de radoub, on avait à mettre en place, à 19^{m}30 de profondeur, un immense caisson métallique. Il fallut d'abord préparer la fouille en draguant le safre entre 10 et 19 mètres de profondeur, ce à quoi on parvint avec une drague spéciale, mue par une machine de 60 chevaux de force.

« L'élinde, de 25 mètres de long, dit M. Hersent, peut permettre le dragage jusqu'à 19 mètres, elle est presque libre contre une traverse dans le puisard et peut être mise dans une position presque verticale, sans que pour cela les godets aient changé de position par rapport au couloir du haut, grâce à la présence d'un tourteau posé dans le puisard qui éloigne les godets d'une manière constante, qu'elle que soit l'inclinaison de l'élinde. Par suite de cette disposition, on peut draguer sous différentes inclinaisons sans que le déversement des godets soit modifié; de plus, la tension de la chaîne dragueuse est beaucoup allégée par son passage sur ce rouleau.

Le tambour du bas qui sert de poulie de retour aux godets est à six pans pour tenir les godets plus longtemps en contact avec le sol et leur permettre de prendre charge.

« La drague enlevait environ 500 mètres cubes de déblais par jour et les déversait dans des bateaux de transport. Ceux-ci étaient remorqués jusqu'auprès d'un débarquement flottant.

« Le débarquement flottant est une drague installée sur deux bateaux en fer servant à enlever les matières placées dans les bateaux et à les transporter au moyen d'un long couloir à 50 mètres environ de la rive.

« Les deux bateaux en fer sont suffisamment écartés pour qu'un chaland de transport puisse passer dans l'espace qui les sépare pour être déchargé.

« La charpente qui supporte l'élinde et les godets réunit et entretoise les deux bateaux.

« Les matières élevées sont déversées dans un long couloir composé de tuyaux en acier de 0^{m}45 de diamètre; ces tuyaux, lisses à la partie inférieure, sont soutenus par une série de haubans partant d'une grande bigue posée sur le côté d'un des bateaux de support.

« Une pompe spéciale fournit environ par heure 350 mètres cubes d'eau qui sert d'élément de transport aux déblais, au fur et à mesure que les godets les déversent en haut.

« Avec une pente de 8 à 10 centimètres par mètre et deux volumes d'eau contre un volume de déblai, le transport a été fait très régulièrement; il est même résulté de ce travail que les cailloux du safre se sont lavés suffisamment pour être employés dans le béton, et que le sable, après un second lavage, peut être utilisé pour la fabrication du mortier des maçonneries. »

Application au canal de Gand à Terneuse. — Le canal maritime de Gand à Terneuse présentait des sinuosités gênantes avec une largeur et une profondeur insuffisantes ; on se proposa de lui donner un mouillage de 6^{m}50, une largeur de 17 mètres au plafond et de 56 mètres à la ligne d'eau.

A la fin de 1878 on avait enlevé à la brouette 1,100,000 mètres cubes de déblai, et à la machine 1,250,000 mètres cubes dont 1,049,000 mètres cubes extraits à la drague et le reste à l'excavateur.

MM. Couvreux et Hersent ont exécuté ces travaux qu'ils décrivent comme il suit :

« Les deux dragues employées à l'exécution des travaux sont semblables, elles sont installées sur une coque en fer de 27 mètres de long sur 6 mètres de largeur et 2^{m}40 de creux ; l'élinde a 12 mètres de longueur (comme à la régularisation du Danube), elle est inclinée et pose au milieu de l'avant du bateau, les godets sont ceux qui ont déjà servi à Vienne, la charpente du beffroi est plus élevée, l'axe du carré d'entraînement de la chaîne à godets est à 8 mètres au-dessus du plan d'eau.

« Cette grande élévation des matières draguées est nécessitée par les différents modes employés pour le transport du dragage.

« En s'inspirant des beaux résultats obtenus au canal de Suez par l'emploi du long couloir appliqué aux transports directs, on a combiné une disposition de couloir beaucoup plus simple qui permet de déverser les sables et vases jusqu'à une distance de 40 et quelquefois 45 mètres de l'axe de la drague, et à une hauteur de 4 mètres au-dessus du plan de flottaison.

« Les matières draguées tombent dans le couloir concave à 2 mètres plus bas que le tourteau, et sont délayées sous l'action de l'eau projetée par une pompe, dont le jet débouche dans le couloir dans lequel elles sont alors entraînées sous forme de vase liquide. La pente du couloir est généralement de 0^{m}03 par mètre ; il est supporté par des câbles en fil de de fer attachés à la tête d'une chèvre haubannée elle-même à la charpente de la drague, et dont les pieds reposent sur le pont.

« Un contrepoids sur l'autre côté de la drague est formé du bateau contenant la locomobile et la pompe pour l'élévation de l'eau.

« Ce bateau est suspendu à la drague de la même façon que le couloir au moyen d'une bigue (la tête des deux bigues est aussi réunie par un fort câble).

« Le débit et la pente maxima dépendent de la facilité de désagrégation du sol et de la quantité d'eau qui entre dans le mélange. Les proportions ordinairement employées sont trois parties d'eau pour une de sable.

« Lorsqu'on rencontre dans le dragage des couches d'argile compacte qui se délaye peu ou pas sous l'action de l'eau, les blocs sont cependant entraînés par l'eau, mais avec moins de vitesse que le sable. Le couloir est plus chargé et la drague balance un peu. Les moellons d'enrochement suivent le même chemin sans difficulté.

« Toutefois, ce dernier fait ne se présente qu'accidentellement, le sol dragué étant en général composé de sable fin mélangé de peu d'argile, qui se prête bien à ces diverses manipulations. Les dragages demi-liquides, comme les vases des ports et des canaux, coulent avec d'autant plus de facilité qu'ils sont moins solides et de moindre densité.

« La mise en dépôts des produits de dragages ainsi manipulés nécessite un travail préparatoire spécial assez important, qui consiste à former à l'avance un bassin de décantation, dont les digues sont élevées successivement à mesure que s'élève le dépôt des terres amenées avec l'eau.

« Ce travail n'est toutefois possible que dans le cas où le remblai est latéral à la fouille à draguer.

« Dans le cas où les remblais doivent être faits sur des endroits tels que leur éloignement ne permet pas l'emploi direct du grand couloir, on doit charger les produits du dragage dans des chalands qui sont amenés sous le débarquement et enlevés par dragage (soit fixe, soit flottant).

« Le long couloir peut être même bien appliqué à cet appareil, et on peut encore en obtenir un travail facile surtout pour remblayer des surfaces irrégulières voisines du point de débarquement.

« Le débarquement flottant est installé sur deux bateaux qui supportent une charpente en fer, sur laquelle est établi le beffroi du tourteau d'entraînement de la chaîne à godets, la machine motrice avec son système de transmission se trouve dans l'un des bateaux, et dans l'autre est installée la pompe et sa machine.

« A 2 mètres au-dessous du tourteau est le point de départ du couloir.

« Le couloir long de 30 mètres est de même section que celui de la drague — 0,45 de diamètre, — il est supporté par trois câbles attachés à une chèvre posée sur le côté du bateau et reliée au beffroi. La pente peut n'être que de 0^m04 par mètre, ce qui permet de déposer les terres à 6^m80 au-dessus de la flottaison de l'appareil à 30 mètres de distance.

« Ainsi organisé, cet appareil est assez facile à mener aux différents dépôts à établir sur un même chantier ; il ne souffre du reste en rien du changement du niveau des eaux, puisque son couloir est entièrement porté par le bateau.

« Il arrive souvent que la forme des dépôts exécutés nécessite des transports à de grandes distances (jusqu'à 300 ou 400 mètres du point de débarquement), on fait déboucher alors le couloir de l'appareil dans un autre couloir également métallique, ouvert et simplement posé sur le sol sous une pente de 0^m01 par mètre. Dans ce cas les produits marchent encore avec suffisamment de vitesse pour ne pas nuire au travail de l'appareil.

« Quelquefois de gros blocs d'anciennes maçonneries qui ont formé les enrochements des rives sont entraînés ; tant qu'ils sont en mouvement, on n'a pas à s'en préoccuper, mais si par hasard ils s'arrêtent, l'eau débordant des couloirs produit des affouillements qui dérangent la marche du chantier, un homme, spécialement chargé d'enlever ces blocs à leur sortie du couloir fermé, surveille le fonctionnement de l'appareil et fait les petites réparations utiles ; les argiles vont mieux avec de petites pentes que les pierres.

« Les dépôts qui ont été ainsi formés ont pris une pente naturelle d'écoulement d'environ 0^m04 par mètre ; il est intéressant de faire remarquer que les remblais formés de sables lavés n'ont presque pas eu de foisonnement.

« Les résultats obtenus autorisent à dire que la pente des couloirs doit être d'autant plus grande, que les matières à transporter sont d'une plus grande densité, et qu'il faut d'autant plus d'eau que les fragments des matières à entraîner sont plus gros.

« Pour l'exécution et le transport des dragages que le long couloir de drague ne peut pas conduire à destination, on doit charger le déblai dans des bateaux, pour le transporter aux endroits de débarquement ou d'immersion, bateaux qui méritent une mention spéciale. Ces bateaux sont construits tout en fer et à doubles parois, l'enveloppe extérieure mesure 25 mètres de longueur sur 4^m50 de large et 0^m50 de creux, sert au déplacement, et ses formes ont été étudiées pour que ces bateaux soient commodes pour la navigation sans avoir des formes compliquées. L'enveloppe intérieure sert uniquement à contenir les matières draguées ; elle est construite de façon que les godets du débarquement par dragage puissent facilement enlever tout son contenu sans en détériorer les parois en tôle. Ces enveloppes n'ont d'autres communications entre elles que par des autoclaves hermétiquement fermées. Ces bateaux parfaitement étanches dans leurs parois, n'ont point besoin de nettoyage ni d'extraction d'eau ; ils portent le maximum de charge utile dont ils sont susceptibles et sans aucune variation, ce que ne permettraient pas des bateaux en bois.

« En raison de leur construction, ces bateaux sont insubmersibles, et il a été possible de les employer aux remblaiements sous l'eau des parties abandonnées du canal.

« Dans ce but, le fond des bateaux a été percé d'orifices circulaires de 0^m30 de diamètre distancés de 4 en 4 mètres, les parois des deux enveloppes ont été réunies par des tubes de même diamètre, ce qui ne modifiait en rien la flottaison desdits bateaux.

« Des tampons obstruent les orifices pendant la charge et le parcours, afin d'éviter des pertes sous l'eau ; quand le bateau arrive au lieu de décharge, les tampons sont levés au moyen de vis, la terre passe par les orifices ouverts, pendant qu'une pompe mue à la vapeur déverse tout son débit dans le bateau. L'eau met le sable en suspension et l'entraîne vers les orifices inférieurs avec une vitesse d'autant plus grande, que le bateau se relève à mesure que le poids des matières qu'il porte diminue. A la fin de l'opération, le fond de la cuve du bateau se trouve au-dessus du niveau de flottaison, le bateau est parfaitement vidé et nettoyé.

« Ces bateaux portent environ 50 mètres cubes, sont vidés en 10 à 15 minutes, ils peuvent remblayer jusqu'à 1^m50 de la surface de l'eau, ce que ne permettent pas les clapets de la même capacité qui sont d'une construction plus chère. »

Refoulement des déblais dans un tuyau fermé. — Les différentes applications des dragues à couloirs ont montré que le mélange des vases et terres légères avec une certaine quantité d'eau pouvait, en somme, être traité à peu près comme un liquide et soumis à tous les moyens de pression, d'aspiration et de refoulement en usage pour l'eau pure.

Application au canal de Gand à Terneuse. — Ce principe démontré, disent MM. Couvreux et Hersent, nous avons organisé une drague versant ses produits dans un puits placé immédiatement sous les godets et dans lequel on verse en même temps l'eau élevée par une forte pompe rotative pour former le mélange de terre et d'eau comme dans le long couloir. Ce mélange s'écoule, à la partie inférieure du puits dans un tuyau de 0^{m}30 de diamètre, flottant à la surface de l'eau et composé de parties rigides en métal et de parties flexibles. Ce tuyau va jusqu'à la rive et débouche à l'emplacement même du remblai futur. Les diverses parties en sont reliées les unes aux autres par des joints sphériques permettant le déplacement en tous sens.

Au milieu de sa longueur est installée une pompe centrifuge qui aspire le mélange du côté du puits et le refoule du côté de la rive jusqu'à 11^{m}50 de hauteur au-dessus de la flottaison de la drague. Portés à cette hauteur, les déblais peuvent encore se déverser dans un couloir à air libre et être transportés à plusieurs centaines de mètres sans autre intervention.

Au 30 avril 1878, le tuyau de conduite avait une longueur de 200 mètres et la pompe centrifuge, d'une puissance de 20 chevaux, était établie à 130 mètres de la drague.

Il n'y avait à draguer que du sable fin, et une grille était, du reste, interposée dans le puits de la drague pour arrêter les moellons et les gros débris.

Il est à remarquer qu'après égouttement, les *remblais ainsi formés par un mélange semi-liquide sont extrêmement solides* et bien homogènes.

Application au canal d'Amsterdam à la mer du Nord. — Le système de refoulement des déblais a reçu une forme spéciale au grand canal qui relie Amsterdam à la mer du Nord.

La figure 138 fait comprendre le fonctionnement de l'appareil propulseur. Les déblais recueillis par le couloir de la drague s'engagent dans un tuyau incliné A qui les conduit dans un cylindre vertical B de 0^{m}75 de diamètre.

A la base de ce cylindre vertical on voit une pompe centrifuge C qui refoule les matières dans le tuyau flottant D ; mais il faut mélanger aux déblais une quantité d'eau convenable. A cet effet, on a disposé sous la pompe centrifuge un tuyau à soupape S ; l'ouverture de cette soupape et par suite l'introduction de l'eau sont réglées avec un levier à main.

La pompe doit toujours se trouver un peu au-dessous du niveau de l'eau h, h, afin que l'aspiration de l'eau se fasse sans effort.

Le mouvement de rotation de la pompe centrifuge est donné par un arbre vertical coïncidant avec l'axe du cylindre B ; cet arbre est actionné par deux roues d'angle et par un arbre horizontal mû par la machine même de la drague.

La pompe fait 230 tours à la minute ; elle lance avec force dans le conduit de refoulement le mélange d'eau et de terre, et ce mélange va s'épancher au lieu même du dépôt.

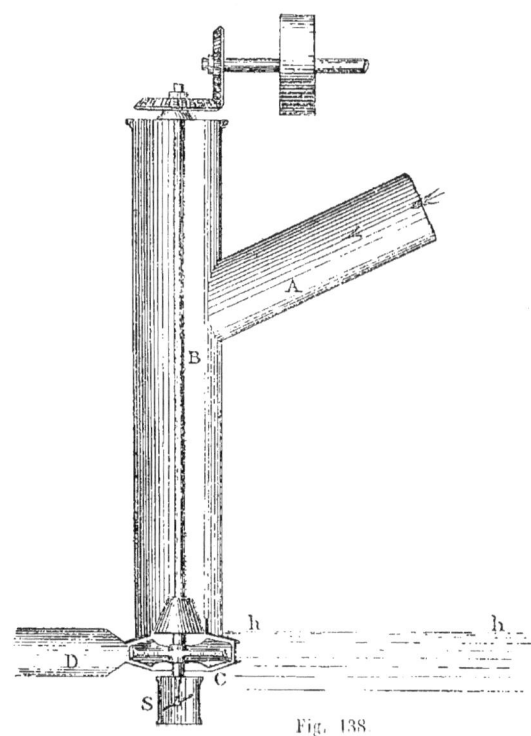

Fig. 138

Le tuyau flottant, soutenu au besoin par des flotteurs, est à joints flexibles. Il n'est pas absolument étanche et ne se prête pas, comme le système Couvreux, à l'installation de pompes intermédiaires, ce qui restreint nécessairement la distance de transport et la hauteur d'élévation.

D'après M. Croizette-Desnoyers, « le mélange dans le tube flottant consiste en 50 à 40 p. 100 de matière solide, vase, argile et sable, et 50 à 60 p. 100 d'eau. Le tube flottant se compose d'une série de tubes en bois, d'environ 15 mètres de longueur et 0^m40 de diamètre, reliés par des assemblages flexibles de cuir enveloppé de bandes de fer. Ces tubes flottent irrégulièrement sur la surface de l'eau et servent pour des distances de 250 mètres et plus. Leur extrémité est placée à travers ou au-dessus des dépôts de sable précédemment opérés et décharge ainsi, derrière ces digues de sable, un jet d'eau vaseuse. Les parties solides se déposent successivement et s'étendent à des surfaces considérables.

Chacune des quatre dragues a fouillé et transporté 574 mètres cubes par 24 heures ; l'équipe d'une drague est de dix hommes, soit vingt hommes par 24 heures.

Nous avons trouvé des renseignements plus récents sur ces appareils dans la Chronique des *Annales des Ponts et chaussées* d'avril 1884, à qui nous empruntons les lignes et les croquis suivants :

« Les dragues employées à l'entretien des profondeurs du canal sont des dragues ordinaires à godets, dont l'élinde va à une profondeur de 10 mètres. Les godets, qui ont une capacité de 200 litres, qui marchent à une vitesse de 12 à 16 tours par minute, donnent un rendement d'environ 1,500 mètres cubes de déblai par jour. Ces déblais sont refoulés sur les berges du canal, à l'aide d'un appareil appelé *propulseur* par son inventeur, M. Thomas Figée, et qui consiste essentiellement en un cylindre vertical placé sur l'un des côtés de la drague, au-dessous du couloir, et recevant ainsi tout le déblai. A la partie inférieure du cylindre se trouve une boîte en fonte ouverte en dessous, de façon à permettre l'introduction de l'eau destinée à noyer le déblai. Dans la boîte en fonte est placée une hélice à deux ailes qui se meut horizontalement et qui reçoit son mouvement de la machine même de la drague, par l'entremise de deux roues d'angle, dont l'une est calée sur un arbre horizontal, portant à son extrémité une poulie actionnée par une courroie. Cette hélice a trois fonctions : elle aspire l'eau, elle mélange cette dernière avec le déblai et refoule le mélange fluide, par une ouverture placée sur le côté de la boîte en fonte. C'est à cette ouverture qu'est fixé le tuyau qui conduit le déblai au lieu choisi pour son dépôt.

Ce tuyau se compose d'une série de tuyaux plus petits, ayant chacun une longueur de 6 mètres, construits en bois et reliés les uns aux autres par des raccords en cuir. Grâce à cette disposition, le tuyau d'évacuation des déblais, dont la longueur totale est de 300 mètres, peut suivre, avec la plus grande facilité, toutes les sinuosités du terrain et les mouvements de la drague. Les tuyaux qui doivent reposer sur l'eau sont soutenus par des flotteurs ou plateaux en bois, qui servent en même temps de chemin de circulation pour le personnel employé à la conduite de la drague.

Grâce à l'emploi de ce dispositif ingénieux, on peut transporter les déblais à une distance de 300 mètres, en remontant un talus de 5 mètres de hauteur, ainsi que le montrent les figures 139, 140 et 141, représen-

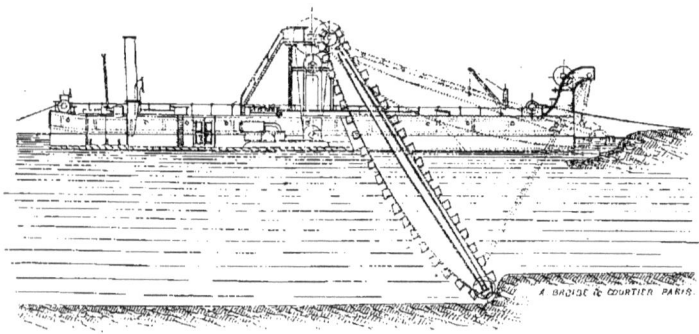

Fig. 139.

tant le plan de la drague et du tuyau flottant, la coupe transversale et la coupe longitudinale de l'appareil.

Ce n'est pas sans de nombreux tâtonnements que l'inventeur du système que nous venons de décrire est arrivé à son parfait fonctionnement; car ce dernier résulte des proportions convenables à donner au propulseur. Il faut que les dimensions de ce propulseur soient calculées de telle sorte que l'on introduise juste la quantité d'eau nécessaire et suffisante pour délayer le déblai, et sans que ce dernier puisse s'échapper par l'ouverture inférieure de la boîte dont il a été parlé plus haut. Il faut aussi que l'arbre vertical de l'hélice puisse se soulever lorsque des corps durs, tels, par exemple, que des pavés, des boulons, des pierres, etc.,

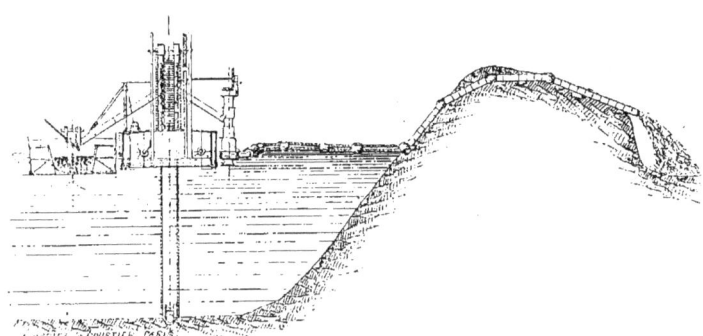

Fig. 140.

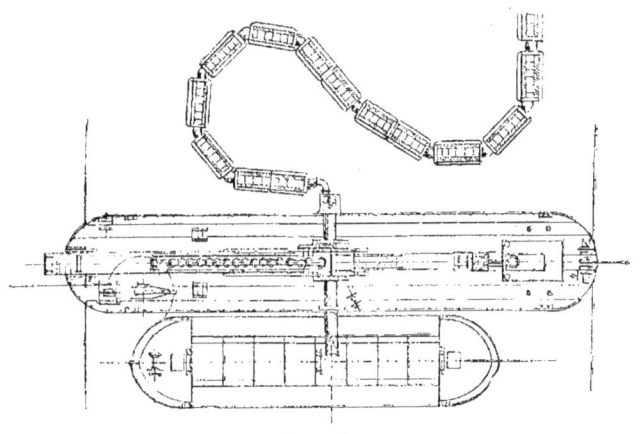

Fig. 141.

parviennent à s'introduire dans la boîte de fonte. Enfin, des précautions toutes spéciales ont dû être prises pour diminuer, autant que possible, l'usure du pivot de l'hélice qui frotte continuellement contre le déblai. On est arrivé à diminuer cette cause d'usure, et les appareils peuvent aujourd'hui fonctionner sans avoir à subir la moindre réparation.

La conduite de la drague et des appareils accessoires n'exige qu'une équipe de six ouvriers; les dépenses d'exploitation sont très minimes; elles se réduisent à l'entretien d'une drague ordinaire. La machine à vapeur a une puissance un peu supérieure à celle des machines des dragues non pourvues de l'appareil de refoulement; la dépense du charbon est donc augmentée, mais dans une faible proportion. Le résultat final est un dragage puissant, rapide, puisqu'on peut travailler nuit et jour sans interruption, un transport des déblais absolument certain, et un dépôt de ces déblais en un remblai régulier.

Le prix moyen, résultant d'une expérience de six mois, ressort à 0 fr. 257 par mètre cube extrait. Pendant le laps de temps ci-dessus indiqué, on a extrait et transporté 200,000 mètres cubes de déblai. Les chiffres que nous venons de citer suffisent à montrer la supériorité du système sur ceux employés jusqu'à ce jour. Aussi croyons-nous que l'appareil de M. Thomas Figée est susceptible de nombreuses applications dans l'exécution des travaux publics.

Application au port de Gand. — Le même système, employé par MM. Déchaux et Mogniat au port de Gand, a été décrit par M. l'ingénieur Léchalas dans les *Annales des Ponts et chaussées* de 1882.

Les dragues sont à godets de 1/2 mètre cube.

Elles ne portent pas le propulseur ou pompe centrifuge qui est monté sur un autre bateau et actionné spécialement par une locomobile de 25 chevaux, la machine de la drague étant de 42 chevaux.

La drague produit 80 mètres cubes à l'heure et la pompe les transporte tant que la hauteur à franchir ne dépasse pas 2 mètres.

Si la hauteur est supérieure, le tuyau s'engorge et on est conduit à interposer sur la longueur une nouvelle pompe centrifuge. Mais une pompe centrifuge ordinaire à ailettes rapprochées ne réussit pas du moment où il se rencontre dans les matières qu'elle aspire des cailloux ou d'autres blocs qui viennent choquer les palettes et arrêter le débit.

On a vaincu cette difficulté en recevant le produit de la conduite flottante dans un bassin placé près de la rive ; ce bassin est divisé par une grille verticale qui arrête les cailloux trop gros et on les enlève à la main. Une pompe centrifuge reprend dans ce bassin le mélange vaseux ; actionnée par une locomobile de 16 chevaux, elle peut élever les déblais à une hauteur de 2^m50.

Les résultats étaient bien moins favorables qu'au canal d'Amsterdam, car des engorgements ne tardaient pas à se produire dès que la proportion de matières solides dépassait 15 p. 100.

Application à San-Francisco. — Nous trouvons dans les *Annales des Ponts et chaussées* de 1881 les renseignements sur une drague destinée à creuser un grand canal près San-Francisco :

« La terre excavée doit être réemployée sur place pour constituer les digues. Vue à distance, la machine ressemble à un élévateur à grains ; elle se compose d'une plate-forme, ou radeau, longue de 30^m50 et large de 24^m40 qui porte le mécanisme moteur et ses accessoires. L'appareil dragueur consiste en une échelle, ou élinde pesante, en porte-à-faux sur une des extrémités du radeau, autour de laquelle tourne une chaîne sans fin portant 16 godets Chacun d'eux a une capacité de 433 litres et peut enlever environ une tonne de vase. En travaillant en pleine force, la machine donnera 3,050 mètres cubes en dix heures. L'élinde descendra jusqu'à une profondeur de 7^m62 et élèvera les déblais à une hauteur totale de 12^m20, d'où ils tomberont dans une trémie en tôle. La partie nouvelle du système est celle qui jette les déblais sur les rives. Elle se compose d'un tuyau en fer de 0^{m}915 de diamètre et de 30^{m}50 de longueur, attaché à la trémie au moyen d'un collier tournant qui permet à la drague de se déplacer à droite et à gauche pendant qu'elle fonctionne, tandis que le tuyau en question ne bouge pas. La vase extraite par les godets est versée dans la trémie, et après une chute de 3^{m}65 elle est déversée par le tuyau sur les rives à raison de 45^{m}5 par minute. La force motrice est fournie par une machine de 100 chevaux-vapeur. Quand la machine fonctionne, elle est maintenue en place par un pieu qui traverse le radeau et autour duquel elle tourne pour que la drague agisse dans toutes les directions. Elle coûte 200,000 francs. »

TABLE DES MATIÈRES

PREMIÈRE PARTIE

	Pages
Objet de l'ouvrage	5

Reconnaissance du sol et des roches; sondages.

Principes généraux de géologie 9
Terrains stratifiés; non stratifiés. ... 10
Terrains métamorphiques 11
Terrains de transport 12
Terre végétale 13
Classification des terrains stratifiés. .. 14
Tableau général des terrains 16
    1° Terrains anciens 16
    2°   —   de transition 16
    3°   —   secondaires 17
    4°   —   tertiaires 18
    5°   —   quaternaires 19
Cartes et coupes géologiques 20

Étude sommaire des roches   21
Roches élémentaires : carbone et carbures 21
Quartz 21
Chaux carbonatée ou calcaire 22
Chaux sulfatée ou gypse 23
Feldspath 24
Mica 25
Talc, amphibole 26
Pyroxène, kaolin 27
Roches composées : granites 27
Porphyres 29

	Pages
Trachyte, basalte	30
Lave, calcaires	31
Roches arénacées	32
Argiles et marnes	34
Des lits et des joints dans les roches.	37
Principes généraux d'hydrologie...	41
Origine des sources; sources des terrains imperméables	41
Sources des terrains perméables	42
Niveaux d'eau	43
Puits artésiens	44

Sondages

Procédés généraux de sondage 45
État actuel de l'art du sondeur 47
Sondage à la corde ou sondage chinois. 48
Sondage Fauvelle ou à sonde creuse .. 48
Sondage au diamant noir 49
Sondage à la tige rigide 49
Forage à grand diamètre 50
Sondages à effectuer pour les travaux publics 51
  1° Outils 53
  2° Tiges de sonde; 3° engins de manœuvre 54
  4° Manœuvre; 5° tubage 55
  6° Tuyaux guides, sondages en rivière. 55
  7° Accidents des sondes 56
Devis des sondes 57
Sondages par puits d'essai 57
Représentation des résultats d'un sondage 58

TABLE DES MATIÈRES

DEUXIÈME PARTIE
Terrassements et dragages.

	Pages
Objet et division de la 2ᵉ partie.	63

CHAPITRE Iᵉʳ
FOUILLE ET CHARGE

1° Déblais terreux.

A. *Travail avec outils à main*.	65
Abatage	68
Usage de la dynamite pour la fouille des terres	69
Usage de la charrue	71
Résultats d'expérience sur la fouille à la main	72
Observations sur la charge	74
B. *Excavateurs*	75
Système français : excavateur Couvreux	75
Excavateur Sayn	79
Excavateurs Laferrière, Jacquelin et Chèvre	80
Excavateurs du système américain : appareils à cuiller	81

2° Déblais rocheux. 85

A. *Forage des trous de mine*	87
1° Outils ordinaires du mineur	87
2° Perforateurs mécaniques	88
Tarière pour roches tendres	89
Perforateur Sommeiller	91
Fleurets du Mont-Cenis	95
Perforateur François et Dubois	96
Perforateur Leschot et la Roche-Tolay ; emploi du diamant noir	98
Perforateurs Ferroux, Brandt	103
Perforateur Beaumont	106
Comparaison des outils à rotation et des outils à percussion	108
Forage chimique, système Courbebaisse.	108
B. *Choix de la substance explosive*.	110
Force d'un explosif, rapidité de la réaction	111
Classification des explosifs	111
Épreuves de force	112
Prix de revient de fabrication	113
Poudre ordinaire	113
Poudres diverses	114
Coton-poudre ou pyroxile	114
Nitroglycérine, dynamites	115
Encartouchage des dynamites	118

	Pages
Dynamite gelée ; accidents	118
Avantages de la dynamite ; prix	119
C. *Confection et explosion de la mine*	120
1° Mines à poudre ordinaire	120
Manière de mettre le feu	121
Ligne de moindre résistance, charge de poudre	122
2° Mines à dynamite	123
Charges de dynamite	125
Charges de rupture	127
Brisement des glaces, des bois, des souches	128
Mise à feu électrique	129
1° Exploseurs ; 2° conducteurs	129
3° Fusées électriques. Mines simultanées	130
D. *Résultats d'expérience ; exemples de grandes mines.*	
Résultats d'expérience	131
Consommation de poudre, de dynamite.	133
Exemples de grandes mines	135
Enlèvement de roches sous-marines	137
Grandes mines du port de Marseille	140
Enlèvement des épaves, navires sombrés	142

CHAPITRE II
PROCÉDÉS DE TRANSPORT

Résistance au roulement des véhicules.	144
Brouettes	148
Théorie mécanique de la brouette	149
Transports en pente, en rampe	153
Relais ; relais en rampe	154
Prix du transport à la brouette	156
L'usage de la brouette est à restreindre.	157
Camions	158
Tombereaux	160
Prix du transport au tombereau	162
Wagons et wagonnets	164
Voie portative avec wagonnets	164
Porteur universel Corbin	165
Porteurs et voie Decauville	167
Prix du transport par wagonnet sur voie portative	170
Voie ordinaire avec wagons	173
Voie et appareils accessoires	173
Wagons	175
Chargement et déchargement des wagons	178

TABLE DES MATIÈRES

	Pages
Traction par locomotives	179
Prix du transport par wagons à traction de chevaux	182
Formules en usage dans les Compagnies de chemins de fer	187
Prix du transport par wagons à traction de locomotives	187
Récapitulation des diverses formules de transport	191
Remarque sur les transports de déblais rocheux	193
Procédés exceptionnels de transport	194
1° Plans inclinés	194
2° Monte-charges et bourriquets	198
Bourriquet à contrepoids	198
Monte-charges du canal de l'Est	199
Monte-charges de l'isthme de Suez	200
3° Transports par chaînes sans fin, dites chaînes flottantes	202
Application aux mines d'Aïn-Sedma	206
4° Câbles aériens	207

CHAPITRE III
EXÉCUTION DES DÉBLAIS ET DES REMBLAIS

1° Talus et poussée des terres; murs de soutènement.

Talus naturel des terres	210
Cohésion, valeur du talus naturel	211
Influence de la cohésion sur le talus naturel	212
Murs de soutènement et poussée des terres	215
1er *Cas.* — Mur à parement intérieur vertical soutenant un terre-plein horizontal	217
2e *Cas.* — Mur à fruit intérieur soutenant un terre-plein horizontal	224
Remplacement du fruit intérieur par des redans	225
3e *Cas.* — Mur avec terre-plein horizontal surchargé	226
4e *Cas.* — Mur avec surplomb intérieur	227
5e *Cas.* — Massif de terre compris entre deux murs	229
6e *Cas.* — Mur soutenant des terres limitées à un talus	229
Détermination de la pression maxima dans une section donnée d'un mur	231

2° Description des grands chantiers de terrassements. 236

Chantiers à la brouette et au tombereau	237
Déblai d'une tranchée effectué à la brouette	237
Remblai effectué à la brouette	238
Ascension des déblais par plan incliné	239
Chantiers au wagon	240
1° Chantier de déblai	240
2° Organisation des moyens de transport	243
3° Chantier de remblai	244
Exemples de grandes tranchées	247
1° Tranchée de Saint-Just	247
2° Tranchée de Quincampoix; 3° remblai de Chepoix	248
4° Remblai de la Walck	248
5° Tranchées de la ligne de Busigny à Somain	250
Tranchée de Bertry	252
Tranchée de Fontaine-au-Pire	253
Tranchée de Cambrai	254
Résultats moyens obtenus pour ces tranchées	256
Exécution des tranchées par la méthode anglaise	259
Tranchées en rocher	262
Observations sur les talus des remblais	263
Du foisonnement des terres	264
Moyens de comprimer les terres	266
Rouleaux compresseurs	267
Pilons du canal de l'Est	268
Liaison des remblais avec le sol naturel	269
Fondation des remblais	270
Remblais sur les terrains vaseux et tourbeux	270
Remblais sur les terrains tourbeux de Hollande	271
Remblais rocheux	272

3° Consolidation des talus, moyens de prévenir les éboulements.

Dégradations superficielles	273
Fossés de ceinture	273
Banquettes sur les talus	275
Semis et plantations	276
Gazonnements	279
Clayonnages	281

26

TABLE DES MATIÈRES

	Pages
Revêtements en maçonnerie; perrés...	282
Observations générales sur les inclinaisons à adopter pour les talus.....	284
Prescriptions générales relatives au revêtement des talus............	286

Éboulements des déblais, consolidation des talus............. 295
Propriétés des terrains argileux..... 295
Causes des éboulements des tranchées. 296
Travaux de consolidation des tranchées 300
Procédé de M. de Sazilly........ 300
Emploi de drains ordinaires....... 303
Tranchée de la Loupe.......... 303
Tranchée de Hesse........... 304
Tranchée de Ramsberg.......... 308
Éboulements de la rive droite de l'Allier en amont de Vichy.......... 309
Réparation d'éboulements à la compagnie Paris-Lyon-Méditerranée..... 309
Tranchée de Bréval........... 310
Mur de soutènement de Crozet..... 311
Tranchée de Queyran.......... 312
Tranchées de la ligne de Busigny à Hirson 313
Moyens d'assainissement en usage à la compagnie du Nord.......... 316
Rigoles de chutes, de suintement, pierrées.................. 317
Drains en poteries, filtres........ 318
Dégorgeoirs............... 319
Caniveaux rampants........... 320
Assainissement des tranchées de la vallée de Bray................ 320
Assainissement des tranchées par galeries de mines............... 321
Assainissement d'une plate-forme.... 325

Éboulements des remblais; procédés de consolidation.

Causes des mouvements des remblais.. 327
Consolidation des remblais argileux par la méthode de Sazilly.......... 329
Remblai avec noyau central en glaise.. 330
Remblai sur un sol glaiseux...... 331
Consolidation............. 332
Remblais de la ligne du Bourbonnais.. 334
Remblai de la Négresse......... 335
Procédés de consolidation en usage au chemin de fer Paris-Lyon-Méditerranée 336
Consolidation des remblais de la ligne de Busigny à Hirson.......... 337
Remblai du val Fleury.......... 340

	Pages
Entretien des talus et des ouvrages d'assainissement.............	340
Observation finale............	341

CHAPITRE IV
DRAGAGES

Généralités............... 342

I. Dragues à godets..... 344
Anciennes dragues à godets....... 345
Grandes dragues modernes....... 348
Dragues de la Clyde........... 349
Drague à locomobile........... 349
Grande drague de l'Elbe, à Hambourg.. 350
Dragues du canal de l'Est........ 352
Dragues de l'isthme de Suez....... 355
Observations générales sur les dragues à godets............... 357
Dragues armées de crocs........ 358
Influence de la profondeur d'extraction sur le prix de revient......... 358
Roue dragueuse............. 359

II. Dragues à cuiller ou à mâchoires

Drague à main.............. 360
Drague à treuil de la Garonne..... 360
Drague à treuil du Doubs........ 360
Drague à treuil du canal de Bourgogne. 361
Drague Perris ou drague canal..... 361
Drague aquamotrice........... 362
Anciennes dragues à cuiller ou à mâchoires, de Malte, de Venise, de Brest, de Flessingues............. 364
Dragues américaines à cuiller, Osgood. 365
Dragues à mâchoires Morris et Cumings 368
Drague Priestman............ 370
Appareils d'approfondissement du chenal de Fécamp............... 372
Observations générales sur les dragues à cuiller ou à mâchoires......... 373

III. Dragues pompes

Drague pompe de Saint-Nazaire..... 374
Bateau-aspirateur, dragueur et porteur du port de Dunkerque.......... 374
Dragues pompes américaines...... 377
Extracteurs Bazin............ 379
Pompe à sable Eads........... 380

IV. Dragues à affouillement

Dragues à râteau de Rochefort..... 381
Vannage dragueur de la Garonne.... 381

TABLE DES MATIÈRES

	Pages
Wagons et bateaux dragueurs des égouts de Paris	382
Radeau dragueur de la Somme	383
Drague à affouillement Long	384
Bateaux excavateurs Mac-Alester	385

Transport des produits dragués

Transport par bateau	386
Transport par bateau et wagons	387
Déchargement par chaîne à godets	388
Déchargement par chaîne à godets et longs couloirs	388
Application au port de Toulon	389
Application au canal de Gand à Terneuse	390
Refoulement des déblais dans un tuyau fermé	392
Application au canal de Gand à Terneuse	393
Application au canal d'Amsterdam	393
Application au port de Gand	397
Application à San-Francisco	397

www.ingramcontent.com/pod-product-compliance
Lightning Source LLC
Chambersburg PA
CBHW071944220426
43662CB00009B/985